大数据系列丛书

计算统计

汪文义 宋丽红 李佳 编著

清華大學出版社
北京

内容简介

本书涵盖数值分析、统计计算的核心内容，既包含一些经典的数值方法，又系统地介绍了统计计算中的新方法。本书共8章，内容包括计算统计引论、矩阵计算、函数逼近与最小二乘法、方程与方程组的数值解法、数值积分与数值微分、马尔可夫链蒙特卡洛模拟、EM优化算法、组合优化与启发式算法等。

本书结合理论算法、计算机程序与计算机专业领域应用案例，较为全面地介绍数值计算方法和统计计算方法，让学生真正了解计算统计中重要算法的基本思想，掌握相关程序的编写和培养学生的编程思维，使其具备解决复杂工程问题的能力。本书除附了Python程序外，还可提供MATLAB部分程序，适合计算机类新工科专业本科生及研究生使用，而且对数学、统计、科学计算等专业学生也有参考价值。

图书在版编目(CIP)数据

计算统计/汪文义，宋丽红，李佳编著. -- 北京：清华大学出版社，2025. 1. --（大数据系列丛书）. --ISBN 978-7-302-68235-6

Ⅰ. O212

中国国家版本馆CIP数据核字第202546ZU52号

责任编辑：郭　赛　常建丽
封面设计：常雪影
责任校对：王勤勤
责任印制：杨　艳

出版发行：清华大学出版社
网　　址：https://www.tup.com.cn，https://www.wqxuetang.com
地　　址：北京清华大学学研大厦A座　　邮　　编：100084
社 总 机：010-83470000　　邮　　购：010-62786544
投稿与读者服务：010-62776969，c-service@tup.tsinghua.edu.cn
质量反馈：010-62772015，zhiliang@tup.tsinghua.edu.cn
课件下载：https://www.tup.com.cn，010-83470236
印 装 者：三河市天利华印刷装订有限公司
经　　销：全国新华书店
开　　本：185mm×260mm　　**印　　张**：15.75　　**字　　数**：385千字
版　　次：2025年2月第1版　　**印　　次**：2025年2月第1次印刷
定　　价：49.80元

产品编号：105253-01

前　言

PREFACE

习近平总书记指出,“我们对高等教育的需要比以往任何时候都更加迫切,对科学知识和卓越人才的渴求比以往任何时候都更加强烈”。钟登华院士认为,“新工科是基于国家战略发展新需求、国际竞争新形势、立德树人新要求而提出的我国工程教育改革方向”。面对第四次工业革命,新工科应该积极应对变化,引领创新,探索不断变化背景下的工程教育新理念、新结构、新模式、新质量和新体系。新工科教育的最终目的是培养能适应和引领未来发展的创新型工程人才。

多学科交叉融合将成为未来工程发展的显著趋势,复杂性是现代工程问题的本质特征,绿色化、信息化和智能化将对未来工程产生十分重要的影响,伦理问题将成为未来工程发展必须高度重视的内容。在大数据时代催生的巨量人才缺口背景下,数据科学与大数据技术、人工智能、智能科学与技术专业应运而生,它们属于典型的数学、统计、计算机科学等多学科交叉融合的新兴工科专业。

图灵奖得主吉姆·格雷(Jim Gray)将科学研究分为实验、理论、计算和数据密集型科学发现四类范式。作为新工科专业的数据科学与大数据技术集多范式于一身。信息技术新工科产学研联盟发布的《数据科学与大数据技术专业建设方案(建议稿)》的培养目标中要求学生掌握面向数据应用的统计学、数学、计算机科学以及应用领域学科的基础理论和方法,并能利用统计建模和机器学习的基本理论、方法对数据进行深度分析和产品化开发。

在大数据时代,计算统计(Computational Statistics)正是由以计算密集为特征的统计方法及其支持理论所构成的一门学科,它融合了多学科交叉融合的领域,通常包含科学计算中的数值计算和统计计算的理论与算法等,将数学、信息科学、计算科学等完美融合,已经成为现代数据科学的重要支柱。

在数据科学与大数据技术、人工智能、智能科学与技术等新工科专业开设“计算统计”课程,对于支撑复合型专业人才培养目标十分重要。但是,面临的最大问题是无法找到适合培养目标的“计算统计”课程教材。国外的《计算统计》和《统计计算:使用R》教材主要面向统计学专业的学生,大多使用MATLAB程序或R程序,翻译教材也比较难懂。

国内的《数值分析》和《计算方法》等教材,对于数学思维的培养非常重要。从国内研究现状和以往的教学经验看,学生普遍认为这些教材理论性太强,对数学基础要求较高,学起来比较吃力。较多例题和习题偏推导,还有些数字特别复杂的计算题,不利于学生巩固知识。《数值分析》教材侧重代数数值算法,缺少统计计算内容,这对后续学习“机器学习”及其“数据统计分析”课程的作用有限。《数值分析》类教材中的案例以及单一的教学模式也无法适应新工科人才培养的需求。

本书借鉴了国内外经典教材中的相关内容,吸收了较新的高级统计和优化方法,采用通俗易懂的语言由浅入深地介绍统计计算和计算统计中的理论方法，有利于学生统计思维、计算思维与科学计算能力的养成。本书具有鲜明的理论与应用相结合的特色，融合经典计算方法和较新的统计计算方法，创设了计算统计在计算机中综合应用案例，具有很好的专业针对性。在矩阵计算中，介绍了用于网页排序的 PageRank 计算方法。在马尔可夫链蒙特卡洛方法中，介绍了自然语言处理领域中的文本主题模型等。

本书由汪文义统稿、定稿，宋丽红编写了第 1～4 章，汪文义编写了第 5～8 章，李佳负责校对。本书入选江西师范大学 2020 年度本科规划教材立项，得到国家自然科学基金(62267004,62067005)和江西省普通本科高校教育教学改革研究课题“理工融合、科魂匠心”视域下“计算统计”课程混合式教学模式改革与实践(JXJG-23-2-6)、混合式课程精准教学模式构建与实践(JXJG-22-2-44)的资助。

本书系统介绍核心理论、算法与应用，适用于计算机、数学、统计等专业本科生及研究生。

作　者

2025 年 1 月

目 录

CONTENTS

第1章 计算统计引论 …… 1
1.1 科学研究范式与科学计算 …… 1
1.1.1 科学研究范式 …… 1
1.1.2 科学计算的兴起和发展 …… 3
1.1.3 计算统计的主要研究对象 …… 4
1.1.4 科学计算的误差 …… 7
1.2 统计基础 …… 14
1.2.1 随机变量和概率分布 …… 14
1.2.2 似然推断 …… 18
1.2.3 贝叶斯推断 …… 18
1.2.4 统计极限理论 …… 19
1.3 计算统计软件 …… 20
1.3.1 Python 软件 …… 20
1.3.2 R 软件 …… 26
1.3.3 MATLAB 软件 …… 26
1.4 扩展阅读 …… 27
1.5 习题 …… 27

第2章 矩阵计算 …… 29
2.1 内积与范数 …… 29
2.1.1 向量的内积与范数 …… 29
2.1.2 矩阵的内积与范数 …… 32
2.2 逆矩阵 …… 37
2.2.1 逆矩阵的定义与性质 …… 37
2.2.2 矩阵求逆引理 …… 37
2.2.3 可逆矩阵的求逆方法 …… 38
2.3 矩阵微商 …… 41
2.3.1 向量的微商 …… 41
2.3.2 矩阵的微商及其性质 …… 43
2.4 矩阵特征值计算 …… 45
2.4.1 特征值及其性质 …… 45

2.4.2 幂法 …… 47
2.5 矩阵特征值计算的应用 …… 50
2.5.1 网页排序问题 …… 50
2.5.2 网页排序算法 …… 51
2.6 扩展阅读 …… 53
2.7 习题 …… 53

第3章 函数逼近与最小二乘法 …… 56
3.1 插值法 …… 56
3.1.1 插值问题的提出 …… 56
3.1.2 多项式插值 …… 56
3.1.3 拉格朗日插值 …… 57
3.1.4 牛顿插值 …… 62
3.1.5 埃尔米特插值 …… 66
3.2 插值法在图像处理中的应用 …… 69
3.2.1 双线性插值 …… 69
3.2.2 插值法应用 …… 70
3.3 函数逼近 …… 71
3.3.1 函数逼近与函数空间 …… 71
3.3.2 函数内积与范数 …… 72
3.3.3 正交函数与正交多项式 …… 74
3.3.4 最佳逼近与最小二乘法 …… 82
3.4 函数逼近的应用 …… 87
3.4.1 回归分析和回归模型 …… 87
3.4.2 回归参数的估计 …… 89
3.4.3 参数估计量的性质 …… 92
3.4.4 多元线性回归模型的统计检验 …… 94
3.4.5 多元线性回归模型应用 …… 96
3.5 扩展阅读 …… 97
3.6 习题 …… 98

第4章 方程与方程组的数值解法 …… 100
4.1 非线性方程的数值解法 …… 100
4.1.1 方程求根问题 …… 100
4.1.2 二分法 …… 101
4.1.3 不动点迭代法及其收敛性 …… 103
4.1.4 迭代收敛的加速方法 …… 109
4.1.5 自适应运动估计算法(Adam) …… 111
4.1.6 牛顿法 …… 112

4.1.7 弦截法与抛物线法 …… 116
4.2 非线性方程组的数值解法 …… 118
4.2.1 非线性方程组 …… 118
4.2.2 多元不动点迭代法 …… 119
4.2.3 牛顿迭代法 …… 120
4.2.4 牛顿迭代法变形 …… 121
4.3 方程和方程组的数值解法的应用 …… 124
4.3.1 极大似然估计问题 …… 124
4.3.2 极大似然估计的迭代求解 …… 125
4.4 扩展阅读 …… 127
4.5 习题 …… 127

第 5 章 数值积分与数值微分 …… 129
5.1 数值积分概论 …… 129
5.1.1 数值积分的基本思想 …… 129
5.1.2 代数精度的概念 …… 130
5.1.3 插值型求积公式 …… 132
5.1.4 求积公式的余项 …… 132
5.1.5 插值型求积公式的收敛性与稳定性 …… 134
5.2 牛顿-柯特斯公式 …… 135
5.2.1 柯特斯系数与辛普森公式 …… 135
5.2.2 偶数阶求积公式的代数精度 …… 136
5.2.3 牛顿-柯特斯公式的余项 …… 137
5.3 复合求积公式 …… 138
5.3.1 复合梯形公式 …… 138
5.3.2 复合辛普森公式 …… 139
5.4 龙贝格求积公式 …… 140
5.4.1 梯形法的递推法 …… 140
5.4.2 外推技巧 …… 140
5.4.3 龙贝格算法 …… 142
5.5 高斯求积公式 …… 143
5.5.1 一般理论 …… 143
5.5.2 高斯-勒让德求积公式 …… 147
5.5.3 高斯-切比雪夫求积公式 …… 148
5.5.4 高斯-拉盖尔求积公式 …… 149
5.5.5 高斯-埃尔米特求积公式 …… 150
5.6 数值微分 …… 151
5.6.1 中点方法与误差分析 …… 151
5.6.2 插值型的求导公式 …… 152

5.6.3 数值微分的外推方法 …… 152
5.7 数值积分在贝叶斯推断中的应用 …… 153
5.7.1 (共轭)先验分布与后验分布 …… 153
5.7.2 后验分布的数值计算 …… 155
5.8 扩展阅读 …… 156
5.9 习题 …… 156

第6章 马尔可夫链蒙特卡洛模拟 …… 159
6.1 马尔可夫链 …… 159
6.1.1 马尔可夫过程及其概率分布 …… 159
6.1.2 多步转移概率矩阵 …… 160
6.1.3 遍历理论 …… 164
6.2 马尔可夫链蒙特卡洛模拟 …… 167
6.2.1 马尔可夫链蒙特卡洛模拟算法 …… 167
6.2.2 收敛性评价与分析 …… 172
6.2.3 参数设置、结果与示例 …… 174
6.3 马尔可夫链蒙特卡洛模拟在文本分类中的应用 …… 179
6.3.1 文本主题模型 …… 179
6.3.2 文本主题模型参数估计算法 …… 180
6.4 扩展阅读 …… 185
6.5 习题 …… 185

第7章 EM优化算法 …… 187
7.1 EM算法 …… 187
7.1.1 缺失数据与边际化 …… 187
7.1.2 EM算法 …… 188
7.1.3 EM算法的收敛性 …… 189
7.1.4 方差估计 …… 192
7.2 EM算法的变形 …… 193
7.2.1 MCEM算法 …… 193
7.2.2 ECM算法 …… 194
7.3 EM算法在高斯混合分布参数学习中的应用 …… 195
7.3.1 高斯混合分布 …… 195
7.3.2 高斯混合分布参数估计算法 …… 195
7.4 扩展阅读 …… 199
7.5 习题 …… 199

第8章 组合优化与启发式算法 …… 200
8.1 组合优化 …… 200

8.1.1 P 问题 …… 200
8.1.2 NP 问题与 NPC 问题 …… 200
8.2 启发式算法 …… 202
8.2.1 局部搜索算法 …… 202
8.2.2 模拟退火算法 …… 203
8.2.3 遗传算法 …… 204
8.3 启发式算法在回归模型变量(模型)选择中的应用 …… 207
8.3.1 多元线性回归模型的变量(模型)选择问题 …… 207
8.3.2 部分子集回归 …… 208
8.4 扩展阅读 …… 210
8.5 习题 …… 210

附录 …… 212
附录 A 部分习题答案 …… 212
附录 B Python 程序示例 …… 215

参考文献 …… 240

第1章

计算统计引论

1.1 科学研究范式与科学计算

1.1.1 科学研究范式

美国著名科学哲学家托马斯·库恩(Thomas Kuhn)在《科学革命的结构》(*The Structure of Scientific Revolutions*)一书中系统阐述了关于科学范式的概念和理论。所谓科学范式(Paradigm)是指"在一定时间范围内,能为研究者群体提供样板问题及其解决方案的普遍公认的科学成就"。范式界定了某一研究领域的研究方法,即研究什么、研究问题如何提出、如何针对研究问题进行研究活动,以及如何对研究结果进行诠释等。同时,范式具有哲学意义,它暗示了研究遵循的基本理论和秉持的基本信念和世界观等。库恩认为,范式不是一成不变的,它在科学研究的进程中完善、发展,甚至也可能消亡。随着科学的发展,新的科学范式会出现,补充或者取代旧的范式,也就成为科学发展进程中的科学革命。

电子科研(eScience)最早由英国科学家于2000年提出,用以概括在信息化基础设施支持下开展的科学研究活动所需要的一系列工具和技术。科研信息化究其实质是科学研究活动本身的信息化,其特征是充分利用网络信息基础设施与技术、促进科技资源交流、汇集与共享、变革科研组织与活动模式、推动科技发展转型的历史进程。大数据作为一个通用术语,实际描述正在发生的影响自然科学、工程学、医学、金融、商业直至社会的科学革命。正是基于大数据的出现以及影响,图灵奖得主、关系数据库的鼻祖吉姆·格雷(Jim Gray)于2007年在加州山景城召开的美国国家研究理事会计算机科学与通信分会(National Research Council-Computer Science and Telecommunications Board,NRC-CSTB)大会上,发表了留给世人的最后一次演讲"科研信息化:科学方法变革"(eScience:A Transformed Scientific Method),提出将科学研究分为四类范式,依次为实验、理论、计算和数据密集型科学发现(Data-Intensive Scientific Discovery)范式。

(1) 实验范式或实验科学(Experimental Science),始于12世纪,首先提出实验科学概念的是英国一位哲学家和科学家罗吉尔·培根(1214—1294年),主要的研究方法是对自然现象的描述论证,对自然现象进行系统归类,如对化学元素的分类。

(2) 理论范式或理论科学(Theoretical Science),当科学假设与预期结果一致时,理论框架开始占有一席之地,其出现于数百年前,主要采用建模方式,由特殊到一般进行推演。

(3) 计算范式或计算科学(Computational Science),始于20世纪中叶,主要利用计算机模拟复杂现象,采用模拟仿真获得科学数据,而不再依赖单一的实验。

(4) 数据密集型科学范式，采集、存储、管理、分析和可视化数据成为科学研究的新手段和新流程。这一科学发现新模式强调数据作为科学发现的基础，并以数据为中心和驱动、基于对海量数据的处理和分析发现新知识、获取信息和灵感为基本特征。

数据密集型科学被称为科学研究的“第四范式”，与其他三种范式一起成为科学研究的方法，它的出现与大数据密切相关。人类进行科学研究和社会实践的思维方式正在不断演进，技术助力下的数据密集型科学研究范式和数据素养引起了广泛关注。

人类最早的科学研究，主要以记录和描述自然现象为特征，称为“实验科学”(第一范式)，从原始的钻木取火，发展到后来以伽利略为代表的文艺复兴时期的科学发展初级阶段，开启了现代科学之门。但这些研究，显然受到当时实验条件的限制，难以完成对自然现象更精确的理解。科学家开始尝试尽量简化实验模型，去掉一些复杂的干扰，只留下关键因素(这就出现了物理学中“足够光滑”“足够长的时间”“空气足够稀薄”等令人费解的条件描述)，然后通过演算进行归纳总结，即第二范式。这种研究范式一直持续到 19 世纪末，堪称完美，牛顿三大定律成功解释了经典力学，麦克斯韦理论成功解释了电磁学，经典物理学大厦美轮美奂。但之后量子力学和相对论的出现，则以理论研究为主，以超凡的头脑思考和复杂的计算超越了实验设计，而随着验证理论的难度和经济投入越来越高，科学研究开始显得力不从心。

20 世纪中叶，冯·诺依曼提出了现代电子计算机架构，利用电子计算机对科学实验进行模拟仿真的模式得到迅速普及，人们可以对复杂现象通过模拟仿真，推演出越来越多复杂的现象，典型案例如模拟核试验、天气预报等。随着计算机仿真越来越多地取代实验，模拟计算逐渐成为科研的常规方法，即第三范式。

而未来科学的发展趋势是，随着数据的爆炸性增长，计算机将不仅能做模拟仿真，还能进行分析总结，得到理论。数据密集范式理应从第三范式中分离出来，成为一个独特的科学研究范式。也就是说，过去由牛顿、爱因斯坦等科学家从事的工作，未来部分工作完全可由计算机处理。这种科学研究的方式，被称为第四范式。

第四范式与第三范式，都是利用计算机进行计算，二者有什么区别呢？现在大多科研人员，可能都非常理解第三范式，在研究中不断追问“科学问题是什么”“有什么科学假设”，这就是先提出可能的理论，再搜集数据，然后通过计算验证。而基于大数据的第四范式，则是先有大量的已知数据，然后通过计算得出之前未知的理论。在维克托·迈尔-舍恩伯格撰写的《大数据时代》(中文版译名)中明确指出，大数据时代最大的转变，就是放弃对因果关系的渴求，取而代之的是关注相关关系。也就是说，只要知道“是什么”，而不需要知道“为什么”。这就颠覆了千百年来人类的思维惯例，据称是对人类的认知和与世界交流的方式提出了全新的挑战。因为人类总是会思考事物之间的因果联系，而对基于数据的相关性并不是那么敏感；相反，计算机则几乎无法自己理解因果，而对相关性分析极为擅长。这样就能理解，第三范式是“人脑＋计算机”，人脑是主角，而第四范式是“计算机＋人脑”，计算机是主角。这样的说法，显然遭到许多人的反对，认为这是将科学研究的方向领入歧途。从科学论文写作角度说，如果通篇只有对数据相关性的分析，而缺乏具体的因果解读，这样的文章一般被认为是数据堆砌，是不可能发表的。

然而，要发现事物之间的因果联系，在大多数情况下总是困难重重的。人类推导的因果联系，总是基于过去的认识，获得“确定性”的机理分解，然后建立新的模型进行推导。但是，这种过去的经验和常识，也许是不完备的，甚至可能有意无意中忽略重要的变量。

这里举一个容易理解的例子。如果想知道雾霾天气是如何发生的、如何预防，首先需要在一些“代表性”地点建立气象站，收集一些与雾霾形成有关的气象参数。根据已有的机理认识，雾霾天气的形成不仅与源头和大气化学成分有关，还与地形、风向、温度、湿度气象因素有关。仅仅这些有限的参数，就已经超过了常规监测的能力，只能通过人为简化去除一些看起来不怎么重要的参数，只保留一些简单的参数。那些看起来不重要的参数会不会在某些特定条件下起到至关重要的作用？如果再考虑不同参数的空间异质性，这些气象站的空间分布合理吗？数量足够吗？从这点看，如果能够获取更全面的数据，也许才能真正做出更科学的预测，这就是第四范式的出发点，也许是较迅速和实用的解决问题的途径之一。

第四范式将如何进行研究呢？多年前说这个话题，许多人会认为是天方夜谭，但目前在移动终端横行和传感器高速发展的时代，未来的趋势似乎就在眼前。现在，手机可以监测温度、湿度，可以定位空间位置，还有能实时监测大气环境质量和 $PM_{2.5}$ 功能的传感设备，这些移动的监测终端更增加了测定的空间覆盖度，同时产生了海量的数据，利用这些数据，分析得出雾霾的成因，最终进行预测也许指日可待。

这种海量数据的出现，不仅超出了普通人的理解和认知能力，也给计算机科学本身带来了巨大的挑战。以前，当计算的数据量超过 1PB(1024TB)时，传统的存储系统已经难以满足海量数据处理的读写需要，并且简单地将数据进行分块处理并不能满足数据密集型计算的需求。如今，云计算、大数据、人工智能等新一代信息技术的发展迅速，数据作为新型生产要素，计算能力作为数字经济时代的关键生产力要素，已成为促进数字经济发展的核心支撑和驱动力。

1.1.2 科学计算的兴起和发展

科学计算是 20 世纪重要科学技术进步之一，伴随着电子计算机的出现而迅速发展，并得到广泛应用。现今科学计算已是体现国家科学技术核心竞争力的重要标志，是国家科学技术创新发展的关键要素。科学计算，是指利用计算机再现预测和发现客观世界运动规律和演化特性的全过程，包括建立数学物理模型，研究计算方法，设计并行算法，研制应用程序，开展模拟计算和分析计算结果等过程。科学计算需要处理的问题是科学研究和工程技术中遇到的数学方程或数据相关的计算，比如天气预测、地震预测、核爆炸破坏强度、飞机设计、汽车设计、水坝设计等问题都可以应用科学计算的方式。

1947 年，冯·诺依曼等在《美国数学会通报》发表了题为《高阶矩阵的数值求逆》的著名论文，开启了现代计算数学的研究。计算数学是研究应用电子计算机进行数值计算的数学方法及其理论的一门学科。70 多年来，伴随着计算机技术的进步，计算数学得到了蓬勃发展，逐渐成为一个独立和重要的学科。20 世纪 90 年代，由于微电子技术的发展和应用方面需求的推动，计算机飞速发展，计算数学、应用数学、计算机科学以及应用领域结合在一起产生了科学计算这一新的交叉学科。科学计算利用先进的计算能力认识和解决复杂工程问题，它融合建模、算法、软件研制和计算模拟为一体，是计算机实现其在高科技领域应用的必不可少的纽带和工具。

2022 年 10 月，国家超级计算长沙中心“天河”新一代超级计算机系统的双精度浮点峰值计算性能达每秒 20 亿亿次（200P Flops），数据存储能力不低于 20PB、峰值功耗不高于

8MW，综合性能位居世界一流水平。新一代超级计算机系统，相当于百万台计算机的计算能力，除为成百上千企业用户提供仿真计算等高性能计算外，还能计算分析模拟地壳运动。比如，模拟亚欧板块8亿年后的运动轨迹，之前在“天河一号”上需要一周，在新一代超级计算机上一天半就可以。超级计算机系统的应用将显著提升人类在气候与生态、环境、航空航天、生命科学、材料科学、国家安全、国之重器（大飞机、高铁等）等领域中的科技创新能力，产生重大科学理论和应用突破。目前，基于通用CPU和GPU异构的千万亿次计算机的总处理器核数已超过10万。不断膨胀的并行规模给并行算法研究及应用程序研制不断提出新的挑战。研制适应于千万亿次科学计算的高性能应用软件成为我国及世界科技发展面临的一个重大问题。

高性能科学计算由于其在国家安全和科技创新方面的重要作用日益受到重视。我国非常重视计算数学和科学计算的发展，在历次科学规划中都将计算数学和科学计算列为重点发展领域。早在1956年制定的《十二年科学技术发展规划》中，计算数学的发展和计算机在科学技术中的应用就已与计算机硬件的研制开发相并列。20世纪90年代，科技部先后资助了两期攀登计划项目“大规模科学与工程计算的方法和理论”，1999年起将“大规模科学计算研究”“高性能科学计算研究”“适应于千万亿次科学计算的新型计算模式”作为国家重点基础研究发展计划（“973”计划）项目予以连续支持。

2011年，国家自然科学基金委又启动了“高性能科学计算的基础算法和可计算建模”的重大研究计划。2020年底，该重大研究计划结题。重大研究计划实施的十年里，我国高性能科学计算研究取得了跨越式发展，有力推动解决了前沿科学研究和国家重大需求提出的计算难题。例如，围绕在实验室实现可控核聚变，科研人员设计多个有效算法并将其应用于我国神光Ⅲ激光装置的黑腔、内爆实验设计与分析等物理研究工作，实现用算法模拟核聚变过程。围绕精准预测航天器回程落点，科研人员开展巨型计算机高效计算实现航天器再入全流域超大规模计算与应用验证研究，成功应用在天宫一号、天宫二号等返回任务中，将位置预测的偏差降低到米量级，提前锁定解体残骸碎片散落区范围。此外，研究成果还应用在致密油气藏地震资料、冷冻电镜技术、集成电路等领域，极大促进了相关领域的科学研究。未来，人工智能、机器学习、千亿次计算以及大气海洋环境模拟等前沿课题将成为高性能科学计算进一步发展的重要方向。

1.1.3 计算统计的主要研究对象

随着高性能计算机技术的进步，计算机的计算能力和数据处理能力得到大幅度提升。同时，当前科学工程计算采用越来越复杂、越来越细致、越来越接近实际问题的模型，这对充分发挥计算机巨大能力，解决实际问题的高效计算方法提出了越来越迫切的需求。发展迅速的人工智能和机器学习，都以经典的计算方法（矩阵计算、函数逼近、最优化方法、数值积分与微分等）和现代统计计算为基础。

1. 矩阵计算

矩阵计算主要研究线性方程组、矩阵的逆矩阵、矩阵的特征值和特征向量的数值求解方法，矩阵计算方法在科学计算中具有基础作用。早在1949年，哈佛大学教授华西里·列昂惕夫（Wassily Leontief）使用计算机（Mark Ⅱ）求解含42个方程和42个未知量的简化后的线性方程组或投入产出模型(当时计算机不能处理500个方程和500个未知量的线性方程组),编写求解该方程组的程序花费了几个月的时间,马克2号(Mark Ⅱ)计算机用了56个小时求得了方程组的解。列昂惕夫教授是1973年第五届诺贝尔经济学奖的获得者,也是投入产出分析方法的创始人。随着计算机硬件的发展,以及并行计算和高性能计算的发展,大规模线性方程组求解和应用十分普遍,如应用于石油勘探、线性规划、超大规模集成电路设计、飞机流形设计等。例如,波音飞机设计中一个流形问题就包含200万个方程和未知量,采用快速计算机求解就需要数小时甚至数天。

大家可能知道,Google革命性的发明是它名为PageRank的网页排名算法,这项技术在1998年前后使得搜索质量有了质的飞跃,圆满地解决了以往网页搜索结果中排序不好的问题。以至于大家认为Google的搜索质量好,甚至这个公司成功都是基于这个算法。当然,这样的说法有些夸大。PageRank网页排名算法是由Google创始人拉里·佩齐(Larry Page)和谢尔盖·布林(Sergey Brin)提出的,他们先将网页排名算法变成一个二维矩阵相乘的问题,并且用迭代的方法解决了问题。他们先假定所有网页的排名是相同的,并且根据初始向量,算出各个网页的第一次迭代排名,然后不断迭代更新求解。他们先从理论上证明了该算法不受初值影响并且能收敛到排名的真实值。理论问题解决后,又遇到了实际问题。因为互联网上网页的数量是巨大的。如果有十亿个网页,那么二维矩阵就有一百亿亿个元素。这么大的矩阵相乘,计算量是非常大的。后来利用稀疏矩阵计算的技巧简化了计算量。2003年,Google工程师发明了MapReduce这个并行计算工具,实现了PageRank并行计算的完全自动化,大幅缩短了计算时间和页面排名的更新周期。在学术界,这个算法被公认为文献检索中最大的贡献之一。本书第2章介绍的幂法,就是一个常用的PageRank计算方法。

2. 函数逼近

对数据、图像、函数等对象的逼近是计算方法中最基本的手段之一。众所周知,现代信息技术的基础是数据的表示和变换方法,有效的数据表示和数学变换为计算机处理大规模信息提供了可能。随着信息技术的高速发展和越来越复杂数据处理的需要,新问题不断涌现,逼近论已成为计算方法中最为活跃的一部分。数值逼近的一个重要领域是计算几何,它是由函数逼近论、微分几何学以及计算方法等学科交叉形成的学科,主要研究几何形状的构造、计算机表示、分析和综合,是计算机辅助几何设计的数学基础。

逼近论的最新进展包括基函数、冗余框架或更一般的冗余词典的稀疏逼近,其基本思想是利用一个非线性逼近得到函数、数据或图像等对象的稀疏逼近。小波理论及其应用、压缩感知的快速发展为非线性稀疏逼近提供了重要的理论基础和计算方法。这些理论和方法与调和分析、小波理论、非线性逼近和优化方法等理论密切关联,它们突破了经典理论方法的局限,极大地提高了复杂数据信息处理的能力,成为图像科学、计算机图形学、数据挖掘、机器学习理论的重要工具。基本的深度学习相当于函数逼近问题,即函数或曲面的拟合。深度学习采用非线性的神经网络函数作为基函数,而数值计算中多采用多项式、正交多项式、样条、三角函数等作为基函数。

3. 最优化方法

在生活或者工作中会遇到各种各样的最优化问题，比如每个企业和个人都要考虑的问题"在一定成本下，如何使利润最大化"等。最优化方法是一种数学方法，主要研究在给定约束下如何寻求某些因素(的量)，以使某一(或某些)指标达到最优的方法的总称。大部分的机器学习算法的本质都是建立优化模型，通过最优化方法对目标函数(或损失函数)进行优化，从而训练出较好的模型。传统的最优化方法有梯度下降法、牛顿法、拟牛顿法、共轭梯度法，还有一系列进化算法或演化算法，如遗传算法、模拟退火算法、差分进化算法、粒子群算法、蚁群算法等。也有研究者利用演化算法(Evolutionary Algorithm)解决机器学习中的复杂最优化问题。例如，演化算法可以用来优化神经网络，包括训练连接权重、结构优化和超参数优化等。

最优化问题广泛见于工程、国防、经济、管理等许多重要领域，在结构设计、化学反应设计、电力分配、石油开采等方面都有直接的应用。最优化计算方法还和计算数学中的数值逼近、常微分方程中的变分原理、微分方程反演，以及非线性代数方程组等分支和问题有交叉和应用。许多领域诸如压缩感知、数据挖掘、核磁共振、最优控制、图像处理、矩阵方程中的优化问题，其规模往往很大，这对于最优化领域的计算方法的设计既是挑战又是机遇。

4. 数值积分与微分

众多函数的定积分并不能直接通过找到原函数而采用牛顿-莱布尼茨公式计算，而需要采用数值积分方法近似地计算。数值积分的一个十分重要的应用领域就是统计计算。连续型随机变量或向量的分布函数、各种统计量(如期望、方差、协方差矩阵)、贝叶斯推断(如后验分布中正规化常数)、特定事件的概率均会涉及积分计算。数值积分还广泛用于积分变换、有限元方法、计算机图形学中亮度计算(Luminance Computation)等。积分变换就是通过积分运算，把一个函数变成另一个函数。积分变换广泛用于求解一般微分方程和偏微分方程，在信号处理中广泛应用的快速傅里叶变换、傅里叶逆变换、拉普拉斯变换、拉普拉斯逆变换、汉克尔变换、汉克尔逆变换均属于积分变换范畴。从现代数学的眼光看，傅里叶变换是一种特殊的积分变换。它能将满足一定条件的某个函数表示成正弦基函数的线性组合或者积分。

5. 现代统计计算方法

只要需要分析数据的地方就需要用到统计学，统计计算是现代统计学的重要组成部分。1870—1920 年，概率分布和回归分析发展迅速。1920—1970 年，数理统计的理论和方法得到跨越式的发展，抽样理论、试验设计、贝叶斯决策理论、置信区间、假设检验、参数估计、方差分析、序贯分析、时间序列分析、随机过程等理论和方法在这个时期逐渐成熟。直到 20 世纪七八十年代，统计学作为一门学科才真正得到普及。这种普及很大程度上要归功于电子信息技术的高速发展。把统计方法变成可靠、高效的算法，并编程实现。这是经典的统计计算要解决的问题，比如计算分布函数值、分位数函数值、计算线性回归参数估计和检验、求解最大似然估计等。1977 年提出的 EM(Expectation-Maximum)算法，也称期望最大化算法，曾入选"数据挖掘十大算法"之一，可见 EM 算法在机器学习、数据挖掘中的影响力。EM 算法是最常见的隐变量估计方法，常被用来学习高斯混合模型(Gaussian Mixture Model，GMM)、隐马尔可夫模型(HMM)、文本主题模型(LDA)等参数。

另一类重要的统计方法就是随机模拟方法。随机模拟也可以叫作蒙特卡洛模拟(Monte Carlo Simulation)，这个方法的发展始于20世纪40年代。随机模拟方法和原子弹制造的曼哈顿计划密切相关，并在最早的计算机上编程实现。随机模拟的基本思想是在计算机上模拟生成一个统计问题的数据并进行大量的重复，这样相当于获得了此问题的海量样本。在贝叶斯统计框架下，可以从先验分布抽样并按照模型产生大量样本并结合观测数据计算其似然，从而获得参数后验分布的大样本，以此进行贝叶斯推断。与此同时，用计算取代数学分析是统计学的一大发展趋势。这一变化甚至在大数据分析出现之前就已开始。自助法(Bootstrap Method)是最纯粹的基于计算定义的统计方法之一，它定义了一些估计量，并将其应用于一组随机重采样数据集。其思想是将估计量视为数据的一个近似的充分统计量，并将自助分布视为对数据的采样分布的近似。历史上，这一方向诞生了“刀切法”(Jackknife Method)和“交叉验证”(Cross-validation)等方法。时至今日，充足的计算资源也起到了重要作用，使得对许多重采样得到的数据集进行反复的推理变得十分容易。随机森林(Random Forest)采用有放回的随机取样并随机选取特征构建决策树，通过多次取样构建和集成大量的决策树，就构成了随机森林。

为研究粒子系统的平稳性质，物理学家Metropolis在1953年考虑了物理学中常见的玻尔兹曼分布的采样问题，首次提出了基于马尔可夫链(Markov Chain)的蒙特卡洛方法，即Metropolis算法，并在最早的计算机上编程实现。Metropolis的这篇论文被收录在《统计学中的重大突破》中，Metropolis算法也被遴选为20世纪的十个最重要的算法之一。Metropolis算法是首个普适的采样方法，被视为随机模拟技术腾飞的起点，它启发了包括Metropolis-Hastings算法、吉布斯采样(Gibbs Sampler)等一系列马尔可夫链蒙特卡洛方法(Markov Chain Monte Carlo，MCMC)。MCMC是一种基于计算机实现抽样的通用抽样工具，同样是机器学习领域应用广泛的统计计算方法之一。在贝叶斯统计中，用于后验分布的近似推断的EM算法和MCMC等，还有粒子滤波器(Particle Filters)、变分推断法(Variational Inference)、期望传播(Expectation Propagation)等算法。这些通用计算算法入选为1970—2020年最重要的统计学思想之一。在大数据时代，通用计算算法可以让使用者将与问题相关联的数据都用于构建大模型。

1.1.4 科学计算的误差

1. 误差来源

许多科学计算问题离不开数据，需要从数据中学习模型、学习信息和学习知识。而观测数据往往包含误差，这种由观测产生的误差称为观测误差。一些常见的物理量，因为测量仪器的精度、测量过程的规范性等，如温度、长度、电压、身高等，这些测量数据往往包含测量误差。

用计算解决科学计算问题，首先要建立数学模型，它是实际问题抽象、简化的近似。把实际问题与数学模型之间出现的这种误差，称为模型误差。数学模型与实际问题中规律相符合，才能得到较好的结果。对于实际问题，真实的模型未知，可以通过比较不同模型的误差选择较为合适的模型。

当数学模型不能得到精确解，通常要用数值方法求它的近似解，其近似解与精确解之间的误差称为截断误差(Truncation Error)或方法误差。例如，可微函数 $f(x)$ 在 0 附近的函数可用泰勒公式(多项式)或麦克劳林公式

$$P_n(x)=f(0)+\frac{f'(0)}{1!}x+\frac{f''(0)}{2!}x^2+\cdots+\frac{f^{(n)}(0)}{n!}x^n \tag{1.1.1}$$

近似代替，则该数值方法的截断误差是其余项，即

$$R_n(x)=f(x)-P_n(x)=\frac{f^{(n)}(\xi)}{(n+1)!}x^{n+1} \tag{1.1.2}$$

ξ 在区间 $(0,x)$ 内。

科学记数法是一种记数的方法。把一个数表示成 a 与 10 的 n 次方相乘的形式 $(1\leqslant|a|<10$，a 不能为分数形式，n 为整数)，这种记数法叫作科学记数法。当要标记或运算某个较大或较小且位数较多的数时，用科学记数法免去浪费很多空间和时间。例如，$19971400000000=1.99714\times10^{13}$。计算器或计算机表达 10 的幂一般用 E 或 e，也就是 $1.99714e+13=1.99714\times10^{13}=19971400000000$。

$$\begin{aligned} x^* &= \pm a_1.a_2a_3\cdots a_ne+m \\ &= \pm 10^m\times(a_1+a_2\times10^{-1}+a_3\times10^{-2}+\cdots+a_n\times10^{-(n-1)}) \\ &= \pm a_1.a_2a_3\cdots a_n\times10^m \end{aligned} \tag{1.1.3}$$

其中，$a_i(i=1,2,\cdots,n)$ 是 0～9 中的一个数字，$a_1\neq0$，m 和 n 为整数。

因为计算机仅用有限位表示数字，导致真实数字仅用其近似值表示，这种误差称为舍入误差(Round-off Error)。根据 IEEE 754 标准，单精度浮点数含有 32 位，其中符号(sign)占 1 位，指数(exponent)占 8 位，尾数(mantissa)或分数(fraction)占 23 位；双精度浮点数含有 64 位，其中符号占 1 位，指数占 11 位，尾数或分数占 53 位(仅存 52 位，默认最高位为 1)，如图 1.1.1 所示。例如，双精度浮点数 1/3 可表示为

0011111111010101010101010101010 101010101010101010101010101010101

最高位是符号 $s=0$，第 62 到 52 位是指数 $c=(01111111101)_2=1021$，第 51 到 0 位是尾数或分数

$$f=(0101010101010101010101010101\ 010101010101010101010101)_2$$

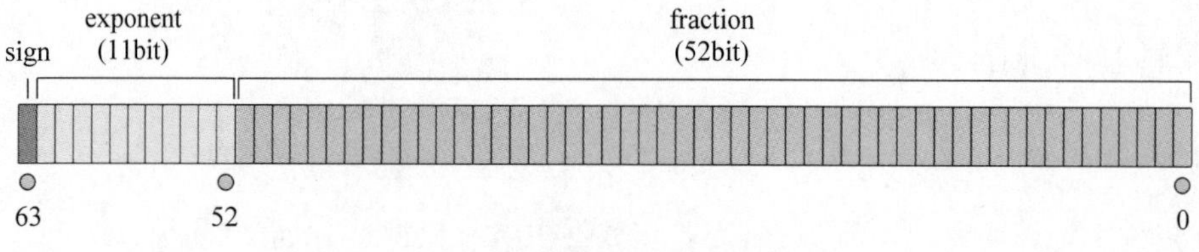

图 1.1.1　双精度浮点数各位分布情况

双精度浮点数所表示的数为

$$\begin{aligned} d &= (-1)^s(1+f)\times2^{c-1023} \\ &= (-1)^s(1.b_{51}b_{50}\cdots b_0)_2\times2^{c-1023} \\ &= (-1)^s\left(1+\sum_{i=1}^{52}b_{52-i}2^{-i}\right)\times2^{c-1023} \end{aligned}$$

$$
\begin{aligned}
&=(-1)^0(1+2^{-2}+2^{-4}+\cdots+2^{-52})\times 2^{-2}\\
&=0.3333333333333333
\end{aligned}
\tag{1.1.4}
$$

定义 1 若 x 为准确值，x^* 为 x 的一个近似值，称 $e^*=x^*-x$ 为近似值 x^* 的误差，$|e^*|=|x^*-x|$ 为近似值 x^* 的绝对误差，$e_r^*=|x^*-x|/|x|$ 为近似值 x^* 的相对误差。

定义 2 存在最小正数 ε^*，使得 $|e^*|\leqslant\varepsilon^*$，则称 ε^* 为近似值 x^* 的绝对误差的上界或误差限，可得相对误差限为 $\varepsilon_r^*=\varepsilon^*/|x|$。

例 1 若 x 为准确值，x^* 为 x 的一个近似值，确定下列近似值 x^* 的绝对误差和相对误差。

(1) $x=0.3000\times 10^1$，$x^*=0.3100\times 10^1$。

(2) $x=0.3000\times 10^{-3}$，$x^*=0.3100\times 10^{-3}$。

(3) $x=0.3000\times 10^4$，$x^*=0.3100\times 10^4$。

解：(1) $|e^*|=|x^*-x|=0.1$，$e_r^*=0.3333\times 10^{-1}$。

(2) $|e^*|=|x^*-x|=0.1\times 10^{-4}$，$e_r^*=0.3333\times 10^{-1}$。

(3) $|e^*|=|x^*-x|=0.1\times 10^3$，$e_r^*=0.3333\times 10^{-1}$。

从例 1 可以看出，3 个近似值具有相同的相对误差，但是其绝对误差相差比较大。绝对误差不能完全表示近似值的好坏。相对误差除考虑误差的大小外，还考虑了准确值自身的大小，因此相对误差评价指标更有意义。相对误差表示绝对误差占准确值的比例。

定义 3 若 x 为准确值，采用式(1.1.3)表示的 x^*，作为 x 的一个近似值，若存在一个最大正整数 n 满足

$$
e^*=|x^*-x|\leqslant\frac{1}{2}\times 10^{m-n+1}\tag{1.1.5}
$$

即绝对误差不超过第 n 位的半个单位，则称 x^* 作为 x 的一个近似值具有 n 位有效数字。

例 2 确定例 1 中 x^* 作为 x 的近似值的有效数字个数。

解：(1) $|e^*|=|x^*-x|=0.1\leqslant\frac{1}{2}\times 10^{0-1+1}$，$x^*$ 作为 x 的近似值有 1 位有效数字。

(2) $|e^*|=|x^*-x|=0.1\times 10^{-4}\leqslant\frac{1}{2}\times 10^{-4-1+1}$，$x^*$ 作为 x 的近似值有 1 位有效数字。

(3) $|e^*|=|x^*-x|=0.1\times 10^3\leqslant\frac{1}{2}\times 10^{3-1+1}$，$x^*$ 作为 x 的近似值有 1 位有效数字。

例 3 若 $x=\sqrt{3}=1.7320508\cdots$ 为准确值，确定下列 x^* 作为 x 的近似值的有效数字个数。

(1) $x_1^*=1.73$。

(2) $x_2^*=1.7321$。

(3) $x_3^*=1.7320$。

解：(1) $e_1^*=|\sqrt{3}-x_1^*|\approx 0.0021<\frac{1}{2}\times 10^{0-3+1}$，$x_1^*$ 有 3 位有效数字。

(2) $e_2^*=|\sqrt{3}-x_2^*|\leqslant 0.00005=\frac{1}{2}\times 10^{0-5+1}$，$x_2^*$ 有 5 位有效数字。

(3) $e_3^*=|\sqrt{3}-x_3^*|\approx 0.000051\leqslant\frac{1}{2}\times 10^{0-4+1}$，$x_3^*$ 有 4 位有效数字。

从例 3 可以得出一般的结论，x^* 作为 x 的近似值，若 x^* 按第 n 位的截取是按四舍五入规则，则其有效数字即为 n 位。

定理 1 若 x^* 作为 x 的近似值，且 x^* 采用 x 的前 n 位数字表示（相当于按四舍五入规则截断后面的所有位），x^* 和 x 采用科学记数法表示为

$$x^* = \pm a_1.a_2a_3\cdots a_{n-1} \times 10^m \tag{1.1.6}$$

$$x = \pm a_1.a_2a_3\cdots a_n a_{n+1}\cdots \times 10^m \tag{1.1.7}$$

注意 $a_1 \neq 0$。若 x^* 作为 x 的一个近似值具有 n 位有效数字，则

$$e_r^* \leqslant \frac{1}{2a_1} 10^{-n+1} \tag{1.1.8}$$

证明：下面计算 x^* 作为 x 的近似值的相对误差，即

$$\begin{aligned} e_r^* &= \left|\frac{x^* - x}{x}\right| \leqslant \left|\frac{0.5 \times 10^{m-n+1}}{a_1.a_2a_3\cdots a_{n+1}\cdots \times 10^m}\right| \\ &\leqslant \left|\frac{0.5 \times 10^{m-n+1}}{a_1 \times 10^m}\right| \\ &\leqslant \frac{1}{2a_1} \times 10^{-n+1} \end{aligned} \tag{1.1.9}$$

定理 2 若 x^* 作为 x 的近似值的相对误差满足

$$e_r^* \leqslant \frac{1}{2(a_1+1)} \times 10^{-n+1} \tag{1.1.10}$$

则 x^* 作为 x 的近似值具有 n 位有效数字。

证明：由相对误差计算公式可得

$$\begin{aligned} |x^* - x| &= |x| e_r^* \leqslant a_1.a_2a_3\cdots a_{n+1}\cdots \times 10^m \frac{1}{2(a_1+1)} \times 10^{-n+1} \\ &< (a_1+1) \times \frac{1}{2(a_1+1)} 10^{m-n+1} \\ &\leqslant \frac{1}{2} \times 10^{m-n+1} \end{aligned} \tag{1.1.11}$$

故 x^* 作为 x 的近似值具有 n 位有效数字。

对于双精度浮点数，因为 $2^{-53} \approx 1.1102\text{e}-16$，则含 53 位尾数，具有 15～17 位有效数字。如果一个含有 15 位有效数字的十进制数转换为双精度浮点数，然后双精度浮点数再转换回十进制数，则两个转换前后的二进制数相同。如果一个双精度浮点数转换为十进制数至少含有 17 位有效数字，然后将该十进制数转换回双精度浮点数，则两个转换前后的双精度浮点数相同。

2. 数值运算的误差估计

设 $f(x)$ 是一元可微函数，x 的近似值为 x^*，以 $f(x^*)$ 近似 $f(x)$，其绝对误差限和相对误差限分别记为 $\varepsilon^*(f(x^*))$ 和 $\varepsilon_r^*(f(x^*))$。由泰勒公式可得

$$f(x) - f(x^*) = f'(x^*)(x - x^*) + \frac{f''(\xi)}{2!}(x - x^*)^2 \tag{1.1.12}$$

ξ 属于 x 与 x^* 之间。

假定 $f''(x^*)$ 与 $f'(x^*)$ 的比值不太大，可忽略 $\varepsilon^*(x^*)$ 的高阶项，取绝对值可得函数的绝对误差限和相对误差限分别为

$$\varepsilon^*(f(x^*)) \approx |f'(x^*)|\varepsilon^*(x^*) \tag{1.1.13}$$

$$\varepsilon_r^*(f(x^*)) \approx \frac{\varepsilon^*(f(x^*))}{|f(x^*)|} \tag{1.1.14}$$

设 $f(\boldsymbol{x})=f(x_1,x_2,\cdots,x_p)$ 是多元函数，$\boldsymbol{x}=(x_1,x_2,\cdots,x_p)$ 的近似值为 $\boldsymbol{x}^*=(x_1^*,x_2^*,\cdots,x_p^*)$，以 $f(\boldsymbol{x}^*)$ 近似 $f(\boldsymbol{x})$，其误差限记为 $\varepsilon^*(f(\boldsymbol{x}^*))$。若高阶项可忽略，由泰勒公式可得到函数的绝对误差限和相对误差限分别为

$$\varepsilon^*(f(\boldsymbol{x}^*)) \approx \sum_{i=1}^{p}\left|\frac{\partial f(\boldsymbol{x}^*)}{\partial x_i}\right|\varepsilon^*(x^*) \tag{1.1.15}$$

$$\varepsilon_r^*(f(\boldsymbol{x}^*)) \approx \frac{\varepsilon^*(f(\boldsymbol{x}^*))}{|f(\boldsymbol{x}^*)|} \tag{1.1.16}$$

特别地，若 $f(\boldsymbol{x})=f(x_1,x_2)$。设两个近似值 x_1^* 和 x_2^* 的绝对误差分别为 $\varepsilon^*(x_1^*)$ 和 $\varepsilon^*(x_2^*)$。由式(1.1.15)可知，x_1^* 和 x_2^* 的和、差、积、商的绝对误差限分别为

$$\varepsilon^*(x_1^* \pm x_2^*) \leqslant \varepsilon^*(x_1^*)+\varepsilon^*(x_2^*) \tag{1.1.17}$$

$$\varepsilon^*(x_1^* x_2^*) \leqslant |x_1^*|\varepsilon^*(x_2^*)+|x_2^*|\varepsilon^*(x_1^*) \tag{1.1.18}$$

$$\varepsilon^*(x_1^*/x_2^*) \leqslant \frac{|x_1^*|\varepsilon^*(x_2^*)+|x_2^*|\varepsilon^*(x_1^*)}{|x_2^*|^2},\ |x_2^*| \neq 0 \tag{1.1.19}$$

3. 防止有效数字损失

在设计算法时要尽量避免误差危害，防止有效数字损失。通常要避免两个相近数相减，避免用绝对值很小的数作除数，还要注意运算次序和减少运算次数。采用截断的泰勒级数有时也有助于减小有效数字的损失。

例 4 设有两个数 $p=3.1415926536$ 和 $q=3.1415927341$，求 $p-q$ 有几位有效数字。

解：$p-q=0.0000030805$，由于两个数的前 6 位相等，所以它们的差只有 5 位有效数字。

例 5 求 $x^2-16x+1=0$ 的根。

解：$x_1=8+\sqrt{63}$，$x_2=8-\sqrt{63}\approx 8-7.94=0.06=x_2^*$，$x_2^*$ 只有 1 位有效数字。为避免两个相近数相减，可改用有理化的形式计算 $x_2=8-\sqrt{63}=1/(8+\sqrt{63})\approx 1/(8+7.94)\approx 0.0627$，有 3 位有效数字。

例 6 当 $x\approx y$ 时，计算 $\ln x-\ln y$ 是否会出现有效数字损失。即判断 $\ln x-\ln y=\ln(x/y)$ 是否能减少舍入误差。

解：当 $x\approx y$ 时，两个相近数相减，在计算 $\ln x-\ln y=\ln(x/y)$ 时会出现有效数字损失。

对于 $f(x)=\ln x$，若 x 有微小扰动 $\Delta x=x-x^*$，其相对误差为 $|\Delta x/x|$，函数值 $f(x^*)$ 的相对误差为 $|(f(x)-f(x^*))/f(x)|$，可计算相对误差比值

$$\frac{|(f(x)-f(x^*))/f(x)|}{|\Delta x/x|} \approx \left|\frac{xf'(x)}{f(x)}\right| = \frac{1}{\ln x} = C_p \tag{1.1.20}$$

当 $x\approx 1$ 时，C_p 充分大，函数值 $f(x^*)$ 的相对误差比较大。而当 $x\approx y$ 时，$x/y\approx 1$，故用 $\ln x-\ln y=\ln(x/y)$ 不能减少舍入误差。

函数条件数 C_p 衡量的是输入参数的微小变化可以使函数的输出值变化多少值。自变量相对误差一般不会太大，而条件数 C_p 很大，将引起函数值相对误差很大，出现这种情况的问题就是病态问题。

例 7 设 $P(x)=x^3-3x^2+3x-1$ 和 $Q(x)=((x-3)x+3)x-1$，用 3 位有效数字计算 $P(2.19)$ 和 $Q(2.19)$ 的近似值，并与真实值 $P(2.19)=Q(2.19)=1.685159$ 进行比较。

解：$P(2.19)=(2.19)^3-3\times(2.19)^2+3\times(2.19)-1\approx 10.5-14.4-6.57-1=1.67$，$Q(2.19)=((2.19-3)\times 2.19+3)\times 2.19-1\approx 1.69$，两者的误差分别为 0.015159 和 -0.004841，因此，近似值 $Q(2.19)$ 的误差较小。

例 7 中采用了多项式求值的秦九韶法，它不仅能减少运算次数，还能减少有效数字的损失。下面介绍秦九韶法及其用于求多项式的一阶导数。

给定 n 次多项式

$$p(x)=a_0x^n+a_1x^{n-1}+\cdots+a_{n-1}x+a_n \tag{1.1.21}$$

秦九韶法计算多项式的公式

$$p(x)=(((a_0x+a_1)x+a_2)x+\cdots+a_{n-1})x+a_n \tag{1.1.22}$$

由里到外计算的迭代算式如下，即

$$\begin{cases} b_0=a_0 \\ b_i=b_{i-1}x+a_i \quad i=1,2,\cdots,n \end{cases} \tag{1.1.23}$$

如果令 $x=x^*$，式(1.1.22)进行 n 次乘法和 n 次加法，便可计算出多项式在 $x=x^*$ 的值 $p(x^*)$。

秦九韶法还可用于求 $p(x)$ 在 $x=x^*$ 处的导函数值 $p'(x^*)$，由多项式的欧几里得算法和上面的迭代算式有

$$\begin{array}{r|l}
 & \quad b_0x^{n-1}+b_1x^{n-2}+\cdots+b_{n-1} \\
x-x^* & a_0x^n+a_1x^{n-1}+\cdots+a_{n-1}x+a_n \\
 & \underline{b_0x^n-b_0x^*x^{n-1}\qquad\qquad\qquad} \\
 & (b_0x^*+a_1)x^{n-1}+\cdots+a_{n-1}x+a_n \\
 & \underline{\qquad b_1x^{n-1}-b_1x^*x^{n-2}\qquad} \\
 & \underline{\qquad\qquad\qquad\qquad\cdots} \\
 & \qquad (b_{n-2}x^*+a_{n-1})x+a_n \\
 & \underline{\qquad\qquad b_{n-1}x-b_{n-1}x^*} \\
 & \qquad\qquad b_{n-1}x^*+a_n
\end{array} \tag{1.1.24}$$

记 $q(x)=b_0x^{n-1}+b_1x^{n-2}+\cdots+b_{n-1}$，即

$$p(x)=(x-x^*)q(x)+b_n \tag{1.1.25}$$

对 x 求导，即

$$p'(x)=q(x)+(x-x^*)q'(x) \tag{1.1.26}$$

因此

$$p'(x^*)=q(x^*)=b_0(x^*)^{n-1}+b_1(x^*)^{n-2}+\cdots+b_{n-2}x^*+b_{n-1} \tag{1.1.27}$$

例 8 设多项式为 $p(x)=2x^4-3x^2+3x-4$，试用秦九韶法计算 $p(2)$ 和 $p'(2)$。

解：由式(1.1.23)和式(1.1.27)，并代入 $x^*=2$，可列出表 1.1.1，其中 $c_0=b_0, c_i=c_{i-1}x^*+b_i, i=1,2,3$。由表 1.1.1 可得 $p(2)=22$ 和 $p'(2)=55$。

表 1.1.1 秦九韶法计算 $p(2)$ 和 $p'(2)$

	x^4	x^3	x^2	x^1	x^0
a_0, a_1, a_2, a_3, a_4	2	0	−3	3	−4
b_0, b_1, b_2, b_3, b_4	2	4	5	13	22
c_0, c_1, c_2, c_3	2	8	21	55	

例 9 设 $f(x)$ 及其泰勒近似多项式 $P(x)$ 分别为

$$f(x)=\frac{e^x-x-1}{x^2}$$

$$P(x)=\frac{1+x+\frac{x^2}{2!}+\frac{x^3}{3!}+\frac{x^3}{4!}-x-1}{x^2}=\frac{1}{2!}+\frac{x}{3!}+\frac{x^2}{4!}$$

用 6 位有效字计算 $f(0.01)$ 和 $P(0.01)$ 的近似值，$f(0.01)$ 的真实值为 0.50167084168057542…。

解：$f(0.01)=\frac{e^{0.01}-0.01-1}{0.01^2}=\frac{1.01005-0.01-1}{0.0001}\approx 0.5$，

$P(0.01)=\frac{1}{2!}+\frac{0.01}{3!}+\frac{0.0001}{4!}\approx 0.501671$，当 $f(0.01)$ 的真实值取 6 位有效数字时，它与 $P(0.01)$ 相同。

4. 算法的稳定性

一个算法如果输入数据有扰动(即有误差)，而计算过程中舍入误差不增长，则称此算法是数值稳定的，否则称此算法为不稳定的。

例 10 计算 $I_n=\frac{1}{e}\int_0^1 x^n e^x dx\ (n=0,1,2,\cdots)$ 并估计误差。

解：利用分部积分，可得递推公式 $I_n=1-nI_{n-1}$。下面采用两种方法计算积分。

方法一：从 I_0 开始计算，先计算 $I_0^{(1)}=\frac{1}{e}\int_0^1 e^x dx=1-\frac{1}{e}\approx 0.63212056$，然后用递推公式 $I_n^{(1)}=1-n\ I_{n-1}^{(1)}$ 计算积分，结果见表 1.1.2 中第 2、5 列。

方法二：从 I_{15} 开始计算，因为 $\frac{1}{e(n+1)}=\frac{1}{e}\int_0^1 x^n dx<\frac{1}{e}\int_0^1 x^n e^x dx<\int_0^1 x^n dx=\frac{1}{n+1}$，取中点作为 I_{15} 的估计，$I_{15}^{(2)}=\frac{1}{2}\left[\frac{1}{e\cdot 16}+\frac{1}{16}\right]\approx 0.04274623$，然后采用递推公式 $I_{n-1}^{(2)}=\frac{1}{n}(1-I_n^{(2)})$ 计算积分，结果见表 1.1.2 中第 3、6 列。

表 1.1.2 采用两种方法计算的积分近似值

n	$I_n^{(1)}$	$I_n^{(2)}$	n	$I_n^{(1)}$	$I_n^{(2)}$
0	0.63212056	0.63212056	8	0.10093888	0.10093197
1	0.36787944	0.36787944	9	0.09155008	0.09161229
2	0.26424112	0.26424112	10	0.08449920	0.08387712
3	0.20727665	0.20727665	11	0.07050880	0.07735173
4	0.17089342	0.17089341	12	0.15389439	0.07177921
5	0.14553292	0.14553294	13	−1.00062702	0.06687022
6	0.12680248	0.12680236	14	15.00877825	0.06381692
7	0.11238264	0.11238350	15	−224.13167378	0.04274623

1.2 统计基础

1.2.1 随机变量和概率分布

1. 分布函数

记 X 和 $\boldsymbol{X}$ 分别表示随机变量和随机向量，x 和 $\boldsymbol{x}$ 分别表示对应的取值。一元随机变量的概率密度函数、累积分布函数分布分别记为 $f(x)$和 $F(x)$，其中 $F(x)$可以表示成概率密度函数 $f(x)$的定积分形式，即

$$F(x)=P(X\leqslant x)=\int_{-\infty}^{x}f(x)\mathrm{d}x \tag{1.2.1}$$

多元随机向量的概率密度函数、累积分布函数分布分别记为 $f(\boldsymbol{x})$和 $F(\boldsymbol{x})$，其中 $F(\boldsymbol{x})$可以表示成概率密度函数 $f(\boldsymbol{x})$的定积分形式，即

$$\begin{aligned}F(\boldsymbol{x})&=P(\boldsymbol{X}\leqslant \boldsymbol{x})=P\{X_1\leqslant x_1,X_2\leqslant x_2,\cdots,X_p\leqslant x_p\}\\&=\int_{-\infty}^{x_1}\cdots\int_{-\infty}^{x_p}f(x)\mathrm{d}x_1\cdots\mathrm{d}x_p\end{aligned} \tag{1.2.2}$$

对于随机向量列分块 $\boldsymbol{X}=(\boldsymbol{X}_1,\boldsymbol{X}_2)$，如 $\boldsymbol{X}_1=(x_1,x_2,\cdots,x_{p_1})$，$\boldsymbol{X}_2=(x_{p_1+1},x_{p_1+2},\cdots,x_p)$，可得边际分布 $F_{X_1}(\boldsymbol{x}_1)$和条件分布 $F_{\boldsymbol{X}_2|\boldsymbol{X}_1}(\boldsymbol{x}_2|\boldsymbol{x}_1)$分别为

$$F_{X_1}(\boldsymbol{x}_1)=P(\boldsymbol{X}_1\leqslant \boldsymbol{x}_1)=\int_{-\infty}^{x_1}\cdots\int_{-\infty}^{x_{p_1}}f_{X_1}(\boldsymbol{x}_1)\mathrm{d}x_1\cdots\mathrm{d}x_{p_1} \tag{1.2.3}$$

$$\begin{aligned}F_{X_2|X_1}(\boldsymbol{x}_2\mid \boldsymbol{x}_1)&=P(\boldsymbol{X}_2\leqslant \boldsymbol{x}_2\mid \boldsymbol{X}_1=\boldsymbol{x}_1)\\&=\int_{-\infty}^{x_1}\cdots\int_{-\infty}^{x_{p_1}}f_{X_2|X_1}(\boldsymbol{x}_2\mid \boldsymbol{x}_1)\mathrm{d}x_1\cdots\mathrm{d}x_{p_1}\end{aligned} \tag{1.2.4}$$

其中边际概率密度 $f_{\boldsymbol{X}_1}(x)$和条件概率密度 $f_{X_2|X_1}(\boldsymbol{x}_2|\boldsymbol{x}_1)$分别为

$$f_{X_1}(\boldsymbol{x}_1)=\int_{-\infty}^{x_{p_1+1}}\cdots\int_{-\infty}^{x_p}f(\boldsymbol{x})\mathrm{d}x_{p_1+1}\cdots\mathrm{d}x_p \tag{1.2.5}$$

$$f_{X_2|X_1}(\boldsymbol{x}_2\mid \boldsymbol{x}_1)=\frac{f(\boldsymbol{x})}{f_{\boldsymbol{X}_1}(\boldsymbol{x}_1)}=\frac{f(x_1,x_2,\cdots,x_p)}{f_{\boldsymbol{X}_1}(\boldsymbol{x}_1)} \tag{1.2.6}$$

在统计中，通常需要根据数据和相关辅助信息对概率分布进行推断，或者对概率分布中的未知参数 $\boldsymbol{\theta}$ 进行估计。一般地，$f(x|\boldsymbol{\theta})$ 和 $f(\boldsymbol{x}|\boldsymbol{\theta})$ 表示概率密度函数依赖一个或多个参数。上面主要给出了连续型随机变量和随机向量的概率密度函数和分布函数。对于离散随机变量分布或随机向量分布函数，只需将 $f(\boldsymbol{x})$ 变成 $P(\boldsymbol{x})$，分布函数中积分变成求和即可。

2. 离散型随机变量分布

下面简要介绍泊松分布、超几何分布、几何分布、负二项分布与多项分布。泊松分布的定义如下。

定义 4 若随机变量 X 的取值为非负整数，且相应的概率为

$$P(X=k)=\frac{\lambda^k}{k!}\mathrm{e}^{-\lambda},\quad k=0,1,2,\cdots,\lambda>0 \tag{1.2.7}$$

则称 X 服从泊松分布(Poisson Distribution)，记作 $X\sim P(\lambda)$。λ 为泊松分布的参数，λ 表示单位时间或空间上稀有事件发生的平均次数。

泊松分布通常用来描述单位时间或空间上稀有事件发生次数的分布。例如，某交换台在某段时间内接到的呼唤次数，某公共汽车站在固定时间内到来的乘客数，某区域某段时间内发生的交通事故次数或煤矿事故次数等，显微镜下某区域中血球或微生物的数目，每米布的疵点数或每页书中错别字数目。泊松分布随机变量的期望和方差均是 λ。

定义 5 若随机变量 X 的取值是闭区间$[\max(0,M+n-N),\min(M,n)]$内的一切整数，且相应的概率为

$$P(X=k)=\frac{C_M^k C_{N-M}^{n-k}}{C_N^n} \tag{1.2.8}$$

则称 X 服从超几何分布(Hypergeometric Distribution)，记作 $X\sim H(M,N,n)$。

超几何分布经常出现在产品的抽样检查中。例如，有 N 件产品，其中 M 件是不合格品，随机地从 N 件产品中无放回抽取 n 件产品，超几何分布可用来刻画抽取的 n 件产品中有 k 件不合格品的概率。超几何分布随机变量的期望和方差分别为 nM/N 和 $nM(N-n)(N-M)/(N^2(N-1))$。由于不合格品在整个产品中的比例为 M/N，共抽 n 件，故 n 件样品中不合格品的平均个数应为 $n(M/N)$。

定义 6 在一次伯努利试验中，事件 A 出现的概率为 p，试验一个接一个地独立进行，用随机变量 X 表示首次出现事件 A 所进行的试验次数，其取值为正整数，且相应的概率为

$$P(X=k)=p\,(1-p)^k,\quad k=1,2,3,\cdots \tag{1.2.9}$$

则称 X 服从几何分布(Geometric Distribution)，记作 $X\sim G(p)$。

几何分布用于描述首次出现事件 A 所进行的试验次数的分布，如某交通路口每辆汽车的人数分布。例如，某血库急需 AB 型血，需要从献血者中获得。根据经验，每 100 个献血者只能获得 2 个身体合格的 AB 型血的人。对献血者一个接一个地进行化验，用 X 表示每次找到合格的 AB 型血的人时，已被化验的献血者人数 $X\sim G(0.02)$。几何分布随机变量的期望和方差分别为 $1/p$ 和$(1-p)/p^2$。

定义 7 在一次伯努利试验中，事件 A 出现的概率为 p，试验一个接一个地独立进行，用随机变量 X 表示第 r 次出现事件 A 所进行的试验次数，且相应的概率为

$$P(X=k)=C_{k-1}^{r-1}p^r\,(1-p)^{k-r},\quad k=r,r+1,r+2,\cdots \tag{1.2.10}$$

则称 X 服从负二项分布（Negative Binomial Distribution）或帕斯卡分布（Pascal Distribution），记作 $X \sim \mathrm{NB}(r,p)$。

负二项分布用于描述第 r 次出现事件 A 所进行的试验次数的分布。例如，负二项分布可用于估计一条湖中的鱼数，或估计数量较大的某批产品中的次品率。如果希望估计某湖中的鱼数，需要先捕 M 条鱼并标上记号后放回湖中，一段时间后，从湖中一条接一条地往上捞，直到捞上的鱼有 $r(r<M)$ 条标有记号为止，若这时总共捕获了 n 条鱼，则可估计湖中的鱼数 $N \approx M + nM/r$（也可用超几何分布估计湖中的鱼数）。这是因为捕鱼是随机进行的，故实际捕获的鱼数 n 应当接近期望 $E(X)$。而负二项分布随机变量的期望和方差分别为 $r(1-p)/p$ 和 $r(1-p)/p^2$，即有 $E(X)=r(1-p)/p=r(1-M/N)/(M/N)\approx n$，可解出湖中的鱼数 $N \approx M + nM/r$。

定义 8 给定正整数 N，设随机向量 $\boldsymbol{X}=(X_1,X_2,\cdots,X_n)$ 满足下列条件。

(1) $X_i \geqslant 0, 1 \leqslant i \leqslant n, \sum_{i=1}^{n} X_i = N$。

(2) $k_i \geqslant 0, 1 \leqslant i \leqslant n, \sum_{i=1}^{n} k_i = N$。

(3) $P(X_1=k_1,X_2=k_2,\cdots,X_n=k_n)=\begin{pmatrix} N \\ k_1,k_2,\cdots,k_n \end{pmatrix}\prod_{i=1}^{n} p_i^{k_i} = \dfrac{\Gamma(N)}{\Gamma(k_1)\Gamma(k_2)\cdots\Gamma(k_n)}\prod_{i=1}^{n} p_i^{k_i}$，

$\sum_{i=1}^{n} p_i = 1$，则称 X 服从多项分布（Multinomial Distribution），记作 $X \sim \mathrm{PN}(N;p_1,p_2,\cdots,p_n)$。其中 $\Gamma(\cdot)$ 为伽马函数，其定义为

$$\Gamma(r)=\int_0^{+\infty} t^{r-1}\mathrm{e}^{-t}\mathrm{d}t, \quad r \neq 0,-1,-2,\cdots \tag{1.2.11}$$

注意，$\Gamma(n+1)=n!$，$\Gamma(1/2)=\sqrt{\pi}$。

多项分布是二项分布的直接推广，若 $n=2$，则有 $X_1 \sim B(N,p_1)$ 和 $X_2 \sim B(N,p_2)$。在一个大城市中，若已知男性在总人数中的比例为 p，从城市中随机抽取 N 个人，用 X 表示其中男性的人数，则 X 服从二项分布，记作 $X \sim B(N,p)$。类似地，在一个大城市中，若将人口按年龄分成 n 组，这 n 组人在总人口中各自占的比例分别为 $p_1,p_2,\cdots,p_n$，从城市中随机抽取 N 个人，用 $\boldsymbol{X}=(X_1,X_2,\cdots,X_n)$ 表示其中各年龄组的人数，则 $\boldsymbol{X}$ 服从多项分布，记作 $X \sim \mathrm{PN}(N;p_1,p_2,\cdots,p_n)$。

另外，还有离散型均匀分布、Zipf 分布、多元超几何分布，多元负二项分布等。例如，齐夫定律（即 Zipf 分布）是由哈佛大学的语言学家乔治·金斯利·齐夫（George Kingsley Zipf）于 1949 年发现的实验定律。在自然语言的语料库里，一个单词出现的频率与它在频率表里的排名成正比。所以，频率最高的单词出现的频率大约是出现频率第二位的单词的 2 倍，而出现频率第二位的单词则是出现频率第四位的单词的 2 倍。这个定律被作为任何与幂定律概率分布有关的事物规律的参考分布，即

$$P(X=k)=\frac{C}{k^{\alpha}}, \quad k=1,2,3,\cdots,\alpha>0 \tag{1.2.12}$$

遵循该定律的现象有单词的出现频率，网页访问频率，城市人口，前 3% 的收入，地震震级，固体破碎时的碎片大小等。

3. 连续型随机变量分布

定义 9 设随机变量 X 是取值为正数的随机变量，若 $\ln(X)$ 服从正态分布 $N(\mu,\sigma^2)$，即 $X=x$ 的概率密度为

$$f(X=x)=\frac{1}{\sqrt{2\pi}\sigma x}\exp\left\{-\frac{(\ln(x)-\mu)^2}{2\sigma^2}\right\},\quad x>0 \tag{1.2.13}$$

则称 X 服从对数正态分布(Log-normal Distribution)，记作 $X\sim \mathrm{LN}(\mu,\sigma^2)$。

对数正态分布的概率密度可由正态分布概率密度 $\varphi(z)$ 和随机变量函数的概率密度计算，$f(x)=\varphi[h(x)]\,|h'(x)|$，其中 $x=g(z)=\exp(z)$，$z=h(x)=g^{-1}(x)=\ln(x)$ 为单调连续可导函数，$|h'(x)|=\ln'(x)=1/x$。对数正态分布可用于描述英语单词的长度，流行病蔓延时间的长短，某些电器的寿命，某种花岗岩中三氧化二铁(Fe_2O_3)的含量等。对数正态分布随机变量的期望 $E(X)=\exp(\mu+0.5\sigma^2)$ 和方差 $D(X)=\exp(2\mu+\sigma^2)/(\mathrm{e}^{\sigma^2}-1)$。

定义 10 若随机变量 X 是取值为正数的随机变量，其概率密度为

$$f(X=x)=\frac{1}{\Gamma(\alpha)}\beta^{\alpha}x^{\alpha-1}\exp(-\beta x),\quad x>0 \tag{1.2.14}$$

则称 X 服从参数为 α(形状参数)和 β(速率参数)伽马分布(Gamma Distribution)，记作 $X\sim\Gamma(\alpha,\beta)$。

伽马分布用于度量随机事件发生 α 次需要经历多久或等待时间的分布。伽马分布的期望 $E[X]=\alpha/\beta$ 和方差 $D[X]=\alpha/\beta^2$。当 $\beta=1$ 时，它为标准的伽马分布；当 $\alpha=n/2,\beta=1/2$ 时，它为自由度为 n 的卡方分布 χ_n^2；当 $\alpha=1$ 时，它为指数分布(Exponential Distribution)或负指数分布，记作 $X\sim\exp(\beta)$。指数分布用于描述随机事件 A 发生一次的等待时间分布或泊松分布随机事件相邻两次发生的间隔时间分布，伽马分布随机变量 X 就是 α 个相互独立的指数分布随机变量 X_i 的和的分布 $X=\sum_{i=1}^{\alpha}X_i$，$X_i\sim\exp(\beta)$，$i=1,2,\cdots,\alpha$。

定义 11 若随机变量 X 是取值大于或等于 δ 的随机变量，其概率密度为

$$f(X=x)=\begin{cases}\dfrac{\alpha}{\beta}(x-\delta)^{\alpha-1}\exp\{(-(x-\delta)^{\alpha}/\beta)\}, & x\geqslant\delta\\ 0, & x<\delta\end{cases} \tag{1.2.15}$$

则称 X 服从韦布尔分布(Weibull Distribution)，记作 $X\sim W(\alpha,\beta,\delta)$。

韦布尔分布是寿命试验和可靠性理论的基础，它是瑞典科学家 Waloddi Weibull 于 1939 年首先提出的。当 $\delta=0,\alpha=1$ 时，它为指数分布 $X\sim\exp(1/\beta)$；当 $\delta=0,\alpha=2$ 时，它为瑞利分布(Rayleigh Distribution)。对于指数分布 $X\sim\exp(\beta)$，其中 $1/\beta$ 为平均寿命参数，β 为失效率(单位长度时间内失效的概率)。

$$P(X\geqslant t_0+t\mid X\geqslant t_0)=\frac{P(X\geqslant t_0+t)}{P(X\geqslant t_0)}=\frac{1-F(t_0+t)}{1-F(t_0)}=F(t) \tag{1.2.16}$$

$$\frac{P(t_0\leqslant X\leqslant t_0+t\mid X\geqslant t_0)}{t}=\frac{F(t_0+t)-F(t_0)}{t(1-F(t_0))}==\frac{F'(t_0)}{(1-F(t_0))}=\beta \tag{1.2.17}$$

因为某元件已经正常工作 t_0 小时，再正常工作 t 小时以上的概率与新元件正常工作 t 小时以上的概率相同，或者因为失效率与时间无关，因此指数分布被称为“永远年轻的分布”。若

β 定义为 t 的函数，如 $\beta(t)=2t/\beta$，由式(1.2.17) 可得 $F(t)=1-\exp(-t^2/\beta)$，求导可得 $f(t)=\dfrac{2}{\beta}t\exp(-t^2/\beta)$，即为瑞利分布。

定义 12 随机向量 $\boldsymbol{X}=(X_1,X_2,\cdots,X_n)$ 如果满足以下条件。

(1) $\sum_{i=1}^{n} x_i=1, x_i>0, i=1,2,\cdots,n$。

(2) $\alpha_0=\sum_{i=1}^{n}\alpha_i, \alpha_i>0, i=1,2,\cdots,n$。

(3) $\boldsymbol{X}=(X_1,X_2,\cdots,X_n)$ 的概率密度函数为

$$f(x_1,x_2,\cdots,x_n)=\frac{\Gamma(\alpha_0)}{\prod_{i=1}^{n}\Gamma(\alpha_i)}\prod_{i=1}^{n}x_i^{\alpha_i-1} \tag{1.2.18}$$

则称 X 服从狄利克雷分布(Dirichlet Distribution)，记作 $X\sim D_n(\alpha_1,\alpha_2,\cdots,\alpha_n)$。

狄利克雷分布往往作为多项分布参数$(p_1,p_2,\cdots,p_n)$的先验分布而出现，它起着沟通各种分布的桥梁作用。例如，若把双胞胎中的每个人吸烟状况定义为一个随机变量，可取值1(从未吸烟)，2(曾经吸烟)，3(正在吸烟)。用 p_1,p_2,p_3 分别表示每人取到值 1,2 和 3 的概率，则可假设(p_1,p_2,p_3)服从狄利克雷分布 $D_3(\alpha_1,\alpha_2,\alpha_3)$，其中 $\alpha_1,\alpha_2,\alpha_3$ 为未知参数。狄利克雷分布的期望 $E[X_i]=\alpha_i/\alpha_0$ 和方差 $D[X_i]=\alpha_i(\alpha_0-\alpha_i)/(\alpha_0^2(\alpha_0+1))$。当 $n=2$ 时，狄利克雷分布 $D_2(\alpha_1,\alpha_2)$为贝塔分布，记作 $X\sim B(\alpha_1,\alpha_2)$。特别地，当 $\alpha_1=\alpha_2=0.5$ 时，X 服从均匀分布 $U(0,1)$；当 $\alpha_2=1$ 时，X 服从幂函数分布，其概率密度函数为 $f(x)=\alpha_1 x^{\alpha_1-1}, 0\leqslant x\leqslant 1$。

1.2.2 似然推断

极大似然估计是由 R. A. Fisher 提出的。通过使样本的概率最大化，寻找未知参数的最可能值。假设样本观测值 $x_1,x_2,\cdots,x_n$ 是独立同分布的，总体分布 X 具有概率密度 $f(x|\boldsymbol{\theta})$，其中 $\boldsymbol{\theta}$ 为未知参数向量，其定义域或参数空间记为 Θ，似然函数为给定 $\boldsymbol{\theta}$ 时观测样本的联合概率密度，即

$$L(\boldsymbol{x}\mid\boldsymbol{\theta})=f(x_1,x_2,\cdots,x_n\mid\boldsymbol{\theta})=\prod_{i=1}^{n}f(x_i\mid\boldsymbol{\theta}) \tag{1.2.19}$$

极大似然估计通常要寻找未知参数向量$\hat{\boldsymbol{\theta}}$，使得样本的联合概率密度或似然函数最大化，即

$$\hat{\boldsymbol{\theta}}=\underset{\boldsymbol{\theta}\in\Theta}{\operatorname{argmax}}\,L(\boldsymbol{x}\mid\boldsymbol{\theta}) \tag{1.2.20}$$

由于对数函数是严格单调函数，故 $L(\boldsymbol{x}|\boldsymbol{\theta})$与 $l(\boldsymbol{x}|\boldsymbol{\theta})=\ln(L(\boldsymbol{x}|\boldsymbol{\theta}))$在同一个$\hat{\boldsymbol{\theta}}$处取得最大值，并且求解 $l(\boldsymbol{x}|\boldsymbol{\theta})=\ln(L(\boldsymbol{x}|\boldsymbol{\theta}))$的最大值相对简单。因此，极大似然估计往往是通过求解式(1.2.21)得到，即

$$\hat{\boldsymbol{\theta}}=\underset{\boldsymbol{\theta}\in\Theta}{\operatorname{argmax}}\,l(\boldsymbol{x}\mid\boldsymbol{\theta}) \tag{1.2.21}$$

注意，求 $L(\boldsymbol{x}|\boldsymbol{\theta})$与 $l(\boldsymbol{x}|\boldsymbol{\theta})$的最大值等价于解方程(组)，具体内容将在第 4 章介绍。

1.2.3 贝叶斯推断

假设总体分布 X 具有概率密度 $f(x|\boldsymbol{\theta})$。在贝叶斯推断中，参数 $\boldsymbol{\theta}$ 被看作是随机向量，

以 $f(\boldsymbol{\theta})$ 表示获得观测数据前关于 $\boldsymbol{\theta}$ 的密度，将其称为先验分布。先验分布可能是基于以前的数据或分析得到，也可能是个人主观选择，它反映参数可能取值的相对权重。给定先验分布和样本观测值 $x_1,x_2,\cdots,x_n$，贝叶斯定理允许基于观测数据修正未知参数的先验分布。贝叶斯定理使用数据更新 $\boldsymbol{\theta}$ 的分布，将其称为后验密度 $f(\boldsymbol{\theta}|x)$，即

$$f(\boldsymbol{\theta} \mid x)=\frac{L(\boldsymbol{x} \mid \boldsymbol{\theta})f(\boldsymbol{\theta})}{\int_{\Theta} L(\boldsymbol{x} \mid \boldsymbol{\theta})f(\boldsymbol{\theta})\mathrm{d}\boldsymbol{\theta}} \tag{1.2.22}$$

分母表示在参数空间 Θ 上积分，该后验分布常被用来对 $\boldsymbol{\theta}$ 进行统计推断。在后验分布中，常常需要计算积分，数值积分内容将在第5章介绍。

1.2.4 统计极限理论

下面简要回顾概率统计中3类收敛的概念，即依概率收敛，依分布收敛和以概率1一致收敛。

定理3（弱大数定理，Weak Law of Large Numbers，WLLN） 设 $X_1,X_2,X_3,\cdots$ 是相互独立、服从同一分布的随机变量序列，且具有期望 $E[X_i]=\mu(i=1,2,3,\cdots)$。记前 n 个变量的算术平均 $Y_n=\frac{1}{n}\sum_{i=1}^{n}X_i$，则对任意 $\varepsilon>0$，有

$$\lim_{n\to+\infty}P\{|Y_n-\mu|<\varepsilon\}=1 \tag{1.2.23}$$

则称随机变量序列 $X_1,X_2,X_3,\cdots$ 依概率收敛于 μ，记为 $Y_n\xrightarrow{P}\mu$。

定理4（斯鲁茨基定理，Slutsky's theorem） 设 $\{X_{1n}\},\{X_{2n}\},\cdots,\{X_{kn}\}$ 是 k 个随机变量序列，设 $X_{in}\xrightarrow{P}a_i(i=1,2,\cdots,k)$，函数 $R(x_1,x_2,\cdots,x_k)$ 是 k 元变量的有理函数，并且 $R(a_1,a_2,\cdots,a_k)\neq\pm\infty$，则有

$$R(X_{1m},X_{2m},\cdots,X_{kn})\xrightarrow{P}R(a_1,a_2,\cdots,a_k),n\to+\infty \tag{1.2.24}$$

该定理给出了依概率收敛的性质。特别地，若 $g(x,y)=x\pm y$，则 $X_n\pm Y_n\xrightarrow{P}a\pm b$；若 $g(x,y)=xy$，则 $X_nY_n\xrightarrow{P}ab$；若 $g(x,y)=x/y$ 且 $b\neq0$，则 $X_n/Y_n\xrightarrow{P}a/b$。由此可知，随机变量序列在概率意义上的极限（即依概率收敛于常数）在四则运算下仍然成立。这与高等数学中的极限性质类似。

定理5（李雅普诺夫定理） 设 $X_1,X_2,X_3,\cdots$ 相互独立，它们的数学期望 $E[X_i]=\mu(i=1,2,3,\cdots)$ 和方差 $D[X_i]=\sigma_i^2(i=1,2,3,\cdots)$，记 $B_n^2=\sum_{i=1}^{n}\sigma_i^2$。若存在正数 δ，使得当 $n\to+\infty$ 时，有

$$\frac{1}{B_n^{2+\delta}}\sum_{i=1}^{n}E[|X_i-\mu_i|^{2+\delta}]\to0 \tag{1.2.25}$$

则随机变量 $\sum_{i=1}^{n}X_i$ 的标准化随机变量依分布收敛于标准正态分布，即

$$\lim_{n\to+\infty}F_{Y_n}(x)=\lim_{n\to+\infty}P\left\{\frac{\sum_{i=1}^{n}X_i-\sum_{i=1}^{n}\mu_i}{B_n}\leqslant x\right\}$$

$$=\int_{-\infty}^{x}\frac{1}{\sqrt{2\pi}}\mathrm{e}^{-t^2/2}\mathrm{d}t=\Phi(x) \tag{1.2.26}$$

定理 6(**格里汶科定理**) 给定观测样本 $x_1,x_2,\cdots,x_n$,其经验分布函数 $F_n(x)$ 为

$$F_n(x)=\begin{cases}0, & x<x_{(1)}\\ i/n, & x_{(i)}\leqslant x<x_{(i+1)},i=1,2,\cdots,n-1\\ 1 & x_{(n)}\leqslant x\end{cases} \tag{1.2.27}$$

其中,$x_{(1)}\leqslant x_{(2)}\leqslant\cdots\leqslant x_{(n)}$ 为 $x_1,x_2,\cdots,x_n$ 的有序样本。对于任意实数 x,当 $n\to+\infty$ 时有

$$P\{\lim_{n\to+\infty}\sup_{-\infty<x<+\infty}|F_n(x)-F(x)|=0\}=1 \tag{1.2.28}$$

即 $F_n(x)$ 以概率 1 一致收敛于分布函数 $F(x)$。也就是说,对于任意实数 x,当样本量 n 充分大时,经验分布函数的任一观察值 $F_n(x)$ 与总体分布函数 $F(x)$ 只有微小的差别,从而在实际上可当作 $F(x)$ 使用。

1.3 计算统计软件

1.3.1 Python 软件

Python 是一种结合了解释性、编译性、互动性和面向对象的编程高级语言。Python 语言自从 20 世纪 90 年代初诞生至今,逐渐被广泛应用于处理系统管理任务和 Web 编程。2004 年以后,Python 的使用率呈线性增长。2011 年 1 月,它被 TIOBE 编程语言排行榜评为 2010 年度语言。最近几年,随着人工智能的飞速发展,Python 在 2020 年和 2019 年位列排行榜第三,在 2021 年、2022 年、2023 年均位列排行榜第一,成为较受欢迎的程序设计语言之一。

Python 与科学计算的关系源远流长。Python 的第一个公开版本是在 1991 年发布的 0.9.0。Python 的科学计算工具也随之逐渐发展起来。NumPy 的历史可以追溯到 20 世纪 90 年代中期,它的前身为 Numeric(采用 C 语言编写并且实现了快速线性代数计算)和 Numarray(用于处理高维数组,可灵活索引、数据类型变换、广播等)。2005 年出现的 NumPy,继承和吸取了 Numeric 中丰富的程序接口及 Numarray 的高维数组处理能力。Python 的科学计算库 SciPy,从 2001 年的 SciPy 0.1 发展到 2017 年的 SciPy 1.0。NumPy 和 SciPy 等经历了多个版本的更新,许多计算变得更快捷,功能也更加丰富,Python 获得高效且强大的数值运算工具,这也巩固了 Python 作为领先的科学计算语言的地位。与 Python 相比,MATLAB 专业性更强,然而除专业性特别强的工具箱外,MATLAB 的大部分常用功能都可以在 Python 中找到相应的扩展库。

1. 矩阵计算

NumPy 和 SciPy 均包含矩阵计算的相关方法。矩阵计算的相关方法主要在 scipy.linalg 包中,并且 scipy.linalg 包含 numpy.linalg 中所有方法。表 1.3.1 列出了 NumPy 中关于矩阵的基本操作,表 1.3.2 列出了 scipy.linalg 包中矩阵的基本方法及特征值计算方法。另外,SciPy 中 scipy.sparse.linalg 主要针对稀疏矩阵计算。

表 1.3.1 NumPy 中关于矩阵的基本操作

例行程序或子程序	主要功能(函数)
numpy	线性代数中矩阵和向量的基本运算：矩阵乘法(matmul),矩阵点积(dot),向量内积(inner),向量外积(outer),张量乘积(tensordot),克罗内克积(kron),秩(rank),迹(trace)
numpy.linalg	线性代数中矩阵和向量的运算：条件数(cond),行列式(det),特征值和特征向量(eig),逆矩阵(inv),范数(norm),广义逆(pinv),奇异值分解(svd)等
numpy.matlib	矩阵转换及常见矩阵类型：数组转换为矩阵(asmatrix),矩阵初始化(empty),零矩阵(zeros),全 1 矩阵(ones),单位阵(eye 或 identity),矩阵重复扩充(repmat),U(0,1)随机数矩阵(rand),标准正态分布随机数矩阵(randn)

表 1.3.2 scipy.linalg 包中矩阵的基本方法及特征值计算方法

Python 方法	功　能
inv(a[,overwrite_a,check_finite])	矩阵的逆
solve(a,b[,sym_pos,lower,overwrite_a,…])	解线性方程组(系数矩阵为方阵)
solve_banded(l_and_u,ab,b[,overwrite_ab,…])	解线性方程组(系数矩阵为带型阵)
solveh_banded(ab,b[,overwrite_ab,…])	解线性方程组(系数矩阵为正定带型埃尔米特(Hermitian)矩阵)
solve_circulant(c,b[,singular,tol,…])	解线性方程组(系数矩阵为循环矩阵)
solve_triangular(a,b[,trans,lower,…])	解线性方程组(系数矩阵为三角矩阵)
solve_toeplitz(c_or_cr,b[,check_finite])	采用 Levinson 递推算法解线性方程组(系数矩阵为对称的 Toeplitz 矩阵)
det(a[,overwrite_a,check_finite])	行列式
norm(a[,ord,axis,keepdims,check_finite])	矩阵或向量范数
lstsq(a,b[,cond,overwrite_a,…])	线性方程组最小二乘解
pinv(a[,cond,rcond,return_rank,check_finite])	采用最小二乘求 Moore-Penrose 逆
pinv2(a[,cond,rcond,return_rank,…])	采用奇异值分解求 Moore-Penrose 逆
pinvh(a[,cond,rcond,lower,return_rank,…])	Hermitian 矩阵的 Moore-Penrose 逆
kron(a,b)	克罗内克积、直积或张量积
khatri_rao(a,b)	Khatri-Rao 积或对应列克罗内克积
tril(m[,k])	上三角阵
triu(m[,k])	下三角阵
orthogonal_procrustes(A,B[,check_finite])	正交旋转阵
matrix_balance(A[,permute,scale,…])	对角化的相似变换矩阵
subspace_angles(A,B)	子空间夹角
eig(a[,b,left,right,overwrite_a,…])	方阵的特征值
eigvals(a[,b,overwrite_a,check_finite,…])	一般矩阵的特征值
eigh(a[,b,lower,eigvals_only,…])	Hermitian 矩阵或实对称阵的特征值

注：Hermitian 矩阵为复共轭对称矩阵；Toeplitz 矩阵为任何一条对角线的元素取相同值的矩阵。

2. 函数逼近和插值

各类多项式在函数逼近、数值积分中有广泛的应用。NumPy 提供了相应的多项式函数子类及其相关方法，如表 1.3.3 所示。scipy.interpolate 提供了相关的一元函数，如表 1.3.4 所示。另外，多元函数插值可参见 SciPy 手册。

表 1.3.3 多项式函数子类及其相关方法

Python 包	子类或方法
numpy.polynomial	多项式函数类的子类： 切比雪夫(Chebyshev) 埃尔米特(物理)(Hermite) 埃尔米特(概率)(HermiteE) 拉盖尔(Laguerre) 勒让德(Legendre) 多项式(polynomial)
numpy.polynomial.polynomial	Polynomial 子类中基本方法(Legendre、Laguerre 等其他子类含有类似方法且另外包括用于高斯积分的相关函数，如 leggauss，laggauss，hermgauss，hermegauss 等)： 指定阶的基函数(basis) 导数(deriv) 积分(integ) 根(roots，polynomial.polyroots) 拟合(fit) 由根构造多项式(fromroots) linspace(多项式曲线坐标) 多项式函数值(polyval，polyval2d，polyval3d) 求多项式的根(polyroots) 多项式加减乘除幂(polyadd，polysub，polymul，polydiv，polypow) 导数(polyder) 积分(polyint)

表 1.3.4 scipy.interpolate 包中相关的一元函数

Python 方法	子类或方法
interp1d(x，y[，kind，axis，copy，…])	一元函数插值
BarycentricInterpolator(xi[，yi，axis])	重心坐标插值(可变 y 值或增加 x 值)
KroghInterpolator(xi，yi[，axis])	多项式插值(可评价导数的质量)
CubicHermiteSpline(x，y，dydx[，axis，…])	分段三次样条埃尔米特插值
PchipInterpolator(x，y[，axis，extrapolate])	多项式插值(可评价导数的质量)
Akima1DInterpolator(x，y[，axis])	分段三次连续可导样条插值
CubicSpline(x，y[，axis，bc_type，extrapolate])	分段三次样条插值
BPoly(c，x[，extrapolate，axis])	分段 Bernstein 基函数插值
lagrange(x，w)	拉格朗日插值
approximate_taylor_polynomial(f，x，degree，scale，order=None)	泰勒多项式插值
scipy.interpolate.pade(an，m，n=None)	帕德逼近

3. 函数积分和数值积分

scipy.integrate 包提供了相关的数值积分方法，如表 1.3.5 所示。特别注意的是，当给定函数表达式时，选择前面 8 行函数计算积分；当只在有限点集上给定函数值时，可选用最后 4 行函数计算积分。

表 1.3.5 scipy.integrate 包中数值积分方法

Python 方法	子类或方法
quad(func,a,b[,args,full_output,…])	定积分计算
quad_vec(f,a,b[,epsabs,epsrel,norm,…])	向量函数自适应积分
dblquad(func,a,b,gfun,hfun[,args,…])	二重积分
tplquad(func,a,b,gfun,hfun,qfun,rfun)	三重积分
nquad(func,ranges[,args,opts,full_output])	多重积分
fixed_quad(func,a,b[,args,n])	高斯积分(固定阶数)
quadrature(func,a,b[,args,tol,rtol,…])	高斯积分(固定相对误差)
romberg(function,a,b[,args,tol,rtol,…])	龙贝格积分
newton_cotes(rn[,equal])	牛顿-柯特斯积分权重和余项
trapz(y[,x,dx,axis])	复合梯形数值积分
cumtrapz(y[,x,dx,axis,initial])	复合梯形数值积分(累积)
simps(y[,x,dx,axis,even])	辛普森数值积分
romb(y[,dx,axis,show])	龙贝格数值积分

4. 最优化方法

SciPy 的 optimize 包中提供了许多数值优化算法，主要包括约束和无约束多元函数最小化(minimize)、多种全局优化方法、最小二乘(least_squares)、一元函数最小化((minimize_scalar))、方程求根和线性规划(linprog)，如表 1.3.6 所示。多元函数最小化的求解算法主要包括 Nelder-Mead 算法，Powell 算法，共轭梯度(Conjugate Gradient，CG)算法、BFGS(Broyden-Fletcher-Goldfarb-Shanno)算法等。

表 1.3.6 scipy.optimize 包中最优化方法

Python 子包	功　　能
minimize_scalar(fun,bracket=None,bounds=None,args=(),method='brent',tol=None,options=None)	一元函数最小化(局部)
minimize(fun,x0,args=(),method=None,jac=None,hess=None,hessp=None,bounds=None,constraints=(),tol=None,callback=None,options=None)	多元函数最小化(局部)
brute(func,ranges,args=(),Ns=20,full_output=0,finish=<function fmin at 0x7ff4f98fce50>,disp=False,workers=1)	贪心算法找函数最小值(全局)

续表

Python 子包	功　能
dual_annealing(func, bounds, args=(), maxiter=1000, local_search_options={}, initial_temp=5230.0, restart_temp_ratio=2e-05, visit=2.62, accept=-5.0, maxfun=10000000.0, seed=None, no_local_search=False, callback=None, x0=None)	双重模拟退火算法找函数最小值(全局)
least_squares(fun, x0, jac='2-point', bounds=-inf, inf, method='trf', ftol=1e-08, xtol=1e-08, gtol=1e-08, x_scale=1.0, loss='linear', f_scale=1.0, diff_step=None, tr_solver=None, tr_options={}, jac_sparsity=None, max_nfev=None, verbose=0, args=(), kwargs={})	非线性最小二乘(限定变量区间)
lsq_linear(A, b, bounds=-inf, inf, method='trf', tol=1e-10, lsq_solver=None, lsmr_tol=None, max_iter=None, verbose=0)	线性最小二乘(限定变量区间)
curve_fit(f, xdata, ydata, p0=None, sigma=None, absolute_sigma=False, check_finite=True, bounds=-inf, inf, method=None, jac=None, **kwargs)	非线性最小二乘用于曲线拟合
linprog(c, A_ub=None, b_ub=None, A_eq=None, b_eq=None, bounds=None, method='interior-point', callback=None, options=None, x0=None)	线性规划
bisect(f, a, b[, args, xtol, rtol, maxiter, …])	二分法求方程的根
newton(func, x0[, fprime, args, tol, …])	牛顿法求方程的根
root(fun, x0, args=(), method='hybr', jac=None, tol=None, callback=None, options=None)	方程组的根(方法可选)

注：双重模拟退火算法是结合经典模拟退火算法和快速退火算法等的改进算法。

5. 统计计算

在统计中,常常需要产生用于各种统计的随机数。NumPy 提供了相应的产生方法。表 1.3.7 列出其他分布的产生函数。例如,要产生贝塔分布的 5 行 3 列随机矩阵,可采用下列代码。

```
from numpy.random import Generator,PCG64
rg = Generator(PCG64())
numpy.asmatrix(rg.beta(3,15,[5,3]))
```

表 1.3.7　统计分布随机数产生函数

Python 方法	统计分布
beta(a, b[, size])	贝塔分布
binomial(n, p[, size])	二项分布
chisquare(df[, size])	卡方分布
dirichlet(alpha[, size])	狄利克雷分布
exponential([scale, size])	指数分布
f(dfnum, dfden[, size])	*F* 分布
gamma(shape[, scale, size])	伽马分布
geometric(p[, size])	几何分布

续表

Python 方法	统 计 分 布
gumbel([loc,scale,size])	耿贝尔分布
hypergeometric(ngood,nbad,nsample[,size])	超几何分布
laplace([loc,scale,size])	拉普拉斯分布或双指数函数分布
logistic([loc,scale,size])	逻辑斯蒂克分布
lognormal([mean,sigma,size])	对数正态分布
logseries(p[,size])	对数级数分布
multinomial(n,pvals[,size])	多项分布
multivariate_normal(mean,cov[,size,…])	多元正态分布
negative_binomial(n,p[,size])	负二项分布
noncentral_chisquare(df,nonc[,size])	非中心卡方分布
noncentral_f(dfnum,dfden,nonc[,size])	非中心 F 分布
normal([loc,scale,size])	正态分布或高斯分布
pareto(a[,size])	帕累托分布
poisson([lam,size])	泊松分布
power(a[,size])	幂函数分布
rayleigh([scale,size])	瑞利分布
standard_cauchy([size])	标准柯西分布
standard_exponential([size,dtype,method,out])	标准指数分布
standard_gamma(shape[,size,dtype,out])	标准伽马分布
standard_normal([size,dtype,out])	标准正态分布
standard_t(df[,size])	标准学生分布
triangular(left,mode,right[,size])	三角分布
uniform([low,high,size])	均匀分布
vonmises(mu,kappa[,size])	米塞斯分布或循环正态分布
wald(mean,scale[,size])	瓦尔德分布或逆高斯分布
weibull(a[,size])	韦布尔分布
zipf(a[,size])	Zipf 分布

SciPy 的子包(scipy.stats)提供了大量统计计算子类和函数,主要包括:①连续型和离散型随机数生成(rv_continuous,rv_discrete);②根据直方图生成随机数(rv_histogram);③连续型和离散型随机变量(向量)分布(子类)及其相关计算(子类的方法),例如生成指定分布随机数(rvs),概率密度函数(pdf),分布函数(cdf),数字特征(moment,expect,median,mean,var,entropy,stats),采用统计分布拟合数据(fit);④频率统计,如累积频率或经验分

布函数(cumfreq),百分位分数(percentileofscore),分数百分位(scoreatpercentile);⑤相关分析函数,如皮尔逊(pearsonr),斯皮尔曼(Spearmanr),点二列(pointbiserialr),肯德尔等级相关系数(kendalltau)等;⑥参数或非参数假设检验;⑦数据转换,如 Box-Cox 转换,z 分数等;⑧统计距离,如两个分布之间的 Wesserstein 距离 $l_1(u,v)=\inf_{F\in\Gamma(u,v)}\int_{R\times R}|x-y|\mathrm{d}F(x,y)$,其中 $\Gamma(u,v)$ 表示边际分布分别为 u,v 的所有联合分布集合;⑨ 列联表函数;⑩ 一元和多元核密度估计等。

对于现代统计方法,如马尔可夫链蒙特卡洛模拟方法,也有诸多 Python 软件包,如概率图模型库(pgmpy),JAGS 的 Python 接口 PyJAGS,以及包含多种 Metropolis 采样算法的 pymcmcstat 包等。

1.3.2 R 软件

R 语言是一个基于 S 语言的统计学计算环境,其相关软件在自由软件基金会(Free Software Foundation)的 GNU 通用公共许可协议(GNU General Public License)条款下是免费的。它在很多操作系统中都可以使用,如 Linux,Windows,以及 macOS。具体可以参见其网址 https://www.r-project.org。R 语言在 2023 年 TIOBE 编程语言排行榜位列第 20 位。

至今为止,已经有超过 1.7 万 R 语言相关包。例如,cmna 包含矩阵计算(refmatrix, jacobi, gaussseidel, cgmmatrix, gdls, invmatrix),插值(linterp, cubicspline, polyinterp, pwiseinterp),方程求根(bisection, newton, gradient, secant, quadratic),数值积分和微分(midpt, trap, simp, simp38, romberg, gaussint, gauss. legendre, gauss. laguerre, gauss. hermite, adaptint, mcint, mcint2, findiff)和全局优化算法(sa)等。计算统计相关算法可通过表 1.3.8 中网址分类查阅相关 R 包。

表 1.3.8 相关 R 包分类网址

R 包大类	网　址
R 包分类	https://cran.r-project.org/web/views/
计算数学	https://cran.r-project.org/web/views/NumericalMathematics.html
优化与数学规划	https://cran.r-project.org/web/views/Optimization.html
概率分布	https://cran.r-project.org/web/views/Distributions.html
多元统计	https://cran.r-project.org/web/views/Multivariate.html
贝叶斯推断	https://cran.r-project.org/web/views/Bayesian.html
机器学习	https://cran.r-project.org/web/views/MachineLearning.html
自然语言处理	https://cran.r-project.org/web/views/NaturalLanguageProcessing.html
高性能与并行计算	https://cran.r-project.org/web/views/HighPerformanceComputing.html

1.3.3 MATLAB 软件

科学计算已经成为科学研究、技术创新的重要方法与手段,而作为实现工具的科学计算软件无疑具有至关重要的作用。MATLAB 为众多领域的计算问题提供了全面的解决方案,代表了当今国际科学计算软件的先进水平,被誉为巨人肩膀上的工具。MATLAB 在 2023 年 TIOBE 编程语言排行榜位列第 14 位。

MATLAB 中包含矩阵计算、随机数生成、插值、最优化(一元和多元函数最小化、非线性函数的根等)、数值积分等相关的数学和统计函数,还含有曲线拟合工具箱,其中包括用于多项式曲线拟合,曲面拟合,样条拟合,线性和非线性模型曲线和曲面拟合,基于数据的插值拟合曲线和曲面,平滑样条和局部回归拟合,拟合预处理等函数集合。MATLAB 包含最优化工具箱,其中包括各种线性规划与混合整数线性规划,二次规划(非线性规划的特例),约束和非约束非线性优化,多目标优化,最小二乘,非线性方程(组)求解等。MATLAB 包含统计与机器学习工具箱,其中包括概率分布,分布拟合,分类,回归和方差分析,假设检验,绘图,探索性数据分析,机器学习,实验设计,自助法,多元统计分析(多元回归,多元方差分析,主成分分析,因素分析,非负矩阵分析等)等。

1.4 扩展阅读

对科学研究范式有兴趣的读者,可以阅读《第四范式:数据密集型科学发现》(*The Fourth Paradigm: Data-intensive Scientific Discovery*)和《科学革命的结构》(第四版)(*The Structure of Scientific Revolutions*)。《第四范式:数据密集型科学发现》是第一本也是至今为数不多的从研究模式变化角度分析"大数据"及其对革命性影响的专著。由微软研究院全球资深副总裁托尼·海(Tony Hey)博士等主编的英文版已于 2009 年出版。全书以吉姆·格雷提出科学研究第四范式的著名演讲开篇,邀请国际著名科学家对数据密集型科学发现的理念、应用和影响进行了全面分析。《科学革命的结构》是 20 世纪学术史上较有影响的著作之一,是科学史与科学哲学研究的学者不可不读的基本文献。它引导了科学哲学界的一场认识论的大变革。

本章主要介绍了 Python 语言相关统计计算相关软件包中主要模块及函数,更多的包,如离散傅里叶变换(scipy.fft)、信号处理(scipy.signal)、稀疏矩阵(scipy.sparse)、聚类(scipy.cluster)等软件包,可参见 SciPy 最新版的英文手册。本书参考文献中列出了《计算统计》的相关书籍,如果对随机数精确模拟方法、自助法(Bootstrap Methods)、概率密度函数估计、多元统计分析、广义线性模型、稳健统计量、生存分析计算方法、机器学习等有兴趣,可以深入学习。

1.5 习题

1. 什么是计算统计?它与计算机和统计有何关系?
2. 列出科学计算中误差的来源,并说出截断误差与舍入误差的区别。
3. 什么是绝对误差和相对误差?
4. 什么是近似数的有效数字?它与相对误差有何关系?
5. 设 $x>0$,x 的相对误差为 δ,求 $\ln x$ 的相对误差。
6. 设 x 的相对误差为 2%,求 x^n 的相对误差。

7. 下列各数是经过四舍五入得到的近似数，试指出它们有几位有效数字。

$x_1^* = 1.1021$， $x_2^* = 0.031$， $x_3^* = 385.6$， $x_4^* = 56.430$， $x_5^* = 7 \times 1.0$

8. 采用习题 7 的近似数，求下列近似值的绝对误差。

(1) $x_1^* + x_2^* + x_3^*$。

(2) $x_1^* x_2^* x_3^*$。

(3) $x_2^* / x_4^* = 1.1021$。

9. 已知$\sqrt{783} \approx 27.982$，求方程 $x^2 - 56x + 1 = 0$ 的两个根，使它至少具有 4 位有效数字。

10. 查找 Python 相关包，解下列线性方程组。

$$\begin{cases} x_1 + 2x_2 + x_3 + 4x_4 = 13 \\ 2x_1 \qquad\quad + 4x_3 + 3x_4 = 28 \\ 4x_1 + 2x_2 + 2x_3 + x_4 = 20 \\ -3x_1 + x_2 + 3x_3 + 2x_4 = 6 \end{cases}$$

11. 查找 Python 相关包，判断矩阵 $\boldsymbol{A} = \begin{bmatrix} 2 & 0 & 6 \\ 1 & 5 & -4 \\ 3 & -5 & 2 \end{bmatrix}$ 是否可逆，如可逆，求其逆矩阵。

12. 查找 Python 相关包，求 $x^2 - 56x + 1 = 0$ 的根。

13. 查找 Python 相关包，求解下列非线性方程组的近似解。

$$\begin{cases} x^2 - 2x - y + 0.5 = 0 \\ x^2 + 4y^2 - 4 = 0 \end{cases}$$

第2章

矩阵计算

2.1 内积与范数

2.1.1 向量的内积与范数

定义 1 数域 F 上的线性空间 V 是一个非空集合，它定义了加法（记作 $\alpha+\beta,\alpha,\beta\in V$）和数量乘法（简称数乘，是 F 中的数 k 与 V 中元素 α 相乘，记作 $k\alpha$）两种运算，V 对这两种运算封闭（即运算结果仍属于 V），并满足以下 8 条性质。

(1) $\alpha+\beta=\beta+\alpha$。

(2) $(\alpha+\beta)+\lambda=\alpha+(\beta+\lambda)$。

(3) $\exists\theta\in V$，使 $\alpha+\theta=\alpha$，元素 θ 称为 V 的零元。

(4) $\forall\alpha\in V,\exists\beta\in V$，使 $\alpha+\beta=\theta$，β 称为 α 的负元素，记为 $-\alpha$。

(5) 对 F 中单位元 1，有 $1\alpha=\alpha$。

(6) $k(l\alpha)=(kl)\alpha$。

(7) $(k+l)\alpha=k\alpha+l\alpha$。

(8) $k(\alpha+\beta)=k\alpha+k\beta$。

其中，α,β,λ 是 V 中任意元素，k,l 是 F 中任意元素。

数域 F 为实（复）数域时，称为实（复）线性空间。若线性空间 V 是由 n 个线性无关元素 $\alpha_1,\alpha_2,\cdots,\alpha_n\in V$ 生成的，即对任意 $\alpha\in V$ 都有

$$\alpha=x_1\alpha_1+x_2\alpha_2+\cdots+x_n\alpha_n \tag{2.1.1}$$

则 $\alpha_1,\alpha_2,\cdots,\alpha_n$ 称为线性空间 V 的一组基，记 $V=\text{Span}\{\alpha_1,\alpha_2,\cdots,\alpha_n\}$，并称 V 为 n 维空间，系数 $x_1,x_2,\cdots,x_n$ 组成的向量称为 α 在基 $\alpha_1,\alpha_2,\cdots,\alpha_n$ 下的坐标向量，记为 $(x_1,x_2,\cdots,x_n)$。如果 V 中有无限个线性无关元素 $\alpha_1,\alpha_2,\cdots,\alpha_n,\cdots$，则称 V 为无限维线性空间。定义了内积的线性空间 V 称为内积空间，定义了范数的线性空间 V 称为赋范线性空间。

为研究近似解向量的误差估计和迭代法的收敛性，需要对 $\mathbf{R}^n$（n 维实向量空间）中向量的"大小"进行度量，从而引进向量范数的概念。向量范数是三维欧几里得空间中向量长度概念的推广，在数值计算中起着重要作用。向量内积可以用来度量两个向量的相似度，其中相似度是两个向量之间相似程度的度量。向量内积和向量夹角在聚类和分类任务中有广泛的应用。

定义 2 设 R^n 中两个向量 $\boldsymbol{x}=(x_1,x_2,\cdots,x_n)^{\mathrm{T}},\boldsymbol{y}=(y_1,y_2,\cdots,y_n)^{\mathrm{T}}$，将实数 $(\boldsymbol{x},\boldsymbol{y})=\boldsymbol{x}^{\mathrm{T}}\boldsymbol{y}=\boldsymbol{y}^{\mathrm{T}}\boldsymbol{x}=\sum_{i=1}^{n}x_iy_i$ 称为向量 $\boldsymbol{x}$ 和 $\boldsymbol{y}$ 的内积（数量积或点积）。将非负数 $\|\boldsymbol{x}\|_2=(\boldsymbol{x},\boldsymbol{x})^{\frac{1}{2}}=$

$\left(\sum_{i=1}^{n} x_i^2\right)^{\frac{1}{2}}$ 称为向量 $\boldsymbol{x}$ 的欧几里得范数(2- 范数)。

定理 1 设 $\boldsymbol{x},\boldsymbol{y},\boldsymbol{x}_1,\boldsymbol{x}_2\in\mathbf{R}^n,a,b\in\mathbf{R}$,则

(1) $(\boldsymbol{x},\boldsymbol{x})\geqslant 0$,当且仅当 $\boldsymbol{x}=\boldsymbol{0}$ 时,等号成立。

(2) $(\boldsymbol{x},\boldsymbol{y})=(\boldsymbol{y},\boldsymbol{x})$。

(3) $(a\boldsymbol{x},\boldsymbol{y})=a(\boldsymbol{x},\boldsymbol{y}),(a\boldsymbol{x},b\boldsymbol{y})=ab(\boldsymbol{x},\boldsymbol{y})$。

(4) $(\boldsymbol{x}_1+\boldsymbol{x}_2,\boldsymbol{y})=(\boldsymbol{x}_1,\boldsymbol{y})+(\boldsymbol{x}_2,\boldsymbol{y})$。

(5) $|(\boldsymbol{x},\boldsymbol{y})|\leqslant\|\boldsymbol{x}\|_2\|\boldsymbol{y}\|_2$,当且仅当 $\boldsymbol{x}$ 和 $\boldsymbol{y}$ 线性相关时,等号成立(柯西-施瓦茨不等式)。

定理 2 设 $\boldsymbol{x},\boldsymbol{y},\boldsymbol{x}_1,\boldsymbol{x}_2\in\mathbf{R}^n,a,b\in\mathbf{R}$,则

(1) $\|\boldsymbol{x}\|_2\geqslant 0$,当且仅当 $\boldsymbol{x}=\boldsymbol{0}$ 时,等号成立(正值性)。

(2) $\|a\boldsymbol{x}\|_2=|a|\,\|\boldsymbol{x}\|_2$(齐次性或正比例性)。

(3) $\|\boldsymbol{x}+\boldsymbol{y}\|_2\leqslant\|\boldsymbol{x}\|_2+\|\boldsymbol{y}\|_2$(三角不等式)。

(4) $\|\boldsymbol{x}+\boldsymbol{y}\|_2^2+\|\boldsymbol{x}-\boldsymbol{y}\|_2^2=2(\|\boldsymbol{x}\|_2^2+\|\boldsymbol{y}\|_2^2)$(平行四边形法则)。

(5) $|\,\|\boldsymbol{x}\|_2-\|\boldsymbol{y}\|_2\,|\leqslant\|\boldsymbol{x}\pm\boldsymbol{y}\|_2$。

证明:(1)和(2)证明略。

(3) 可由内积的性质和柯西-施瓦茨不等式等证明,即

$$\begin{aligned}\|\boldsymbol{x}+\boldsymbol{y}\|_2^2&=(\boldsymbol{x}+\boldsymbol{y},\boldsymbol{x}+\boldsymbol{y})=(\boldsymbol{x},\boldsymbol{x})+2(\boldsymbol{x},\boldsymbol{y})+(\boldsymbol{y},\boldsymbol{y})\\&\leqslant\|\boldsymbol{x}\|_2^2+2\|\boldsymbol{x}\|_2\|\boldsymbol{y}\|_2+\|\boldsymbol{y}\|_2^2=(\|\boldsymbol{x}\|_2+\|\boldsymbol{y}\|_2)^2\end{aligned}$$

(4) 平行四边形恒等式可直接由内积的性质证明,即

$$\begin{aligned}\|\boldsymbol{x}+\boldsymbol{y}\|_2^2+\|\boldsymbol{x}-\boldsymbol{y}\|_2^2&=(\boldsymbol{x}+\boldsymbol{y},\boldsymbol{x}+\boldsymbol{y})+(\boldsymbol{x}-\boldsymbol{y},\boldsymbol{x}-\boldsymbol{y})\\&=(\boldsymbol{x},\boldsymbol{x})+2(\boldsymbol{x},\boldsymbol{y})+(\boldsymbol{y},\boldsymbol{y})+(\boldsymbol{x},\boldsymbol{x})-2(\boldsymbol{x},\boldsymbol{y})+(\boldsymbol{y},\boldsymbol{y})\\&=2(\|\boldsymbol{x}\|_2^2+\|\boldsymbol{y}\|_2^2)\end{aligned}$$

(5) 由齐次性和三角不等式可以证明下面 4 个不等式,即可证明此性质,即

$\|\boldsymbol{x}\|_2=\|\boldsymbol{x}-\boldsymbol{y}+\boldsymbol{y}\|_2\leqslant\|\boldsymbol{x}-\boldsymbol{y}\|_2+\|\boldsymbol{y}\|_2$,即有 $\|\boldsymbol{x}\|_2-\|\boldsymbol{y}\|_2\leqslant\|\boldsymbol{x}-\boldsymbol{y}\|_2$;

$\|\boldsymbol{y}\|_2=\|\boldsymbol{x}+\boldsymbol{y}-\boldsymbol{x}\|_2\leqslant\|\boldsymbol{x}\|_2+\|\boldsymbol{x}-\boldsymbol{y}\|_2$,即有 $\|\boldsymbol{y}\|_2-\|\boldsymbol{x}\|_2\leqslant\|\boldsymbol{x}-\boldsymbol{y}\|_2$;

$\|\boldsymbol{x}\|_2=\|\boldsymbol{x}+\boldsymbol{y}-\boldsymbol{y}\|_2\leqslant\|\boldsymbol{x}+\boldsymbol{y}\|_2+\|\boldsymbol{y}\|_2$,即有 $\|\boldsymbol{x}\|_2-\|\boldsymbol{y}\|_2\leqslant\|\boldsymbol{x}+\boldsymbol{y}\|_2$;

$\|\boldsymbol{y}\|_2=\|\boldsymbol{x}+\boldsymbol{y}-\boldsymbol{x}\|_2\leqslant\|\boldsymbol{x}\|_2+\|\boldsymbol{x}+\boldsymbol{y}\|_2$,即有 $\|\boldsymbol{y}\|_2-\|\boldsymbol{x}\|_2\leqslant\|\boldsymbol{x}+\boldsymbol{y}\|_2$

由柯西-施瓦茨不等式,可以定义 $\mathbf{R}^n$ 中两个向量 $\boldsymbol{x}=(x_1,x_2,\cdots,x_n)^{\mathrm{T}}$ 和 $\boldsymbol{y}=(y_1,y_2,\cdots,y_n)^{\mathrm{T}}$ 的夹角。

定义 3 设 $\mathbf{R}^n$ 中两个向量 $\boldsymbol{x}=(x_1,x_2,\cdots,x_n)^{\mathrm{T}},\boldsymbol{y}=(y_1,y_2,\cdots,y_n)^{\mathrm{T}}$,向量 $\boldsymbol{x}$ 和 $\boldsymbol{y}$ 的夹角的余弦为

$$\cos<\boldsymbol{x},\boldsymbol{y}>=\frac{(\boldsymbol{x},\boldsymbol{y})}{\|\boldsymbol{x}\|_2\|\boldsymbol{y}\|_2}\qquad(2.1.2)$$

如果 $(\boldsymbol{x},\boldsymbol{y})=0$,夹角的余弦为 0,称两个向量正交或垂直,记为 $\boldsymbol{x}\perp\boldsymbol{y}$。

还可以用其他方法度量向量的"大小",通常度量向量"大小"的函数都要求是正值性、齐次性(正比例性)且满足三角不等式。设 $\boldsymbol{x}\in\mathbf{R}^n$,下面介绍常数向量的常用范数。

(1) L_0 范数,也称 0-范数,即

$$\|\boldsymbol{x}\|_0=\boldsymbol{x}\text{ 中非零元素的个数}\qquad(2.1.3)$$

(2) L_1 范数,也称 1-范数,即

$$\|\boldsymbol{x}\|_1=\sum_{i=1}^{n}|x_i|=|x_1|+|x_2|+\cdots+|x_n| \tag{2.1.4}$$

(3) L_2 范数,也称 2-范数,常称为欧几里得范数,有时也称为弗罗贝尼乌斯(Frobenius)范数,即

$$\|\boldsymbol{x}\|_2=\left(\sum_{i=1}^{n}x_i^2\right)^{1/2}=(|x_1|^2+|x_2|^2+\cdots+|x_n|^2)^{1/2} \tag{2.1.5}$$

(4) L_∞ 范数,也称无穷范数,即

$$\|\boldsymbol{x}\|_\infty=\max\{|x_1|,|x_2|,\cdots,|x_n|\} \tag{2.1.6}$$

(5) L_p 范数,也称 Hölder 范数,即

$$\|\boldsymbol{x}\|_p=\left(\sum_{i=1}^{n}x_i^p\right)^{1/p}=(|x_1|^p+|x_2|^p+\cdots+|x_n|^p)^{1/p},p\geqslant 1 \tag{2.1.7}$$

可以证明向量函数 $N(\boldsymbol{x})=\|\boldsymbol{x}\|_p$ 是 $\mathbf{R}^n$ 上向量的范数,且容易说明 1-范数,2-范数和无穷范数是 L_p 范数的特殊情况。特别地,不妨设 $\|\boldsymbol{x}\|_\infty=\max\{|x_1|,|x_2|,\cdots,|x_n|\}=|x_1|$,可由夹逼准则证明 $\|\boldsymbol{x}\|_\infty=\lim\limits_{p\to\infty}\|\boldsymbol{x}\|_p=\lim\limits_{p\to\infty}(|x_1|^p(1+(|x_2|/|x_1|)^p+\cdots+(|x_n|/|x_1|)^p)^{1/p}=x_1$。注意,若 $n<\infty$ 时,$\lim\limits_{p\to\infty}(n)^{1/p}=\lim\limits_{p\to\infty}\exp\left(\dfrac{1}{p}\ln(n)\right)=1$;若 $|x_i|<|x_1|$,则 $\lim\limits_{p\to\infty}(|x_i|/|x_1|)^p=0$。

定义 4 设 $\{\boldsymbol{x}^{(k)}\}$ 为 $\mathbf{R}^n$ 中向量序列,记 $\boldsymbol{x}^{(k)}=(x_1^{(k)},x_2^{(k)},\cdots,x_n^{(k)})^{\mathrm{T}}$,$k=1,2,3,\cdots$,若存在 $\boldsymbol{x}^{(*)}=(x_1^{(*)},x_2^{(*)},\cdots,x_n^{(*)})^{\mathrm{T}}$,则 $\lim\limits_{k\to\infty}x_i^{(k)}=x_2^{(*)}$,$i=1,2,\cdots,n$,则称 $\boldsymbol{x}^{(k)}$ 收敛于向量 $\boldsymbol{x}^{(*)}$,记为

$$\lim_{k\to\infty}\boldsymbol{x}^{(k)}=\boldsymbol{x}^{(*)} \quad 或 \quad \boldsymbol{x}^{(k)}\to\boldsymbol{x}^{(*)},k\to\infty \tag{2.1.8}$$

定理 3 设非负函数 $N(\boldsymbol{x})=\|\boldsymbol{x}\|_2$ 为 $\mathbf{R}^n$ 中 2-范数,则 $N(\boldsymbol{x})$ 是分量 $x_1,x_2,\cdots,x_n$ 的连续函数。

证明:设 $\boldsymbol{x}=\sum\limits_{i=1}^{n}x_i\boldsymbol{e}_i$,其中 $\boldsymbol{e}_i=(0,\cdots,1,0,\cdots,0)$ 为第 i 个分量为 1、其余分量全为 0 的单位向量。只需证明当 $\boldsymbol{x}\to\boldsymbol{y}$ 时,$N(\boldsymbol{x})\to N(\boldsymbol{y})$。因为

$$\begin{aligned}|N(\boldsymbol{x})-N(\boldsymbol{y})|&=|\|\boldsymbol{x}\|_2-\|\boldsymbol{y}\|_2|\leqslant\|\boldsymbol{x}-\boldsymbol{y}\|_2\\&=\left\|\sum_{i=1}^{n}(x_i-y_i)\boldsymbol{e}_i\right\|_2\\&\leqslant\sum_{i=1}^{n}|x_i-y_i|\|\boldsymbol{e}_i\|_2\\&\leqslant n\|\boldsymbol{x}-\boldsymbol{y}\|_\infty\end{aligned} \tag{2.1.9}$$

当 $\boldsymbol{x}\to\boldsymbol{y}$ 时,有 $\|\boldsymbol{x}-\boldsymbol{y}\|_\infty\to 0$,即有

$$|N(\boldsymbol{x})-N(\boldsymbol{y})|\leqslant n\|\boldsymbol{x}-\boldsymbol{y}\|_\infty\to 0 \tag{2.1.10}$$

一般地,作为 $\mathbf{R}^n$ 中任一向量范数的非负函数 $N(\boldsymbol{x})$ 均具有连续性。

定理 4 设 $\|\boldsymbol{x}\|_s$ 和 $\|\boldsymbol{x}\|_t$ 为 $\mathbf{R}^n$ 中任意两种向量范数,则存在常数 $c_1,c_2>0$,使得对一切 $\boldsymbol{x}\in\mathbf{R}^n$ 有

$$c_1\|\boldsymbol{x}\|_s\leqslant\|\boldsymbol{x}\|_t\leqslant c_2\|\boldsymbol{x}\|_s \tag{2.1.11}$$

证明：只要在$\|x\|_s=\|x\|_\infty$情况下证明式(2.1.11)成立即可，即存在常数$c_1,c_2>0$，使式(2.1.12)对一切$x\in\mathbf{R}^n$且$x\neq\mathbf{0}$均成立。

$$c_1\leqslant\frac{\|x\|_t}{\|x\|_s}\leqslant c_2 \tag{2.1.12}$$

考虑函数$N(x)=\|x\|_t\geqslant 0,x\in\mathbf{R}^n$。记$S=\{x\mid\|x\|_\infty=1,x\in\mathbf{R}^n\}$，则$S$是一个有界闭集。由于$N(x)$为$S$上的连续函数，所以$N(x)$在$S$上达到最小值$c_1$和最大值$c_2$，即存在$x'\in S,x''\in S$使

$$N(x')=c_1,N(x'')=c_2 \tag{2.1.13}$$

设$x\in\mathbf{R}^n$且$x\neq\mathbf{0}$，则$x/\|x\|_\infty\in S$，从而有

$$c_1\leqslant\left\|\frac{x}{\|x\|_\infty}\right\|_t=\frac{\|x\|_t}{\|x\|_\infty}\leqslant c_2 \tag{2.1.14}$$

即对$\forall x\in\mathbf{R}^n$，有$c_1\|x\|_\infty\leqslant\|x\|_t\leqslant c_2\|x\|_\infty$成立。

注意，定理4不能推广到无穷维空间。由定理4可得结论：如果在一种范数意义下向量序列收敛，则在任意一种范数下该向量序列均收敛，即有$\lim\limits_{k\to\infty}x^{(k)}=x^{(*)}$当且仅当$\lim\limits_{k\to\infty}N(x^{(k)}-x^{(*)})=0$时，其中非负函数$N(x)$可以作为$\mathbf{R}^n$中任一向量范数。

2.1.2 矩阵的内积与范数

将向量的内积和范数加以推广，即可引入矩阵的内积与范数。令$A_{m\times n}=[a_1,a_2,\cdots,a_n]$和$B_{m\times n}=[b_1,b_2,\cdots,b_n]$，将这两个矩阵分别"拉直"为$mn\times 1$的列向量，即

$$a=\operatorname{vec}(A)=\begin{bmatrix}a_1\\a_2\\\vdots\\a_n\end{bmatrix},\quad b=\operatorname{vec}(B)=\begin{bmatrix}b_1\\b_2\\\vdots\\b_n\end{bmatrix} \tag{2.1.15}$$

vec(A)称为矩阵A的(列)向量化。

定义5 矩阵的内积记作$<A,B>:\mathbf{R}^{m\times n}\times\mathbf{R}^{m\times n}\to\mathbf{R}$，定义为两个"拉直"向量$a$和$b$之间的内积，即

$$<A,B>=<\operatorname{vec}(A),\operatorname{vec}(B)>=\sum_{i=1}^{n}a_i^{\mathrm{T}}b_i=\operatorname{tr}(A^{\mathrm{T}}B) \tag{2.1.16}$$

式中$\operatorname{tr}(A^{\mathrm{T}}B)$表示矩阵$A^{\mathrm{T}}B$的迹，定义为该矩阵主对角线元素之和。

定义6 如果$A,B\in\mathbf{R}^{m\times n}$的某个非负实值函数$N(A)=\|A\|_v$满足下列条件。

(1) $\|A\|_v\geqslant 0$，当且仅当$A=\mathbf{0}$时，等号成立(正值性)。

(2) $\|aA\|_v=a\|A\|_v$(齐次性或正比例性)。

(3) $\|A+B\|_v\leqslant\|A\|_v+\|B\|_v$(三角不等式)。

(4) $\|AB\|_v\leqslant\|A\|_v\|B\|_v$。

则称$N(A)=\|A\|_v$是$\mathbf{R}^{m\times n}$上的一个矩阵范数(或模)。

例1 考查$n\times n$的矩阵A的实值函数$f(A)=\sum\limits_{i=1}^{n}\sum\limits_{j=1}^{n}|a_{ij}|$，验证$f(A)$能否是$\mathbf{R}^{n\times n}$上的矩阵范数。

解：验证矩阵范数的4个条件，即

(1) $f(\boldsymbol{A}) \geqslant 0$,并且当 $\boldsymbol{A}=\boldsymbol{0}$ 时,等号成立。

(2) $f(c\boldsymbol{A})=\sum\limits_{i=1}^{n}\sum\limits_{j=1}^{n}|ca_{ij}|=|c|f(\boldsymbol{A})$。

(3) $f(\boldsymbol{A}+\boldsymbol{B})=\sum\limits_{i=1}^{n}\sum\limits_{j=1}^{n}|a_{ij}+b_{ij}|\leqslant\sum\limits_{i=1}^{n}\sum\limits_{j=1}^{n}|a_{ij}|+|b_{ij}|=f(\boldsymbol{A})+f(\boldsymbol{B})$。

(4) 对于两个矩阵的乘积,有

$$\begin{aligned}f(\boldsymbol{AB})&=\sum_{i=1}^{n}\sum_{j=1}^{n}\left|\sum_{k=1}^{n}a_{ik}b_{kj}\right|\leqslant\sum_{i=1}^{n}\sum_{j=1}^{n}\sum_{k=1}^{n}|a_{ik}||b_{kj}|\\&\leqslant\sum_{i=1}^{n}\sum_{j=1}^{n}\left(\sum_{k=1}^{n}|a_{ik}|\left(\sum_{l=1}^{n}|b_{lj}|\right)\right)\\&=\sum_{i=1}^{n}\sum_{j=1}^{n}\sum_{l=1}^{n}\sum_{k=1}^{n}|a_{ik}||b_{lj}|\\&=\sum_{i=1}^{n}\sum_{k=1}^{n}|a_{ik}|\sum_{l=1}^{n}\sum_{j=1}^{n}|b_{lj}|=f(\boldsymbol{A})f(\boldsymbol{B})\end{aligned}$$

因此,实值函数 $f(\boldsymbol{A})=\sum\limits_{i=1}^{n}\sum\limits_{j=1}^{n}|a_{ij}|$ 是一种矩阵范数。

下面主要介绍矩阵的两种类型范数,一种是诱导范数或算子范数,另一种是元素形式范数。还有 Schatten 范数在此不作介绍。

定义 7(算子范数)　如果 $\boldsymbol{x}\in\mathbf{R}^{n}$,$\boldsymbol{A}\in\mathbf{R}^{m\times n}$,给出一种向量范数 $\|\boldsymbol{x}\|_{v}$(如 $v=1,2$ 或 ∞)相应地定义一个矩阵的非负函数,即

$$\|\boldsymbol{A}\|_{v}=\max\{\|\boldsymbol{Ax}\|_{v}:\boldsymbol{x}\in\mathbf{R}^{n},\|\boldsymbol{x}\|_{v}=1\}=\max\{\frac{\|\boldsymbol{Ax}\|_{v}}{\|\boldsymbol{x}\|_{v}}:\boldsymbol{x}\in\mathbf{R}^{n},\boldsymbol{x}\neq\boldsymbol{0}\}\tag{2.1.17}$$

可以验证 $\|\boldsymbol{A}\|_{v}$ 满足定义 6,其中前 3 个条件可由向量范数的性质得出,而条件(4) 可由下面定理 5 得出。

定理 5　设 $\|\boldsymbol{x}\|_{v}$ 是 $\mathbf{R}^{n}$ 上一种向量范数,若 $\boldsymbol{A}\in\mathbf{R}^{m\times n}$ 和 $\boldsymbol{B}\in\mathbf{R}^{n\times n}$,则

$$\|\boldsymbol{AB}\|_{v}\leqslant\|\boldsymbol{A}\|_{v}\|\boldsymbol{B}\|_{v}\tag{2.1.18}$$

证明:因为 $\|\boldsymbol{A}\|_{v}=\max\left\{\dfrac{\|\boldsymbol{Ax}\|_{v}}{\|\boldsymbol{x}\|_{v}}:\boldsymbol{x}\in\mathbf{R}^{n},\boldsymbol{x}\neq\boldsymbol{0}\right\}$,可知 $\forall\,\boldsymbol{x}\in\mathbf{R}^{n}$,$\boldsymbol{x}\neq\boldsymbol{0}$,有 $\|\boldsymbol{Ax}\|_{v}\leqslant\|\boldsymbol{A}\|_{v}\|\boldsymbol{x}\|_{v}$。因此,$\|\boldsymbol{ABx}\|_{v}\leqslant\|\boldsymbol{A}\|_{v}\|\boldsymbol{Bx}\|_{v}\leqslant\|\boldsymbol{A}\|_{v}\|\boldsymbol{B}\|_{v}\|\boldsymbol{x}\|_{v}$,又 $\boldsymbol{x}\neq\boldsymbol{0}$,即 $\|\boldsymbol{x}\|_{v}\neq 0$,有

$$\frac{\|\boldsymbol{ABx}\|_{v}}{\|\boldsymbol{x}\|_{v}}\leqslant\|\boldsymbol{A}\|_{v}\|\boldsymbol{B}\|_{v}\tag{2.1.19}$$

故

$$\|\boldsymbol{AB}\|_{v}=\max\left\{\frac{\|\boldsymbol{ABx}\|_{v}}{\|\boldsymbol{x}\|_{v}}:\boldsymbol{x}\in\mathbf{R}^{n},\boldsymbol{x}\neq\boldsymbol{0}\right\}\leqslant\|\boldsymbol{A}\|_{v}\|\boldsymbol{B}\|_{v}\tag{2.1.20}$$

矩阵的算子范数依赖向量范数的类型,当 $v=1,2$ 或 ∞ 时,可得出下列结论。

定理 6　设 $\boldsymbol{x}\in\mathbf{R}^{n}$,$\boldsymbol{A}\in\mathbf{R}^{m\times n}$,则

(1) $\|\boldsymbol{A}\|_{1}=\max\limits_{1\leqslant j\leqslant n}\sum\limits_{i=1}^{m}|a_{ij}|$(称为 $\boldsymbol{A}$ 的绝对列和范数或诱导 L_{1} 范数)。

(2) $\|\boldsymbol{A}\|_{\infty}=\max\limits_{1\leqslant i\leqslant m}\sum\limits_{j=1}^{n}|a_{ij}|$(称为 $\boldsymbol{A}$ 的绝对行和范数或诱导 L_{∞} 范数)。

(3) $\|\boldsymbol{A}\|_2=\sqrt{\lambda_{\max}(\boldsymbol{A}^{\mathrm{T}}\boldsymbol{A})}$(称为$\boldsymbol{A}$的诱导$L_2$范数或谱范数),其中$\lambda_{\max}(\boldsymbol{A}^{\mathrm{T}}\boldsymbol{A})$表示$\boldsymbol{A}^{\mathrm{T}}\boldsymbol{A}$的最大特征值。

证明:

(1) 设$\boldsymbol{x}=(x_1,x_2,\cdots,x_n)^{\mathrm{T}}\neq\boldsymbol{0}$,不妨设$\boldsymbol{A}=[\boldsymbol{a}_1,\boldsymbol{a}_2,\cdots,\boldsymbol{a}_n]\neq\boldsymbol{0}$,并且设$\boldsymbol{A}$的第$k$列的1-范数最大,记

$$t=\|\boldsymbol{x}\|_1=\sum_{j=1}^{n}|x_j|,\quad \|\boldsymbol{a}_k\|_1=\max_{1\leqslant j\leqslant n}\sum_{i=1}^{m}|a_{ij}|$$

则

$$\begin{aligned}\|\boldsymbol{A}\boldsymbol{x}\|_1&=\sum_{i=1}^{m}\sum_{j=1}^{n}|a_{ij}x_j|\leqslant\sum_{i=1}^{m}\sum_{j=1}^{n}|a_{ij}||x_j|\\&=\sum_{j=1}^{n}|x_j|(\sum_{i=1}^{m}|a_{ij}|)\leqslant\|\boldsymbol{x}\|_1\|\boldsymbol{a}_k\|\end{aligned}$$

说明对$\mathbf{R}^n$上任意非零向量$\boldsymbol{x}$,有

$$\frac{\|\boldsymbol{A}\boldsymbol{x}\|_1}{\|\boldsymbol{x}\|_1}\leqslant\|\boldsymbol{a}_k\|$$

存在向量$\boldsymbol{x}=\boldsymbol{e}_k\neq\boldsymbol{0}$,使得$\dfrac{\|\boldsymbol{A}\boldsymbol{x}\|_1}{\|\boldsymbol{x}\|_1}=\dfrac{\|\boldsymbol{a}_k\|_1}{\|\boldsymbol{e}_k\|_1}=\|\boldsymbol{a}_k\|$。这说明

$$\|\boldsymbol{A}\boldsymbol{x}\|_1=\max_{1\leqslant j\leqslant n}\sum_{i=1}^{m}|a_{ij}|$$

(2) 设$\boldsymbol{x}=(x_1,x_2,\cdots,x_n)^{\mathrm{T}}\neq\boldsymbol{0}$,不妨设$\boldsymbol{A}\neq\boldsymbol{0}$,记

$$t=\|\boldsymbol{x}\|_\infty=\max_{1\leqslant i\leqslant n}|x_i|,\mu=\|\boldsymbol{x}\|_\infty=\max_{1\leqslant i\leqslant m}\sum_{j=1}^{n}|a_{ij}|$$

则

$$\|\boldsymbol{A}\boldsymbol{x}\|_\infty=\max_{1\leqslant i\leqslant m}\sum_{j=1}^{n}|a_{ij}x_j|\leqslant\max_{1\leqslant i\leqslant m}\sum_{j=1}^{n}|a_{ij}||x_j|\leqslant t\max_{1\leqslant i\leqslant m}\sum_{j=1}^{n}|a_{ij}|$$

说明对$\mathbf{R}^n$上任意非零向量$\boldsymbol{x}$,有

$$\frac{\|\boldsymbol{A}\boldsymbol{x}\|_\infty}{\|\boldsymbol{x}\|_\infty}\leqslant\mu$$

下面说明存在向量$\boldsymbol{x}_0\neq\boldsymbol{0}$,使得$\dfrac{\|\boldsymbol{A}\boldsymbol{x}\|_\infty}{\|\boldsymbol{x}\|_\infty}=\mu$。设$\mu=\sum_{j=1}^{n}|a_{i_0j}|$,取向量$\boldsymbol{x}_0=(\mathrm{sgn}(a_{i_01}),\mathrm{sgn}(a_{i_02}),\cdots,\mathrm{sgn}(a_{i_0n}))^{\mathrm{T}}$,即$\boldsymbol{A}$中第$i_0$行元素对应的符号向量。显然,$\|\boldsymbol{x}_0\|_\infty=1$,且$\boldsymbol{A}\boldsymbol{x}_0$的第$i_0$个分量为$\sum_{j=1}^{n}|a_{i_0j}x_j|=\sum_{j=1}^{n}|a_{i_0j}|$,说明

$$\|\boldsymbol{A}\boldsymbol{x}\|_\infty=\max_{1\leqslant i\leqslant m}\sum_{j=1}^{n}|a_{ij}x_j|=\sum_{j=1}^{n}|a_{i_0j}|=\mu$$

(3) 因为$\forall\boldsymbol{x}\in\mathbf{R}^n$,$\|\boldsymbol{A}\boldsymbol{x}\|_v^2=(\boldsymbol{A}\boldsymbol{x},\boldsymbol{A}\boldsymbol{x})=(\boldsymbol{A}^{\mathrm{T}}\boldsymbol{A}\boldsymbol{x},\boldsymbol{x})\geqslant0$。若某个$\boldsymbol{x}\neq\boldsymbol{0}$为$\boldsymbol{A}^{\mathrm{T}}\boldsymbol{A}$的特征值$\lambda$的特征向量,因有$_1(\boldsymbol{x},\boldsymbol{x})\geqslant0$且$(\boldsymbol{A}^{\mathrm{T}}\boldsymbol{A}\boldsymbol{x},\boldsymbol{x})=(\lambda\boldsymbol{x},\boldsymbol{x})=\lambda(\boldsymbol{x},\boldsymbol{x})\geqslant0$,可知$\boldsymbol{A}^{\mathrm{T}}\boldsymbol{A}$的特征值为非负实数,设为$\lambda_1\geqslant\lambda_2\geqslant\cdots\geqslant\lambda_n$。$\boldsymbol{A}^{\mathrm{T}}\boldsymbol{A}$为对称矩阵,设$\boldsymbol{\mu}_1,\boldsymbol{\mu}_2,\cdots,\boldsymbol{\mu}_n$为$\boldsymbol{A}^{\mathrm{T}}\boldsymbol{A}$对应特征值序列$\lambda_1,\lambda_2,\cdots,\lambda_n$的标准正交的特征向量,且记$(\boldsymbol{\mu}_i,\boldsymbol{\mu}_j)=\delta_{ij}$。设$\forall\boldsymbol{x}\in\mathbf{R}^n$且$\boldsymbol{x}\neq\boldsymbol{0}$,则存在线性组合系数$c_1,c_2,\cdots,c_n$使得

$$x = \sum_{i=1}^{n} c_i \boldsymbol{\mu}_i$$

则

$$\frac{\|\boldsymbol{A}\boldsymbol{x}\|_2^2}{\|\boldsymbol{x}\|_2^2} = \frac{(\boldsymbol{A}^{\mathrm{T}}\boldsymbol{A}\boldsymbol{x},\boldsymbol{x})}{(\boldsymbol{x},\boldsymbol{x})} = \frac{\left(\sum_{i=1}^{n} c_i \lambda_i \boldsymbol{\mu}_i, \sum_{i=1}^{n} c_i \boldsymbol{\mu}_i\right)}{\sum_{i=1}^{n} c_i^2} = \frac{\sum_{i=1}^{n} c_i^2 \lambda_i}{\sum_{i=1}^{n} c_i^2} \leqslant \lambda_1$$

取 $\boldsymbol{x} = \boldsymbol{\mu}_1$，则等号成立，故

$$\|\boldsymbol{A}\boldsymbol{x}\|_2 = \max_{x \neq 0} \frac{\|\boldsymbol{A}\boldsymbol{x}\|_2}{\|\boldsymbol{x}\|_2} = \sqrt{\lambda_1}$$

另一种是元素形式范数，先得到 $\boldsymbol{A}$ 的“拉直”向量 $\boldsymbol{a} = \mathrm{vec}(\boldsymbol{A})$，然后采用向量的范数计算而得到矩阵的范数。由于这类范数是使用矩阵元素表示，故称为元素形式范数。元素形式范数是下面的 p 矩阵范数，即

$$\|\boldsymbol{A}\|_p = \left(\sum_{i=1}^{m}\sum_{j=1}^{n} |a_{ij}|^p\right)^{\frac{1}{p}} \tag{2.1.21}$$

p 矩阵范数满足范数的正值性、齐次性及三角不等式。以下是 3 种典型的元素形式 p 矩阵范数。

(1) 当 $p=1$ 时，L_1 范数(和范数)为

$$\|\boldsymbol{A}\|_1 = \left(\sum_{i=1}^{m}\sum_{j=1}^{n} |a_{ij}|\right) \tag{2.1.22}$$

(2) 当 $p=2$ 时，费罗贝尼乌斯(Frobenius)范数为

$$\|\boldsymbol{A}\|_F = \left(\sum_{i=1}^{m}\sum_{j=1}^{n} |a_{ij}|^2\right)^{\frac{1}{2}} \tag{2.1.23}$$

(3) 当 $p=\infty$ 时，最大范数为

$$\|\boldsymbol{A}\|_\infty = \max_{i=1,2,\cdots,m;j=1,2,\cdots,n} |\{a_{ij}\}| \tag{2.1.24}$$

例 2　设 $\boldsymbol{A} = [\boldsymbol{a}_1, \boldsymbol{a}_2] = \begin{bmatrix} \boldsymbol{b}_1 \\ \boldsymbol{b}_2 \end{bmatrix} = \begin{bmatrix} 1 & -2 \\ -3 & 4 \end{bmatrix}$，计算 $\|\boldsymbol{A}\|_1, \|\boldsymbol{A}\|_2, \|\boldsymbol{A}\|_\infty, \|\boldsymbol{A}\|_F$。

解：$\|\boldsymbol{A}\|_1 = \max\limits_{j=1,2}\{\|\boldsymbol{a}_j\|_1\} = \max\limits_{i=1,2}\left\{\sum\limits_{i=1}^{2} |a_{ij}|\right\} = \max\{4,6\} = 6$。

$\|\boldsymbol{A}\|_\infty = \max\limits_{i=1,2}\{\|\boldsymbol{b}_i\|_1\} = \max\limits_{i=1,2}\left\{\sum\limits_{j=1}^{2} |a_{ij}|\right\} = \max\{3,7\} = 7$。

$\det(\lambda I - \boldsymbol{A}^{\mathrm{T}}\boldsymbol{A}) = \lambda^2 - 30\lambda + 4 = 0$，得 $\lambda = 15 \pm \sqrt{221}$，由此可得

$\|\boldsymbol{A}\|_2 = \sqrt{15 + \sqrt{221}} \approx 5.46$。

$\|\boldsymbol{A}\|_F = \sqrt{1+4+9+16} \approx 5.477$。

定义 8　给定无限矩阵序列 $\boldsymbol{A}_1, \boldsymbol{A}_2, \boldsymbol{A}_3, \cdots$ 和矩阵 $\boldsymbol{A}$，若 $\lim\limits_{n\to\infty}\|\boldsymbol{A}_n - A\| = 0$，则称 $\boldsymbol{A}_1, \boldsymbol{A}_2, \boldsymbol{A}_3, \cdots$ 收敛于矩阵 $\boldsymbol{A}$，记为 $\lim\limits_{k\to\infty}\boldsymbol{x}^{(k)} = \boldsymbol{x}^{(*)}$ 当且仅当 $\lim\limits_{k\to\infty}\boldsymbol{A}_n = \boldsymbol{A}$。

下面介绍由矩阵范数定义的矩阵条件数。条件数是研究方程组 $\boldsymbol{A}\boldsymbol{x} = \boldsymbol{b}$ 的解向量 $\boldsymbol{x}$ 如何受系数矩阵 $\boldsymbol{A} \in \mathbf{R}^{n \times n}$ 和系数向量(常系数列向量)$\boldsymbol{b}$ 的元素的微小变化(扰动)的影响而提出的。

定义 9　设 $\boldsymbol{A}\in\mathbf{R}^{n\times n}$ 为非奇异方阵，称 $\mathrm{cond}(\boldsymbol{A})_v=\|\boldsymbol{A}\|_v\|\boldsymbol{A}^{-1}\|_v$（$v=1,2$ 或 ∞）为矩阵 $\boldsymbol{A}$ 的条件数。

矩阵 $\boldsymbol{A}$ 的条件数有以下类型及其性质。

(1) $\mathrm{cond}(\boldsymbol{A})_\infty=\|\boldsymbol{A}\|_\infty\|\boldsymbol{A}^{-1}\|_\infty$。

(2) 矩阵 $\boldsymbol{A}$ 的谱条件数为

$$\mathrm{cond}(\boldsymbol{A})_2=\|\boldsymbol{A}\|_2\|\boldsymbol{A}^{-1}\|_2=\sqrt{\frac{\lambda_{\max}(\boldsymbol{A}^{\mathrm{T}}\boldsymbol{A})}{\lambda_{\min}(\boldsymbol{A}^{\mathrm{T}}\boldsymbol{A})}}$$

(3) 当 $\boldsymbol{A}$ 为对称矩阵时，$\mathrm{cond}(\boldsymbol{A})_2=\lambda_1/\lambda_n$，其中 λ_1,λ_n 分别是 $\boldsymbol{A}$ 的绝对值最大和绝对值最小的特征值。

(4) 对任意非奇异矩阵 $\boldsymbol{A}$ 或正交矩阵，都有

$$\mathrm{cond}(\boldsymbol{A})_v=\|\boldsymbol{A}\|_v\|\boldsymbol{A}^{-1}\|_v\geqslant\|\boldsymbol{A}\boldsymbol{A}^{-1}\|_v=1$$

(5) 设矩阵 $\boldsymbol{A}$ 为非奇异矩阵且 c 为常数，则

$$\mathrm{cond}(c\boldsymbol{A})_v=\mathrm{cond}(\boldsymbol{A})_v$$

(6) 设矩阵 $\boldsymbol{A}$ 为非奇异矩阵，$\boldsymbol{Q}$ 为正交矩阵，则

$$\mathrm{cond}(\boldsymbol{Q}\boldsymbol{A})_2=\mathrm{cond}(\boldsymbol{A}\boldsymbol{Q})_2=\mathrm{cond}(\boldsymbol{A})_2$$

为分析方便，先假定只在向量 $\boldsymbol{b}$ 的扰动 $\delta\boldsymbol{b}$，而矩阵 $\boldsymbol{A}$ 是稳定不变的。此时精确的解向量 $\boldsymbol{x}$ 会扰动为 $\boldsymbol{x}+\delta\boldsymbol{b}$，即有

$$\boldsymbol{A}(\boldsymbol{x}+\delta\boldsymbol{x})=\boldsymbol{b}+\delta\boldsymbol{b}$$

因为 $\boldsymbol{A}\boldsymbol{x}=\boldsymbol{b}$，这意味着

$$\delta\boldsymbol{x}=\boldsymbol{A}^{-1}\delta\boldsymbol{b}$$

对 $\delta\boldsymbol{x}=\boldsymbol{A}^{-1}\delta\boldsymbol{b}$ 和 $\boldsymbol{A}\boldsymbol{x}=\boldsymbol{b}$ 应用矩阵范数的性质得

$$\|\delta\boldsymbol{x}\|_2=\|\boldsymbol{A}^{-1}\delta\boldsymbol{b}\|_2\leqslant\|\boldsymbol{A}^{-1}\|_2\|\delta\boldsymbol{b}\|_2$$

$$\|\boldsymbol{A}\boldsymbol{x}\|_2=\|\boldsymbol{b}\|_2\leqslant\|\boldsymbol{A}\|_2\|\boldsymbol{x}\|_2$$

因此，可得

$$\frac{\|\delta\boldsymbol{x}\|_2}{\|\boldsymbol{x}\|_2}\leqslant(\|\boldsymbol{A}\|_2\|\boldsymbol{A}^{-1}\|_2)\frac{\|\delta\boldsymbol{b}\|_2}{\|\boldsymbol{b}\|_2}$$

然后，考虑扰动 $\delta\boldsymbol{A}$ 的影响。此时，线性方程组变成

$$(\boldsymbol{A}+\delta\boldsymbol{A})(\boldsymbol{x}+\delta\boldsymbol{x})=\boldsymbol{b}$$

因此，可推导出

$$\begin{aligned}\delta\boldsymbol{x}&=[(\boldsymbol{A}+\delta\boldsymbol{A})^{-1}-\boldsymbol{A}^{-1}]\boldsymbol{b}\\&=[\boldsymbol{A}^{-1}\boldsymbol{A}(\boldsymbol{A}+\delta\boldsymbol{A})^{-1}-\boldsymbol{A}^{-1}(\boldsymbol{A}+\delta\boldsymbol{A})(\boldsymbol{A}+\delta\boldsymbol{A})^{-1}]\boldsymbol{b}\\&=\{\boldsymbol{A}^{-1}[\boldsymbol{A}-(\boldsymbol{A}+\delta\boldsymbol{A})](\boldsymbol{A}+\delta\boldsymbol{A})^{-1}\}\boldsymbol{b}\\&=-\boldsymbol{A}^{-1}\delta\boldsymbol{A}(\boldsymbol{A}+\delta\boldsymbol{A})^{-1}\boldsymbol{b}\\&=-\boldsymbol{A}^{-1}\delta\boldsymbol{A}(\boldsymbol{x}+\delta\boldsymbol{x})\end{aligned}$$

由此得

$$\|\delta\boldsymbol{x}\|_2=\|-\boldsymbol{A}^{-1}\delta\boldsymbol{A}(\boldsymbol{x}+\delta\boldsymbol{x})\|_2\leqslant\|\boldsymbol{A}^{-1}\|_2\|\delta\boldsymbol{A}\|_2\|\boldsymbol{x}+\delta\boldsymbol{x}\|_2$$

即有

$$\frac{\|\delta\boldsymbol{x}\|_2}{\|\boldsymbol{x}+\delta\boldsymbol{x}\|_2}\leqslant(\|\boldsymbol{A}\|_2\|\boldsymbol{A}^{-1}\|_2)\frac{\|\delta\boldsymbol{A}\|_2}{\|\boldsymbol{A}\|_2}$$

因此,无论是扰动 $\delta\boldsymbol{b}$ 还是扰动 $\delta\boldsymbol{A}$,解向量 $\boldsymbol{x}$ 的相对误差与矩阵 $\boldsymbol{A}$ 的条件数 $\text{cond}(\boldsymbol{A})=\|\boldsymbol{A}\|_2\|\boldsymbol{A}^{-1}\|_2$ 均成正比。矩阵 $\boldsymbol{A}$ 的条件数越小,由扰动 $\delta\boldsymbol{b}$ 或扰动 $\delta\boldsymbol{A}$ 的相对误差引起的解的相对误差就越小;矩阵 $\boldsymbol{A}$ 的条件数越大,解的相对误差就越大,也就难以用一般的计算方法求得比较准确的解。如果系数矩阵 $\boldsymbol{A}$ 的微小扰动会引起解向量 $\boldsymbol{x}$ 很大的扰动,则称矩阵 $\boldsymbol{A}$ 是“病态”矩阵(ill-conditional matrix)。矩阵 $\boldsymbol{A}$ 的条件数刻画了对原始数据变化的灵敏程度,即刻画了方程组的“病态”程度。

在实际应用中,如果采用高斯消元法,选择所在列中绝对值最大的元素作为主元,如果出现小主元,对大多数矩阵 $\boldsymbol{A}$ 是“病态”矩阵;系数矩阵 $\boldsymbol{A}$ 的行列式值相对说很小,或系数矩阵某些行近似线性相关,这时矩阵 $\boldsymbol{A}$ 可能是“病态”矩阵;系数矩阵 $\boldsymbol{A}$ 元素间数量级相差很大,并且无一定规则,这时矩阵 $\boldsymbol{A}$ 可能是“病态”矩阵。

2.2 逆 矩 阵

2.2.1 逆矩阵的定义与性质

矩阵求逆是矩阵运算中的一种重要运算。特别地,矩阵求逆引理在信号处理、系统科学、神经网络、自动控制等学科中经常用到。

定义 10 设 $\boldsymbol{A}\in\mathbf{R}^{n\times n}$ 为方阵,若存在 $\boldsymbol{B}\in\mathbf{R}^{n\times n}$,满足 $\boldsymbol{AB}=\boldsymbol{BA}=\boldsymbol{I}$,就称矩阵 $\boldsymbol{B}$ 是矩阵 $\boldsymbol{A}$ 的逆矩阵,记为 $\boldsymbol{A}^{-1}$。

$\boldsymbol{A}\in\mathbf{R}^{n\times n}$ 为可逆矩阵,具有以下性质。

(1) $\boldsymbol{A}^{-1}$ 是唯一的。

(2) $|\boldsymbol{A}^{-1}|=\det(\boldsymbol{A}^{-1})=1/\det(\boldsymbol{A})$。

(3) $(\boldsymbol{A}^{-1})^{-1}=\boldsymbol{A}$。

(4) $(\boldsymbol{A}^{*})^{-1}=(\boldsymbol{A}^{-1})^{*}$。

(5) 若 $\boldsymbol{A},\boldsymbol{B}\in\mathbf{R}^{n\times n}$ 均可逆,则 $(\boldsymbol{AB})^{-1}=\boldsymbol{B}^{-1}\boldsymbol{A}^{-1}$。

2.2.2 矩阵求逆引理

引理 1(Sherman-Morrison 公式) 令 $\boldsymbol{A}$ 是 n 阶可逆矩阵,并且 $\boldsymbol{x}$ 和 $\boldsymbol{y}$ 是两个 $n\times1$ 维列向量,使得 $(\boldsymbol{A}+\boldsymbol{xy}^{\mathrm{T}})$ 可逆,则

$$(\boldsymbol{A}+\boldsymbol{xy}^{\mathrm{T}})^{-1}=\boldsymbol{A}^{-1}-\frac{\boldsymbol{A}^{-1}\boldsymbol{xy}^{\mathrm{T}}\boldsymbol{A}^{-1}}{1+\boldsymbol{y}^{\mathrm{T}}\boldsymbol{A}^{-1}\boldsymbol{x}} \tag{2.2.1}$$

证明:由于

$$\boldsymbol{A}+\boldsymbol{xy}^{\mathrm{T}}=\boldsymbol{A}(\boldsymbol{I}+\boldsymbol{A}^{-1}\boldsymbol{xy}^{\mathrm{T}}) \tag{2.2.2}$$

故有

$$(\boldsymbol{A}+\boldsymbol{xy}^{\mathrm{T}})^{-1}=(\boldsymbol{I}+\boldsymbol{A}^{-1}\boldsymbol{xy}^{\mathrm{T}})^{-1}\boldsymbol{A}^{-1} \tag{2.2.3}$$

若 $(\boldsymbol{I}+\boldsymbol{B})$ 可逆,并且 $\boldsymbol{B}\neq\boldsymbol{I}$,则 $(\boldsymbol{I}+\boldsymbol{B})^{-1}=\boldsymbol{I}-\boldsymbol{B}+\boldsymbol{B}^2-\boldsymbol{B}^3+\cdots$,将这一公式代入式(2.2.3)中的 $(\boldsymbol{I}+\boldsymbol{A}^{-1}\boldsymbol{xy}^{\mathrm{T}})^{-1}$,立即有

$$\begin{aligned}(\boldsymbol{I}+\boldsymbol{A}^{-1}\boldsymbol{xy}^{\mathrm{T}})^{-1}&=\boldsymbol{I}-\boldsymbol{A}^{-1}\boldsymbol{xy}^{\mathrm{T}}+(\boldsymbol{A}^{-1}\boldsymbol{xy}^{\mathrm{T}})^2-(\boldsymbol{A}^{-1}\boldsymbol{xy}^{\mathrm{T}})^3+\cdots\\&=\boldsymbol{I}-\boldsymbol{A}^{-1}\boldsymbol{xy}^{\mathrm{T}}+\boldsymbol{A}^{-1}\boldsymbol{xy}^{\mathrm{T}}\boldsymbol{A}^{-1}\boldsymbol{xy}^{\mathrm{T}}-\cdots\end{aligned}$$

由此可得

$$\begin{aligned}(\boldsymbol{A}+\boldsymbol{x}\boldsymbol{y}^{\mathrm{T}})^{-1}&=\boldsymbol{A}^{-1}-\boldsymbol{A}^{-1}\boldsymbol{x}\boldsymbol{y}^{\mathrm{T}}\boldsymbol{A}^{-1}+\boldsymbol{A}^{-1}\boldsymbol{x}(\boldsymbol{y}^{\mathrm{T}}\boldsymbol{A}^{-1}\boldsymbol{x})\boldsymbol{y}^{\mathrm{T}}\boldsymbol{A}^{-1}-\cdots\\&=\boldsymbol{A}^{-1}-\boldsymbol{A}^{-1}\boldsymbol{x}\boldsymbol{y}^{\mathrm{T}}\boldsymbol{A}^{-1}[1-(\boldsymbol{y}^{\mathrm{T}}\boldsymbol{A}^{-1}\boldsymbol{x})+(\boldsymbol{y}^{\mathrm{T}}\boldsymbol{A}^{-1}\boldsymbol{x})^2-\cdots]\end{aligned}$$

由矩阵$(\boldsymbol{I}+\boldsymbol{A}^{-1}\boldsymbol{x}\boldsymbol{y}^{\mathrm{T}})$的可逆性知，标量 $\boldsymbol{y}^{\mathrm{T}}\boldsymbol{A}^{-1}\boldsymbol{x}\neq-1$，由泰勒公式有

$$1-\boldsymbol{y}^{\mathrm{T}}\boldsymbol{A}^{-1}\boldsymbol{x}+(\boldsymbol{y}^{\mathrm{T}}\boldsymbol{A}^{-1}\boldsymbol{x})^2-\cdots=\frac{1}{1+\boldsymbol{y}^{\mathrm{T}}\boldsymbol{A}^{-1}\boldsymbol{x}}$$

即证。

该引理称为矩阵求逆引理，是由 Sherman 和 Morrison 得到的，结论首次出现在 1949 年的会议摘要中，具体计算方法 1950 年发表在期刊《数理统计年鉴》(*Annals of Mathematical Statistics*)上的论文中。矩阵求逆引理可以推广为矩阵之和的求逆公式，即

$$\begin{aligned}(\boldsymbol{A}+\boldsymbol{UBV})^{-1}&=\boldsymbol{A}^{-1}-\boldsymbol{A}^{-1}\boldsymbol{UB}(\boldsymbol{B}+\boldsymbol{BVA}^{-1}\boldsymbol{UB})^{-1}\boldsymbol{BVA}^{-1}\\&=\boldsymbol{A}^{-1}-\boldsymbol{A}^{-1}\boldsymbol{U}(\boldsymbol{I}+\boldsymbol{BVA}^{-1}\boldsymbol{U})^{-1}\boldsymbol{BVA}^{-1}\end{aligned}\tag{2.2.4}$$

$$(\boldsymbol{A}-\boldsymbol{UV})^{-1}=\boldsymbol{A}^{-1}+\boldsymbol{A}^{-1}\boldsymbol{U}(\boldsymbol{I}-\boldsymbol{VA}^{-1}\boldsymbol{U})^{-1}\boldsymbol{VA}^{-1}\tag{2.2.5}$$

式(2.2.4)是 Woodbury 于 1950 年得到的，也称为 Woodbury 公式，而式(2.2.5)是其特例。

当 $\boldsymbol{U}=\boldsymbol{x}$，$\boldsymbol{B}=b$ 和 $\boldsymbol{V}=\boldsymbol{y}^{\mathrm{T}}$ 时，Woodbury 公式给出的结果（当 $b=1$，即为矩阵求逆引理）为

$$(\boldsymbol{A}+b\boldsymbol{x}\boldsymbol{y}^{\mathrm{T}})^{-1}=\boldsymbol{A}^{-1}-\frac{b}{1+b\boldsymbol{y}^{\mathrm{T}}\boldsymbol{A}^{-1}\boldsymbol{x}}\boldsymbol{A}^{-1}\boldsymbol{x}\boldsymbol{y}^{\mathrm{T}}\boldsymbol{A}^{-1}\tag{2.2.6}$$

2.2.3 可逆矩阵的求逆方法

下面主要介绍矩阵的三角分解法，并将其用于计算可逆矩阵的逆。矩阵的三角分解法是高斯消元法的变形方法，它可以直接从矩阵 $\boldsymbol{A}\in\mathbf{R}^{n\times n}$ 的元素得到计算下三角阵 $\boldsymbol{L}$ 和上三角阵 $\boldsymbol{U}$ 元素的递推公式，而不需要任何中间步骤。一旦实现了矩阵 $\boldsymbol{A}$ 的 LU 分解，可用于求解线性方程组和计算可逆矩阵的逆。

求解线性方程组主要有直接法和迭代法。直接法包括高斯消元法，以及它的改进、变形得到的选主元消元法、三角分解法等方法。选主元消元法与三角分解法仍然是目前计算机上常用求解低阶稠密线性方程组及某些大型稀疏线性方程组(如大型带状方程组)的有效方法。迭代法就是用某种极限过程逐步逼近线性方程组精确解的方法。迭代法具有需要计算机存储单元较少，但存在收敛性及收敛速度问题，它是解大型稀疏线性方程组的重要方法。可逆矩阵的 $\boldsymbol{A}$ 的 LU 分解的存在性和唯一性可由下面定理得到。

定理 7 (LU 分解) 若 $\boldsymbol{A}$ 是 n 阶可逆矩阵，如果 $\boldsymbol{A}$ 的所有顺序主子式均不等于 0，则 $\boldsymbol{A}=\boldsymbol{LU}$，其中 $\boldsymbol{L}=(l_{ij})$为单位下三角矩阵(下三角矩阵其主对角线元素全为 1)，$\boldsymbol{U}=(u_{ij})$为上三角矩阵，且分解是唯一的。

证明： 存在性可由高斯消元法得出。下面仅对 n 阶可逆矩阵 $\boldsymbol{A}$ 证明唯一性。假设存在两种分解 $\boldsymbol{A}=\boldsymbol{L}_1\boldsymbol{U}_1=\boldsymbol{L}_2\boldsymbol{U}_2$，因为 $\boldsymbol{A}$ 可逆，则有 $\boldsymbol{L}_2^{-1}\boldsymbol{L}_1=\boldsymbol{U}_2\boldsymbol{U}_1^{-1}$，而 $\boldsymbol{L}_2^{-1}\boldsymbol{L}_1$ 为两个单位下三角矩阵的乘积，$\boldsymbol{L}_2^{-1}\boldsymbol{L}_1$ 仍为主对角线元素全为 1 的下三角矩阵，而右边 $\boldsymbol{U}_2\boldsymbol{U}_1^{-1}$ 为上三角矩阵的乘积，仍为上三角矩阵。要使两边相等，必有 $\boldsymbol{L}_2^{-1}\boldsymbol{L}_1=\boldsymbol{U}_2\boldsymbol{U}_1^{-1}=\boldsymbol{I}$。因此，$\boldsymbol{L}_1=\boldsymbol{L}_2$ 且 $\boldsymbol{U}_1=\boldsymbol{U}_2$。

基于高斯消元法的 LU 分解算法如下。

(1) 初始化 $k \leftarrow 1, \boldsymbol{A}^{(k)}=(a_{ij}^{(k)}) \leftarrow \boldsymbol{A}$。

(2) 消元计算

$$a_{ij}^{(k+1)}=a_{ij}^{(k)}, \quad i<k \text{ 或 } j<k$$

$$a_{ik}^{(k+1)}=a_{ik}^{(k)}/a_{kk}^{(k)}, \quad i=k+1,k+2,\cdots,n$$

$$a_{ij}^{(k+1)}=a_{ij}^{(k)}-a_{ik}^{(k+1)}a_{kj}^{(k)}, \quad i,j=k+1,k+2,\cdots,n$$

(3) 更新 $\boldsymbol{A}^{(k+1)}=(a_{ij}^{(k+1)}), k \leftarrow k+1$，并重复第(2)和(3)步，直到 $k=n-1$，进行第(4)步。

(4) 抽取 $\boldsymbol{A}^{(k)}$ 的主对角线及其以上元素组成上三角阵 $\boldsymbol{U}$，令 $\boldsymbol{A}$ 的主对角线元素为 1，然后再抽取 $\boldsymbol{A}$ 的主对角线及其以下元素组成下三角阵 $\boldsymbol{L}$。

若 $\boldsymbol{A}$ 的 LU 分解形式记为

$$\boldsymbol{A}=\boldsymbol{LU}=\begin{bmatrix} 1 & 0 & \cdots & 0 \\ l_{21} & 1 & \cdots & 0 \\ \vdots & \vdots & & \vdots \\ l_{n1} & l_{n2} & \cdots & 1 \end{bmatrix}\begin{bmatrix} u_{11} & u_{12} & \cdots & u_{1n} \\ 0 & u_{22} & \cdots & u_{2n} \\ \vdots & \vdots & & \vdots \\ 0 & 0 & \cdots & u_{nn} \end{bmatrix} \tag{2.2.7}$$

按照矩阵两边对应元素相等，可以从左到右，从上到下，依次解出单位下三角矩阵 $\boldsymbol{L}$ 和上三角矩阵 $\boldsymbol{U}$ 中所有元素。由此可得到下面的不选主元的直接三角分解算法。

不选主元的直接三角分解算法如下。

(1) 初始化 $\boldsymbol{L}=\boldsymbol{I}, \boldsymbol{U}=\boldsymbol{0}$。

(2) 更新 $\boldsymbol{U}$ 中第一行元素和 $\boldsymbol{L}$ 和第一列元素，即

$$u_{1j}=a_{1j}, j=1,2,\cdots,n$$

$$l_{i1}=a_{i1}/u_{11}, i=2,3,\cdots,n$$

(3) 初始化 $k \leftarrow 1, \boldsymbol{L}=\boldsymbol{I}, \boldsymbol{U}=\boldsymbol{0}$。

(4) 计算 $\boldsymbol{U}$ 的第 k 行未知元素，即

$$u_{kj}=a_{kj}-\sum_{p=1}^{k-1} l_{kp}u_{pj}, \quad j=k,k+1,\cdots,n$$

(5) 若 $k<n$，计算 $\boldsymbol{L}$ 的第 k 列未知元素

$$l_{ik}=\left(a_{ik}-\sum_{p=1}^{k-1} l_{ip}u_{pk}\right)/u_{kk}, \quad i=k+1,k+2,\cdots,n$$

(6) 更新 $k \leftarrow k+1$，并重复第(4)和(5)步，直到 $k=n$，进行第(7)步。

(7) 输出单位下三角矩阵 $\boldsymbol{L}$ 和上三角矩阵 $\boldsymbol{U}$。

这种矩阵直接三角分解方法称为杜利特尔算法(the Doolittle Algorithm)，与其类似的方法还有著名的克劳特算法(Crout's Algorithm)。

例 1 已知

$$\boldsymbol{A}=\begin{bmatrix} 3 & -7 & -2 \\ -3 & 5 & 1 \\ 6 & -4 & 0 \end{bmatrix}$$

采用基于高斯消元法的 LU 分解算法，寻找单位下三角矩阵 $\boldsymbol{L}$ 和上三角矩阵 $\boldsymbol{U}$，使得 $\boldsymbol{A}=\boldsymbol{LU}$。

解：采用初等行变换将 $\boldsymbol{A}$ 化为阶梯形矩阵

$$\boldsymbol{A}=\boldsymbol{A}^{(1)}=\begin{bmatrix}3 & -7 & -2\\ -3 & 5 & 1\\ 6 & -4 & 0\end{bmatrix}\overset{\substack{1(1)+(2)\\ -2(1)+(3)}}{\sim}\boldsymbol{A}^{(2)}=\begin{bmatrix}3 & -7 & -2\\ 0 & -2 & -1\\ 0 & 10 & 4\end{bmatrix}\overset{5(2)+(3)}{\sim}\boldsymbol{A}^{(3)}$$

$$=\begin{bmatrix}3 & -7 & -2\\ 0 & -2 & -1\\ 0 & 0 & -1\end{bmatrix}=\boldsymbol{U}$$

$$\boldsymbol{L}=\begin{bmatrix}1 & 0 & 0\\ a_{12}^{(1)}/a_{11}^{(1)} & 1 & 0\\ a_{13}^{(1)}/a_{11}^{(1)} & a_{23}^{(2)}/a_{22}^{(2)} & 1\end{bmatrix}=\begin{bmatrix}1 & 0 & 0\\ -1 & 1 & 0\\ 2 & -5 & 1\end{bmatrix}$$

易验证 $\boldsymbol{A}=\boldsymbol{LU}$。

因为例 1 中 $\boldsymbol{A}$ 的 3 个顺序主子式全不为 0，可以使用基于高斯消元法的 LU 分解算法。但是对于某些简单的矩阵可能会失败，例如

$$\boldsymbol{A}=\begin{bmatrix}0 & 1\\ 1 & 0\end{bmatrix}$$

针对此问题，下面介绍选主元的高斯消元算法。选主元还可以与上面的直接三角分解算法结合，得到选主元的直接三角分解算法。

定理 8 (LU 分解)　若 $\boldsymbol{A}$ 是 n 阶可逆矩阵，存在一个置换矩阵 $\boldsymbol{P}$，使得 $\widetilde{\boldsymbol{A}}=\boldsymbol{PA}=\boldsymbol{LU}$，其中 $\boldsymbol{L}=(l_{ij})$ 为下三角矩阵并且其主对角线元素全为 1，$\boldsymbol{U}=(u_{ij})$ 为上三角矩阵，并且对于某个固定的 $\boldsymbol{P}$，分解是唯一的。

证明：假设存在两种分解 $\widetilde{\boldsymbol{A}}=\boldsymbol{PA}=\boldsymbol{L}_1\boldsymbol{U}_1=\boldsymbol{L}_2\boldsymbol{U}_2$，因为 $\boldsymbol{PA}$ 可逆，有 $\boldsymbol{L}_2^{-1}\boldsymbol{L}_1=\boldsymbol{U}_2\boldsymbol{U}_1^{-1}$，而 $\boldsymbol{L}_2^{-1}\boldsymbol{L}_1$ 为两个主对角线元素全为 1 的下三角矩阵的乘积，仍为主对角线元素全为 1 的下三角矩阵，而右边 $\boldsymbol{U}_2\boldsymbol{U}_1^{-1}$ 为上三角矩阵的乘积，仍为上三角矩阵。要使两边相等，必有 $\boldsymbol{L}_2^{-1}\boldsymbol{L}_1=\boldsymbol{U}_2\boldsymbol{U}_1^{-1}=\boldsymbol{I}$。因此，$\boldsymbol{L}_1=\boldsymbol{L}_2$ 且 $\boldsymbol{U}_1=\boldsymbol{U}_2$。

选主元的高斯消元算法如下。

(1) 初始化 $\boldsymbol{P}\leftarrow\boldsymbol{I}$，$\boldsymbol{A}\leftarrow\boldsymbol{A}$。

(2) 初始化 $k\leftarrow 1$。

(3) 找部分主元(Partial Pivoting)的行标 $q=\underset{q=k,k+1,\cdots,n}{\operatorname{argmax}}\{a_{qk}\}$。

(4) 交换 $\boldsymbol{P}$ 中的第 k 和第 q 行。

(5) 按下列式子更新矩阵 $\boldsymbol{A}$ 中元素。

$$a_{ik}=a_{ik}/a_{kk},\quad i=k+1,k+2,\cdots,n$$
$$a_{ij}=a_{ij}-a_{ik}a_{kj},\quad i,j=k+1,k+2,\cdots,n$$

(6) 更新 $k\leftarrow k+1$，并重复第(2)～(6)步，直到 $k=n+1$，进行第(7)步。

(7) 抽取 $\boldsymbol{A}$ 的主对角线及其以上元素组成上三角阵 $\boldsymbol{U}$，令 $\boldsymbol{A}$ 的主对角线元素为 1，然后再抽取 $\boldsymbol{A}$ 的主对角线及其以下元素组成下三角阵 $\boldsymbol{L}$。

例 2　已知

$$\boldsymbol{A}=\begin{bmatrix}1 & 1 & 1\\ 2 & -2 & 1\\ 0 & 4 & -1\end{bmatrix}$$

采用最大元作为主元，求置换矩阵 $\boldsymbol{P}$，单位下三角矩阵 $\boldsymbol{L}$，上三角矩阵 $\boldsymbol{U}$，使得 $\boldsymbol{PA}=\boldsymbol{LU}$。

解：采用最大元作为主元的高斯消元算法，即

$$\boldsymbol{A}=\begin{bmatrix}1 & 1 & 1\\ 2 & -2 & 1\\ 0 & 4 & -1\end{bmatrix}\xrightarrow{\text{第 4 步：(1)}\leftrightarrow\text{(2)}}\begin{bmatrix}2 & -2 & 1\\ 1 & 1 & 1\\ 0 & 4 & -1\end{bmatrix}\overset{\text{第5步}(k=1)}{\sim}\boldsymbol{A}^{(3)}$$

$$=\begin{bmatrix}2 & -2 & 1\\ 0.5 & 2 & 0.5\\ 0 & 4 & -1\end{bmatrix}\overset{\text{第4步：(2)}\leftrightarrow\text{(3)}}{\sim}\boldsymbol{A}^{(4)}=\begin{bmatrix}2 & -2 & 1\\ 0 & 4 & -1\\ 0.5 & 2 & 0.5\end{bmatrix}\overset{\text{第5步}(k=2)}{\sim}\begin{bmatrix}2 & -2 & 1\\ 0 & 4 & -1\\ 0.5 & 0.5 & 1\end{bmatrix}$$

$$\boldsymbol{P}=\boldsymbol{E}_{23}\boldsymbol{E}_{12}=\begin{bmatrix}1 & 0 & 0\\ 0 & 0 & 1\\ 0 & 1 & 0\end{bmatrix}\begin{bmatrix}0 & 1 & 0\\ 1 & 0 & 0\\ 0 & 0 & 1\end{bmatrix}=\begin{bmatrix}0 & 1 & 0\\ 0 & 0 & 1\\ 1 & 0 & 0\end{bmatrix}$$

$$\boldsymbol{L}=\begin{bmatrix}1 & 0 & 0\\ 0 & 1 & 0\\ 0.5 & 0.5 & 1\end{bmatrix},U=\begin{bmatrix}2 & -2 & 1\\ 0 & 4 & -1\\ 0 & 0 & 1\end{bmatrix}$$

易验证 $\boldsymbol{PA}=\boldsymbol{LU}$。

选主元的高斯消元算法可以用来判断 $\boldsymbol{A}$ 是否可逆，如果上三角矩阵 $\boldsymbol{U}$ 有 n 个非零行，则 $\boldsymbol{A}$ 可逆；否则，$\boldsymbol{A}$ 不可逆。若 $\boldsymbol{A}$ 可逆，因为 $\boldsymbol{PA}=\boldsymbol{LU}$，可知 $\boldsymbol{A}^{-1}=\boldsymbol{U}^{-1}\boldsymbol{L}^{-1}\boldsymbol{P}$。因 $\boldsymbol{L}$ 为单位下三角阵，其逆 $\boldsymbol{L}^{-1}$ 仍为下三角阵，可设 $\boldsymbol{L}^{-1}=\boldsymbol{Y}$，因 $\boldsymbol{LY}=\boldsymbol{I}$，可采用向前回代的方法计算 $\boldsymbol{L}^{-1}=\boldsymbol{Y}$。类似地，因 $\boldsymbol{U}$ 为上三角阵，其逆 $\boldsymbol{U}^{-1}$ 仍为上三角阵，可设 $\boldsymbol{U}^{-1}=\boldsymbol{Z}$，因 $\boldsymbol{UZ}=\boldsymbol{I}$，可采用向后回代的方法计算 $\boldsymbol{U}^{-1}=\boldsymbol{Z}$。由此，可得出基于 LU 分解的逆矩阵计算算法。

基于 LU 分解的逆矩阵计算算法如下。

(1) 输入 $\boldsymbol{P},\boldsymbol{L},\boldsymbol{U},\boldsymbol{Y}=\boldsymbol{0},\boldsymbol{Z}=\boldsymbol{0}$。

(2) 初始化 $j\leftarrow 1$。

(3) 分别采用向前(向后)回代的方法，计算 $\boldsymbol{Y}$ 的第 j 列元素和 $\boldsymbol{Z}$ 的第 j 列元素。

$$y_{jj}=1/l_{jj},\ y_{ij}=-\Big(\sum_{k=j}^{i-1}l_{ik}y_{kj}\Big)/l_{jj},\ i=j+1,j+2,\cdots,n$$

$$z_{jj}=1/u_{jj},\ z_{ij}=-\Big(\sum_{k=i+1}^{j}u_{ik}z_{kj}\Big)/l_{jj},\ i=j-1,j-2,\cdots,1$$

(4) 更新 $j\leftarrow j+1$，并重复第(3)和(4)步，直到 $j=n$，进行第(5)步。

(5) 计算 $\boldsymbol{A}^{-1}=\boldsymbol{ZYP}$。

2.3 矩阵微商

2.3.1 向量的微商

1. 标量关于向量的微商

给定 m 维列向量 $\boldsymbol{x}\in\mathbf{R}^{m\times 1}$ 和函数 $y=f(\boldsymbol{x})\in\mathbf{R}$，则 y 关于 x、y 关于 $\boldsymbol{x}^{\mathrm{T}}$ 的微商分别为(分母布局)

$$\frac{\partial y}{\partial \boldsymbol{x}}=\left[\frac{\partial y}{\partial x_1},\frac{\partial y}{\partial x_2},\cdots,\frac{\partial y}{\partial x_m}\right]^{\mathrm{T}}\in\mathbf{R}^{m\times 1}\tag{2.3.1}$$

$$\frac{\partial y}{\partial \boldsymbol{x}^{\mathrm{T}}}=\left(\frac{\partial y}{\partial \boldsymbol{x}}\right)^{\mathrm{T}}=\left[\frac{\partial y}{\partial x_1},\frac{\partial y}{\partial x_2},\cdots,\frac{\partial y}{\partial x_m}\right]\in \mathbf{R}^{1\times m} \tag{2.3.2}$$

给定 m 维列向量 $\boldsymbol{x}\in\mathbf{R}^{m\times 1}$ 和函数 $y=f(x)\in\mathbf{R}$，则 y 关于 $\boldsymbol{x}$、y 关于 $\boldsymbol{x}^{\mathrm{T}}$ 的微商分别为(分子布局)

$$\frac{\partial y}{\partial \boldsymbol{x}}=\left[\frac{\partial y}{\partial x_1},\frac{\partial y}{\partial x_2},\cdots,\frac{\partial y}{\partial x_m}\right]\in \mathbf{R}^{1\times m} \tag{2.3.3}$$

$$\frac{\partial y}{\partial \boldsymbol{x}^{\mathrm{T}}}=\left(\frac{\partial y}{\partial \boldsymbol{x}}\right)^{\mathrm{T}}=\left[\frac{\partial y}{\partial x_1},\frac{\partial y}{\partial x_2},\cdots,\frac{\partial y}{\partial x_m}\right]^{\mathrm{T}}\in \mathbf{R}^{m\times 1} \tag{2.3.4}$$

2. **向量关于标量的微商**

给定未知元 $x\in\mathbf{R}$ 和函数 $\boldsymbol{y}=f(x)\in\mathbf{R}^{n\times 1}$，则 $\boldsymbol{y}$ 关于 x、$\boldsymbol{y}^{\mathrm{T}}$ 关于 x 的微商分别为(分母布局)

$$\frac{\partial \boldsymbol{y}}{\partial x}=\left[\frac{\partial y_1}{\partial x},\frac{\partial y_2}{\partial x},\cdots,\frac{\partial y_n}{\partial x}\right]\in \mathbf{R}^{1\times n} \tag{2.3.5}$$

$$\frac{\partial \boldsymbol{y}^{\mathrm{T}}}{\partial x}=\left[\frac{\partial y_1}{\partial x},\frac{\partial y_2}{\partial x},\cdots,\frac{\partial y_n}{\partial x}\right]^{\mathrm{T}}\in \mathbf{R}^{n\times 1} \tag{2.3.6}$$

给定未知元 $x\in\mathbf{R}$ 和函数 $\boldsymbol{y}=f(x)\in\mathbf{R}^{n\times 1}$，则 $\boldsymbol{y}$ 关于 x、$\boldsymbol{y}^{\mathrm{T}}$ 关于 x 的微商分别为(分子布局)

$$\frac{\partial \boldsymbol{y}}{\partial x}=\left[\frac{\partial y_1}{\partial x},\frac{\partial y_2}{\partial x},\cdots,\frac{\partial y_n}{\partial x}\right]^{\mathrm{T}}\in \mathbf{R}^{n\times 1} \tag{2.3.7}$$

$$\frac{\partial \boldsymbol{y}^{\mathrm{T}}}{\partial x}=\left[\frac{\partial y_1}{\partial x},\frac{\partial y_2}{\partial x},\cdots,\frac{\partial y_n}{\partial x}\right]\in \mathbf{R}^{1\times n} \tag{2.3.8}$$

3. **向量关于向量的微商**

给定未知元 $\boldsymbol{x}\in\mathbf{R}^{m\times 1}$ 和函数 $\boldsymbol{y}=f(\boldsymbol{x})\in\mathbf{R}^{n\times 1}$，则 $\boldsymbol{y}$ 关于 $\boldsymbol{x}$ 的微商为(分母布局)

$$\frac{\partial \boldsymbol{y}}{\partial \boldsymbol{x}}=\left(\frac{\partial y_j}{\partial x_i}\right)=\begin{bmatrix}\frac{\partial y_1}{\partial x_1} & \frac{\partial y_2}{\partial x_1} & \cdots & \frac{\partial y_n}{\partial x_1}\\ \frac{\partial y_1}{\partial x_2} & \frac{\partial y_2}{\partial x_2} & \cdots & \frac{\partial y_n}{\partial x_2}\\ \vdots & \vdots & & \vdots\\ \frac{\partial y_1}{\partial x_m} & \frac{\partial y_2}{\partial x_m} & \cdots & \frac{\partial y_n}{\partial x_m}\end{bmatrix}\in \mathbf{R}^{m\times n} \tag{2.3.9}$$

称为函数向量 $\boldsymbol{y}=f(\boldsymbol{x})$ 的雅可比矩阵(Jacobian Matrix)的转置。

给定未知元 $\boldsymbol{x}\in\mathbf{R}^{m\times 1}$ 和函数 $\boldsymbol{y}=f(\boldsymbol{x})\in\mathbf{R}^{n\times 1}$，则 $\boldsymbol{y}$ 关于 $\boldsymbol{x}$ 的微商为(分子布局)

$$\frac{\partial \boldsymbol{y}}{\partial \boldsymbol{x}}=\left(\frac{\partial y_i}{\partial x_j}\right)=\begin{bmatrix}\frac{\partial y_1}{\partial x_1} & \frac{\partial y_1}{\partial x_2} & \cdots & \frac{\partial y_1}{\partial x_m}\\ \frac{\partial y_2}{\partial x_1} & \frac{\partial y_2}{\partial x_2} & \cdots & \frac{\partial y_2}{\partial x_m}\\ \vdots & \vdots & & \vdots\\ \frac{\partial y_n}{\partial x_1} & \frac{\partial y_n}{\partial x_2} & \cdots & \frac{\partial y_n}{\partial x_m}\end{bmatrix}\in \mathbf{R}^{n\times m} \tag{2.3.10}$$

称为函数向量 $\boldsymbol{y}=f(\boldsymbol{x})$ 的雅可比矩阵(Jacobian Matrix)。

4. 标量关于向量的二阶微商

给定未知元 $\boldsymbol{x}\in\mathbf{R}^{m\times1}$ 和函数 $y=f(\boldsymbol{x})\in\mathbf{R}$,则 y 关于 $\boldsymbol{x}$ 的微商为(分母布局)

$$\begin{aligned}H&=\left(\frac{\partial y^2}{\partial x_i\partial x_j}\right)=\frac{\partial y^2}{\partial\boldsymbol{x}\partial\boldsymbol{x}^{\mathrm{T}}}=\left(\frac{\partial}{\partial\boldsymbol{x}}\right)\left(\frac{\partial y}{\partial\boldsymbol{x}^{\mathrm{T}}}\right)\\&=\left(\frac{\partial}{\partial\boldsymbol{x}}\right)\left[\frac{\partial y}{\partial x_1},\frac{\partial y}{\partial x_2},\cdots,\frac{\partial y}{\partial x_m}\right]\\&=\begin{bmatrix}\frac{\partial^2 y}{\partial x_1^2}&\frac{\partial^2 y}{\partial x_1\partial x_2}&\cdots&\frac{\partial^2 y}{\partial x_1\partial x_m}\\\frac{\partial^2 y}{\partial x_2\partial x_1}&\frac{\partial^2 y}{\partial x_2^2}&\cdots&\frac{\partial^2 y}{\partial x_2\partial x_m}\\\vdots&\vdots&&\vdots\\\frac{\partial^2 y}{\partial x_m\partial x_1}&\frac{\partial^2 y}{\partial x_m\partial x_2}&\cdots&\frac{\partial^2 y}{\partial x_m^2}\end{bmatrix}\in\mathbf{R}^{m\times m}\end{aligned}\tag{2.3.11}$$

称为函数向量 $\boldsymbol{y}=f(\boldsymbol{x})$ 的海森矩阵(Hessian Matrix)。

2.3.2 矩阵的微商及其性质

1. 标量关于矩阵的微商

给定标量 $y\in\mathbf{R}$ 和矩阵 $\boldsymbol{X}\in\mathbf{R}^{m\times n}$,则 y 关于 $\boldsymbol{X}$ 的微商为(分母布局)

$$\frac{\partial y}{\partial\boldsymbol{X}}=\left(\frac{\partial y}{\partial x_{ij}}\right)=\begin{bmatrix}\frac{\partial y}{\partial x_{11}}&\frac{\partial y}{\partial x_{12}}&\cdots&\frac{\partial y}{\partial x_{1n}}\\\frac{\partial y}{\partial x_{21}}&\frac{\partial y}{\partial x_{22}}&\cdots&\frac{\partial y}{\partial x_{2n}}\\\vdots&\vdots&&\vdots\\\frac{\partial y}{\partial x_{m1}}&\frac{\partial y}{\partial x_{m2}}&\cdots&\frac{\partial y}{\partial x_{mn}}\end{bmatrix}\in\mathbf{R}^{m\times n}\tag{2.3.12}$$

标量关于矩阵的微商与标量关于向量的微商的定义一致。

2. 矩阵关于标量的微商

给定标量 $x\in\mathbf{R}$ 和矩阵 $\boldsymbol{Y}\in\mathbf{R}^{m\times n}$,则 $\boldsymbol{Y}$ 关于 x 的微商为(分母布局)

$$\frac{\partial\boldsymbol{Y}}{\partial x}=\left(\frac{\partial y_{ij}}{\partial x}\right)=\begin{bmatrix}\frac{\partial y_{11}}{\partial x}&\frac{\partial y_{12}}{\partial x}&\cdots&\frac{\partial y_{1n}}{\partial x}\\\frac{\partial y_{21}}{\partial x}&\frac{\partial y_{22}}{\partial x}&\cdots&\frac{\partial y_{2n}}{\partial x}\\\vdots&\vdots&&\vdots\\\frac{\partial y_{m1}}{\partial x}&\frac{\partial y_{m2}}{\partial x}&\cdots&\frac{\partial y_{mn}}{\partial x}\end{bmatrix}\in\mathbf{R}^{m\times n}\tag{2.3.13}$$

矩阵关于标量的微商与向量关于标量的微商的定义一致。

3. 矩阵微商的性质(分母布局)

(1) $\frac{\partial cy}{\partial \boldsymbol{x}}=c\,\frac{\partial y}{\partial \boldsymbol{x}}$,$c$ 为常数。

(2) $\frac{\partial(u+v)}{\partial \boldsymbol{x}}=\frac{\partial u}{\partial \boldsymbol{x}}+\frac{\partial v}{\partial \boldsymbol{x}}$。

(3) $\frac{\partial uv}{\partial \boldsymbol{x}}=u\,\frac{\partial v}{\partial \boldsymbol{x}}+v\,\frac{\partial u}{\partial \boldsymbol{x}}$。

(4) $\frac{\partial g(u)}{\partial \boldsymbol{x}}=\frac{\partial g(u)}{\partial u}\frac{\partial u}{\partial \boldsymbol{x}}$。

(5) $\frac{\partial \boldsymbol{a}^{\mathrm{T}}\boldsymbol{x}}{\partial \boldsymbol{x}}=\frac{\partial \boldsymbol{x}^{\mathrm{T}}\boldsymbol{a}}{\partial \boldsymbol{x}}=\boldsymbol{a}$,列向量 $\boldsymbol{a}$ 与 $\boldsymbol{x}$ 无关。

(6) $\frac{\partial \boldsymbol{b}^{\mathrm{T}}\boldsymbol{A}\boldsymbol{x}}{\partial \boldsymbol{x}}=\boldsymbol{A}^{\mathrm{T}}\boldsymbol{b}$,矩阵 $\boldsymbol{A}$ 与 $\boldsymbol{x}$ 无关。

(7) $\frac{\partial \boldsymbol{u}^{\mathrm{T}}\boldsymbol{v}}{\partial \boldsymbol{x}}=\frac{\partial \boldsymbol{u}}{\partial \boldsymbol{x}}\boldsymbol{v}+\frac{\partial \boldsymbol{v}}{\partial \boldsymbol{x}}\boldsymbol{u}$。

(8) $\frac{\partial \boldsymbol{A}\boldsymbol{x}}{\partial \boldsymbol{x}}=\boldsymbol{A}^{\mathrm{T}}$,矩阵 $\boldsymbol{A}$ 与 $\boldsymbol{x}$ 无关。

(9) $\frac{\partial \boldsymbol{x}^{\mathrm{T}}\boldsymbol{A}}{\partial \boldsymbol{x}}=\boldsymbol{A}$,矩阵 $\boldsymbol{A}$ 与 $\boldsymbol{x}$ 无关。

(10) $\frac{\partial \boldsymbol{x}^{\mathrm{T}}\boldsymbol{A}\boldsymbol{x}}{\partial \boldsymbol{x}}=(\boldsymbol{A}+\boldsymbol{A}^{\mathrm{T}})\boldsymbol{x}$,矩阵 $\boldsymbol{A}$ 与 $\boldsymbol{x}$ 无关。

(11) $\frac{\partial \boldsymbol{x}^{\mathrm{T}}\boldsymbol{A}\boldsymbol{x}}{\partial \boldsymbol{x}}=2\boldsymbol{A}\boldsymbol{x}$,矩阵 $\boldsymbol{A}$ 与 $\boldsymbol{x}$ 无关,且 $\boldsymbol{A}$ 为对称矩阵。

(12) $\frac{\partial \boldsymbol{u}^{\mathrm{T}}\boldsymbol{A}\boldsymbol{v}}{\partial \boldsymbol{x}}=\frac{\partial \boldsymbol{u}}{\partial \boldsymbol{x}}\boldsymbol{A}\boldsymbol{v}+\frac{\partial \boldsymbol{v}}{\partial \boldsymbol{x}}\boldsymbol{A}^{\mathrm{T}}\boldsymbol{u}$,矩阵 $\boldsymbol{A}$ 与 $\boldsymbol{x}$ 无关。

证明:下面仅证明性质(8)、(9)和(10)。

(8) $\left(\frac{\partial \boldsymbol{A}\boldsymbol{x}}{\partial \boldsymbol{x}}\right)_{ij}=\frac{\partial \sum_{k=1}^{m} a_{jk}x_k}{\partial x_i}=a_{ji}=a_{ij}^{\mathrm{T}}=(\boldsymbol{A}^{\mathrm{T}})_{ij}$

(9) $\left(\frac{\partial \boldsymbol{x}^{\mathrm{T}}\boldsymbol{A}}{\partial \boldsymbol{x}}\right)_{ij}=\frac{\partial \sum_{k=1}^{m} x_k a_{kj}}{\partial x_i}=a_{ij}=(\boldsymbol{A})_{ij}$

(10) 对于 $k=1,2,\cdots,n$,有

$$\begin{aligned}\left(\frac{\partial \boldsymbol{x}^{\mathrm{T}}\boldsymbol{A}\boldsymbol{x}}{\partial \boldsymbol{x}}\right)_k&=\frac{\partial \sum_{i=1}^{n}\sum_{j=1}^{n} a_{ij}x_i x_j}{\partial x_k}\\&=\sum_{j=1}^{n} a_{kj}x_j+\sum_{i=1}^{n} a_{ik}x_i\\&=((\boldsymbol{A}+\boldsymbol{A}^{\mathrm{T}})\boldsymbol{x})_k\end{aligned}$$

2.4 矩阵特征值计算

2.4.1 特征值及其性质

定义 11 设 $\boldsymbol{A}\in\mathbf{R}^{n\times n}$ 为方阵，若存在 $\lambda\in C$ 和非零 n 维向量 $\boldsymbol{x}$，使得

$$\boldsymbol{Ax}=\lambda\boldsymbol{x} \tag{2.4.1}$$

则称 λ 是矩阵 $\boldsymbol{A}$ 的特征值，$\boldsymbol{x}$ 是矩阵 $\boldsymbol{A}$ 属于 λ 的特征向量。

求特征值和特征向量问题等价于求 $\boldsymbol{A}$ 的特征方程的解和求线性方程组的非零解，即

$$\det(\lambda\boldsymbol{I}-\boldsymbol{A})=0 \tag{2.4.2}$$

$$(\lambda\boldsymbol{I}-\boldsymbol{A})x=\boldsymbol{0} \tag{2.4.3}$$

设 λ 是矩阵 $\boldsymbol{A}\in\mathbf{R}^{n\times n}$ 的特征值，$\boldsymbol{x}$ 是矩阵 $\boldsymbol{A}$ 属于 λ 的特征向量，特征值和特征向量具有以下性质。

(1) 矩阵 $\boldsymbol{A}$ 共有 n 个特征值，其中多重特征值按其重数计数。

(2) 实对称矩阵 $\boldsymbol{A}$ 的所有特征值 $\lambda_1,\lambda_2,\cdots,\lambda_n$ 都是实数，$\boldsymbol{A}$ 有 n 个线性无关的特征向量，并存在正交矩阵 $\boldsymbol{Q}$ 使 $\boldsymbol{Q}^{\mathrm{T}}\boldsymbol{AQ}=\mathrm{diag}(\lambda_1,\lambda_2,\cdots,\lambda_n)$。

(3) 对角矩阵或三角矩阵其对角元素是所有的特征值。

(4) $\boldsymbol{A}^{\mathrm{T}}$ 与 $\boldsymbol{A}$ 有相同的特征值，但特征向量一般不同。

(5) 幂等矩阵 $\boldsymbol{A}^2=\boldsymbol{A}$ 的所有特征值取 0 或者 1。

(6) 实正交矩阵的所有特征值位于单位圆上。

(7) 若矩阵 $\boldsymbol{A}$ 有 m 个不同特征值 $\lambda_1,\lambda_2,\cdots,\lambda_m$，其对应的特征向量 $\boldsymbol{x}_1,\boldsymbol{x}_2,\cdots,\boldsymbol{x}_m$ 线性无关。

(8) 矩阵 $\boldsymbol{A}$ 的所有特征值之和等于矩阵的迹，即 $\sum\limits_{i=1}^{n}\lambda_i=\mathrm{tr}(\boldsymbol{A})=\sum\limits_{i=1}^{n}a_{ii}$。

(9) 矩阵 $\boldsymbol{A}$ 的所有特征值之积等于矩阵的行列式，即 $\prod\limits_{i=1}^{n}\lambda_i=\det(\boldsymbol{A})=|\boldsymbol{A}|$。

(10) $a\lambda$ 是 $a\boldsymbol{A}$ 的特征值，$\boldsymbol{x}$ 是矩阵 $a\boldsymbol{A}$ 属于 $a\lambda$ 的特征向量。

(11) λ^k 是 $\boldsymbol{A}^k$ 的特征值，$\boldsymbol{x}$ 是矩阵 $\boldsymbol{A}^k$ 属于 λ^k 的特征向量。

(12) $\lambda+\sigma^2$ 是 $\boldsymbol{A}+\sigma^2\boldsymbol{I}$ 的特征值，$\boldsymbol{x}$ 是矩阵 $\boldsymbol{A}+\sigma^2\boldsymbol{I}$ 属于 $\lambda+\sigma^2$ 的特征向量。

(13) $P(\lambda)=a_n\lambda^n+a_{n-1}\lambda^{n-1}+\cdots+a_1\lambda+a_0$ 是 $P(\boldsymbol{A})=a_n\boldsymbol{A}^n+a_{n-1}\boldsymbol{A}^{n-1}+\cdots+a_1\boldsymbol{A}+a_0\boldsymbol{I}$ 的特征值，$\boldsymbol{x}$ 是矩阵 $P(\boldsymbol{A})$属于 $P(\lambda)$的特征向量。

(14) 若 $\boldsymbol{A}$ 为非奇异矩阵，λ^{-1}是 A^{-1}的特征值，$\boldsymbol{x}$ 是矩阵 $\boldsymbol{A}^{-1}$属于 λ^{-1}的特征向量。

(15) 矩阵 $\boldsymbol{A}$ 为奇异矩阵，当且仅当至少有一个特征值 $\lambda=0$。

定理 9 设 $\boldsymbol{A}\in\mathbf{R}^{n\times n}$ 为对称矩阵，其特征值依次为 $\lambda_1\geqslant\lambda_2\geqslant\cdots\geqslant\lambda_n$，则

(1) $\lambda_n\leqslant\dfrac{(\boldsymbol{Ax},\boldsymbol{x})}{(\boldsymbol{x},\boldsymbol{x})}\leqslant\lambda_1$（对任何非零向量 $\boldsymbol{x}\in\mathbf{R}^n$）。

(2) $\lambda_1=\max\limits_{\boldsymbol{x}\in\mathbf{R}^n,\boldsymbol{x}\neq\boldsymbol{0}}\dfrac{(\boldsymbol{Ax},\boldsymbol{x})}{(\boldsymbol{x},\boldsymbol{x})}$，$\lambda_n=\min\limits_{\boldsymbol{x}\in\mathbf{R}^n,\boldsymbol{x}\neq\boldsymbol{0}}\dfrac{(\boldsymbol{Ax},\boldsymbol{x})}{(\boldsymbol{x},\boldsymbol{x})}$。

其中，$R(\boldsymbol{x})=\dfrac{(\boldsymbol{Ax},\boldsymbol{x})}{(\boldsymbol{x},\boldsymbol{x})}$称为矩阵 $\boldsymbol{A}$ 的瑞利商(Rayleigh's Quotient)，$\boldsymbol{x}\in\mathbf{R}^n$，$\boldsymbol{x}\neq\boldsymbol{0}$。

证明：(1)因为矩阵 $\mathbf{A}$ 为实对称矩阵，可将其所有特征值 $\lambda_1,\lambda_2,\cdots,\lambda_n$ 对应的 n 个线性无关的特征向量通过施密特正交化转换为 $\mathbf{R}^n$ 的一组标准正交基 $\boldsymbol{x}_1,\boldsymbol{x}_2,\cdots,\boldsymbol{x}_n$，它满足

$$(\boldsymbol{x}_i,\boldsymbol{x}_j)=\begin{cases}1, & i=j\\ 0, & i\neq j\end{cases}$$

设 $\boldsymbol{x}\in\mathbf{R}^n,\boldsymbol{x}\neq\mathbf{0}$，则它可表示为 $\mathbf{R}^n$ 的一组标准正交基 $\boldsymbol{x}_1,\boldsymbol{x}_2,\cdots,\boldsymbol{x}_n$ 的线性组合，即

$$\boldsymbol{x}=\sum_{i=1}^{n}k_i\boldsymbol{x}_i$$

由内积的性质和标准正交基的定义可知

$$\|\boldsymbol{x}\|_2^2=(\boldsymbol{x},\boldsymbol{x})=\left(\sum_{i=1}^{n}k_i\boldsymbol{x}_i,\sum_{i=1}^{n}k_i\boldsymbol{x}_i\right)=\sum_{i=1}^{n}k_i^2$$

$$(\mathbf{A}\boldsymbol{x},\boldsymbol{x})=\left(\sum_{i=1}^{n}k_i\lambda_i\boldsymbol{x}_i,\sum_{i=1}^{n}k_i\boldsymbol{x}_i\right)=\sum_{i=1}^{n}k_i^2\lambda_i$$

因此

$$\frac{(\mathbf{A}\boldsymbol{x},\boldsymbol{x})}{(\boldsymbol{x},\boldsymbol{x})}=\frac{\sum_{i=1}^{n}k_i^2\lambda_i}{\sum_{i=1}^{n}k_i^2}$$

又 $\lambda_1\geqslant\lambda_2\geqslant\cdots\geqslant\lambda_n$，可得

$$\lambda_n=\frac{\sum_{i=1}^{n}k_i^2\lambda_n}{\sum_{i=1}^{n}k_i^2}\leqslant\frac{(\mathbf{A}\boldsymbol{x},\boldsymbol{x})}{(\boldsymbol{x},\boldsymbol{x})}\leqslant\frac{\sum_{i=1}^{n}k_i^2\lambda_1}{\sum_{i=1}^{n}k_i^2}=\lambda_1$$

(2) 由(1)的证明，只需要令 $\boldsymbol{x}=\boldsymbol{x}_1$，则有

$$\frac{(\mathbf{A}\boldsymbol{x},\boldsymbol{x})}{(\boldsymbol{x},\boldsymbol{x})}=\frac{(\mathbf{A}\boldsymbol{x}_1,\boldsymbol{x}_1)}{(\boldsymbol{x}_1,\boldsymbol{x}_1)}=\frac{(\lambda_1\boldsymbol{x}_1,\boldsymbol{x}_1)}{(\boldsymbol{x}_1,\boldsymbol{x}_1)}=\lambda_1\frac{(\boldsymbol{x}_1,\boldsymbol{x}_1)}{(\boldsymbol{x}_1,\boldsymbol{x}_1)}=\lambda_1$$

类似地，令 $\boldsymbol{x}=\boldsymbol{x}_n$，则有

$$\frac{(\mathbf{A}\boldsymbol{x},\boldsymbol{x})}{(\boldsymbol{x},\boldsymbol{x})}=\frac{(\mathbf{A}\boldsymbol{x}_n,\boldsymbol{x}_n)}{(\boldsymbol{x}_n,\boldsymbol{x}_n)}=\frac{(\lambda_n\boldsymbol{x}_n,\boldsymbol{x}_n)}{(\boldsymbol{x}_n,\boldsymbol{x}_n)}=\lambda_n\frac{(\boldsymbol{x}_n,\boldsymbol{x}_n)}{(\boldsymbol{x}_n,\boldsymbol{x}_n)}=\lambda_n$$

定义 12 设 $\mathbf{A}\in C^{n\times n}$，令(1) $r_i=\sum_{j=1,j\neq i}^{n}|a_{ij}|,i=1,2,\cdots,n$；(2) 集合 $D_i=\{z\mid|z-a_{ii}|\leqslant r_i,z\in C\}$（$|\cdot|$为复数的模运算），称为实平面上以 a_{ii} 为圆心、以 r_i 为半径的所有圆盘为 $\mathbf{A}$ 的格什戈林圆盘(Gershgorin Circle)。

定理 10（格什戈林圆盘定理） 设 $\mathbf{A}\in C^{n\times n}$，有以下结论。

(1) $\mathbf{A}$ 的每个特征值必属于下述某个圆盘之中，即

$$|\lambda-a_{ii}|\leqslant r_i=\sum_{j=1,j\neq i}^{n}|a_{ij}|,\quad i=1,2,\cdots,n \tag{2.4.4}$$

或者说，$\mathbf{A}$ 的特征值都在复平面上 n 个圆盘的并集中。

(2) 如果 $\mathbf{A}$ 有 m 个圆盘组成一个连通的并集 S，且 S 与余下的 $n-m$ 个圆盘是分离的，则 S 内恰包含 $\mathbf{A}$ 的 m 个特征值。特别地，如果 $\mathbf{A}$ 有一个圆盘 D_i 与其他圆盘是分离的（即孤立圆盘），则 D_i 中精确地包含 $\mathbf{A}$ 的一个特征值。

证明：只证明结论(1)。设 λ 是矩阵 $\boldsymbol{A}$ 的特征值，其对应的特征向量为 $\boldsymbol{x}=(x_1,x_2,\cdots,x_n)$，即

$$\boldsymbol{A}\boldsymbol{x}=\lambda\boldsymbol{x}$$

记 $|x_k|=\max\limits_{1\leqslant i\leqslant n}\{x_i\}=|x_k|_\infty\neq 0$，考虑 $\boldsymbol{A}\boldsymbol{x}=\lambda\boldsymbol{x}$ 的第 k 个方程，即

$$\sum_{j=1}^{n}a_{kj}x_j=\lambda x_k,\quad 即(\lambda-a_{kk})x_k=\sum_{j=1,j\neq k}^{n}a_{kj}x_j$$

因此

$$|\lambda-a_{kk}||x_k|\leqslant\sum_{j=1,j\neq k}^{n}|a_{kj}||x_j|\leqslant|x_k|\sum_{j=1,j\neq k}^{n}|a_{kj}|=|x_k|r_k$$

即

$$|\lambda-a_{kk}|\leqslant r_k$$

例 1 估计下面矩阵的特征值的范围：

$$\boldsymbol{A}=\begin{bmatrix}1&2&0\\2&1&0\\0&1&5\end{bmatrix}$$

解：$\boldsymbol{A}$ 有 3 个圆盘，分别为

$$D_1:|\lambda-1|\leqslant 2,\quad D_2:|\lambda-1|\leqslant 2,\quad D_3:|\lambda-5|\leqslant 1$$

圆盘 D_3 与其他圆盘是分离的(即孤立圆盘)，则 D_3 中精确地包含 $\boldsymbol{A}$ 的一个特征值 5，D_1 和 D_2 的并集中包含两个特征值，分别为 -1 和 3。

2.4.2 幂法

幂法(Power Method)是计算矩阵特征值和特征向量的最经典方法之一，几乎在所有问题上没有竞争者。Google 公司的网页排序算法，也只是进行了很少的修改，就用于高阶矩阵的特征值和特征向量的计算。

设矩阵 $\boldsymbol{A}$ 为实对称矩阵，其所有特征值 $\lambda_1,\lambda_2,\cdots,\lambda_n$ 和对应的 n 个线性无关的特征向量 $\boldsymbol{x}_1,\boldsymbol{x}_2,\cdots,\boldsymbol{x}_n$。$\boldsymbol{A}$ 的特征值是实数，若其满足条件

$$|\lambda_1|>|\lambda_2|\geqslant\cdots\geqslant|\lambda_n|$$

下面讨论计算 λ_1 和对应的特征向量 $\boldsymbol{x}_1$ 的幂法。

幂法的基本思想是任取一个非零的初始向量 $\boldsymbol{v}_0$，由矩阵 $\boldsymbol{A}$ 构造和生成向量序列(迭代向量)，即

$$\begin{cases}\boldsymbol{v}_1=\boldsymbol{A}\boldsymbol{v}_0\\ \boldsymbol{v}_2=\boldsymbol{A}\boldsymbol{v}_1=\boldsymbol{A}^2\boldsymbol{v}_0\\ \quad\vdots\\ \boldsymbol{v}_{k+1}=\boldsymbol{A}\boldsymbol{v}_k=\boldsymbol{A}^{k+1}\boldsymbol{v}_0\\ \quad\vdots\end{cases}\tag{2.4.5}$$

由假设可知，$\boldsymbol{v}_0$ 可表示为 n 个线性无关的特征向量 $\boldsymbol{x}_1,\boldsymbol{x}_2,\cdots,\boldsymbol{x}_n$ 的线性组合，即

$$\boldsymbol{v}_0=l_1\boldsymbol{x}_1+l_2\boldsymbol{x}_2+\cdots+l_n\boldsymbol{x}_n\quad(l_1\neq 0)\tag{2.4.6}$$

因此

$$\boldsymbol{v}_k=\boldsymbol{A}^k\boldsymbol{v}_0=l_1\lambda_1^k\boldsymbol{x}_1+l_2\lambda_2^k\boldsymbol{x}_2+\cdots+l_n\lambda_n^k\boldsymbol{x}_n$$

$$
\begin{aligned}
&=\lambda_1^k\left[l_1\boldsymbol{x}_1+\sum_{i=2}^{n}l_i\ (\lambda_i/\lambda_1)^k\boldsymbol{x}_i\right]\\
&=\lambda_1^k\ [l_1\boldsymbol{x}_1+\boldsymbol{\varepsilon}_k]
\end{aligned}
\tag{2.4.7}
$$

其中 $\boldsymbol{\varepsilon}_k=\sum_{i=2}^{n}l_i\ (\lambda_i/\lambda_1)^k\boldsymbol{x}_i$，由假设知 $|\lambda_i/\lambda_1|<1(i=2,3,\cdots,n)$，故 $\lim_{k\to\infty}\varepsilon_k=\boldsymbol{0}$，从而

$$
\lim_{k\to\infty}\frac{\boldsymbol{v}_k}{\lambda_1^k}=l_1\boldsymbol{x}_1 \tag{2.4.8}
$$

说明序列 $\boldsymbol{v}_k/\lambda_1^k$ 越来越接近矩阵 $\boldsymbol{A}$ 的特征向量，或者说当 k 充分大时

$$
\boldsymbol{v}_k\approx l_1\lambda_1^k\boldsymbol{x}_1 \tag{2.4.9}
$$

同时考虑主特征值 λ_1 的计算，两次相邻迭代向量对应的分量的比值收敛到特征值 λ_1，即

$$
\lim_{k\to\infty}\frac{\boldsymbol{v}_{i,k+1}}{\boldsymbol{v}_{ik}}=\lim_{k\to\infty}\frac{\lambda_1^{k+1}\ [l_1\boldsymbol{x}_{i1}+\boldsymbol{\varepsilon}_{i,k+1}]}{\lambda_1^k\ [l_1\boldsymbol{x}_{i1}+\boldsymbol{\varepsilon}_{i,k}]}=\lambda_1 \tag{2.4.10}
$$

收敛速度主要由 $|\lambda_2/\lambda_1|$ 决定。如果 λ_1 是矩阵 $\boldsymbol{A}$ 的 r 重特征值，并且满足条件

$$
|\lambda_1|=|\lambda_2|=\cdots=|\lambda_r|>|\lambda_{r+1}|\geqslant\cdots\geqslant|\lambda_n| \tag{2.4.11}
$$

以上结论仍成立。

应用幂法计算矩阵 $\boldsymbol{A}$ 的主特征值 λ_1 及其特征向量时，如果 $|\lambda_1|>1$ 或 $\lambda_1<1$，迭代向量 $\boldsymbol{v}_k$ 中不等于零的各个分量将随着 $k\to\infty$ 而趋向无穷或零。这样在计算机实现时就可能“溢出”。为克服这个缺点，就需要将迭代向量加以规范化。下面给出采用最大范数规范化的幂法思想和算法。

任取一个非零的初始向量 $\boldsymbol{v}_0$，采用 1-范数对 $\boldsymbol{v}_0$ 及迭代向量规范化，构造迭代向量序列如下。

$$
\begin{cases}
\boldsymbol{v}_0=\boldsymbol{v}_0, & \boldsymbol{u}_0=\boldsymbol{v}_0\\
\boldsymbol{v}_1=\boldsymbol{A}\boldsymbol{u}_0, & \boldsymbol{u}_1=\dfrac{\boldsymbol{v}_1}{\|\boldsymbol{v}_1\|_\infty}=\dfrac{\boldsymbol{A}\boldsymbol{v}_0}{\max\limits_{1\leqslant i\leqslant n}\{\boldsymbol{A}\boldsymbol{v}_0\}}\\
\boldsymbol{v}_2=\boldsymbol{A}\boldsymbol{u}_1=\dfrac{\boldsymbol{A}^2\boldsymbol{v}_0}{\max\limits_{1\leqslant i\leqslant n}\{\boldsymbol{A}\boldsymbol{v}_0\}}, & \boldsymbol{u}_2=\dfrac{\boldsymbol{v}_2}{\|\boldsymbol{v}_2\|_\infty}=\dfrac{\boldsymbol{A}^2\boldsymbol{v}_0}{\max\limits_{1\leqslant i\leqslant n}\{\boldsymbol{A}^2\boldsymbol{v}_0\}}\\
\quad\vdots & \quad\vdots\\
\boldsymbol{v}_k=\boldsymbol{A}\boldsymbol{u}_{k-1}=\dfrac{\boldsymbol{A}^k\boldsymbol{v}_0}{\max\limits_{1\leqslant i\leqslant n}\{\boldsymbol{A}^{k-1}\boldsymbol{v}_0\}}, & \boldsymbol{u}_k=\dfrac{\boldsymbol{v}_k}{\|\boldsymbol{v}_k\|_\infty}=\dfrac{\boldsymbol{A}^k\boldsymbol{v}_0}{\max\limits_{1\leqslant i\leqslant n}\{\boldsymbol{A}^k\boldsymbol{v}_0\}}\\
\quad\vdots &
\end{cases}
\tag{2.4.12}
$$

因为

$$
\boldsymbol{A}^k\boldsymbol{v}_0=\lambda_1^k[l_1\boldsymbol{x}_1+\varepsilon_k] \tag{2.4.13}
$$

$$
\boldsymbol{u}_k=\frac{\boldsymbol{A}^k\boldsymbol{v}_0}{\max\limits_{1\leqslant i\leqslant n}\{\boldsymbol{A}^k\boldsymbol{v}_0\}}=\frac{\lambda_1^k[l_1\boldsymbol{x}_1+\varepsilon_k]}{\max\limits_{1\leqslant i\leqslant n}\{\lambda_1^k[l_1\boldsymbol{x}_{i1}+\varepsilon_{ik}]\}}\to\frac{\boldsymbol{x}_1}{\max\limits_{1\leqslant i\leqslant n}\{\boldsymbol{x}_{i1}\}}\quad(k\to\infty) \tag{2.4.14}
$$

说明规范化的迭代序列 $\boldsymbol{u}_k$ 收敛到矩阵 $\boldsymbol{A}$ 的特征向量。

考虑主特征值 λ_1 的计算，两相邻迭代向量对应的分量的比值收敛到特征值，即

$$
\boldsymbol{v}_k=\frac{\boldsymbol{A}^k\boldsymbol{v}_0}{\max\limits_{1\leqslant i\leqslant n}\{\boldsymbol{A}^{k-1}\boldsymbol{v}_0\}}=\frac{\lambda_1^k[l_1\boldsymbol{x}_1+\varepsilon_k]}{\max\limits_{1\leqslant i\leqslant n}\{\lambda_1^{k-1}[l_1\boldsymbol{x}_{i1}+\varepsilon_{i,k-1}]\}}\to\frac{\lambda_1\boldsymbol{x}_1}{\max\limits_{1\leqslant i\leqslant n}\{\boldsymbol{x}_{i1}\}}\quad(k\to\infty) \tag{2.4.15}
$$

$$\|\boldsymbol{v}_k\|_1=\max_{1\leqslant i\leqslant n}\{\boldsymbol{v}_{ik}\}\to\max_{1\leqslant i\leqslant n}\left\{\frac{\lambda_1\boldsymbol{x}_{i1}}{\max\limits_{1\leqslant i\leqslant n}\{\boldsymbol{x}_{i1}\}}\right\}=\lambda_1 \tag{2.4.16}$$

由此，得到幂法的构造迭代向量序列$\{\boldsymbol{v}_k\}$，$\{\boldsymbol{u}_k\}$，并计算主特征值和特征向量的基本步骤如下(其中 K 为迭代次数)。

(1) 初始化 $\boldsymbol{v}_0=\boldsymbol{u}_0\neq 0$ 且$\|\boldsymbol{u}_0\|_1=\max\limits_{1\leqslant i\leqslant n}\{\boldsymbol{u}_{i0}\}=1$。

(2) 对于 $k=1,2,\cdots,K$，依次计算

$$\boldsymbol{v}_k=\boldsymbol{A}\boldsymbol{u}_{k-1}$$

$$\mu_k=\max_{1\leqslant i\leqslant n}\{\boldsymbol{v}_{ik}\}$$

$$\boldsymbol{u}_k=\boldsymbol{v}_k/\mu_k$$

(3) 输出迭代收敛的主特征值 $\lambda_1=\mu_k$ 及其对应的特征向量 $\boldsymbol{u}_k$。

幂法的主特征值的收敛速度主要由$|\lambda_2/\lambda_1|$决定，当$|\lambda_2/\lambda_1|$接近 1 时，收敛可能很慢，可采用加速收敛方法，可将瑞利商应用于加速收敛。

采用 2-范数对迭代向量规范化，基于瑞利商构造迭代向量序列$\{\boldsymbol{v}_k\}$，$\{\boldsymbol{u}_k\}$，计算主特征值和特征向量的基本步骤如下(其中 K 为迭代次数)。

(1) 初始化 $\boldsymbol{v}_0=\boldsymbol{u}_0\neq 0$。

(2) 对于 $k=1,2,\cdots,K$，依次计算

$$\boldsymbol{v}_k=\boldsymbol{A}\boldsymbol{u}_{k-1}$$

$$\mu_k=\max_{1\leqslant i\leqslant n}\{\boldsymbol{v}_{ik}\}$$

$$\boldsymbol{u}_k=\boldsymbol{v}_k/\mu_k$$

$$r_k=\frac{(\boldsymbol{A}\boldsymbol{u}_k,\boldsymbol{u}_k)}{(\boldsymbol{u}_k,\boldsymbol{u}_k)}$$

(3) 输出迭代收敛的主特征值 $\lambda_1=\mu_k$ 及其对应的特征向量 $\boldsymbol{u}_k$。

例 2　基于瑞利商的幂法，计算下面矩阵的主特征值和特征向量。

$$\boldsymbol{A}=\begin{bmatrix}1&2&0\\2&1&0\\0&1&5\end{bmatrix}$$

解：给定初始向量 $\boldsymbol{v}_0=(0,0,0)^{\mathrm{T}}$，带加速收敛的幂法生成的迭代向量序列$\{\boldsymbol{u}_k\}$，$\{\mu_K\}$和$\{r_k\}$如表 2.4.1 所示($K=10$)。该矩阵的主特征值的真值为 5。当 $K=10$ 时，带加速收敛的幂法所得特征值为 5.0039738；当 $K=20$ 时，带加速收敛的幂法所得特征值为 5.0000244。

表 2.4.1　迭代向量序列

k	$\boldsymbol{u}_k^{\mathrm{T}}$	$\boldsymbol{\mu}_K$	r_k
1	(0.5000,0.5000,1)	6.0000	4.6667
2	(0.2727,0.2727,1)	5.5000	4.9784
3	(0.1552,0.1552,1)	5.2727	5.0562
4	(0.0903,0.0903,1)	5.1552	5.0568
5	(0.0532,0.0532,1)	5.0903	5.0417
6	(0.0316,0.0316,1)	5.0532	5.0275

续表

k	u_k^T	μ_K	r_k
7	(0.0188,0.0188,1)	5.0316	5.0174
8	(0.0113,0.0113,1)	5.0188	5.0108
9	(0.0067,0.0067,1)	5.0113	5.0066
10	(0.0040,0.0040,1)	5.0067	5.0040

2.5 矩阵特征值计算的应用

2.5.1 网页排序问题

对于大部分用户的查询，搜索引擎都返回成千上万条结果。那么这些反馈的网页是如何排序，把用户最想看到的结果排在最前面呢？对于特定的查询，网页排序主要考虑两类信息，一类是网页的质量信息，另一类是这个查询与网页的相关性信息。这里主要考虑衡量网页质量的方法。

最先尝试给互联网上的众多网站排序的是雅虎公司。雅虎公司的创始人杨致远和费罗最早使用目录分类的方式让用户通过互联网检索信息。但由于当时的计算机容量和速度的限制，雅虎与同时代的其他搜索引擎都存在一个共同的问题：收录的网页太少，而且只能对网页中常见内容相关的实际用词进行索引。后来，在 1995 年，迪吉多公司（Digital Equipment Corporation）创立 AltaVista。它使用 DEC 的 Alpha 服务器，以网页全文检索为主，同时提供分类目录的搜索引擎 AltaVista（2003 年被雅虎收购）。和 AltaVista 同时代的公司还有 Inktomi。AltaVista 是功能全面的搜索引擎，曾经名噪一时，后来其地位被 Google 取代。AltaVista 和 Inktomi 两家公司发现网页的质量在结果排序中应该起一些作用，于是尝试了一些方法，但是这些都是在数学上不很完善的方法。

1996 年，百度（2000 年 1 月创立）创始人之一李彦宏开发了首个基于"超链分析"机制（网页被链接的数量指标，并申请获批"超链分析"技术专利）具有网页排序和网站评分功能的搜索引擎，名为 RandDex。与此同时，找到计算网页自身质量的完美的数学模型是 Google 创始人拉里·佩奇（Larry Page）和谢尔盖·布林（Sergey Brin），他们于 1996 年前后构建早期的搜索系统原型时提出的链接分析算法，于 1998 年 9 月创立 Google。该算法被命名为 PageRank，其中 Page 一词在英文里既有网页、书页等意思，也是佩奇的姓氏。自从 Google 在商业上获得空前的成功后，该算法也成为其他搜索引擎和学术界十分关注的计算模型。目前，很多重要的链接分析算法都是在 PageRank 算法基础上衍生出来的。PageRank 是 Google 用来计算网页的相对重要性的一种方法。

在 PageRank 提出之前，已经有研究者提出利用网页的入链数量进行链接分析计算，这种入链方法假设一个网页的入链越多，则该网页越重要。早期的很多搜索引擎也采纳了入链数量作为链接分析方法，对于搜索引擎效果提升也有较明显的效果。PageRank 除考虑入链数量的影响外，还参考了网页质量因素，两者相结合获得了更好的网页重要性评价标准。

PageRank 的核心思想主要有下面两条：①数量假设，在互联网上，如果一个网页被很多其他网页链接，说明它受到普遍的承认和依赖，那么这个页面越重要，它的排名就高；②质量假设，指向一个页面的入链质量不同，质量高的页面会通过链接向其他页面传递更多的权重。所以越是质量高的页面指向这个页面，则该页面越重要。即对来自不同页面的链接区别对待，因为网页排名高的那些网页的链接更可靠，于是要给这些链接以较大的权重。这就好比在现实生活中的股东大会时的表决，要考虑每个股东的表决权，拥有 20%表决权的股东和拥有 1%表决权的股东，对最后的表决结果的影响力明显不同。

2.5.2 网页排序算法

佩奇和布林提出的 PageRank 算法将网页排序问题变成一个二维矩阵相乘问题，并且用迭代递归计算方法解决了这个问题。他们先假定所有网页的排名是相同的，即使赋予每个网页相同的重要性得分，并且根据这个初始排名向量算出各个网页第一次迭代排名，然后再根据第一次迭代排名算出第二次排名，直到排名得分向量稳定为止。佩奇和布林从理论上证明了不论初始向量如何选取，这种算法都能保证网页排名向量能收敛到排名的真实向量。

理论问题解决后，又遇到了实际问题。因为互联网上网页的数量是巨大的，如果有十亿个网页，链接矩阵就有一百亿亿个元素。这么大的矩阵相乘，计算量是相当大的。佩奇和布林利用稀疏矩阵计算的技巧，大大简化了计算量，并实现了这个网页排名算法。随着互联网上网页的数量越来越大，必须利用多台服务器才能完成网页排名。2003 年，Google 的工程师发明了 MapReduce 并行计算工具，这就大幅缩短了计算时间和网页排名更新周期，同时 PageRank 的并行计算完全自动化。下面简要介绍 PageRank 的计算方法。

(1)建立一个网页间的链接关系的模型，即需要合适的数据结构表示页面间的链接关系。假设只有 3 个网页 A、B 和 C，可以使用图 2.5.1 的形式表述网页之间的关系。

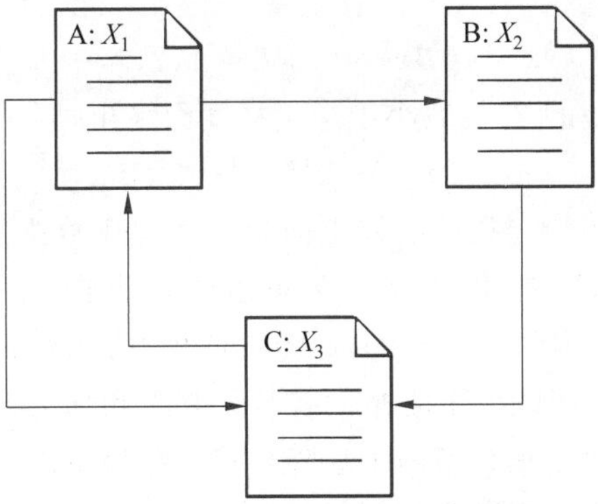

图 2.5.1 3 个网页链接关系示意图

如果网页文件总数为 n，那么图 2.5.1 就是一个含 n 个节点的有向图。

(2) 用邻接矩阵 $\boldsymbol{A}$ 表示图 2.5.1 中页面之间链接关系，如果页面 A($i=1$)有指向页面 B($j=2$)的链接，则 $a_{ij}=1$，否则 $a_{ij}=0$，图 2.5.1 对应的邻接矩阵如下。

$$\boldsymbol{A}=\begin{bmatrix}0 & 1 & 1\\0 & 0 & 1\\1 & 0 & 0\end{bmatrix}$$

如果网页文件总数为 n，那么这个网页链接矩阵就是一个 $n\times n$ 的矩阵。

(3) 计算网页链接概率矩阵 $\boldsymbol{P}$ 及其转置矩阵 $\boldsymbol{P}^{\mathrm{T}}$，将 $\boldsymbol{A}$ 的每行除以该行非零数字之和，则得到新矩阵 $\boldsymbol{P}$ 及其转置矩阵 $\boldsymbol{P}^{\mathrm{T}}$：

$$\boldsymbol{P}=\begin{bmatrix}0 & 1/2 & 1/2\\0 & 0 & 1\\1 & 0 & 0\end{bmatrix},\quad \boldsymbol{P}^{\mathrm{T}}=\begin{bmatrix}0 & 0 & 1\\1/2 & 0 & 0\\1/2 & 1 & 0\end{bmatrix}$$

矩阵 $\boldsymbol{P}$ 记录了每个网页跳转到其他网页的概率，即其中 i 行 j 列的值表示用户从页面 i 跳转到页面 j 的概率。矩阵 $\boldsymbol{P}$ 的行标表示起始网页，列标表示起始网页链接的其他网页；矩阵 $\boldsymbol{P}^{\mathrm{T}}$ 中的行标表示链接网页，列标表示指向行标的网页。例如，$\boldsymbol{P}^{\mathrm{T}}$ 中第 3 行表示页面 2 和页面 1 分别以 1/2 和 1 的概率链接页面 3。图 2.5.1 中页面 A 链向页面 B、C，所以一个用户从 A 跳转到 B、C 的概率各为 1/2。

(4) 对网页链接概率矩阵 $\boldsymbol{P}^{\mathrm{T}}$ 进行平滑处理，利用一个常数 d，对 $\boldsymbol{P}^{\mathrm{T}}$ 进行平滑处理：

$$\boldsymbol{B}=\frac{1-d}{n}\boldsymbol{1}\boldsymbol{1}^{\mathrm{T}}+d\boldsymbol{P}^{\mathrm{T}}=\begin{bmatrix}0.050 & 0.050 & 0.900\\0.475 & 0.050 & 0.050\\0.475 & 0.900 & 0.050\end{bmatrix}\tag{2.5.1}$$

其中 $\boldsymbol{1}$ 是元素全为 1 的列向量，$d=0.85$，这主要是因为网页之间链接的数量相比网页数量非常稀疏，也就是说一个网页仅链接到少数几个或几十个网页，因此计算网页的排名需要对零概率或者小概率事件进行平滑处理。在自然语言处理领域中，数据稀疏问题永远存在。根据 Zipf 定律，通常高频的词只占很少部分，长尾部分通常有很多低频的词无法估计，也需要对词的概率进行平滑处理。通俗讲是“劫富济贫”，将高频词的概率转移到这些低频词的概率分布上。

(5)视网页权重向量 $\boldsymbol{x}$ 为 $\boldsymbol{B}$ 的主特征值 λ 对应的特征向量，采用幂法迭代计算页面重要性向量，即

$$\boldsymbol{x}^{(k)}=\boldsymbol{B}\boldsymbol{x}^{(k-1)},\quad k=1,2,3,\cdots\tag{2.5.2}$$

直至相邻两次迭代向量之差的 2-范数小于指定精度而终止，即

$$\|\boldsymbol{x}^{(k)}-\boldsymbol{x}^{(k-1)}\|_2\leqslant\varepsilon\tag{2.5.3}$$

如可设置 $\varepsilon=0.001$。还需要给定初始的权重向量 $\boldsymbol{x}^{(0)}$ 以开始迭代过程。$\boldsymbol{x}^{(0)}$ 某个分量或页面权重越大，网页质量越高，排名越靠前。初始的权重向量 $\boldsymbol{x}^{(0)}$ 可采用等权重 $\boldsymbol{x}^{(0)}=[1/n,1/n,\cdots,1/n]$，也可从均匀分布 $U(0,1)$随机产生其元素，再进行规范化(除以其 1-范数)。因为 $\boldsymbol{x}^{(0)}$ 元素和为 1 的向量，并且 $\boldsymbol{B}$ 的各行元素之和均为 1，因此迭代向量 $\boldsymbol{x}^{(k)}$ 始终为长度为 1 的向量。下面的问题是为何两个矩阵相乘的结果可以作为网页的权重向量？继续以前面的含 3 个网页的链接概率矩阵为例，可得

$$\boldsymbol{B}\boldsymbol{x}^{(0)}=\begin{bmatrix}0.050 & 0.050 & 0.900\\0.475 & 0.050 & 0.050\\0.475 & 0.900 & 0.050\end{bmatrix}\begin{bmatrix}0.333\\0.333\\0.333\end{bmatrix}=\begin{bmatrix}0.333\\0.192\\0.475\end{bmatrix}\tag{2.5.4}$$

$\boldsymbol{x}^{(0)}$ 的各个元素反映各个网页质量的权重，而 $\boldsymbol{B}$ 的第 i 行中的各元素表示所在列的网页向第 i 个网页所贡献的权重比率。$\boldsymbol{B}$ 的各列元素之和也均为 1，如第 1 个网页向第 1 个网页贡献的权重比率为 0.050(第 1 个网页向第 2、3 个网页贡献的权重比率均为 0.475)；如第 2 个网页向第 1 个网页贡献的权重比率为 0.900(第 2 个网页向第 2、3 个网页贡献的权重比率分

别为 0.050 和 0.900)；如第 3 个网页向第 1 个网页贡献的权重比率为 0.900(第 3 个网页向第 2、3 个网页贡献的权重比率均为 0.050)。$\boldsymbol{B}$ 的第 i 行为各个网页向网页 i 贡献的权重比率，$\boldsymbol{x}^{(0)}$ 的各个元素表示各个网页的质量权重，$\boldsymbol{B}$ 的第 i 行与 $\boldsymbol{x}^{(0)}$ 对应元素相乘再相加，正好是网页 i 的权重。经过 13 轮迭代更新，迭代向量达到终止标准，所得的网页权重向量为

$$\boldsymbol{x}^{(13)}=\begin{bmatrix}0.388\\0.215\\0.397\end{bmatrix}$$

需特别注意的是，PageRank 计算方法可以通过离线计算获得网页的重要性评价，有效减少在线查询时的计算量，极大降低了查询的响应时间。PageRank 存在以下缺点。人们的查询具有主题特征，PageRank 是一个与查询无关的静态算法，忽略了主题相关性，导致结果的相关性和主题性降低。假设有一个搜索引擎，其相似度计算函数不考虑内容相似因素，完全采用 PageRank 进行排序，那么这个搜索引擎的表现是什么样呢？这个搜索引擎对于任意不同的查询请求，返回的结果都是相同的，即返回 PageRank 值最高的页面。旧的页面等级会比新页面高。因为即使是非常好的新页面也不会有很多上游链接，除非它是某个站点的子站点。

2.6 扩展阅读

矩阵的 LU 分解广泛应用于解线性方程组和求逆矩阵，本章详细地介绍了用于矩阵的 LU 分解的高斯消元法、选主元高斯消元法，有兴趣的读者可以深入了解其他方法，如直接三角分解法、选主元的三角分解法、用于对称正定矩阵三角分解的平方根法、用于三对角矩阵分解的追赶法等。矩阵分解还包括 QR 分解，奇异值分解(Singular Value Decomposition，SVD)等相关方法。例如，可使用正交变换，如豪斯霍尔德(Householder)变换、吉文斯(Givens)变换或旋转变换，实现可逆矩阵的 QR 分解或将一般的方阵化为上海森伯格(Upper Hessenberg)矩阵。

本章重点介绍了矩阵主特征值及其对应特征向量的幂法及其在 PageRank 算法中的应用。幂法特别适用于计算大型稀疏矩阵的主特征值及其对应特征向量。关于特征值的计算方法还有很多其他方法，反幂法可用来计算模最小的特征值及其对应特征向量。要计算矩阵的所有特征值，对于一般方阵，可以用豪斯霍尔德方法将其化为上海森伯格矩阵(对称三对角矩阵是其特例)，然后用 QR 方法求取全部特征值，QR 方法是计算中小型矩阵特征值十分有效的方法。

2.7 习　　题

1. 设

$$\boldsymbol{A}=\begin{bmatrix}0.6 & 0.5\\0.1 & 0.3\end{bmatrix}$$

计算 $\boldsymbol{A}$ 的行范数、列范数、2-范数和 F 范数。

2. 设 $\boldsymbol{P}\in\mathbf{R}^{n\times n}$ 为非奇异矩阵，$\|\boldsymbol{x}\|$ 为 $\mathbf{R}^n$ 上的向量范数，定义

$$\|x\|_P = \|Px\|$$

证明$\|x\|_P$ 是 $\mathbf{R}^n$ 上的向量范数。

3. 假定下面提到的每个逆矩阵都存在，证明下列结果。

(1) $(A^{-1}+I)^{-1}=A(A+I)^{-1}$。

(2) $(A^{-1}+B^{-1})^{-1}=A(A+B)^{-1}B=B(A+B)^{-1}A$。

(3) $(I+AB)^{-1}A=A(I+BA)^{-1}$。

(4) 若$(A+B)^{-1}=A^{-1}B^{-1}$，则 $A+ABA^{-1}=B+B^{-1}AB$。

(5) $A-A(A+B)^{-1}A=B-B(A+B)^{-1}B$。

4. 验证分块矩阵求逆公式。

(1) $\begin{bmatrix} A & U \\ V & D \end{bmatrix}^{-1}=\begin{bmatrix} A^{-1}+A^{-1}U(D-VA^{-1}U)^{-1}VA^{-1} & -A^{-1}U(D-VA^{-1}U)^{-1} \\ -(D-VA^{-1}U)^{-1}UA^{-1} & (D-VA^{-1}U)^{-1} \end{bmatrix}$。

(2) 当矩阵 A 和 D 可逆时，有

$\begin{bmatrix} A & U \\ V & D \end{bmatrix}^{-1}=\begin{bmatrix} (A-UD^{-1}V)^{-1} & -A^{-1}U(D-VA^{-1}U)^{-1} \\ -D^{-1}V(A-UD^{-1}V)^{-1} & (D-VA^{-1}U)^{-1} \end{bmatrix}$。

(3) 当矩阵 A 和 D 可逆时，有

$\begin{bmatrix} A & U \\ V & D \end{bmatrix}^{-1}=\begin{bmatrix} (A-UD^{-1}V)^{-1} & -(A-UD^{-1}V)^{-1}UD^{-1} \\ -(D-VA^{-1}U)^{-1}VA^{-1} & (D-VA^{-1}U)^{-1} \end{bmatrix}$。

(4) 当矩阵 A 和 D 可逆时，有

$\begin{bmatrix} A & U \\ V & D \end{bmatrix}^{-1}=\begin{bmatrix} (A-UD^{-1}V)^{-1} & -(V-DU^{-1}A)^{-1} \\ (U-AV^{-1}D)^{-1} & (D-VA^{-1}U)^{-1} \end{bmatrix}$。

5. 若向量 b 和矩阵 A 均与向量 x 无关，证明

$$\frac{\partial b^{\mathrm{T}}Ax}{\partial x}=A^{\mathrm{T}}b$$

6. 若向量 u 和向量 v 均与 x 无关，证明

$$\frac{\partial u^{\mathrm{T}}v}{\partial x}=\frac{\partial u}{\partial x}v+\frac{\partial v}{\partial x}u$$

7. 利用格什戈林圆盘定理估计下面矩阵的特征值的范围。

(1) $A=\begin{bmatrix} -1 & 0 & 0 \\ -1 & 0 & 1 \\ -1 & -1 & 2 \end{bmatrix}$。

(2) $B=\begin{bmatrix} 4 & -1 & & & \\ -1 & 4 & -1 & & \\ & \ddots & \ddots & \ddots & \\ & & -1 & 4 & -1 \\ & & & -1 & 4 \end{bmatrix}$。

8. 编程实现 LU 分解方法计算下面矩阵的逆矩阵。

(1) $A=\begin{bmatrix} 1 & 2 & 2 \\ 2 & 1 & -2 \\ 2 & -2 & 1 \end{bmatrix}$。

(2) $\boldsymbol{B}=\begin{bmatrix}1 & 2 & 3 & 4\\ 2 & 3 & 1 & 2\\ 1 & 1 & 1 & -1\\ 1 & 0 & -2 & -6\end{bmatrix}$。

9. 编程实现幂法计算下面矩阵的主特征值及对应的特征向量。

(1) $\boldsymbol{A}=\begin{bmatrix}7 & 3 & -2\\ 3 & 4 & 1\\ -2 & -1 & 3\end{bmatrix}$。

(2) $\boldsymbol{B}=\begin{bmatrix}3 & -4 & 3\\ -3 & 6 & 3\\ 3 & 3 & 1\end{bmatrix}$。

当特征值有3位小数稳定时迭代终止。

10. 给定邻接矩阵

$$\boldsymbol{A}=\begin{pmatrix}0 & 1 & 1 & 1 & 1 & 0 & 1\\ 1 & 0 & 0 & 0 & 0 & 0 & 0\\ 1 & 1 & 0 & 0 & 0 & 0 & 0\\ 0 & 1 & 1 & 0 & 1 & 0 & 0\\ 1 & 0 & 1 & 1 & 0 & 1 & 0\\ 1 & 0 & 0 & 0 & 1 & 0 & 0\\ 0 & 0 & 0 & 0 & 1 & 0 & 0\end{pmatrix}$$

编程实现 PageRank 算法,并计算网页的权重向量。

第3章 函数逼近与最小二乘法

3.1 插值法

3.1.1 插值问题的提出

函数 $y=f(x)$用来抽象实际应用中某种内在的数量关系，其中相当一部分函数是通过实验或观测得到的，如牛顿的万有引力定律，惠更斯的单摆周期公式等。虽然 $y=f(x)$在某个区间$[a,b]$上是存在的，有的还是连续函数，但却只能给出$[a,b]$上一系列点的函数值 $y_i=f(x_i)(i=0,1,\cdots,n)$，即一张函数表。还有的函数虽有解析表达式，但计算复杂，通常会给出一个函数表，如三角函数表、对数表、平方根和立方根表等。在计算机图形学或数据可视化中，插值可将图像的离散采样数据转换为连续型数据，使得图像像素连续性更好。

为研究函数的变化规律，往往需要求出不在函数表上的函数值。因此，需要根据给定的函数表得出一个既能反映函数 $f(x)$的特性，又便于计算的简单的函数 $P(x)$（如代数多项式或分段代数多项式）近似 $f(x)$，并使 $P(x_i)$与给定的 $x_i(i=0,1,\cdots,n)$上函数值 $f(x_i)$均对应相等。这样确定的函数就是希望得到的插值函数。

定义 1 设函数 $y=f(x)$在某个区间$[a,b]$上有定义，且已知 $n+1$ 个点 $a\leqslant x_0<x_1\cdots<x_n\leqslant b$ 上的值 $y_0,y_1,\cdots,y_n$，若存在简单函数 $P(x)$，使

$$P(x_i)=y_i,\quad i=0,1,\cdots,n \tag{3.1.1}$$

成立，就称 $P(x)$为 $f(x)$的插值函数，点 $x_0,x_1,\cdots,x_n$ 称为插值节点，包含插值节点的区间$[a,b]$称为插值区间，求插值函数 $P(x)$的方法称为插值法。

若 $P(x)$是次数不超过 n 次的代数多项式，即

$$P(x)=a_0+a_1x+\cdots+a_{n-1}x^{n-1}+a_nx^n,\quad a_i\in R,i=0,1,\cdots,n \tag{3.1.2}$$

就称为插值多项式，相应的插值法称为多项式插值(Polynomial Interpolation)法。若 $P(x)$为分段的多项式，就称为分段插值。若 $P(x)$为三角函数的多项式，就称为三角插值。本章只讨论多项式插值与分段插值。

3.1.2 多项式插值

设在区间$[a,b]$上给定 $n+1$ 个点 $a\leqslant x_0<x_1\cdots<x_n\leqslant b$ 上的值 $y_0,y_1,\cdots,y_n$，其中 $y_i=f(x_i)$，注意 f 为未知函数或难以计算的已知函数。求次数不超过 n 次的代数多项式 $P(x)$，使

$$P(x_i)=y_i,\quad i=0,1,\cdots,n \tag{3.1.3}$$

由此,可得到关于系数 $a_0, a_1, \cdots, a_n$ 的 $n+1$ 元线性方程组

$$\begin{cases} a_0 + a_1 x_0 + \cdots + a_n x_0^n = y_0 \\ a_0 + a_1 x_1 + \cdots + a_n x_1^n = y_1 \\ \quad\vdots \\ a_0 + a_1 x_n + \cdots + a_n x_n^n = y_n \end{cases} \tag{3.1.4}$$

此方程组的系数矩阵为范德蒙(Vandermonde)矩阵

$$\boldsymbol{A} = \begin{bmatrix} 1 & x_0 & \cdots & x_0^n \\ 1 & x_1 & \cdots & x_1^n \\ \vdots & \vdots & & \vdots \\ 1 & x_n & \cdots & x_n^n \end{bmatrix} \tag{3.1.5}$$

由于 $a \leqslant x_0 < x_1 \cdots < x_n \leqslant b$,即给定 $n+1$ 个点各不相等,故范德蒙行列式

$$\det(\boldsymbol{A}) = \prod_{i,j=0,i>j}^{n} (x_i - x_j) = \prod_{j=1}^{n-1} \prod_{i=j+1}^{n} (x_i - x_j) \neq 0 \tag{3.1.6}$$

因此,线性方程组(3.1.4)的解 $a_0, a_1, \cdots, a_n$ 存在且唯一,于是有下面结论。

定理1 满足条件式(3.1.3)的插值多项式 $P(x)$ 存在且唯一。

显然求解线性方程组(3.1.4)就可得到插值多项式 $P(x)$,但求解相对烦琐并且 n 较大时线性方程组(3.1.4)的系数矩阵为"病态"情形更为严重,其解向量对舍入误差十分敏感,一般是不用的。下面将给出构造插值多项式的更简单方法。

3.1.3 拉格朗日插值

1. 线性插值与抛物线插值

拉格朗日插值法(Lagrange Interpolation)可用于构造插值多项式。下面通过分析 $n=1$ 和 $n=2$ 的线性插值和抛物线插值多项式的规律,再归纳出一般情形的拉格朗日插值法所构造的插值多项式。下面先讨论 $n=1$ 的简单情形,假定在区间 $[a,b]$ 上给定 2 个点 $a \leqslant x_0 < x_1 \leqslant b$ 上的值 y_0 和 y_1,要求一次插值多项式 $L_1(x)$,使它满足

$$L_1(x_0) = y_0, L_1(x_1) = y_1 \tag{3.1.7}$$

$L_1(x)$ 的几何意义是通过两点 (x_0, y_0) 与 (x_1, y_1) 的直线。通过这两点可以写出直线的点斜式和两点式,即

$$L_1(x) = y_0 + \frac{y_1 - y_0}{x_1 - x_0}(x - x_0) \tag{3.1.8}$$

$$\begin{aligned} L_1(x) &= y_0 + \frac{y_1 - y_0}{x_1 - x_0}(x - x_0) \\ &= \frac{y_0}{x_1 - x_0}(x_1 - x_0) + \frac{y_1 - y_0}{x_1 - x_0}(x - x_0) \\ &= y_0 \frac{x_1 - x}{x_1 - x_0} + y_1 \frac{x - x_0}{x_1 - x_0} \\ &= y_0 \frac{x - x_1}{x_0 - x_1} + y_1 \frac{x - x_0}{x_1 - x_0} \end{aligned} \tag{3.1.9}$$

因为直线上任意两点斜率相等,因此可由 3 个节点及其函数值计算两点的斜率,即点斜

式可由$(L_1(x)-y_0)/(x-x_0)=(y_1-y_0)/(x_1-x_0)$变换而来。由两点式可以看出，$L_1(x)$是由两个线性函数

$$l_0(x)=\frac{x-x_1}{x_0-x_1},\quad l_1(x)=\frac{x-x_0}{x_1-x_0} \tag{3.1.10}$$

的线性组合得到,其线性组合的系数分别为 y_0 和 y_1,即得到线性拉格朗日多项式(Linear Lagrange Interpolation Polynomial)

$$L_1(x)=y_0l_0(x)+y_1l_1(x)=y_0\frac{x-x_1}{x_0-x_1}+y_1\frac{x-x_0}{x_1-x_0} \tag{3.1.11}$$

显然,$l_0(x)$和 $l_1(x)$也是线性插值多项式,在节点 x_0 与 x_1 上分别满足条件

$$l_0(x_0)=1,l_0(x_1)=0 \tag{3.1.12}$$

$$l_1(x_0)=0,l_1(x_1)=1 \tag{3.1.13}$$

称函数 $l_0(x)$和 $l_1(x)$为线性插值基函数。

下面讨论 $n=2$ 的简单情形,假定在区间$[a,b]$上给定 3 个点 $a\leqslant x_0<x_1<x_2\leqslant b$ 上的值 y_0、y_1 和 y_2,要求二次插值多项式 $L_2(x)$,使它满足

$$L_2(x_0)=y_0,L_2(x_1)=y_1,L_2(x_2)=y_2 \tag{3.1.14}$$

$L_2(x)$的几何意义是通过三点(x_0,y_0)、(x_1,y_1)与(x_2,y_2)的抛物线。为求出 $L_2(x)$的表达式,可采用类似线性插值基函数方法,此时基函数是 $l_0(x)$、$l_1(x)$和 $l_2(x)$,均为二次函数,且在节点上分别满足条件

$$l_0(x_0)=1,l_0(x_1)=0,l_0(x_2)=0 \tag{3.1.15}$$

$$l_1(x_0)=0,l_1(x_1)=1,l_1(x_2)=0 \tag{3.1.16}$$

$$l_2(x_0)=0,l_2(x_1)=0,l_2(x_2)=1 \tag{3.1.17}$$

因为 $l_0(x)$、$l_1(x)$和 $l_2(x)$分别有两个零点,即 x_1 和 x_2、x_0 和 x_2、x_0 和 x_1,故可表示为

$$l_0(x)=A_0(x-x_1)(x-x_2) \tag{3.1.18}$$

$$l_1(x)=A_1(x-x_0)(x-x_2) \tag{3.1.19}$$

$$l_2(x)=A_2(x-x_0)(x-x_1) \tag{3.1.20}$$

又因为 $l_0(x_0)=1$、$l_1(x_1)=1$ 和 $l_2(x_2)=1$,可解出

$$A_0=\frac{1}{(x_0-x_1)(x_0-x_2)} \tag{3.1.21}$$

$$A_1=\frac{1}{(x_1-x_0)(x_1-x_2)} \tag{3.1.22}$$

$$A_2=\frac{1}{(x_2-x_0)(x_2-x_1)} \tag{3.1.23}$$

于是

$$l_0(x)=\frac{(x-x_1)(x-x_2)}{(x_0-x_1)(x_0-x_2)} \tag{3.1.24}$$

$$l_1(x)=\frac{(x-x_0)(x-x_2)}{(x_1-x_0)(x_1-x_2)} \tag{3.1.25}$$

$$l_2(x)=\frac{(x-x_0)(x-x_1)}{(x_2-x_0)(x_2-x_1)} \tag{3.1.26}$$

利用二次插值基函数 $l_0(x)$、$l_1(x)$和 $l_2(x)$,可得到二次拉格朗日插值多项式(Second-order Lagrange Interpolation Polynomial)，即

$$L_2(x)=y_0l_0(x)+y_1l_1(x)+y_2l_2(x) \tag{3.1.27}$$

将式(3.1.24)～式(3.1.26)代入式(3.1.27)，得

$$L_2(x)=y_0\frac{(x-x_1)(x-x_2)}{(x_0-x_1)(x_0-x_2)}+y_1\frac{(x-x_0)(x-x_2)}{(x_1-x_0)(x_1-x_2)}+y_2\frac{(x-x_0)(x-x_1)}{(x_2-x_0)(x_2-x_1)} \tag{3.1.28}$$

2. 拉格朗日插值多项式

下面将插值基函数的表示方法推广到一般情形。下面讨论，在区间$[a,b]$上给定的$n+1$个点$a\leqslant x_0<x_1\cdots<x_n\leqslant b$及其函数值$y_0,y_1,\cdots,y_n$，要求$n$次插值多项式$L_n(x)$，使它满足

$$L_n(x_j)=y_j,\quad j=0,1,\cdots,n \tag{3.1.29}$$

为使用插值基函数的表示方法构造n次插值多项式$L_n(x)$，下面先定义n次插值基函数。

定义2 若n次多项式$l_k(x)(k=0,1,\cdots,n)$在$n+1$个点$a\leqslant x_0<x_1\cdots<x_n\leqslant b$上满足条件

$$l_k(x_i)=\begin{cases}1, & k=i\\ 0, & k\neq i\end{cases}\quad i,k=0,1,\cdots,n \tag{3.1.30}$$

称这$n+1$个n次多项式$l_0(x),l_1(x),\cdots,l_n(x)$为节点$x_0,x_1,\cdots,x_n$上的$n$次插值基函数。

采用类似$n=1$和$n=2$的推导方法，可得到n次插值多项式，即

$$l_k(x)=\frac{(x-x_0)\cdots(x-x_{k-1})(x-x_{k+1})\cdots(x-x_n)}{(x_k-x_0)\cdots(x_k-x_{k-1})(x_k-x_{k+1})\cdots(x_k-x_n)},\quad k=0,1,\cdots,n \tag{3.1.31}$$

$l_k(x)$在节点$x_0,x_1,\cdots,x_n$上除x_k外均为零点，因此可构造式(3.1.31)的分子，再由$l_k(x_k)=1$，可得式(3.1.31)的分母。利用n次插值基函数$l_0(x),l_1(x),\cdots,l_n(x)$，可构造$n$次拉格朗日插值多项式(the nth Order Lagrange Interpolation Polynomial)，即

$$L_n(x)=\sum_{k=0}^{n}y_kl_k(x) \tag{3.1.32}$$

由n次插值基函数的定义，可知

$$L_n(x_i)=\sum_{k=0}^{n}y_kl_k(x_i)=y_i,\quad i=0,1,\cdots,n \tag{3.1.33}$$

形如式(3.1.32)的插值多项式$L_n(x)$称为拉格朗日(Lagrange)插值多项式，而式(3.1.11)和式(3.1.28)是当$n=1$和$n=2$时的特殊情形。由式(3.1.33)，可知n次插值多项式$L_n(x)$满足n次插值函数$P_n(x)$的条件式(3.1.3)，由n次插值函数$P_n(x)$的唯一性，可知$L_n(x)=P_n(x)$。

为简化表示和方便记忆，引入下面$n+1$次多项式

$$w_{n+1}(x)=(x-x_0)(x-x_1)\cdots(x-x_k)=\prod_{i=0}^{n}(x-x_i) \tag{3.1.34}$$

容易求得 $w(x)$ 在 x_k 处的导数，它为 n 次多项式

$$w'_{n+1}(x_k)=(x_k-x_0)\cdots(x_k-x_{k-1})(x_k-x_{k+1})\cdots(x_k-x_n) \\ =\prod_{i=0,i\neq k}^{n}(x-x_i) \tag{3.1.35}$$

于是式(3.1.31)可改写成

$$l_k(x)=\frac{w_{n+1}(x)}{(x-x_k)w'_{n+1}(x_k)},\quad k=0,1,\cdots,n \tag{3.1.36}$$

由此，式(3.1.32)可改写成

$$L_n(x)=\sum_{k=0}^{n}y_k\frac{w_{n+1}(x)}{(x-x_k)w'_{n+1}(x_k)} \tag{3.1.37}$$

3. 插值余项与误差估计

若在区间 $[a,b]$ 上用 n 次插值多项式 $L_n(x)$ 近似 $f(x)$，则其截断误差为 $R_n(x)=f(x)-L_n(x)$，也称为插值多项式的余项。关于插值多项式的余项有以下定理。

定理 2 设 $f^{(n)}(x)$ 在区间 $[a,b]$ 上连续，$f^{(n+1)}(x)$ 在区间 (a,b) 内存在，$n+1$ 个节点 $a\leqslant x_0<x_1\cdots<x_n\leqslant b$ 及其对应的函数值 $y_0,y_1,\cdots,y_n$，$L_n(x)$ 满足插值条件式(3.1.33)，则对任意 $x\in[a,b]$，插值多项式的余项为

$$R_n(x)=f(x)-L_n(x)=\frac{f^{(n+1)}(\xi)}{(n+1)!}w_{n+1}(x) \tag{3.1.38}$$

这里 $\xi\in(a,b)$ 且与 x 有关，$w_{n+1}(x)$ 由式(3.1.34)定义。

证明：因为 $L_n(x)$ 满足条件式(3.1.33)，可知 $R_n(x)$ 在节点 $x_0,x_1,\cdots,x_n$ 上为零，即

$$R_n(x_k)=0,\quad k=0,1,\cdots,n \tag{3.1.39}$$

于是，可设

$$R_n(x)=K(x)(x-x_0)(x-x_1)\cdots(x-x_k)=K(x)w_{n+1}(x) \tag{3.1.40}$$

其中，$K(x)$ 是与 x 有关的待定系数。

现把 x 看成 $[a,b]$ 上的一个固定点，且 $x\neq x_i(i=0,1,\cdots,n)$，定义 $[a,b]$ 上 t 的函数

$$\varphi(t)=f(t)-L_n(t)-K(x)(t-x_0)(t-x_1)\cdots(t-x_k) \\ =f(t)-L_n(t)-\frac{f(x)-L_n(x)}{(x-x_0)(x-x_1)\cdots(x-x_k)}(t-x_0)(t-x_1)\cdots(t-x_k) \tag{3.1.41}$$

可知 $\varphi(x_i)=0(i=0,1,\cdots,n)$ 且 $\varphi(x)=0$。因 $f^{(n)}(x)$ 在区间 $[a,b]$ 上连续，$f^{(n+1)}(x)$ 在区间 (a,b) 内存在，可知 $\varphi^{(n)}(t)$ 在区间 $[a,b]$ 上连续，$\varphi^{(n+1)}(t)$ 在区间 (a,b) 内存在。根据插值条件及余项定义，可知 $\varphi(t)$ 在节点 $x_0,x_1,\cdots,x_n$ 及 x 处均为零，故 $\varphi(t)$ 在区间 $[a,b]$ 上有 $n+2$ 个零点，根据罗尔定理，$\varphi'(t)$ 在 $\varphi(t)$ 的两个零点之间至少有一个零点，故 $\varphi'(t)$ 在区间 $[a,b]$ 上至少有 $n+1$ 个零点。对 $\varphi'(t)$ 再应用罗尔定理，可知 $\varphi''(t)$ 在区间 $[a,b]$ 上至少有 n 个零点。依次类推，$\varphi^{(n+1)}(t)$ 在区间 (a,b) 内至少有一个零点，记 $\xi\in(a,b)$，使

$$\varphi^{(n+1)}(\xi)=f^{(n+1)}(\xi)-(n+1)!K(x)=0 \tag{3.1.42}$$

于是

$$K(x)=\frac{f^{(n+1)}(\xi)}{(n+1)!} \tag{3.1.43}$$

$\xi\in(a,b)$且与x有关。

将式(3.1.43)代入式(3.1.40)，就得到余项表达式(3.1.38)。

需要注意的是，余项表达式只有在$f(x)$的高阶导数存在时才能应用。ξ在(a,b)内的具体位置通常未知。如果能求出$\max\limits_{a\leqslant x\leqslant b}|f^{(n+1)}(\xi)|=M_{n+1}$，那么$n$次插值多项式$L_n(x)$近似$f(x)$的截断误差限是

$$|R_n(x)|\leqslant\frac{M_{n+1}}{(n+1)!}|w_{n+1}(x)| \tag{3.1.44}$$

利用余项表达式(3.1.38)，当$f(x)=x^k(k=0,1,\cdots,n)$时，由于$f^{(n+1)}(x)=0$，于是有

$$R_n(x)=x^k-\sum_{i=0}^{n}x_i^k l_i(x)=0 \tag{3.1.45}$$

由此得

$$\sum_{i=0}^{n}x_i^k l_i(x)=x^k,\quad k=0,1,\cdots,n \tag{3.1.46}$$

即当$k=0,1,\cdots,n$时，n次插值多项式$L_n(x)=f(x)=x^k$。若任意$f(x)=P_n(x)\in H_n$，其中H_n表示最高次数小于或等于n的多项式函数集合。由于$f^{(n+1)}(x)=P_n^{(n+1)}(x)=0$，都有$L_n(x)=f(x)$。

例1 求经过A(0,1)、B(1,2)、C(2,3)三个节点的二次插值多项式。

解： 由题意可知，三个插值节点及对应的函数分别为

$$x_0=0,x_1=1,x_2=2$$

$$y_0=1,y_1=2,y_2=3$$

代入拉格朗日二次插值多项式(3.1.28)得

$$\begin{aligned}L_2(x)&=y_0\frac{(x-x_1)(x-x_2)}{(x_0-x_1)(x_0-x_2)}+y_1\frac{(x-x_0)(x-x_2)}{(x_1-x_0)(x_1-x_2)}+y_2\frac{(x-x_0)(x-x_1)}{(x_2-x_0)(x_2-x_1)}\\&=1\times\frac{(x-1)(x-2)}{(0-1)(0-2)}+2\times\frac{(x-0)(x-2)}{(1-0)(1-2)}+3\frac{(x-0)(x-1)}{(2-0)(2-1)}\\&=0.5(x^2-3x+2)-2(x^2-2x)+1.5(x^2-x)\\&=x+1\end{aligned} \tag{3.1.47}$$

例2 给定插值节点$x_0,x_1,\cdots,x_5$和插值基函数$l_0(x),l_1(x),\cdots,l_5(x)$。证明$\sum\limits_{i=0}^{5}(x-x_i)^2 l_i(x)=0$。

证明： 根据式(3.1.46)有

$$\begin{aligned}\sum_{i=0}^{5}(x-x_i)^2 l_i(x)&=\sum_{i=0}^{5}x_i^2 l_i(x)-2x\sum_{i=0}^{5}x_i l_i(x)+x^2\sum_{i=0}^{5}l_i(x)\\&=x^2-2x^2+x^2=0\end{aligned}$$

例3 设$f(x)\in C^2[a,b]$，试证

$$\max_{a\leqslant x\leqslant b}|f(x)-L_1(x)|\leqslant\frac{1}{8}(b-a)^2M_2 \tag{3.1.48}$$

其中，$L_1(x)$是通过$(a,f(a))$和$(b,f(b))$的线性插值函数，$M_2=\max\limits_{a\leqslant x\leqslant b}|f''(x)|$，$C^2[a,b]$

表示在区间(a,b)内二阶导数连续的函数空间或函数集合。

证明：由式(3.1.8)或式(3.1.9)可知，通过$(a,f(a))$和$(b,f(b))$的线性插值函数

$$L_1(x)=y_0+\frac{y_1-y_0}{x_1-x_0}(x-x_0)=f(a)+\frac{f(b)-f(a)}{b-a}(x-a) \tag{3.1.49}$$

于是

$$\begin{aligned}\max_{a\leqslant x\leqslant b}|f(x)-L_1(x)|&=\max_{a\leqslant x\leqslant b}|R_1(x)|\\&=\max_{a\leqslant x\leqslant b}\left|\frac{f''(\xi)}{2!}(x-a)(x-b)\right|\\&\leqslant\frac{M_2}{2}\max_{a\leqslant x\leqslant b}|(x-a)(x-b)|\\&\leqslant\frac{M_2}{2}\frac{(b-a)^2}{4}\\&=\frac{1}{8}(b-a)^2M_2\end{aligned} \tag{3.1.50}$$

其中，$\max\limits_{a\leqslant x\leqslant b}|(x-a)(x-b)|=(b-a)^2/4$，可通过求$g(x)=(x-a)(x-b)$的导数$g'(x)=2x-(a+b)=0$，解出$x=(a+b)/2$，再代入$g(x)$并取绝对值而得。

3.1.4 牛顿插值

利用插值基函数很容易得到拉格朗日多项式，公式结构紧凑，在理论分析中十分重要。但当插值节点动态增减时，计算要全部重新进行。为计算方便，牛顿插值法(Newton Interpolation)正是一种逐次生成插值多项式的方法。

先考查$n=1$的情形，此时线性牛顿插值多项式记为$N_1(x)$，线性插值多项式仍满足插值条件$N_1(x_0)=f(x_0)$和$N_1(x_1)=f(x_1)$。拉格朗日多项式推导时采用直线的两点式，这里采用直线的点斜式(3.1.8)表示为

$$N_1(x)=f(x_0)+\frac{f(x_1)-f(x_0)}{x_1-x_0}(x-x_0) \tag{3.1.51}$$

它可以看成零次插值多项式$N_0(x)=f(x_0)$的修正，即

$$N_1(x)=N_0(x)+a_1(x-x_0)=a_0+a_1(x-x_0) \tag{3.1.52}$$

其中$a_0=f(x_0)$，$a_1=\dfrac{f(x_1)-f(x_0)}{x_1-x_0}$是函数$f(x)$的差商(Divided Difference)。

下面考查$n=2$的情形，此时二次牛顿插值多项式记为$N_2(x)$，可递归构造$N_2(x)$为

$$N_2(x)=N_1(x)+a_2(x-x_0)(x-x_1) \tag{3.1.53}$$

其中，a_2为待定系数。因为$N_1(x)$满足插值条件$N_1(x_0)=f(x_0)$和$N_1(x_1)=f(x_1)$，而x_0和x_1是$a_2(x-x_0)(x-x_1)$的零点，因此$N_2(x)$满足下面两个插值条件，即

$$N_2(x_0)=f(x_0),N_2(x_1)=f(x_1) \tag{3.1.54}$$

而$N_2(x)$还需要满足下面的插值条件，即

$$N_2(x_2)=f(x_2)=N_1(x)+a_2(x_2-x_0)(x_2-x_1) \tag{3.1.55}$$

可解出

$$a_2=\frac{f(x_2)-N_1(x_2)}{(x_2-x_0)(x_2-x_1)}$$

$$=\frac{f(x_2)-\left[f(x_0)+\frac{f(x_1)-f(x_0)}{x_1-x_0}(x_2-x_0)\right]}{(x_2-x_0)(x_2-x_1)}$$
$$=\frac{\frac{f(x_2)-f(x_0)}{x_2-x_0}-\frac{f(x_1)-f(x_0)}{x_1-x_0}}{x_2-x_1} \tag{3.1.56}$$

系数 a_2 是函数 $f(x)$的“差商的差商”。

下面讨论,在区间$[a,b]$上给定的 $n+1$ 个点 $a\leqslant x_0<x_1\cdots<x_n\leqslant b$ 及其函数值 $f(x_0)$, $f(x_1),\cdots,f(x_n)$,n 次牛顿插值多项式 $N_n(x)$需要满足

$$N_n(x_j)=f(x_j),\quad j=0,1,\cdots,n \tag{3.1.57}$$

则 $N_n(x)$可表示为

$$N_n(x)=a_0+a_1(x-x_0)+a_2(x-x_0)(x-x_1)+\cdots+a_n(x-x_0)\cdots(x-x_{n-1}) \tag{3.1.58}$$

其中,$a_0,a_1,a_2,\cdots,a_n$ 为待定系数,可由插值条件式(3.1.57)确定。与拉格朗日插值基函数 $l_0(x),l_1(x),\cdots,l_n(x)$不同,这里的 $N_n(x)$是由基函数 $1,x-x_0,\cdots,(x-x_0)\cdots(x-x_{n-1})$逐次递推而来。为给出待定系数的表达式,下面引入均差(即差商)的一般定义。

定义 3 称 $f[x_0,x_k]=\frac{f(x_k)-f(x_0)}{x_k-x_0}$为函数 $f(x)$关于节点 x_0 和 x_k 的一阶差商。$f[x_0,x_1,x_k]=\frac{f[x_0,x_k]-f[x_0,x_1]}{x_k-x_1}$为函数 $f(x)$关于节点 x_0,x_1 和 x_k 的二阶差商。一般地,称

$$f[x_0,x_1,\cdots,x_k]=\frac{f[x_0,x_1,\cdots,x_{k-2},x_k]-f[x_0,x_1,\cdots x_{k-2},x_{k-1}]}{x_k-x_{k-1}} \tag{3.1.59}$$

为函数 $f(x)$关于节点 $x_0,x_1,\cdots,x_k$ 的 k 阶差商。

差商的基本性质如下。

(1) k 阶差商可表示为函数值 $f(x_0),f(x_1),\cdots,f(x_k)$的线性组合,即

$$f[x_0,x_1,\cdots,x_k]=\sum_{j=0}^{k}\frac{f(x_j)}{(x_j-x_0)\cdots(x_j-x_{j-1})(x_j-x_{j+1})\cdots(x_j-x_k)} \tag{3.1.60}$$

可用数学归纳法证明此性质。这个性质也表明差商与节点的排列顺序无关,称为均差的对称性,即

$$f[x_0,x_1,\cdots,x_k]=f[x_1,x_0,\cdots,x_k]=\cdots=f[x_1,\cdots,x_k,x_0] \tag{3.1.61}$$

(2) 由性质(1)和式(3.1.59)可得

$$f[x_0,x_1,\cdots,x_k]=\frac{f[x_1,\cdots,x_{k-1},x_k]-f[x_1,\cdots,x_{k-1},x_0]}{x_k-x_0} \tag{3.1.62}$$

(3) 若 $f(x)$在区间$[a,b]$上存在 n 阶导数 $f^{(n)}(x)$,且节点 $x_0,x_1,\cdots,x_n\in[a,b]$,则 n 阶差商与 n 阶导数的关系为

$$f[x_0,x_1,\cdots,x_k]=\frac{f^{(n)}(\xi)}{n!},\quad \xi\in[a,b] \tag{3.1.63}$$

式(3.1.63)可直接由罗尔定理证明。

证明:这里只证明性质(1),下面采用数学归纳法进行证明。

当 $k=1$ 时，$f[x_0,x_1]=\dfrac{f(x_0)}{(x_0-x_1)}+\dfrac{f(x_1)}{(x_1-x_0)}=\dfrac{f(x_1)-f(x_0)}{(x_1-x_0)}$，命题成立。

当 $k=m-1$ 时，假设下面命题成立。

$$f[x_0,x_1,\cdots,x_{m-1}]=\sum_{j=0}^{m-1}\frac{f(x_j)}{(x_j-x_0)\cdots(x_j-x_{j-1})(x_j-x_{j+1})\cdots(x_j-x_{m-1})} \tag{3.1.64}$$

$$f[x_0,\cdots,x_{m-2},x_m]=\sum_{\substack{j=0\\ j\neq m-1}}^{m}\frac{f(x_j)}{(x_j-x_0)\cdots(x_j-x_{j-1})(x_j-x_{j+1})\cdots(x_j-x_m)} \tag{3.1.65}$$

由 m 阶差商的定义、式(3.1.64)和式(3.1.65)，可得

$$\begin{aligned}
f[x_0,x_1,\cdots,x_m]&=\frac{f[x_0,\cdots,x_{m-2},x_m]-f[x_0,\cdots,x_{m-1}]}{x_m-x_{m-1}}\\
&=\sum_{j=0}^{m-2}\frac{f(x_j)\left(\dfrac{1}{x_j-x_m}-\dfrac{1}{x_j-x_{m-1}}\right)}{(x_j-x_0)\cdots(x_j-x_{j-1})(x_j-x_{j+1})\cdots(x_j-x_{m-2})}\frac{1}{(x_m-x_{m-1})}+\\
&\quad\frac{f(x_m)}{(x_m-x_0)\cdots(x_m-x_{m-2})}\frac{1}{(x_m-x_{m-1})}-\\
&\quad\frac{f(x_{m-1})}{(x_{m-1}-x_0)\cdots(x_{m-1}-x_{m-2})}\frac{1}{(x_m-x_{m-1})}\\
&=\sum_{j=0}^{m}\frac{f(x_j)}{(x_j-x_0)\cdots(x_j-x_{j-1})(x_j-x_{j+1})\cdots(x_j-x_m)}
\end{aligned} \tag{3.1.66}$$

因此得证。

根据均差的定义，将 x 看成 $[a,b]$ 上的一点，可得

$$f(x)=f(x_0)+f[x,x_0](x-x_0) \tag{3.1.67}$$

$$f[x,x_0]=f[x_0,x_1]+f[x,x_0,x_1](x-x_1) \tag{3.1.68}$$

$$\vdots$$

$$f[x,x_0,\cdots,x_{n-1}]=f[x_0,\cdots,x_{n-1},x_n]+f[x,x_0,\cdots,x_n](x-x_n) \tag{3.1.69}$$

只要把式(3.1.69)代入前一式，以此类推，最后代入式(3.1.67)，就得到

$$\begin{aligned}
f(x)&=f(x_0)+f[x_0,x_1](x-x_0)+f[x_0,x_1,x_2](x-x_0)(x-x_1)+\cdots+\\
&\quad f[x_0,x_1,\cdots,x_n](x-x_0)\cdots(x-x_{n-1})+\\
&\quad f[x,x_0,\cdots,x_n]w_{n+1}(x)\\
&=N_n(x)+R_n(x)
\end{aligned} \tag{3.1.70}$$

其中

$$\begin{aligned}
N_n(x)&=f(x_0)+f[x_0,x_1](x-x_0)+f[x_0,x_1,x_2](x-x_0)(x-x_1)+\cdots+\\
&\quad f[x_0,x_1,\cdots,x_n](x-x_0)\cdots(x-x_{n-1})
\end{aligned} \tag{3.1.71}$$

$$R_n(x)=f[x,x_0,\cdots,x_n]w_{n+1}(x)=\frac{f^{(n+1)}(\xi)}{(n+1)!}w_{n+1}(x),\xi\in[a,b] \tag{3.1.72}$$

$$w_{n+1}(x)=(x-x_0)(x-x_1)\cdots(x-x_n) \tag{3.1.73}$$

由式(3.1.57)，可知 $R_n(x_k)=0$，即满足插值条件 $N_n(x_k)=f(x_k),k=0,1,\cdots,n$，故式(3.1.72)可类似定理 2 进行证明。或者，因为满足插值条件的插值多项式的唯一性，可知

$N_n(x)=L_n(x)$，故式(3.1.72)成立。

相当于式(3.1.58)中待定系数 $a_0,a_1,a_2,\cdots,a_n$ 分别为

$$a_0=f(x_0) \tag{3.1.74}$$

$$a_1=f[x_0,x_1] \tag{3.1.75}$$

$$a_2=f[x_0,x_1,x_2] \tag{3.1.76}$$

$$\vdots$$

$$a_n=f[x_0,x_1,\cdots,x_n] \tag{3.1.77}$$

若给定 4 个节点，即当 $n=3$ 时，牛顿插值多项式待定系数计算过程如表 3.1.1 所示，其中 a_0,a_1,a_2,a_3 依次为表中加横线的均差。

表 3.1.1 牛顿插值多项式待定系数计算过程

x_k	$f(x_k)$	一阶均差	二阶均差	三阶均差
x_0	$\underline{f(x_0)}$			
x_1	$f(x_1)$	$\underline{f[x_0,x_1]}$		
x_2	$f(x_2)$	$f[x_1,x_2]$	$\underline{f[x_0,x_1,x_2]}$	
x_3	$f(x_3)$	$f[x_2,x_3]$	$f[x_1,x_2,x_3]$	$\underline{f[x_0,x_1,x_2,x_3]}$

例 4 设 $f(x)=3x^3-5x^2+1$，给定节点 $x_0=0,x_1=1,x_2=2,x_3=3$。

(1) 求均差 $f[0,1],f[0,1,2],f[0,1,2,3]$。

(2) 计算三次牛顿插值多项式 $N_3(x)$。

解：(1) 根据均差定义，可以得到表 3.1.2，即

$$f[0,1]=\frac{f(1)-f(0)}{1-0}=-2$$

$$f[1,2]=\frac{f(2)-f(1)}{2-1}=6$$

$$f[2,3]=\frac{f(3)-f(2)}{3-2}=32$$

$$f[0,1,2]=\frac{f[1,2]-f[0,1]}{2-0}=4$$

$$f[1,2,3]=\frac{f[2,3]-f[1,2]}{3-1}=13$$

$$f[0,1,2,3]=\frac{f[1,2,3]-f[0,1,2]}{3-0}=3$$

(2) 由式(3.1.71)可得

$$\begin{aligned}N_3(x)&=f(x_0)+f[x_0,x_1](x-x_0)+f[x_0,x_1,x_2](x-x_0)(x-x_1)\\&\quad+f[x_0,x_1,x_2,x_3](x-x_0)(x-x_1)(x-x_2)\\&=1-2x+4x(x-1)+3x(x-1)(x-2)\\&=1-2x+4x^2-4x+3x^3-9x^2+6x\\&=3x^3-5x^2+1\\&=f(x)\end{aligned}$$

表 3.1.2 牛顿插值多项式待定系数计算结果

x_k	$f(x_k)$	一阶均差	二阶均差	三阶均差
0	1			
1	−1	−2		
2	5	6	4	
3	37	32	13	3

3.1.5 埃尔米特插值

埃尔米特插值(Hermite Interpolation)是拉格朗日插值的推广。埃尔米特插值可保证在插值节点上函数值相等,还满足在节点上导数值相等,甚至高阶导数值相等。

定理 3(埃尔米特插值定理) 若 $n\geqslant 0$,给定的 $n+1$ 个相异节点 $x_0,x_1,\cdots,x_n$,及其函数值 $y_i(k=0,1,\cdots,n)$和导数 $z_i(k=0,1,\cdots,n)$,则存在唯一 $2n+1$ 次多项式 $P_{2n+1}(x)$使得

$$P_{2n+1}(x_i)=y_i,\quad P'_{2n+1}(x_i)=z_i,\quad i=0,1,\cdots,n \tag{3.1.78}$$

证明:先证明存在性。当 $n\geqslant 1$ 时,类似拉格朗日插值基函数,先构造 $2(n+1)$个辅助多项式作为基函数,即

$$H_k(x)=[l_k(x)]^2(1-2l'_k(x_k)(x-x_k)),\quad k=0,1,\cdots,n \tag{3.1.79}$$

$$K_k(x)=[l_k(x)]^2(x-x_k),\quad k=0,1,\cdots,n \tag{3.1.80}$$

显然,$H_k(x)$和 $K_k(x)$都是 $2n+1$ 次多项式。而 $l_k(x)$与式(3.1.31)相同,$l'_k(x_k)$为其导数。$l_k(x)$和 $l'_k(x_k)$分别为

$$\begin{aligned} l_k(x)&=\frac{(x-x_0)\cdots(x-x_{k-1})(x-x_{k+1})\cdots(x-x_n)}{(x_k-x_0)\cdots(x_k-x_{k-1})(x_k-x_{k+1})\cdots(x_k-x_n)}\\ &=\prod_{i=0,i\neq k}^{n}\frac{x-x_i}{x_k-x_i},\quad k=0,1,\cdots,n \end{aligned} \tag{3.1.81}$$

$$l'_k(x_k)=\prod_{i=0,i\neq k}^{n}\frac{1}{x_k-x_i},\quad k=0,1,\cdots,n \tag{3.1.82}$$

由 $l_k(x)$的性质可知

$$H_k(x_i)=\begin{cases}1, & i=k\\ 0, & i\neq k\end{cases}\quad i,k=0,1,\cdots,n \tag{3.1.83}$$

$$\begin{aligned} H'_k(x_i)&=2l_k(x_i)l'_k(x_i)(1-2l'_k(x_k)(x-x_k))-2[l_k(x_i)]^2 l'_k(x_k)\\ &=2l_k(x_i)[l'_k(x_i)-2l'_k(x_i)l'_k(x_k)(x-x_k)-l_k(x_i)l'_k(x_k)]\\ &=0,\quad i,k=0,1,\cdots,n \end{aligned} \tag{3.1.84}$$

$$K_k(x_i)=0,\quad i,k=0,1,\cdots,n \tag{3.1.85}$$

$$\begin{aligned} K'_k(x_i)&=2l_k(x_i)l'_k(x_i)(x_i-x_k)+[l_k(x_i)]^2\\ &=\begin{cases}1, & i=k\\ 0, & i\neq k\end{cases}\quad i,k=0,1,\cdots,n \end{aligned} \tag{3.1.86}$$

因此,可得

$$P_{2n+1}(x)=\sum_{k=0}^{n}y_k H_k(x)+z_k K_k(x) \tag{3.1.87}$$

式(3.1.87)称为 $2n+1$ 次埃尔米特插值多项式(Hermite Interpolation Polynomial)。

下面证明其唯一性。若存在另一个 $2n+1$ 次多项式 $Q_{2n+1}(x)$ 使得

$$Q_{2n+1}(x_i)=y_i,\quad Q'_{2n+1}(x_i)=z_i,\quad i=0,1,\cdots,n \tag{3.1.88}$$

节点 $x_0,x_1,\cdots,x_n$ 是 $P_{2n+1}(x)-Q_{2n+1}(x)$ 的 $n+1$ 个相异零点,由罗尔定理可知,$P'_{2n+1}(x)-Q'_{2n+1}(x)$ 具有与 $x_0,x_1,\cdots,x_n$ 相互交错的 n 个相异零点。又因为 $P'_{2n+1}(x_i)=z_i$ 且 $Q'_{2n+1}(x_i)=z_i$(其中 $i=0,1,\cdots,n$),因此,$2n$ 次多项式 $P'_{2n+1}(x)-Q'_{2n+1}(x)$ 具有 $2n+1$ 个相异零点,意味着 $P'_{2n+1}(x)-Q'_{2n+1}(x)=0$(否则,由代数学基本定理,最高次数为 $2n$ 的多项式有且只有 $2n$ 个根),即 $P_{2n+1}(x)-Q_{2n+1}(x)$ 为常函数。又因为 $P_{2n+1}(x_i)-Q_{2n+1}(x_i)=0$,可知 $P_{2n+1}(x)$ 与 $Q_{2n+1}(x)$ 相等。

当 $n=0$ 时,可知 $H_0(x)=1$,$K_0(x)=x-x_0$,相当于式(3.1.79)和式(3.1.80)中 $l_0(x)=1$,这时

$$P_1(x)=y_0+z_0(x-x_0) \tag{3.1.89}$$

它是唯一的一次多项式,满足 $P_1(x_0)=y_0$ 和 $P'_1(x)=z_0$。

当 $n=1$ 时,可知

$$H_0(x)=[l_0(x)]^2(1-2l'_0(x_0)(x-x_0))=\left(\frac{x-x_1}{x_0-x_1}\right)^2\left(1-2\frac{x-x_0}{x_0-x_1}\right) \tag{3.1.90}$$

$$H_1(x)=[l_1(x)]^2(1-2l'_1(x_1)(x-x_1))=\left(\frac{x-x_0}{x_1-x_0}\right)^2\left(1-2\frac{x-x_1}{x_1-x_0}\right) \tag{3.1.91}$$

$$K_0(x)=[l_0(x)]^2(x-x_0)=(x-x_0)\left(\frac{x-x_1}{x_0-x_1}\right)^2 \tag{3.1.92}$$

$$K_1(x)=[l_1(x)]^2(x-x_1)=(x-x_1)\left(\frac{x-x_0}{x_1-x_0}\right)^2 \tag{3.1.93}$$

由此可得,三次埃尔米特插值多项式为

$$\begin{aligned}P_3(x)=&\left(\frac{x-x_1}{x_0-x_1}\right)^2\left(1-2\frac{x-x_0}{x_0-x_1}\right)y_0+\left(\frac{x-x_0}{x_1-x_0}\right)^2\left(1-2\frac{x-x_1}{x_1-x_0}\right)y_1+\\&(x-x_0)\left(\frac{x-x_1}{x_0-x_1}\right)^2z_0+(x-x_1)\left(\frac{x-x_0}{x_1-x_0}\right)^2z_1\end{aligned} \tag{3.1.94}$$

例 5 构造三次多项式(Cubic Polynomial)满足

$$y_0=P_3(0)=0,y_1=P_3(1)=1,z_0=P'_3(0)=1,z_1=P'_3(1)=0 \tag{3.1.95}$$

解:当 $n=1$ 时,由题设可得 $2n+1$ 次埃尔米特插值多项式为

$$\begin{aligned}P_3(x)&=y_0H_0(x)+y_1H_1(x)+z_0K_0(x)+z_1K_0(x)\\&=H_1(x)+K_0(x)\end{aligned} \tag{3.1.96}$$

当 $n=1$ 时,由题设可得拉格朗日基函数分别为

$$l_0(x)=\frac{x-x_1}{x_0-x_1}=1-x,\quad l_1(x)=\frac{x-x_0}{x_1-x_0}=x \tag{3.1.97}$$

$$\begin{aligned}H_1(x)&=[l_1(x)]^2(1-2l'_1(x_1)(x-x_1))\\&=x^2(1-2(x-1))=x^2(3-2x)\end{aligned} \tag{3.1.98}$$

$$K_0(x)=[l_0(x)]^2(x-x_0)=(1-x)^2x \tag{3.1.99}$$

可得三次埃尔米特插值多项式为

$$P_3(x)=x^2(3-2x)+(1-x)^2x=-x^3+x^2+x \tag{3.1.100}$$

定理 4 若 $n\geqslant 0$，$f^{(2n+2)}(x)$在区间(a,b)存在，按照式(3.1.87)定义的 $2n+1$ 次埃尔米特插值多项式 $P_{2n+1}(x)$，则对任何 $x\in[a,b]$，埃尔米特插值多项式的余项及其误差限为

$$f(x)-P_{2n+1}(x)=\frac{f^{(2n+2)}(\xi)}{(2n+2)!}[w_{n+1}(x)]^2 \tag{3.1.101}$$

$$|f(x)-P_{2n+1}(x)|\leqslant\frac{M_{2n+2}}{(2n+2)!}[w_{n+1}(x)]^2 \tag{3.1.102}$$

这里 $\xi\in(a,b)$且与 x 有关，$w_{n+1}(x)$由式(3.1.34)定义，$M_{2n+2}=\max\limits_{\xi\in[a,b]}f^{(2n+3)}(\xi)$。

证明：式(3.1.102)可直接由式(3.1.101)得到，下面主要证明式(3.1.101)。当 $x=x_i$ 时，式(3.1.101)两边均为零，即成立。现把 x 看成$[a,b]$上的一个固定点，且 $x\neq x_i(i=0,1,\cdots,n)$，定义$[a,b]$上 t 的函数为

$$\varphi(t)=f(t)-P_{2n+1}(t)-\frac{f(x)-P_{2n+1}(x)}{[w_{n+1}(x)]^2}[w_{n+1}(t)]^2 \tag{3.1.103}$$

可知 $\varphi(x_i)=0(i=0,1,\cdots,n)$且 $\varphi(x)=0$。根据插值条件及余项定义，可知 $\varphi(t)$在节点 $x_0,x_1,\cdots,x_n$ 及 x 处均为零，故 $\varphi(t)$在区间$[a,b]$上有 $n+2$ 个零点，因为 $f^{(2n+2)}(x)$在区间$[a,b]$上存在，根据罗尔定理，$\varphi'(t)$在 $\varphi(t)$的两个相邻零点之间至少有一个零点，故 $\varphi'(t)$在区间$[a,b]$上至少有 $n+1$ 个零点，又 $\varphi'(x_i)=0(i=0,1,\cdots,n)$，即 $\varphi'(t)$在节点 $x_0,x_1,\cdots,x_n$ 及 x 处均为零。因此，$\varphi'(t)$在区间$[a,b]$上至少有 $2n+2$ 个相异零点。对 $\varphi'(t)$再应用罗尔定理，可知 $\varphi''(t)$在区间$[a,b]$上至少有 $2n+1$ 个零点。以此类推，$\varphi^{(2n+2)}(t)$在区间(a,b)内至少有一个零点，记 $\xi\in(a,b)$，使

$$\varphi^{(2n+2)}(\xi)=f^{(2n+2)}(\xi)-(2n+2)!\frac{f(x)-P_{2n+1}(x)}{[w_{n+1}(x)]^2}=0 \tag{3.1.104}$$

于是

$$f(x)-P_{2n+1}(x)=\frac{f^{(2n+2)}(\xi)}{(2n+2)!}[w_{n+1}(x)]^2 \tag{3.1.105}$$

$\xi\in(a,b)$且与 x 有关。

例 6 设 $f(x)$在$[a,b]$上有三阶连续导数，试求满足下列条件的插值多项式及其余项。

$$H(x_0)=f(x_0),H(x_1)=f(x_1),H'(x_0)=f'(x_0)$$

解：由条件 $H(x_0)=f(x_0)$，$H(x_1)=f(x_1)$，可得 $N_1(x_0)=f(x_0)+f[x_0,x_1](x-x_0)$。再设 $H(x)=N_1(x_0)+A(x-x_0)(x-x_1)$，可知 $H'(x_0)=f[x_0,x_1]+A(x_0-x_1)$。又因为 $H'(x_0)=f'(x_0)$，可得 $A=\dfrac{f'(x_0)-f[x_0,x_1]}{x_0-x_1}$。构造辅助函数，即

$$g(t)=f(t)-H(t)-K(x)(t-x_0)^2(t-x_1) \tag{3.1.106}$$

可知 $g(t)$的零点为 x_0,x_1,x，由罗尔定理可知，$g'(t)$含有两个交错零点(非 x_0,x_1,x)，加上 $g'(x_0)=0$，即 $g'(t)$有三个不同的零点，由罗尔定理可知 $g''(t)$有两个零点，再由罗尔定理可知 $g'''(t)$有一个零点 ξ，可得余项为

$$R(x)=f(x)-H(x)=\frac{f'''(\xi)}{3!}(x-x_0)^2(x-x_1),\quad \xi\in[a,b] \tag{3.1.107}$$

3.2 插值法在图像处理中的应用

3.2.1 双线性插值

双线性插值(Bilinear Interpolate)在数学上是线性插值的拓展,是针对2维网格上含两个自变量函数 $z=f(x,y)$ 的插值,涉及二元函数的插值。双线性插值的主要思想是先在一个方向(x 轴)上进行两次线性插值,再在另一个方向(y 轴)上进行一次线性插值,如图3.2.1所示。

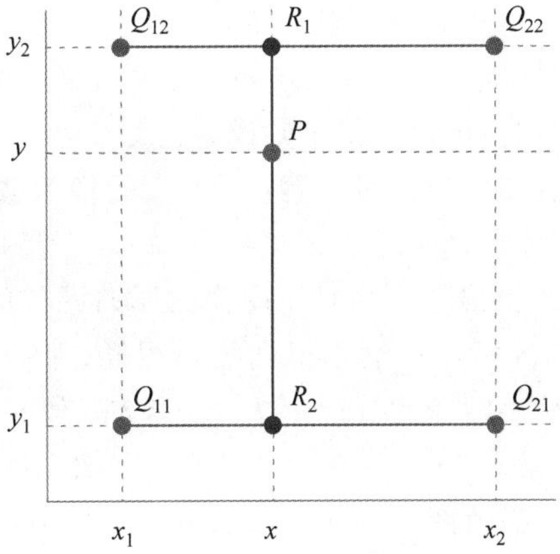

图3.2.1 双线性插值示意图

在双线性插值的示意图中,正方形四个角上的点是已知函数值的数据点或网格上的点,绿色点是插值点。记 Q_{11}、Q_{12}、Q_{21}、Q_{22} 的坐标向量分别为 (x_1,y_1)、(x_1,y_2)、(x_2,y_1)、(x_2,y_2),其对应的函数值可以简记为 $z_{ij}=f(x_i,y_j)$,其中 $i,j=1,2$。点 Q_{11}、Q_{12}、Q_{21}、Q_{22} 围成的区域中的任意点 P,其坐标向量为 (x,y),其中 $x_1<x<x_2$,$y_1<y<y_2$。下面介绍如何通过双线性插值方法得到 (x,y) 处的函数值。首先,在 x 轴方向上进行两次线性插值,相当于分别固定纵坐标分量 y_1 和 y_2,采用线性插值公式,可分别得到 R_1、R_2 两点上的函数值的近似值,即

$$f(x,y_1)=\frac{x-x_2}{x_1-x_2}f(x_1,y_1)+\frac{x-x_1}{x_2-x_1}f(x_2,y_1) \tag{3.2.1}$$

$$f(x,y_2)=\frac{x-x_2}{x_1-x_2}f(x_1,y_2)+\frac{x-x_1}{x_2-x_1}f(x_2,y_2) \tag{3.2.2}$$

然后,利用 R_1、R_2 两点上的函数值的近似值,在 y 轴方向上进行线性插值,相当于分别固定横坐标分量 x,可以得到 P 点上的函数值的近似值,即

$$\begin{aligned} f(x,y)&=\frac{y-y_2}{y_1-y_2}f(x,y_1)+\frac{y-y_1}{y_2-y_1}f(x,y_2) \\ &=\frac{y-y_2}{y_1-y_2}\left(\frac{x-x_2}{x_1-x_2}f(x_1,y_1)+\frac{x-x_1}{x_2-x_1}f(x_2,y_1)\right)+ \\ &\quad\frac{y-y_1}{y_2-y_1}\left(\frac{x-x_2}{x_1-x_2}f(x_1,y_2)+\frac{x-x_1}{x_2-x_1}f(x_2,y_2)\right) \end{aligned} \tag{3.2.3}$$

上面是先在 x 轴方向上进行两次线性插值，分别得到 $f(x,y_1)$ 和 $f(x,y_2)$，然后在 y 轴方向上进行一次线性插值得到 $f(x,y)$。还可以采用另一种方式，先在 y 轴方向上进行两次线性插值，分别得到 $f(x_1,y)$ 和 $f(x_2,y)$，然后在 x 轴方向上进行一次线性插值得到 $f(x,y)$。可以证明，两种方式所得结果相同。

3.2.2 插值法应用

在计算机视觉、图像处理领域，双线性插值主要应用于图像的上采样（UpSampling）。双线性插值可以用于放大图像，放大图像的目的是可以显示在分辨率更高的显示设备上。图像放大可以采用插值法，即在原有图像像素的基础上，在像素位置之间采用合适的插值算法插入新的像素颜色值，以获得相对分辨率更高的图像。在进行图像放大时，从双线性插值公式(3.2.3)可以看出，双线性插值主要利用未知像素周围的 4 个最近邻的已知像素，通过计算这 4 个像素值的加权平均值可以获得未知像素值。

在图像处理中，已知原有图像中像素位置 (x_i,y_j) 的像素颜色向量 $\boldsymbol{z}_{ij}=f(x_i,y_j)$，需要计算新的像素位置 (x,y) 的像素颜色向量 $\boldsymbol{z}=f(x,y)$。若图像是彩色图像，则颜色向量包含红、绿、蓝成分。图 3.2.2 给出了 4 幅对比图像。原始图像的分辨率为 900×500 像素。原始图像的高度和宽度均按 50% 比例缩小得到缩小图像，即将原始图像矩阵的行、列中每隔一个像素删掉一个像素，缩小图像的分辨率为 450×250 像素。将原始图像矩阵的行、列中每隔一个像素替换一个像素为 255（白色），得到填充图像。缩小图像通过双线性插值，可得分辨率为 900×500 像素的插值图像。插值图像虽然质量稍不如原始图像，但两者质量还是比较接近的。如果尝试在画图工具中选择缩小图像，然后直接将其拖动放大，可以明显看出，直接放大的图像并没有插值图像清晰。

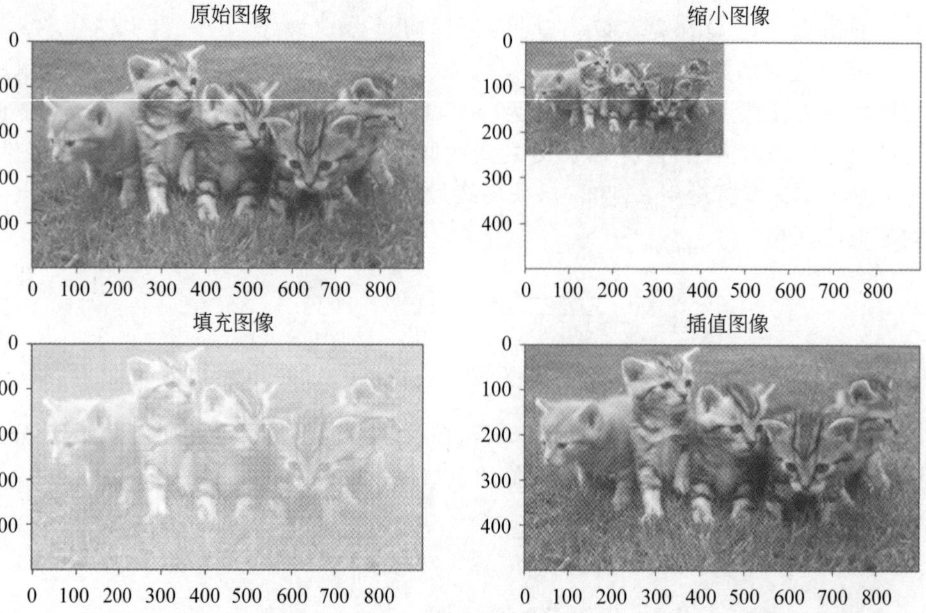

图 3.2.2 对比图像

3.3 函数逼近

3.3.1 函数逼近与函数空间

在数值计算中经常要计算函数值，如计算机中基本初等函数值计算及其他特殊函数值计算。当函数只在有限点集上给出其函数值，要在包含该点集的区间上用公式给出函数的简单表达式，这些都涉及在区间$[a,b]$上用简单函数逼近已知复杂函数的问题，这就是函数逼近问题。

3.2节中讨论的插值法也是函数逼近问题的一种，本节讨论的函数逼近是指对函数类S_1中给定的函数$f(x)$，记作$f(x)\in S_1$，要求在另一类简单的便于计算的函数类S_2中求函数$P(x)\in S_2$，使$P(x)$与$f(x)$的误差在某种度量意义下最小。函数类S_1通常是区间$[a,b]$上的连续函数，记作$C[a,b]$，称为连续函数空间。而函数类S_2通常是n次多项式，有理函数或分段低次多项式等。

函数空间是线性空间的特例。实数域R上全体多项式$F[x]$，对通常的多项式加法和数乘多项式的运算构成实数域R上的线性空间，$P(x)$的零元素是系数全为零的多项式(称为零多项式)，任一元素$P(x)$的负元素是$(-1)P(x)$。如果只考虑次数不超过n的实系数多项式集合H_n(包含零多项式)，其元素$P(x)\in H_n$可表示为

$$P(x)=a_0+a_1x+\cdots+a_nx^n \tag{3.3.1}$$

它由$n+1$个系数或坐标向量$(a_1,a_2,\cdots,a_n)$唯一确定。可以证明$1,x,\cdots,x^n$线性无关，它是$n+1$维空间H_n的一组基，故$H_n=\mathrm{Span}\{1,x,\cdots,x^n\}$。

对于连续函数$f(x)\in C[a,b]$，它不能用有限个线性无关的函数表示，故$C[a,b]$是无限维的。但是，由著名的魏尔斯特拉斯逼近定理(Weierstrass Approximation Theorem)，任一函数$f(x)\in C[a,b]$与$P(x)\in H_n$(不限定最高次数n)的逼近误差可以任意小，即$\max\limits_{a\leqslant x\leqslant b}|f(x)-P(x)|<\varepsilon$($\varepsilon$为任意给的小正数)。

定理5(魏尔斯特拉斯逼近定理) 对于连续函数$f(x)\in C[a,b]$，则对任意$\varepsilon>0$，总存在一个代数多项式$P(x)$，使

$$\|f(x)-P(x)\|_\infty=\max_{a\leqslant x\leqslant b}|f(x)-P(x)|<\varepsilon \tag{3.3.2}$$

在$[a,b]$上一致成立。

该定理是由魏尔斯特拉斯于1885年证明，伯恩斯坦(Sergei Bernstein)于1912年采用如今著名的伯恩斯坦多项式给出了简化的证明。因为定义从$[a,b]$到$[0,1]$的双射函数$x\mapsto(x-a)/(b-a)$，便可将$f(x)\in C[a,b]$变换为$f(x)\in C[0,1]$。给定$f(x)\in C[0,1]$，伯恩斯坦根据函数整体逼近的特性构造出伯恩斯坦多项式(Bernstein Polynomials)，即

$$f_n(x)=\sum_{k=0}^{n}f\left(\frac{k}{n}\right)P_k(x) \tag{3.3.3}$$

其中

$$P_k(x)=C_n^kx^k(1-x)^{n-k} \tag{3.3.4}$$

并证明$\lim\limits_{n\to\infty}f_n(x)=f(x)$在$[0,1]$一致成立。式(3.3.3)是$[0,1]$上的一个逼近多项式，但其收敛太慢，实际上很少使用。

对于某些函数 $f(x)\in C[a,b]$，若将逼近多项式限定为 $P(x)\in H_n$，则逼近误差不能任意小。例如，$C[0,\pi]$函数空间上的函数 $f(x)=\sin x$，若固定 $n=0$，则对于任意 $P(x)\in H_0$，均有 $\max\limits_{0\leqslant x\leqslant \pi}|f(x)-P(x)|\geqslant 0.5$。也就是说，不存在 $P(x)\in H_0$，使得 $\max\limits_{0\leqslant x\leqslant \pi}|f(x)-P(x)|<0.5$。对于固定 n，若 $f(x)\notin H_n$，不能找到 $P(x)\in H_n$，使得 $\max\limits_{a\leqslant x\leqslant b}|f(x)-P(x)|<\varepsilon$（$\varepsilon$ 为任意给的小正数）。

因此，对于固定 $n\geqslant 0$，需要用于刻画 $P(x)\in H_n$ 与 $f(x)\in C[a,b]$的逼近误差的量度，以用于评价 $P(x)$与 $f(x)$的逼近程度，并用于指导寻找在某种度量意义下最小的逼近多项式。由此引出以下问题：给定 $f(x)\in C[a,b]$，对于固定 $n\geqslant 0$，寻找 $P^*(x)\in H_n$，使得 $\max\limits_{a\leqslant x\leqslant b}|f(x)-P^*(x)|=\min\limits_{P(x)\in H_n}\max\limits_{a\leqslant x\leqslant b}|f(x)-P(x)|$，这就是函数逼近问题。

更一般地，可用一组在 $C[a,b]$上线性无关的函数集合$\{\varphi_0(x),\varphi_1(x),\cdots,\varphi_n(x)\}$逼近 $f(x)\in C[a,b]$，给定$\{\varphi_0(x),\varphi_1(x),\cdots,\varphi_n(x)\}$所生成的子空间为

$$\mathrm{Span}\{\varphi_0(x),\varphi_1(x),\cdots,\varphi_n(x)\}=\{\varphi(x)=\sum_{i=0}^{n}a_i\varphi_i(x),\forall a_i\in R,i=0,1,\cdots,n\} \tag{3.3.5}$$

函数逼近问题就是对任意 $f(x)\in C[a,b]$，在子空间 $\Phi=\mathrm{Span}\{\varphi_0(x),\varphi_1(x),\cdots,\varphi_n(x)\}$ 中寻找一个函数 $\varphi^*(x)$，使得 $P(x)$与 $f(x)$在某种度量标准下误差最小。

为评价 $P(x)$与 $f(x)$的逼近程度，需要函数内积或范数的概念。这些概念还与正交函数有关，正交函数可用于简化函数逼近。下面分别介绍函数内积与范数，再引入正交函数与正交多项式，最后介绍最佳平方逼近及其计算。

3.3.2 函数内积与范数

有限 n 维实向量空间 R^n 的内积与范数的定义，可以推广至无限维的连续函数空间 $C[a,b]$。在 $C[a,b]$可以定义带权内积，下面先给出权函数的定义。

定义 4 设$[a,b]$为有限或无限区间，在$[a,b]$上的非负函数 $\rho(x)$满足以下两个条件。

(1) $\int_a^b x^k\rho(x)\mathrm{d}x$ 存在且为有限值。

(2) 对在$[a,b]$上的非负函数 $g(x)$，如果$\int_a^b g(x)\rho(x)\mathrm{d}x=0$，则 $g(x)\equiv 0$，则称 $\rho(x)$ 为$[a,b]$上的一个权函数。

定义 5 设 $f(x),g(x)\in C[a,b]$，$\rho(x)$为$[a,b]$上的一个权函数，则可定义带权 $\rho(x)$ 的内积为

$$(f(x),g(x))=\int_a^b\rho(x)f(x)g(x)\mathrm{d}x \tag{3.3.6}$$

容易验证它满足内积的 4 条性质，可由内积导出带权 $\rho(x)$的 2-范数，即

$$\|f(x)\|_2=\left[\int_a^b\rho(x)f^2(x)\mathrm{d}x\right]^{\frac{1}{2}} \tag{3.3.7}$$

特别常用的是 $\rho(x)\equiv 1$ 的情形，即

$$(f(x),g(x))=\int_a^b f(x)g(x)\mathrm{d}x \tag{3.3.8}$$

$$\|f(x)\|_2=\left[\int_a^b f^2(x)\mathrm{d}x\right]^{\frac{1}{2}} \tag{3.3.9}$$

除 2-范数外，还有如下常见的 1-范数和无穷范数，即

$$\|f(x)\|_1=\int_a^b |f(x)|\mathrm{d}x \tag{3.3.10}$$

$$\|f(x)\|_\infty=\max_{a\leqslant x\leqslant b}|f(x)| \tag{3.3.11}$$

定理 6 设 X 是一个内积空间，$u_1,u_2,\cdots,u_2\in X$，矩阵

$$\boldsymbol{G}=\begin{bmatrix}(u_1,u_1) & (u_1,u_2) & \cdots & (u_1,u_n)\\(u_2,u_1) & (u_2,u_2) & \cdots & (u_2,u_n)\\ \vdots & \vdots & & \vdots\\(u_n,u_1) & (u_n,u_2) & \cdots & (u_n,u_n)\end{bmatrix} \tag{3.3.12}$$

称为格拉姆(Gram)矩阵。矩阵 $\boldsymbol{G}$ 非奇异的充要条件是 $u_1,u_2,\cdots,u_2$ 线性无关。

证明：必要性(反证法)。假设 $u_1,u_2,\cdots,u_2$ 线性相关，则存在非零向量 $\boldsymbol{x}=(x_1, x_2,\cdots,x)^{\mathrm{T}}$ 使得

$$\sum_i^n x_iu_i=x_1u_1+x_2u_2+\cdots+x_nu_n=0 \tag{3.3.13}$$

两边与 u_j 求内积，由内积的性质可得

$$\begin{aligned}\left(\sum_i^n x_iu_i,u_j\right)&=x_1(u_1,u_j)+x_2(u_2,u_j)+\cdots+x_n(u_n,u_j)\\&=x_1(u_j,u_1)+x_2(u_j,u_2)+\cdots+x_n(u_j,u_n)\\&=\boldsymbol{a}_j\boldsymbol{x}=0\end{aligned} \tag{3.3.14}$$

其中，$\boldsymbol{a}_j$ 是矩阵 $\boldsymbol{G}$ 中第 j 行向量，且式(3.3.14)对任意 j 均成立，即

$$\begin{bmatrix}\boldsymbol{a}_1\boldsymbol{x}\\\boldsymbol{a}_2\boldsymbol{x}\\\vdots\\\boldsymbol{a}_n\boldsymbol{x}\end{bmatrix}=\begin{bmatrix}\boldsymbol{a}_1\\\boldsymbol{a}_2\\\vdots\\\boldsymbol{a}_n\end{bmatrix}\boldsymbol{x}=\boldsymbol{G}\boldsymbol{x}=\boldsymbol{0} \tag{3.3.15}$$

有非零解向量 $\boldsymbol{x}$，这与矩阵 $\boldsymbol{G}$ 非奇异时齐次线性方程组 $\boldsymbol{G}=\boldsymbol{0}$ 只有零解矛盾。这是因为矩阵 $\boldsymbol{G}$ 非奇异的充要条件是其行列式 $\det(\boldsymbol{G})\neq\boldsymbol{0}$，可得齐次线性方程组 $\boldsymbol{G}\boldsymbol{x}=\boldsymbol{0}$ 只有零解。

充分性(反证法)。假设矩阵 $\boldsymbol{G}$ 奇异，则存在非零向量 $\boldsymbol{x}=(x_1,x_2,\cdots,x)^{\mathrm{T}}$ 使得式(3.3.14)成立，即式(3.3.15)成立。由式(3.3.14)，令 $v=\sum_i^n x_iu_i$，可知 $(v,u_j)=0$，$j=1,2,\cdots,n$，即 v 与所有 u_j 都正交。由内积的性质

$$\left(\sum_i^n x_iu_i,\sum_i^n x_iu_i\right)=\left(v,\sum_j^n x_iu_i\right)=\sum_{i=0}^n x_j(v,u_j)=0 \tag{3.3.16}$$

于是

$$v=\sum_i^n x_iu_i=0 \tag{3.3.17}$$

这与 $u_1,u_2,\cdots,u_2$ 线性无关矛盾。

3.3.3 正交函数与正交多项式

1. 正交函数与正交多项式

定义 6 设 $f(x), g(x) \in C[a,b]$，$\rho(x)$ 为 $[a,b]$ 上的一个权函数，且满足

$$(f(x), g(x)) = \int_a^b \rho(x) f(x) g(x) \mathrm{d}x = 0 \tag{3.3.18}$$

则称 $f(x)$ 与 $g(x)$ 在 $[a,b]$ 上带权 $\rho(x)$ 正交。若函数族 $\varphi_0(x), \varphi_1(x), \cdots, \varphi_n(x), \cdots$ 满足关系

$$\begin{aligned}(\varphi_i(x), \varphi_j(x)) &= \int_a^b \rho(x) \varphi_i(x) \varphi_j(x) \mathrm{d}x \\ &= \begin{cases} 0, & i \neq j \\ A_i, & i = j \end{cases} \quad i, j = 0, 1, 2, \cdots \end{aligned} \tag{3.3.19}$$

则称 $\{\varphi_i(x), i = 0, 1, 2, \cdots\}$ 是 $[a,b]$ 上带权 $\rho(x)$ 的正交函数族，若 $A_i = 1 (i = 0, 1, 2, \cdots)$，则称为标准正交函数族。

例如，三角函数族

$$1, \sin x, \cos x, \sin 2x, \cos 2x, \cdots \tag{3.3.20}$$

就是在区间 $[-\pi, \pi]$ 上的正交函数族。

定义 7 设 $\varphi_n(x)$ 是 $[a,b]$ 上首项系数 $a_n \neq 0$ 的 n 次多项式，$\rho(x)$ 为 $[a,b]$ 上的一个权函数，如果多项式序列 $\{\varphi_i(x), i = 0, 1, 2, \cdots\}$ 满足关系式，则称多项式序列 $\{\varphi_i(x), i = 0, 1, 2, \cdots\}$ 为在 $[a,b]$ 上带权 $\rho(x)$ 的正交函数族，$\varphi_n(x)$ 为在 $[a,b]$ 上带权 $\rho(x)$ 的正交多项式。

2. 正交多项式构造方法

只要给定区间 $[a,b]$ 及权函数 $\rho(x)$，均可由一族线性无关的幂函数 $\{1, x, x^2, \cdots, x^n, \cdots\}$，利用格拉姆-施密特正交化(Gram-Schmidt Orthogonalization)方法构造出正交多项式序列 $\{\varphi_i(x), i = 0, 1, 2, \cdots\}$，不妨令

$$\varphi_0(x) = 1 \tag{3.3.21}$$

假设已经构造出正交多项式序列 $\{\varphi_i(x), i = 0, 1, \cdots, n-1\}$，其中 $n \geqslant 1$，满足

$$\begin{aligned}(\varphi_i(x), \varphi_j(x)) &= \int_a^b \rho(x) \varphi_i(x) \varphi_j(x) \mathrm{d}x \\ &= \begin{cases} 0, & i \neq j \\ A_i, & i = j \end{cases} \quad i, j = 0, 1, \cdots, n-1 \end{aligned} \tag{3.3.22}$$

只要令

$$\varphi_n(x) = x^n - \sum_{i=0}^{n-1} k_i \varphi_i(x) \tag{3.3.23}$$

式(3.3.23)依次与 $\varphi_i(x) (i = 0, 1, \cdots, n-1)$ 求内积，利用内积的性质和式(3.3.22)，可得

$$k_i = \frac{(x^n, \varphi_i(x))}{(\varphi_i(x), \varphi_i(x))}, \quad i = 0, 1, \cdots, n-1 \tag{3.3.24}$$

可以证明，根据上述方法构造的正交多项式序列 $\{\varphi_i(x), i = 0, 1, \cdots n\}$ 满足以下性质。

(1) $\varphi_i(x) (i = 0, 1, \cdots, n)$ 首项系数为 1，且 $\varphi_0(x), \varphi_1(x), \cdots, \varphi_n(x)$ 线性无关。

(2) 对任何 $P_n(x)\in H_n$，均可表示为 $\varphi_0(x),\varphi_1(x),\cdots,\varphi_n(x)$ 的线性组合，即

$$P_n(x)=k_0\varphi_0(x)+k_1\varphi_1(x)+\cdots+k_n\varphi_n(x) \tag{3.3.25}$$

(3) $\varphi_n(x)$ 与任意小于 $k(k<n)$ 次的多项式 $P_k(x)\in H_k$ 正交，即

$$(\varphi_n(x),P_k(x))=\int_a^b\rho(x)\varphi_n(x)P_k(x)\mathrm{d}x=0,\quad k=0,1,\cdots,n-1 \tag{3.3.26}$$

(4) 正交多项式序列 $\{\varphi_i(x),i=0,1,\cdots,n\}$，对 $n\geqslant 0$ 有以下递推关系式

$$\varphi_{n+1}(x)=(x-\alpha_n)\varphi_n(x)-\beta_n\varphi_{n-1}(x),\quad n=0,1,2,\cdots \tag{3.3.27}$$

其中

$$\varphi_{-1}(x)=0,\quad \varphi_0(x)=1 \tag{3.3.28}$$

$$\alpha_n=(x\varphi_n(x),\varphi_n(x))/(\varphi_n(x),\varphi_n(x)),\quad n=1,2,3,\cdots \tag{3.3.29}$$

$$\begin{aligned}\beta_n&=(x\varphi_n(x),\varphi_{n-1}(x))/(\varphi_{n-1}(x),\varphi_{n-1}(x))\\&=(\varphi_n(x),x\varphi_{n-1}(x))/(\varphi_{n-1}(x),\varphi_{n-1}(x))\\&=(\varphi_n(x),\varphi_n(x))/(\varphi_{n-1}(x),\varphi_{n-1}(x)),\quad n=1,2,3,\cdots\end{aligned} \tag{3.3.30}$$

这里 $(x\varphi_n(x),\varphi_{n-1}(x))=\int_a^b x\rho(x)\varphi_n(x)\varphi_{n-1}(x)\mathrm{d}x$。

证明：(1) 由式(3.3.23)可知，格拉姆-施密特正交化方法所得正交多项式的首项系数为 1。性质(1)中后面部分，可由线性无关的定义和正交可证。

(2) 因为 $\varphi_0(x),\varphi_1(x),\cdots,\varphi_n(x)$ 可表示 $1,x,\cdots,x^n$，而后者可表示 $P_n(x)$，故性质(2)成立。

(3) 对于任意 $P_k(x)\in H_k$，由性质(2)可知，$P_k(x)=l_0\varphi_0(x)+l_1\varphi_1(x)+\cdots+l_k\varphi_k(x)$，而 $\varphi_n(x)$ 与 $\varphi_k(x)(k=0,1,\cdots,n-1)$ 均正交，由内积性质可知性质(3)成立。

(4) 因 $x\varphi_n(x)$ 为 $n+1$ 次多项式，由式(3.3.25)得

$$x\varphi_n(x)=\sum_{i=0}^{n+1}k_i\varphi_i(x) \tag{3.3.31}$$

由性质(1)可知，$k_{n+1}=1$。式(3.3.31)两边与 $\varphi_n(x)$ 作内积，且由 $(\varphi_n(x),\varphi_{n+1}(x))=0$ 和 $(\varphi_n(x),\varphi_i(x))=0(i=0,1,\cdots,n-1)$，可得

$$k_n=(x\varphi_n(x),\varphi_n(x))/(\varphi_n(x),\varphi_n(x)) \tag{3.3.32}$$

式(3.3.31)两边与 $\varphi_{n-1}(x)$ 作内积，同理可得

$$k_{n-1}=(x\varphi_n(x),\varphi_{n-1}(x))/(\varphi_{n-1}(x),\varphi_{n-1}(x)) \tag{3.3.33}$$

式(3.3.31)两边与 $\varphi_i(x)(i=0,1,\cdots,n-2)$ 作内积，因 $x\varphi_i(x)$ 为次数小于 $n-1$ 的多项式，由式(3.3.26)可得

$$\begin{aligned}k_i&=(x\varphi_n(x),\varphi_i(x))/(\varphi_i(x),\varphi_i(x))\\&=(\varphi_n(x),x\varphi_i(x))/(\varphi_i(x),\varphi_i(x))\\&=0\end{aligned} \tag{3.3.34}$$

因此

$$x\varphi_n(x)=\varphi_{n+1}(x)+k_n\varphi_n(x)+k_{n-1}\varphi_{n-1}(x) \tag{3.3.35}$$

移项可得

$$\varphi_{n+1}(x)=(x-k_n)\varphi_n(x)-k_{n-1}\varphi_{n-1}(x) \tag{3.3.36}$$

其中，$k_n=\alpha_n,k_{n-1}=\beta_n$，即证。

定理 7 设$\{p_i(x),i=0,1,2,\cdots\}$是$[a,b]$上带权$\rho(x)$的正交多项式，且$p_i(x)$的首项系数为$a_i$，对$n\geqslant 0$有以下递推关系式

$$p_{n+1}(x)=(\alpha_n x+\beta_n)p_n(x)+\gamma_n p_{n-1}(x),\quad n=0,1,2,\cdots \tag{3.3.37}$$

其中

$$p_{-1}(x)=0 \tag{3.3.38}$$

$$\alpha_n=\frac{a_{n+1}}{a_n} \tag{3.3.39}$$

$$\beta_n=-\frac{a_{n+1}}{a_n}\frac{(xp_n,p_n)}{(p_n,p_n)} \tag{3.3.40}$$

$$\gamma_n=-\frac{a_{n+1}a_{n-1}}{a_n^2}\frac{(p_n,p_n)}{(p_{n-1},p_{n-1})} \tag{3.3.41}$$

证明：设$\alpha_n xp_n(x)=\sum_{i=0}^{n+1}k_ip_i(x)$，因$p_{n+1}(x)$的首项系数为$a_{n+1}$，且$\alpha_n a_n=k_{n+1}a_{n+1}$，为求$p_{n+1}(x)$，不妨令$k_{n+1}=1$，则有$\alpha_n=a_{n+1}/a_n$。$\alpha_n xp_n(x)=\sum_{i=0}^{n+1}k_ip_i(x)$的两边与$p_n(x)$作内积，且由$(p_n(x),p_{n+1}(x))=0$和$(p_n(x),p_i(x))=0(i=0,1,\cdots,n-1)$，可得

$$k_n=\alpha_n(xp_n(x),p_n(x))/(p_n(x),p_n(x)) \tag{3.3.42}$$

$\alpha_n xp_n(x)=\sum_{i=0}^{n+1}k_ip_i(x)$的两边与$p_{n-1}(x)$作内积，同理可得

$$\begin{aligned}k_{n-1}&=\alpha_n(xp_n(x),p_{n-1}(x))/(p_{n-1}(x),p_{n-1}(x))\\&=\alpha_n(p_n(x),xp_{n-1}(x))/(p_{n-1}(x),p_{n-1}(x))\\&=\alpha_n(p_n(x),\sum_{i=0}^{n}l_ip_i(x))/(p_{n-1}(x),p_{n-1}(x))\\&=\alpha_n l_n(p_n(x),p_n(x))/(p_{n-1}(x),p_{n-1}(x))\\&=\alpha_n\frac{a_{n-1}}{a_n}(p_n(x),p_n(x))/(p_{n-1}(x),p_{n-1}(x))\end{aligned} \tag{3.3.43}$$

$\alpha_n xp_n(x)=\sum_{i=0}^{n+1}k_ip_i(x)$的两边与$p_i(x)(i=0,1,\cdots,n-2)$作内积，因$xp_i(x)$为次数小于$n-1$的多项式，可知$k_i=0$。因此

$$\alpha_n xp_n(x)=p_{n+1}(x)+k_np_n(x)+k_{n-1}p_{n-1}(x) \tag{3.3.44}$$

移项可得

$$p_{n+1}(x)=(\alpha_n x+\beta_n)p_n(x)+\gamma_n p_{n-1}(x),\quad n=0,1,2,\cdots \tag{3.3.45}$$

其中，$\beta_n=-k_n$，$\gamma_n=-k_{n-1}$，即证。

3. 常见的正交多项式

1）勒让德正交多项式

当区间为$[-1,1]$，权函数$\rho(x)=1$时，由$\{1,x,x^2,\cdots,x^n,\cdots\}$正交化得到的多项式称为最高项系数为1的勒让德(Legendre)多项式，是1785年勒让德提出的。1814年，罗德利克(Rodrigues)给出了勒让德多项式的简单表达式，即

$$P_0(x)=1,\quad P_n(x)=\frac{1}{2^n n!}\frac{\mathrm{d}^n}{\mathrm{d}x^n}[(x^2-1)^n],n=0,1,2,\cdots \tag{3.3.46}$$

由于$(x^2-1)^n$是$2n$次多项式，求n阶导数后得

$$P_n(x)=\frac{1}{2^n n!}(2n)(2n-1)\cdots(n+1)x^n+a_{n-1}x^n+a_1x+a_0 \tag{3.3.47}$$

于是得首项x^n的系数$\frac{(2n)!}{2^n(n!)^2}$，显然，最高项系数为1的勒让德多项式为

$$\tilde{P}_0(x)=1,\quad \tilde{P}_n(x)=\frac{n!}{(2n)!}\frac{\mathrm{d}^n}{\mathrm{d}x^n}[(x^2-1)^n],n=1,2,3,\cdots \tag{3.3.48}$$

$R_n(x)$和$P_n(x)$有以下基本性质。

(1) $P_0(x)=1,P_1(x)=x,P_2(x)=\frac{1}{2}(3x^2-1),P_3(x)=\frac{1}{2}(5x^3-3x)$。

(2) 正交性，$\int_{-\infty}^{+\infty}P_m(x)P_n(x)\mathrm{d}x=\begin{cases}0, & m\neq n\\ \frac{2}{2n+1}, & m=n\end{cases}$。

(3) 奇函数，$P_n(-x)=(-1)^nP_n(x)$。

(4) 导数，$P_n'(x)=\frac{n+1}{1-x^2}[xP_n(x)-P_{n+1}(x)],n=1,2,3,\cdots$。

(5) $P_{n+1}(x)$递推式，$P_{n+1}(x)=\frac{1}{n+1}[(2n+1)xP_n(x)-nP_{n-1}(x)],n=1,2,3,\cdots$。

(6) $\tilde{P}_{n+1}(x)$递推式，$\tilde{P}_{n+1}(x)=\frac{1}{n+1}[(2n+1)x\tilde{P}_n(x)-n\tilde{P}_{n-1}(x)],n=1,2,3,\cdots$。

(7) 零点，$P_n(x)$在$[-1,1]$有n个实零点。

(8) 若$\tilde{H}_n(x)$是首项系数为1的所有n次多项式的集合，$\forall\tilde{Q}_n(x)\in\tilde{H}_n(x)$，则有$\|\tilde{P}_n(x)\|_2^2\leqslant\|\tilde{Q}_n(x)\|_2^2$，当$\tilde{Q}_n(x)\equiv\tilde{P}_n(x)$时等号成立。

证明：仅证明性质(6)，根据罗德利克公式的递推式及罗德利克公式与首项系数为1的勒让德多项式之间的关系式，分别如下。

$$P_{n+1}(x)=\frac{1}{n+1}[(2n+1)xP_n(x))-nP_{n-1}(x)] \tag{3.3.49}$$

$$P_n(x)=\frac{(2n)!}{2^n(n!)^2}\tilde{P}_n(x) \tag{3.3.50}$$

将式(3.3.50)代入递推式(3.3.49)，并进行化简，即可得下面等价式。

$$\frac{(2(n+1))!}{2^{n+1}(n+1)!^{\,2}}\tilde{P}_{n+1}(x)=\frac{1}{n+1}\left[(2n+1)x\frac{(2n)!}{2^n(n!)^2}\tilde{P}_n(x)-n\frac{(2(n-1))!}{2^{n-1}(n-1)!^{\,2}}\tilde{P}_{n-1}(x)\right]$$

$$\frac{2(n+1)(2n+1)2n(2n-1)}{4(n(n+1))^2}\tilde{P}_{n+1}(x)=\frac{1}{n+1}\left[(2n+1)x\frac{2n(2n-1)}{2n^2}\tilde{P}_n(x)-n\tilde{P}_{n-1}(x)\right]$$

$$\frac{(2n+1)(2n-1)}{n}\tilde{P}_{n+1}(x)=\left[(2n+1)x\frac{(2n-1)}{n}\tilde{P}_n(x)-n\tilde{P}_{n-1}(x)\right]$$

$$\tilde{P}_{n+1}(x)=x\tilde{P}_n(x)-\frac{n^2}{(2n+1)(2n-1)}\tilde{P}_{n-1}(x)$$

由此，可得到首项系数为1的勒让德多项式的递推式，即

$$\widetilde{P}_{n+1}(x)=x\widetilde{P}_n(x)-\frac{n^2}{(2n+1)(2n-1)}\widetilde{P}_{n-1}(x) \tag{3.3.51}$$

例 1 在区间$(-1,1)$上，给定权函数$\rho(x)=1$，$\widetilde{P}_0(x)=1$与$\widetilde{P}_1(x)=x$。

(1) 计算$\widetilde{P}_0(x)$与$\widetilde{P}_1(x)$的内积。

(2) 计算$\widetilde{P}_1(x)$与$\widetilde{P}_1(x)$的内积。

(3) 采用施密特正交化方法，由序列$\{1,x,x^2,x^3\}$构造二次、三次正交多项式。

(4) 由$\widetilde{P}_0(x)=1$与$\widetilde{P}_1(x)$，采用递推式(3.3.27)求三次正交多项式。

(5) 采用定义通过求导计算首项系数为1的四次、五次勒让德多项式。

(6) 根据第(3)问的结果，采用递推式(3.3.51)计算四次、五次勒让德多项式。

解：(1) $\widetilde{P}_0(x)$与$\widetilde{P}_1(x)$的内积为

$$(\widetilde{P}_0(x),\widetilde{P}_1(x))=\int_{-1}^{1}\rho(x)\widetilde{P}_0(x)\widetilde{P}_1(x)\mathrm{d}x=\int_{-1}^{1}x\,\mathrm{d}x=0$$

(2) $\widetilde{P}_1(x)$与$\widetilde{P}_1(x)$的内积为

$$(\widetilde{P}_1(x),\widetilde{P}_1(x))=\int_{-1}^{1}\rho(x)\widetilde{P}_1(x)\widetilde{P}_1(x)\mathrm{d}x=\int_{-1}^{1}x^2\mathrm{d}x=\frac{2}{3}$$

(3) 采用施密特正交化方法，由序列$\{1,x,x^2,x^3\}$构造二次、三次正交多项式，即

$$\widetilde{P}_0(x)=1$$

$$\widetilde{P}_1(x)=x$$

$$\begin{aligned}\widetilde{P}_2(x)&=x^2-\frac{(x^2,\widetilde{P}_0(x))}{(\widetilde{P}_0(x),\widetilde{P}_0(x))}p_0(x)-\frac{(x^2,\widetilde{P}_1(x))}{(\widetilde{P}_1(x),\widetilde{P}_1(x))}\widetilde{P}_1(x)\\&=x^2-\frac{\int_{-1}^{1}x^2\mathrm{d}x}{\int_{-1}^{1}1\mathrm{d}x}\cdot 1-\frac{\int_{-1}^{1}x^3\mathrm{d}x}{\int_{-1}^{1}x^2\mathrm{d}x}x\\&=x^2-\frac{1}{3}\end{aligned}$$

$$\begin{aligned}\widetilde{P}_3(x)&=x^3-\frac{(x^3,\widetilde{P}_0(x))}{(\widetilde{P}_0(x),\widetilde{P}_0(x))}\widetilde{P}_0(x)-\frac{(x^3,\widetilde{P}_1(x))}{(\widetilde{P}_1(x),\widetilde{P}_1(x))}\widetilde{P}_1(x)-\frac{(x^3,\widetilde{P}_2(x))}{(\widetilde{P}_2(x),\widetilde{P}_2(x))}\widetilde{P}_2(x)\\&=x^3-\frac{\int_{-1}^{1}x^3\mathrm{d}x}{\int_{-1}^{1}1\mathrm{d}x}\cdot 1-\frac{\int_{-1}^{1}x^4\mathrm{d}x}{\int_{-1}^{1}x^2\mathrm{d}x}x-\frac{\int_{-1}^{1}x^3\left(x^2-\frac{1}{3}\right)\mathrm{d}x}{\int_{-1}^{1}\left(x^2-\frac{1}{3}\right)^2\mathrm{d}x}\left(x^2-\frac{1}{3}\right)\\&=x^3-\frac{3}{5}x\end{aligned}$$

(4) 按递推式可得

$$\widetilde{P}_3(x)=\left(x-\frac{\int_{-1}^{1}x\left(x^2-\frac{1}{3}\right)^2\mathrm{d}x}{\int_{-1}^{1}\left(x^2-\frac{1}{3}\right)^2\mathrm{d}x}\right)\left(x^2-\frac{1}{3}\right)-\frac{\int_{-1}^{1}x^2\left(x^2-\frac{1}{3}\right)\mathrm{d}x}{\int_{-1}^{1}x^2\mathrm{d}x}x$$

$$=x^3-\frac{1}{3}x-0-\left(\frac{3}{5}-\frac{1}{3}\right)x$$

$$=x^3-\frac{3}{5}x$$

(5) 由定义式 $\tilde{P}_n(x)=\dfrac{n!}{(2n)!}\cdot\dfrac{\mathrm{d}^n}{\mathrm{d}x^n}[(x^2-1)^n]$,可计算首项系数为1的四次、五次勒让德多项式分别为

$$\tilde{P}_4(x)=\frac{4!}{(8)!}\cdot\frac{\mathrm{d}^4}{\mathrm{d}x^4}[(x^2-1)^4]$$

$$=\frac{4!}{(8)!}\cdot\frac{\mathrm{d}^4}{\mathrm{d}x^4}[x^8-4x^6+6x^4-4x^2+1]$$

$$=x^4-\frac{4!}{(8)!}\cdot 1440x^2+\frac{4!}{(8)!}\cdot 144$$

$$=x^4-\frac{6}{7}x^2+\frac{3}{35}$$

$$\tilde{P}_5(x)=x\left(x^4-\frac{6}{7}x^2+\frac{3}{35}\right)-\frac{16}{63}\left(x^3-\frac{3}{5}x\right)$$

$$=x^5-\frac{6}{7}x^3+\frac{3}{35}x-\frac{16}{63}x^3+\frac{16}{125}x$$

$$=x^5-\frac{10}{9}x^3+\frac{5}{21}x$$

(6) 根据第(3)问的结果,代入递推式(3.3.51),计算四次、五次勒让德多项式分别为

$$\tilde{P}_4(x)=x\tilde{P}_3(x)-\frac{9}{35}\tilde{P}_2(x)=x\left(x^3-\frac{3}{5}x\right)-\frac{9}{35}\left(x^2-\frac{1}{3}\right)$$

$$=x^4-\frac{6}{7}x^2+\frac{3}{35}$$

$$\tilde{P}_5(x)=x\left(x^4-\frac{6}{7}x^2+\frac{3}{35}\right)-\frac{16}{63}\left(x^3-\frac{3}{5}x\right)$$

$$=x^5-\frac{10}{9}x^3+\frac{5}{21}x$$

2) 切比雪夫多项式

当区间为$[-1,1]$,权函数 $\rho(x)=1/\sqrt{1-x^2}$ 时,由$\{1,x,x^2,\cdots,x^n,\cdots\}$正交化得到的正交多项式为切比雪夫(Chebyshev)多项式,它可表示为

$$T_n(x)=\cos(n\arccos x),\ |x|\leqslant 1 \tag{3.3.52}$$

若令 $x=\cos\theta$,则

$$T_n(x)=\cos(n\theta),\quad \theta\in[0,\pi] \tag{3.3.53}$$

$T_n(x)$有以下性质。

(1) $T_0(x)=1,T_1(x)=x,T_2(x)=2x^2-1,T_3(x)=4x^3-3x$(偶函数和奇函数交替出现)。

(2) $|T_n(x)|\leqslant 1,\forall x\in[-1,1],\forall n\geqslant 0$。

(3) 正交性，$\int_{-\infty}^{+\infty}\rho(x)T_m(x)T_n(x)\mathrm{d}x=\begin{cases}0, & m\neq n\\ \pi, & m=n=0\\ \pi/2, & m=n\neq 0\end{cases}$

(4) 递推式，$T_{n+1}(x)=2xT_n(x)-T_{n-1}(x)$，$n=1,2,3,\cdots$。

(5) 导数，$T'_n(x)=-n\sin(nx)$，$n=1,2,3,\cdots$。

(6)零点，$T_n(x)$在区间$[-1,1]$上有$n(n\geqslant 1)$个零点

$$x_k=\cos\left(\frac{2k-1}{2n}\pi\right),\quad k=1,2,3,\cdots$$

(7) $T_n(x)$的首项x^n的系数为2^{n-1}，$n=1,2,3,\cdots$。若令$\tilde{T}_0(x)=1$，$\tilde{T}_n(x)=T_n(x)/2^{n-1}$，则$\tilde{T}_n(x)$为首项系数为1的切比雪夫多项式。

(8) 若$\tilde{H}_n(x)$是首项系数为1的所有n次多项式的集合，$\forall Q_n(x)\in\tilde{H}_n(x)$，则有$1/2^{n-1}=\max\limits_{-1\leqslant x\leqslant 1}|\tilde{T}_n(x)|\leqslant\max\limits_{-1\leqslant x\leqslant 1}|Q_n(x)|$。也就是说，首项系数为1的所有$n$次多项式中，$\tilde{T}_n(x)$在区间$[-1,1]$上具有最小无穷范数。

证明：只证明性质(2)，令$x=\cos\theta$，有$T_n(x)=\cos(n\theta)$，$\theta\in[0,\pi]$，$\mathrm{d}x=-\sin\theta\mathrm{d}\theta$，可得

$$\begin{aligned}&\int_{-1}^{1}\rho(x)T_m(x)T_n(x)\mathrm{d}x\\ =&\int_{\pi}^{0}\frac{1}{\sin\theta}\cos(m\theta)\cos(n\theta)(-\sin\theta)\mathrm{d}\theta\\ =&\int_{0}^{\pi}\cos(m\theta)\cos(n\theta)\mathrm{d}\theta\\ =&\frac{1}{2}\int_{0}^{\pi}\{\cos((m+n)\theta)+\cos((m-n)\theta)\}\mathrm{d}\theta\\ =&\begin{cases}\dfrac{1}{2(m+n)}\sin((m+n)\theta)\Big|_0^{\pi}+\dfrac{1}{2(m-n)}\sin((m-n)\theta)\Big|_0^{\pi}, & m\neq n\\ \dfrac{1}{2}\displaystyle\int_0^{\pi}2\mathrm{d}\theta, & m=n=0\\ \dfrac{1}{2}\displaystyle\int_0^{\pi}\{\cos((m+n)\theta)+1\}\mathrm{d}\theta, & m=n\neq 0\end{cases}\\ =&\begin{cases}0, & m\neq n\\ \pi, & m=n=0\\ \pi/2, & m=n\neq 0\end{cases}\end{aligned}$$

例2 在区间$(-1,1)$上，给定权函数$\rho(x)=\dfrac{1}{\sqrt{1-x^2}}$，$T_0(x)=1$与$T_1(x)=x$。

(1) 计算$T_0(x)=1$与$T_1(x)=x$的内积。

(2) 计算$T_1(x)=x$与$T_1(x)=x$的内积。

(3) 采用施密特正交化方法，由序列$\{1,x,x^2\}$构造切比雪夫多项式。

(4) 根据第(3)问的结果，采用递推式计算切比雪夫三次多项式。

解：(1) $T_0(x)=1$与$T_1(x)=x$的内积为

$$(T_0(x),T_1(x))=\int_{-1}^{1}\frac{1}{\sqrt{1-x^2}}x\mathrm{d}x=0$$

(2) $T_1(x)=x$ 与 $T_1(x)=x$ 的内积为

$$(T_1(x),T_1(x))=\int_{-1}^{1}(1-x^2)^{-1/2}x^2\mathrm{d}x$$
$$\overset{x=\sin t}{=}\int_{-\pi/2}^{\pi/2}\frac{1}{\cos x}\sin^2 t\cos x\,\mathrm{d}t$$
$$=\pi/2$$

(3) 采用施密特正交化方法,由序列$\{1,x,x^2\}$构造切比雪夫多项式为

$$T_0(x)=p_0(x)=1$$

$$T_1(x)=p_1(x)=x-\frac{(x,p_0(x))}{(p_0(x),p_0(x))}p_0(x)$$
$$=x-\frac{\int_{-1}^{1}(1-x^2)^{-1/2}x\,\mathrm{d}x}{\int_{-1}^{1}(1-x^2)^{-1/2}\mathrm{d}x}$$
$$=x-\frac{\frac{1}{2}\int_{-1}^{1}(1-x^2)^{-1/2}\mathrm{d}x^2}{[\arcsin x]_{-1}^{1}}$$
$$=x-\frac{[(1-x^2)^{1/2}]_{-1}^{1}}{[\arcsin x]_{-1}^{1}}$$
$$=x$$

$$T_2(x)=x^2-\frac{\int_{-1}^{1}x^3(1-x^2)^{-1/2}\mathrm{d}x}{\int_{-1}^{1}x^2(1-x^2)^{-1/2}\mathrm{d}x}x-\frac{\int_{-1}^{1}(1-x^2)^{-1/2}x^2\mathrm{d}x}{\int_{-1}^{1}(1-x^2)^{-1/2}\mathrm{d}x}\cdot 1$$
$$=x^2-0-\frac{\int_{-1}^{1}(1-x^2)^{-1/2}x^2\mathrm{d}x}{[\arcsin x]_{-1}^{1}}x \quad (\text{注：令分子中 } x=\sin t)$$
$$=x^2-\frac{\pi/2}{\pi}$$
$$=x^2-\frac{1}{2}$$

要使 $T_2(1)=1$,可令 $T_2(x)=2P_2(x)=2x^2-1$。

(4) 采用递推式 $T_{n+1}(x)=2xT_n(x)-T_{n-1}(x)$,计算切比雪夫三次多项式为

$$T_3(x)=2xT_2(x)-T_1(x)=2x(2x^2-1)-x=4x^3-3x$$

3) 拉盖尔多项式

区间为$[0,+\infty)$,权函数 $\rho(x)=\mathrm{e}^{-x}$ 的标准正交多项式为拉盖尔(Laguerre)多项式,即

$$L_n(x)=\frac{1}{n!}\mathrm{e}^{n}\frac{\mathrm{d}^n}{\mathrm{d}x^n}(x^n\mathrm{e}^{-x})=\sum_{k=0}^{n}(-1)^k\mathrm{C}_n^k\frac{x^k}{k!},n=0,1,2,\cdots$$

$L_n(x)$有以下性质。

(1) $L_0(x)=1$。

(2) $L_1(x)=1-x$。

(3) $L_2(x)=\frac{1}{2}(x^2-4x+2)$。

(4) $L_3(x)=\frac{1}{6}(-x^3+9x^2-18x+6)$。

(5) $L_{n+1}(x)=\frac{1}{n+1}[(1+2n-x)L_n(x)-nL_{n-1}(x)],n=1,2,\cdots$。

(6) $L'_n(x)=\frac{n}{x}[L_n(x)-L_{n-1}(x)],n=1,2,\cdots$。

(7) $\int_{-\infty}^{+\infty}\rho(x)L_m(x)L_n(x)\mathrm{d}x=\begin{cases}0, & m\neq n\\ 1, & m=n\end{cases}$

最高项系数为 1 或 −1 的拉盖尔多项式为

$$\tilde{L}_n(x)=\mathrm{e}^n\frac{\mathrm{d}^n}{\mathrm{d}x^n}(x^n\mathrm{e}^{-x})=n!\sum_{k=0}^{n}(-1)^k\mathrm{C}_n^k\frac{x^k}{k!},n=0,1,2,3,\cdots \tag{3.3.54}$$

$\tilde{L}_n(x)$有以下性质。

(1) $\tilde{L}_0(x)=1$。

(2) $\tilde{L}_1(x)=1-x$。

(3) $\tilde{L}_2(x)=x^2-4x+2$。

(4) $\tilde{L}_3(x)=-x^3+9x^2-18x+6$。

(5) $\tilde{L}_{n+1}(x)=(1+2n-x)\tilde{L}_n(x)-n^2\tilde{L}_{n-1}(x),n=1,2,3,\cdots$。

(6) $\tilde{L}'_n(x)=\frac{1}{x}[n\tilde{L}_n(x)-n^2\tilde{L}_{n-1}(x)],n=1,2,3,\cdots$。

(7) $\int_{-\infty}^{+\infty}\rho(x)\tilde{L}_m(x)\tilde{L}_n(x)\mathrm{d}x=\begin{cases}0, & m\neq n\\ (n!)^2, & m=n\end{cases}$

4) 埃尔米特多项式

区间为$(-\infty,+\infty)$，权函数 $\rho(x)=\mathrm{e}^{-x^2}$ 的正交多项式为埃尔米特(Hermite)多项式

$$H_n(x)=(-1)^n\mathrm{e}^{x^2}\frac{\mathrm{d}^n}{\mathrm{d}x^n}\mathrm{e}^{-x^2},n=0,1,2,\cdots \tag{3.3.55}$$

$H_n(x)$有以下性质。

(1) $H_0(x)=1$。

(2) $H_1(x)=2x$。

(3) $H_{n+1}(x)=2xH_n(x)-2nH_{n-1}(x),n=1,2,3,\cdots$。

(4) $H'_n(x)=2nH_{n-1}(x),n=1,2,3,\cdots$。

(5) $\int_{-\infty}^{+\infty}\rho(x)H_m(x)H_n(x)\mathrm{d}x=\begin{cases}0, & m\neq n\\ 2^n n!\sqrt{\pi}, & m=n\end{cases}$

3.3.4 最佳逼近与最小二乘法

函数逼近主要讨论给定函数 $f(x)\in C[a,b]$，并采用范数度量 $f(x)$与逼近多项式 $P(x)\in H_n$的接近程度。若 $P^*(x)\in H_n$，$P^*(x)$与 $f(x)$的接近程度满足

$$\|f(x)-P^*(x)\|=\min_{P(x)\in H_n}\|f(x)-P(x)\| \tag{3.3.56}$$

则称 $P^*(x)$是 $f(x)$在$[a,b]$上的最佳逼近多项式。

通常范数可以采用前面介绍的无穷范数和2-范数(或1-范数)。若取无穷范数,即

$$\begin{aligned}\|f(x)-P^*(x)\|_\infty &= \min_{P(x)\in H_n}\|f(x)-P(x)\|_\infty \\ &= \min_{P(x)\in H_n}\max_{a\leqslant x\leqslant b}|f(x)-P(x)|\end{aligned} \tag{3.3.57}$$

则称 $P^*(x)$ 是 $f(x)$ 在 $[a,b]$ 上的最优一致逼近多项式。这时求 $P^*(x)$ 就是在 $[a,b]$ 上求最大误差 $\max\limits_{a\leqslant x\leqslant b}|f(x)-P(x)|$ 最小的多项式,也称 $P^*(x)$ 为最小最大多项式(Minimax Polynomial)。

若取2-范数,即

$$\begin{aligned}\|f(x)-P^*(x)\|_2^2 &= \min_{P(x)\in H_n}\|f(x)-P(x)\|_2^2 \\ &= \min_{P(x)\in H_n}\int_a^b \rho(x)\ [f(x)-P(x)]^2\mathrm{d}x\end{aligned} \tag{3.3.58}$$

则称 $P^*(x)$ 是 $f(x)$ 在 $[a,b]$ 上的最佳平方逼近多项式。

若 $f(x)$ 是 $[a,b]$ 上的列表函数,即在 $a\leqslant x_0<x_1<\cdots<x_m\leqslant b$ 给出 $f(x_i)(i=0,1,\cdots,m)$,若 $P(x)\in\Phi$,使得

$$\begin{aligned}\|f(x)-P^*(x)\|_2^2 &= \min_{P(x)\in H_n}\|f(x)-P(x)\|_2^2 \\ &= \min_{P(x)\in H_n}\sum_{i=0}^{m}\rho(x_i)\ [f(x_i)-P(x_i)]^2\end{aligned} \tag{3.3.59}$$

则称 $P^*(x)$ 为 $f(x)$ 的(加权)最小二乘拟合。

下面主要考虑最佳平方逼近多项式或函数的计算问题。给定权函数 $\rho(x)$,对于 $f(x)\in C[a,b]$ 及其 $C[a,b]$ 上的子集 $\Phi=\mathrm{Span}\{\varphi_0(x),\varphi_1(x),\cdots,\varphi_n(x)\}$,若存在 $S^*(x)\in\Phi$,使得

$$\begin{aligned}\|f(x)-S^*(x)\|_2^2 &= \inf_{S(x)\in\Phi}\|f(x)-S(x)\|_2^2 \\ &= \inf_{S(x)\in\Phi}\int_a^b \rho(x)[f(x)-S(x)]^2\mathrm{d}x\end{aligned} \tag{3.3.60}$$

则称 $S^*(x)$ 是 $f(x)$ 在子集 $\Phi\subset C[a,b]$ 上的最佳平方逼近函数。

为求 $S^*(x)$,可设 $S(x)=\sum\limits_{j=0}^{n}a_j\varphi_j(x)$,即求 $a_0,a_1,\cdots,a_n$ 使得目标函数

$$I(a_0,a_1,\cdots,a_n)=\int_a^b\rho(x)\Big[\sum_{j=0}^{n}a_j\varphi_j(x)-f(x)\Big]^2\mathrm{d}x \tag{3.3.61}$$

达到最小值。由于 $I(a_0,a_1,\cdots,a_n)$ 是关于 $a_0,a_1,\cdots,a_n$ 的二次函数,利用多元函数求极值的必要条件

$$\frac{\partial I(a_0,a_1,\cdots,a_n)}{\partial a_j}=0,j=0,1,\cdots,n \tag{3.3.62}$$

即

$$\begin{aligned}\frac{\partial I(a_0,a_1,\cdots,a_n)}{\partial a_k} &= 2\int_a^b\rho(x)\Big(\sum_{j=0}^{n}a_j\varphi_j(x)-f(x)\Big)\varphi_k(x)\mathrm{d}x \\ &= 2\sum_{j=0}^{n}a_j\int_a^b\rho(x)\varphi_j(x)\varphi_k(x)\mathrm{d}x-2\int_a^b\rho(x)f(x)\varphi_k(x)\mathrm{d}x \\ &= 0,\quad k=0,1,\cdots,n\end{aligned} \tag{3.3.63}$$

写成内积的形式,于是有

$$\sum_{j=0}^{n} a_j(\varphi_j(x),\varphi_k(x))=(f(x),\varphi_k(x)),\quad k=0,1,\cdots,n \tag{3.3.64}$$

这是关于 $a_0,a_1,\cdots,a_n$ 的线性方程组,称为法方程。将其写成矩阵形式,即

$$\begin{bmatrix}(\varphi_0(x),\varphi_0(x)) & (\varphi_0(x),\varphi_1(x)) & \cdots & (\varphi_0(x),\varphi_n(x))\\(\varphi_1(x),\varphi_0(x)) & (\varphi_1(x),\varphi_1(x)) & \cdots & (\varphi_1(x),\varphi_n(x))\\ \vdots & \vdots & & \vdots\\(\varphi_n(x),\varphi_0(x)) & (\varphi_n(x),\varphi_1(x)) & \cdots & (\varphi_n(x),\varphi_n(x))\end{bmatrix}\begin{bmatrix}a_0\\a_1\\ \vdots\\a_n\end{bmatrix}=\begin{bmatrix}(f(x),\varphi_0(x))\\(f(x),\varphi_1(x))\\ \vdots\\(f(x),\varphi_n(x))\end{bmatrix} \tag{3.3.65}$$

由于 $\varphi_0(x),\varphi_1(x),\cdots,\varphi_n(x)$线性无关,可知系数矩阵 $\boldsymbol{G}$ 的行列式 $\det(\boldsymbol{G})\neq 0$,于是方程组有唯一解,记为 $a_0^*,a_1^*,\cdots,a_n^*$,即满足

$$\sum_{j=0}^{n} a_j^*(\varphi_j(x),\varphi_k(x))=(f(x),\varphi_k(x)),\quad k=0,1,\cdots,n \tag{3.3.66}$$

从而逼近函数可写成

$$S^*(x)=\sum_{j=0}^{n} a_j^*\varphi_j(x) \tag{3.3.67}$$

将式(3.3.67)代入式(3.3.66),可得

$$\begin{aligned}\sum_{j=0}^{n} a_j^*(\varphi_j(x),\varphi_k(x))&=\Big(\sum_{j=0}^{n} a_j^*\varphi_j(x),\varphi_k(x)\Big)\\&=(S^*(x),\varphi_k(x))=(f(x),\varphi_k(x)),\quad k=0,1,\cdots,n\end{aligned} \tag{3.3.68}$$

下面证明 $S^*(x)$是 $f(x)$在子集 $\Phi\subset C[a,b]$上的最佳平方逼近函数,需要满足式(3.3.60),即对于任何 $S(x)=\sum_{j=0}^{n} a_j\varphi_j(x)\in\Phi$, 有

$$\|f(x)-S^*(x)\|_2^2\leqslant\int_a^b\rho(x)[f(x)-S(x)]^2\mathrm{d}x \tag{3.3.69}$$

为此只要考虑

$$\begin{aligned}D&=\int_a^b\rho(x)[f(x)-S(x)]^2\mathrm{d}x-\int_a^b\rho(x)[f(x)-S^*(x)]^2\mathrm{d}x\\&=\int_a^b\rho(x)[S(x)-S^*(x)]^2\mathrm{d}x\\&\quad+2\int_a^b\rho(x)[S^*(x)-S(x][f(x)-S^*(x)]\mathrm{d}x\end{aligned} \tag{3.3.70}$$

写成内积形式,即

$$\begin{aligned}&2\int_a^b\rho(x)[S^*(x)-S(x)][f(x)-S^*(x)]\mathrm{d}x\\&=2\int_a^b\rho(x)\Big[\sum_{k=0}^{n}(a_k^*-a_k)\varphi_k(x)\Big][f(x)-S^*(x)]\mathrm{d}x\\&=2\sum_{k=0}^{n}(a_k^*-a_k)((f(x),\varphi_k(x))-(S^*(x),\varphi_k(x)))\end{aligned} \tag{3.3.71}$$

由式(3.3.68),可得

$$2\int_a^b \rho(x)[S^*(x)-S(x)][f(x)-S^*(x)]\mathrm{d}x=0 \tag{3.3.72}$$

即式(3.3.70)右边第二部分为0，于是

$$D=\int_a^b \rho(x)[S(x)-S^*(x)]^2\mathrm{d}x\geqslant 0 \tag{3.3.73}$$

故式(3.3.69)成立。因此证明了 $S^*(x)$ 是 $f(x)$ 在子集 $\Phi\subset C[a,b]$ 上的最佳平方逼近函数。

下面考虑 $S^*(x)$ 逼近 $f(x)$ 时的平方误差。令 $\delta(x)=f(x)-S^*(x)$，则平方误差为

$$\begin{aligned}\|\delta(x)\|_2^2&=(f(x)-S^*(x),f(x)-S^*(x))\\&=(f(x),f(x)-S^*(x))-(S^*(x),f(x)-S^*(x))\\&=(f(x),f(x))-(f(x),S^*(x))-(S^*(x),f(x)-S^*(x))\end{aligned} \tag{3.3.74}$$

由式(3.3.68)，可知式(3.3.74)右边第三部分

$$\begin{aligned}(S^*(x),f(x)-S^*(x))&=\int_a^b \rho(x)\Big[\sum_{k=0}^n a_k^*\varphi_k(x)\Big][f(x)-S^*(x)]\mathrm{d}x\\&=\sum_{k=0}^n a_k^*((f(x),\varphi_k(x))-(S^*(x),\varphi_k(x)))\\&=0\end{aligned} \tag{3.3.75}$$

即逼近函数 $S^*(x)$ 与残差函数正交。因此，平方误差为

$$\begin{aligned}\|\delta(x)\|_2^2&=(f(x),f(x))-(f(x),S^*(x))\\&=\|f(x)\|_2^2-\sum_{j=0}^n a_j^*(f(x),\varphi_j(x))\end{aligned} \tag{3.3.76}$$

若采用 $\Phi=\mathrm{Span}\{1,x,\cdots,x^n\}$ 且给定权函数 $\rho(x)\equiv 1$ 和区间[0,1]，系数矩阵 $\boldsymbol{G}$ 为希尔伯特(Hilbert)矩阵

$$\begin{bmatrix}(1,x) & (1,x) & \cdots & (x,x^n)\\(x,1) & (x,x) & \cdots & (x,x^n)\\\vdots & \vdots & & \vdots\\(x^n,1) & (x^n,x) & \cdots & (x^n,x^n)\end{bmatrix}=\begin{bmatrix}1 & 1/2 & \cdots & 1/(n+1)\\1/2 & 1/3 & \cdots & 1/(n+2)\\\vdots & \vdots & & \vdots\\1/(n+1) & 1/(n+2) & \cdots & 1/(2n+1)\end{bmatrix} \tag{3.3.77}$$

用 $1,x,\cdots,x^n$ 作为基求最佳平方逼近多项式时，当 n 较大时，作为系数矩阵的希尔伯特矩阵是高度病态的，求法方程的解时舍入误差会很大。这时要采用正交多项式作为基，才能求得最佳平方逼近多项式。

下面考虑采用正交函数族 $\varphi_0(x),\varphi_1(x),\cdots,\varphi_n(x)$ 作为基，法方程变为

$$\begin{bmatrix}(\varphi_0(x),\varphi_0(x)) & 0 & \cdots & 0\\0 & (\varphi_1(x),\varphi_1(x)) & \cdots & 0\\\vdots & \vdots & & \vdots\\0 & 0 & \cdots & (\varphi_n(x),\varphi_n(x))\end{bmatrix}\begin{bmatrix}a_0\\a_1\\\vdots\\a_n\end{bmatrix}=\begin{bmatrix}(f(x),\varphi_0(x))\\(f(x),\varphi_1(x))\\\vdots\\(f(x),\varphi_n(x))\end{bmatrix} \tag{3.3.78}$$

易得

$$a_j^*=(f(x),\varphi_j(x))/(\varphi_j(x),\varphi_j(x)),j=0,1,\cdots,n \tag{3.3.79}$$

$$S^*(x)=\sum_{j=0}^{n}a_j^*\varphi_j(x) \tag{3.3.80}$$

称 $S^*(x)$为 $f(x)$的广义傅里叶级数,系数 a_j^* 称为广义傅里叶系数。可以证明,当 $n\to\infty$ 时,所得的与 n 有关的逼近函数 $S^*(x)$与 $f(x)$平方误差的极限为 0。

例 3 求 $f(x)=x^3+3x^2-1$ 在区间$[-1,1]$上以首项系数为 1 的勒让德多项式为基函数的最佳平方逼近多项式。

(1) 求二次最佳平方逼近多项式。

(2) 求三次最佳平方逼近多项式。

解:(1)下面以首项系数为 1 的勒让德多项式 $p_0(x),p_1(x),p_2(x)$为正交基函数,求二次最佳平方逼近多项式,即

$$S_2(x)=a_0p_0(x)+a_1p_1(x)+a_2p_2(x)$$

由 $p_0(x)$、$p_1(x)$、$p_2(x)$的正交性,最佳平方逼近多项式系数可按式(3.3.79)计算,即

$$a_k=(f,p_k)/(p_k,p_k),\quad k=0,1,2$$

由勒让德多项式的性质可得

$$(p_0,p_0)=2,\quad (p_1,p_1)=2/3,\quad (p_2,p_2)=8/45$$

再计算

$$(f,p_0)=(x^3+3x^2-1,1)=\int_{-1}^{1}(x^3+3x^2-1)\mathrm{d}x=0$$

$$(f,p_1)=(x^3+3x^2-1,x)=\int_{-1}^{1}(x^4+3x^3-x)\mathrm{d}x=\frac{2}{5}$$

$$(f,p_2)=\left(x^3+3x^2-1,x^2-\frac{1}{3}\right)=\int_{-1}^{1}(x^3+3x^2-1)\left(x^2-\frac{1}{3}\right)\mathrm{d}x=\frac{8}{15}$$

因此,得到二次最佳平方逼近多项式

$$S_2(x)=\frac{3}{5}p_1(x)+3p_2(x)=3x^2+\frac{3}{5}x-1$$

(2) 下面以首项系数为 1 的勒让德多项式 $p_0(x)$、$p_1(x)$、$p_2(x)$、$p_3(x)$为正交基函数,求三次最佳平方逼近多项式。

$$S_3(x)=a_0p_0(x)+a_1p_1(x)+a_2p_2(x)+a_3p_3(x)$$

由 $p_0(x)$、$p_1(x)$、$p_2(x)$、$p_3(x)$的正交性,最佳平方逼近多项式系数可按式(3.3.79)计算,即

$$a_k=(f,p_k)/(p_k,p_k),\quad k=0,1,2,3$$

由勒让德多项式的性质可得

$$(p_0,p_0)=2,\quad (p_1,p_1)=2/3,\quad (p_2,p_2)=8/45,\quad (p_3,p_3)=8/175$$

代入 $f(x)=x^3+3x^2-1$ 和正交基函数可得

$$(f,p_0)=(x^3+3x^2-1,1)=\int_{-1}^{1}(x^3+3x^2-1)\mathrm{d}x=0$$

$$(f,p_1)=(x^3+3x^2-1,x)=\int_{-1}^{1}(x^4+3x^3-x)\mathrm{d}x=\frac{2}{5}$$

$$(f,p_2)=\left(x^3+3x^2-1,x^2-\frac{1}{3}\right)=\int_{-1}^{1}(x^3+3x^2-1)\left(x^2-\frac{1}{3}\right)\mathrm{d}x=\frac{8}{15}$$

$$(f,p_3)=\left(x^3+3x^2-1,x^3-\frac{3}{5}x\right)=\int_{-1}^{1}(x^3+3x^2-1)\left(x^3-\frac{3}{5}x\right)\mathrm{d}x=\frac{8}{175}$$

因此,得到三次最佳平方逼近多项式为

$$S_3(x)=\frac{3}{5}p_1(x)+3p_2(x)+p_3(x)=f(x)$$

需要注意的是,先计算出二次最佳平方逼近多项式 $S_2(x)$,由式(3.3.78)~式(3.3.80)可知,在求三次最佳平方逼近多项式 $S_3(x)$时,只需要另外估计 a_3 即可。因为勒让德多项式$\{P_0(x),P_1(x),\cdots,P_n(x)\}$是在区间$[-1,1]$上由$\{1,x,\cdots,x^n\}$正交化得到的,两组基可以相互表示,因此利用勒让德多项式$\{P_0(x),P_1(x),\cdots,P_n(x)\}$和由$\{1,x,\cdots,x^n\}$求得$f(x)$的最佳平方逼近多项式是相同的。

3.4 函数逼近的应用

3.4.1 回归分析和回归模型

回归分析研究的主要对象是客观事物变量间的统计关系,它是建立在对客观事物进行大量试验和观察的基础上,用来寻找隐藏在那些看上去是不确定的现象中的统计规律性的统计方法。回归分析方法是通过建立统计模型研究变量间相互关系的密切程度、结构状态及进行模型预测的一种有效的工具。

回归分析的基本思想和方法以及回归(Regression)名称的由来归功于英国统计学家高尔顿(F. Galton,1822—1911)。高尔顿和他的学生、现代统计学的奠基人之一皮尔逊(K. Pearson,1856—1936)在研究父母身高与其子女身高的遗传问题时,观察了1078对夫妇,以每对夫妇的平均身高作为 x,取他们的第一个成年儿子的身高作为 y,将结果在平面直角坐标系上绘成散点图,发现趋势近乎一条直线。计算出的一元线性回归方程为

$$\hat{y}=33.73+0.516x \tag{3.4.1}$$

这种趋势及回归方程表明父母平均身高 x 每增加一个单位,其成年儿子的身高 y 也平均增加0.516个单位。这个结果表明,虽然高个子父辈确有生高个子儿子的趋势,但父辈身高增加一个单位,儿子身高仅增加半个单位左右。反之,矮个子父辈确有生矮个子儿子的趋势,但父辈身高减少一个单位,儿子身高仅减少半个单位左右。正是因为子辈的身高有回到同龄人平均身高的这种趋势,才使人类的身高在一定时间内相对稳定。正是因为这种现象,高尔顿引进了"回归"这个名词描述父辈身高 x 与子辈身高 y 的关系。

上面的一元线性回归方程中自变量或解释变量仅有一个变量 x,如果考虑第一个成年儿子的身高作为 y 与父亲身高 x_1、母亲身高 x_2 之间的依赖关系,这就是多元回归分析。一般地,如果变量 $x_1,x_2,\cdots,x_p$ 与随机变量 y 之间存在相关关系,意味着每当 $x_1,x_2,\cdots,x_p$ 取定值后,y 便有相应的概率分布与其对应。随机变量 y 与相关变量 $x_1,x_2,\cdots,x_p$ 之间的概率模型为

$$y=f(x_1,x_2,\cdots,x_p)+\varepsilon \tag{3.4.2}$$

其中,随机变量 y 称为被解释变量(因变量),$x_1,x_2,\cdots,x_p$ 称为解释变量(自变量),$f(x_1,x_2,\cdots,x_p)$为一般变量 $x_1,x_2,\cdots,x_p$ 的确定性关系,ε 为随机误差。

如果模型中存在其他未考虑的影响因素、数据存在观测误差或者随机误差，这都可能引起误差。

当概率模型式(3.4.2)中的确定性关系为线性函数时，即有

$$y=f(x_1,x_2,\cdots,x_p)+\varepsilon=\beta_0+\beta_1x_1+\beta_2x_2+\cdots+\beta_px_p+\varepsilon \tag{3.4.3}$$

其中，$\beta_0,\beta_1,\cdots,\beta_p$ 为未知参数，常称它们为回归系数，该模型常称为多元线性回归模型。线性回归模型的“线性”是针对未知参数 $\beta_j(j=0,1,\cdots,p)$ 而言的。回归解释变量的线性关系并非限定的，即使解释变量与因变量之间是非线性关系，也可以通过变量转换把它转换成线性的。

如果 $(x_{i1},x_{i2},\cdots,x_{ip},y_i)(i=1,2,\cdots,n)$ 是式(3.4.3)中变量 $(x_1,x_2,\cdots,x_p,y)$ 的一组观测值，则多元线性回归模型可表示为

$$y_i=\beta_0+\beta_1x_{i1}+\beta_2x_{i2}+\cdots+\beta_px_{ip}+\varepsilon_i,\quad i=1,2,\cdots,n \tag{3.4.4}$$

记多元线性回归模型的被解释变量的观测数据为 $\boldsymbol{y}$，回归系数为 $\boldsymbol{\beta}$，误差为 $\boldsymbol{\varepsilon}$，解释变量的观测数据 $\boldsymbol{X}$ 分别为

$$\boldsymbol{y}=\begin{bmatrix}y_1\\y_2\\\vdots\\y_n\end{bmatrix},\quad \boldsymbol{\beta}=\begin{bmatrix}\beta_0\\\beta_1\\\vdots\\\beta_p\end{bmatrix},\quad \boldsymbol{\varepsilon}=\begin{bmatrix}\varepsilon_1\\\varepsilon_2\\\vdots\\\varepsilon_n\end{bmatrix} \tag{3.4.5}$$

$$\boldsymbol{X}=[\boldsymbol{1}\quad \boldsymbol{x}_1\quad \cdots\quad \boldsymbol{x}_p]=\begin{bmatrix}1 & x_{11} & \cdots & x_{1p}\\1 & x_{21} & \cdots & x_{2p}\\\vdots & \vdots & & \vdots\\1 & x_{n1} & \cdots & x_{np}\end{bmatrix} \tag{3.4.6}$$

于是，式(3.4.3)可以表示为

$$\boldsymbol{y}=\boldsymbol{X\beta}+\boldsymbol{\varepsilon} \tag{3.4.7}$$

为估计模型参数的需要，多元线性回归模型通常应满足 4 类基本假设。

(1) 解释变量 $x_1,x_2,\cdots,x_p$ 为非随机变量，其观察值 $x_{i1},x_{i2},\cdots,x_{ip}$ 是常数。

(2) 所有解释变量 $x_1,x_2,\cdots,x_p$ 之间互不相关(无多重共线性)。

(3) 误差假设(正态性，零均值，同方差和不相关)

$$\boldsymbol{\varepsilon}\sim N(\boldsymbol{0},\sigma^2\boldsymbol{I}_n) \tag{3.4.8}$$

即

$$\varepsilon_i\sim N(0,\sigma^2),\quad i=1,2,\cdots,n \tag{3.4.9}$$

$$\operatorname{cov}(\varepsilon_i,\varepsilon_j)=\begin{cases}\sigma^2, & i=j\\0, & i\neq j\end{cases}\quad i,j=1,2,\cdots,n \tag{3.4.10}$$

(4) 要求 $n>p$，通常为便于数学上处理，要求样本量的个数 n 要多于解释变量的个数 p。

在整个回归分析中，线性回归的统计模型最为重要。一方面是因为线性回归的应用广泛，另一方面是只有在回归模型为线性的假定下，才能得到比较深入和一般的结果，再就是许多非线性的回归模型可能适当地转换为线性回归问题进行处理。接下来，对线性回归模型要考虑的问题主要有以下几点。

(1) 如何根据样本$(x_{i1},x_{i2},\cdots,x_{ip},y_i)(i=1,2,\cdots,n)$求出回归系数$\hat{\beta}_0,\hat{\beta}_1,\ldots,\hat{\beta}_p$及方差估计$\hat{\sigma}^2$。

(2) 对回归方程和回归系数的各种假设进行检验。

(3) 如何根据回归方程进行预测和控制,以及如何进行实际问题的结构分析。

3.4.2 回归参数的估计

在函数的最佳平方逼近中,通常会给定$f(x)\in C[a,b]$,权函数$\rho(x)$,以及$C[a,b]$上的子集$\Phi=\mathrm{Span}\{\varphi_0(x),\varphi_1(x),\cdots,\varphi_n(x)\}$,然后通过积分求内积,得到法方程$\boldsymbol{Ga}=\boldsymbol{b}$,解方程解出线性组合系数$\boldsymbol{a}$,以得出逼近函数$S^*(x)$。如果$f(x)$只是在一组离散点集$\{x_i,i=0,1,\cdots,m\}$上给出其函数值$y_i=f(x_i)$,即科学实验中经常见到的数据$\{(x_i,y_i),i=0,1,\cdots,m\}$,曲线拟合要求一个函数使误差平方和最小化,即

$$\begin{aligned}\|f(x)-S^*(x)\|_2^2&=\min_{P(x)\in\Phi}\|f(x)-S(x)\|_2^2\\&=\min_{S(x)\in\Phi}\sum_{i=0}^{m}\rho(x_i)[f(x_i)-S(x_i)]^2\end{aligned}\tag{3.4.11}$$

则称$S^*(x)$为$f(x)$的(加权)最小二乘逼近,用几何语言说,即曲线拟合的最小二乘法。

如果$y=f(x_1,x_2,\cdots,x_p)$是多元函数,即给定数据$(x_{1i},x_{2i},\cdots,x_{pi},y_i)(i=0,1,\cdots,m)$,这里$y_i=f(x_{1i},x_{2i},\cdots,x_{pi})$,以及一组权系数$w_i(i=0,1,\cdots,m)$和$\Phi=\mathrm{Span}\{\varphi_0(x_1,x_2,\cdots,x_p),\varphi_1(x_1,x_2,\cdots,x_p),\cdots,\varphi_p(x_1,x_2,\cdots,x_p)\}$,要求一个函数$S^*(x_1,x_2,\cdots,x_p)$,使误差平方和最小化:

$$\begin{aligned}&\|f(x_1,x_2,\cdots,x_p)-S^*(x_1,x_2,\cdots,x_p)\|_2^2\\=&\min_{S(x_1,x_2,\cdots,x_p)\in\Phi}\sum_{i=0}^{m}w(x_i)[f(x_{i1},x_{i2},\cdots,x_{ip})-S(x_{i1},x_{i2},\cdots,x_{ip})]^2\end{aligned}\tag{3.4.12}$$

则称$S^*(x_1,x_2,\cdots,x_p)$为$f(x_1,x_2,\cdots,x_p)$的多元(加权)最小二乘拟合。

如果$(x_{i1},x_{i2},\cdots,x_{ip},y_i)(i=1,2,\cdots,n)$是式(3.4.3)中变量$(x_1,x_2,\cdots,x_p,y)$的一组观测值,记多元线性回归模型的被解释变量的观测值和解释变量的观测值分别为

$$\boldsymbol{y}=\begin{bmatrix}y_1\\y_2\\\vdots\\y_n\end{bmatrix}\tag{3.4.13}$$

$$\boldsymbol{X}=[\boldsymbol{1}\quad\boldsymbol{x}_1\quad\cdots\quad\boldsymbol{x}_p]=\begin{bmatrix}1&x_{11}&\cdots&x_{1p}\\1&x_{21}&\cdots&x_{2p}\\\vdots&\vdots&&\vdots\\1&x_{n1}&\cdots&x_{np}\end{bmatrix}\tag{3.4.14}$$

因为在多元线性回归模型中$\Phi=\mathrm{Span}\{\varphi_0(x_0),\varphi_1(x_1),\varphi_2(x_2),\cdots,\varphi_p(x_p)\}$,其中$\varphi_0(x_0)=1,\varphi_j(x_j)=x_j(j=1,2,\cdots,p)$,则法方程为

$$\boldsymbol{G\beta}=\begin{bmatrix}(\boldsymbol{1},\boldsymbol{1})&(\boldsymbol{1},\boldsymbol{x}_1)&\cdots&(\boldsymbol{1},\boldsymbol{x}_p)\\(\boldsymbol{x}_1,\boldsymbol{1})&(\boldsymbol{x}_1,\boldsymbol{x}_1)&\cdots&(\boldsymbol{x}_1,\boldsymbol{x}_p)\\\vdots&\vdots&&\vdots\\(\boldsymbol{x}_p,\boldsymbol{1})&(\boldsymbol{x}_p,\boldsymbol{x}_1)&\cdots&(\boldsymbol{x}_p,\boldsymbol{x}_p)\end{bmatrix}\begin{bmatrix}\beta_0\\\beta_1\\\vdots\\\beta_p\end{bmatrix}=\begin{bmatrix}(\boldsymbol{y},\boldsymbol{1})\\(\boldsymbol{y},\boldsymbol{x}_1)\\\vdots\\(\boldsymbol{y},\boldsymbol{x}_p)\end{bmatrix}=\boldsymbol{b}\tag{3.4.15}$$

根据内积和矩阵乘法的定义，式(3.4.15)等价于

$$\begin{bmatrix} \mathbf{1}^{\mathrm{T}}\mathbf{1} & \mathbf{1}^{\mathrm{T}}\boldsymbol{x}_1 & \cdots & \mathbf{1}^{\mathrm{T}}\boldsymbol{x}_p \\ \boldsymbol{x}_1^{\mathrm{T}}\mathbf{1} & \boldsymbol{x}_1^{\mathrm{T}}\boldsymbol{x}_1 & \cdots & \boldsymbol{x}_1^{\mathrm{T}}\boldsymbol{x}_p \\ \vdots & \vdots & & \vdots \\ \boldsymbol{x}_p^{\mathrm{T}}\mathbf{1} & \boldsymbol{x}_p^{\mathrm{T}}\boldsymbol{x}_1 & \cdots & \boldsymbol{x}_p^{\mathrm{T}}\boldsymbol{x}_p \end{bmatrix}\boldsymbol{\beta} = \begin{bmatrix} \mathbf{1}^{\mathrm{T}} \\ \boldsymbol{x}_1^{\mathrm{T}} \\ \vdots \\ \boldsymbol{x}_p^{\mathrm{T}} \end{bmatrix}[\mathbf{1} \quad \boldsymbol{x}_1 \quad \cdots \quad \boldsymbol{x}_p]\boldsymbol{\beta}$$
$$= \boldsymbol{X}^{\mathrm{T}}\boldsymbol{X}\boldsymbol{\beta} \tag{3.4.16}$$
$$= \boldsymbol{X}^{\mathrm{T}}\boldsymbol{y} = \begin{bmatrix} \mathbf{1}^{\mathrm{T}}\boldsymbol{y} \\ \boldsymbol{x}_1^{\mathrm{T}}\boldsymbol{y} \\ \vdots \\ \boldsymbol{x}_p^{\mathrm{T}}\boldsymbol{y} \end{bmatrix}$$

若 $\boldsymbol{X}^{\mathrm{T}}\boldsymbol{X}$ 可逆，则可得

$$\hat{\boldsymbol{\theta}} = (\boldsymbol{X}^{\mathrm{T}}\boldsymbol{X})^{-1}\boldsymbol{X}^{\mathrm{T}}\boldsymbol{y} \tag{3.4.17}$$

可得 $\boldsymbol{y}$ 的预测向量为

$$\hat{\boldsymbol{y}} = \boldsymbol{X}\hat{\boldsymbol{\theta}} \tag{3.4.18}$$

例 1　已知数据$(x_{11},x_{12},y_1)=(1,1,2)$，$(x_{21},x_{22},y_2)=(1,0,3)$，$(x_{31},x_{32},y_3)=(1,0,1)$和$(x_{41},x_{42},y_4)=(0,1,3)$，试用最小二乘法得到回归方程 $y=\beta_0+\beta_1x_1+\beta_2x_2$。

解：令 $\boldsymbol{X}=\begin{bmatrix} 1 & 1 & 1 \\ 1 & 1 & 0 \\ 1 & 1 & 0 \\ 1 & 0 & 1 \end{bmatrix}$，$\boldsymbol{y}=\begin{bmatrix} 2 \\ 3 \\ 1 \\ 3 \end{bmatrix}$和$\hat{\boldsymbol{\beta}}=\begin{bmatrix} \hat{\beta}_0 \\ \hat{\beta}_1 \\ \hat{\beta}_2 \end{bmatrix}$，则有 $\boldsymbol{X}\hat{\boldsymbol{\beta}}=\boldsymbol{y}$，即 $\boldsymbol{X}^{\mathrm{T}}\boldsymbol{X}\hat{\boldsymbol{\beta}}=\boldsymbol{X}^{\mathrm{T}}\boldsymbol{y}$ 可计算得到，

$\boldsymbol{X}^{\mathrm{T}}\boldsymbol{X}=\begin{bmatrix} 4 & 3 & 2 \\ 3 & 3 & 1 \\ 2 & 1 & 2 \end{bmatrix}$，$\boldsymbol{X}^{\mathrm{T}}\boldsymbol{y}=\begin{bmatrix} 9 \\ 6 \\ 5 \end{bmatrix}$，因此，$\hat{\boldsymbol{\beta}}=(\boldsymbol{X}^{\mathrm{T}}\boldsymbol{X})^{-1}\boldsymbol{X}^{\mathrm{T}}\boldsymbol{y}=\begin{bmatrix} 3 \\ -1 \\ 0 \end{bmatrix}$，回归方程 $\hat{y}=3-x_1$ 的误差平方和为 SSE=2。

将最小二乘的目标函数的 2-范数写成矩阵乘积形式，再对回归系数求导并令其导数为零，可求出回归系数。改写的目标函数及其导数分别如下。

$$I(\boldsymbol{\beta}) = (\boldsymbol{y}-\boldsymbol{X}\boldsymbol{\beta})^{\mathrm{T}}(\boldsymbol{y}-\boldsymbol{X}\boldsymbol{\beta}) = \boldsymbol{y}^{\mathrm{T}}\boldsymbol{y}-\boldsymbol{y}^{\mathrm{T}}\boldsymbol{X}\boldsymbol{\beta}-\boldsymbol{\beta}^{\mathrm{T}}\boldsymbol{X}^{\mathrm{T}}\boldsymbol{y}+\boldsymbol{\beta}^{\mathrm{T}}\boldsymbol{X}^{\mathrm{T}}\boldsymbol{X}\boldsymbol{\beta} \tag{3.4.19}$$

$$\frac{\partial I(\boldsymbol{\beta})}{\partial \boldsymbol{\beta}} = -(\boldsymbol{y}^{\mathrm{T}}\boldsymbol{X})^{\mathrm{T}}-\boldsymbol{X}^{\mathrm{T}}\boldsymbol{y}+2\boldsymbol{X}^{\mathrm{T}}\boldsymbol{X}\boldsymbol{\beta} = -2\boldsymbol{X}^{\mathrm{T}}\boldsymbol{y}+2\boldsymbol{X}^{\mathrm{T}}\boldsymbol{X}\boldsymbol{\beta} = -2\boldsymbol{X}^{\mathrm{T}}(\boldsymbol{y}-\boldsymbol{X}\boldsymbol{\beta}) \tag{3.4.20}$$

残差向量为

$$\begin{aligned} \boldsymbol{e} &= \boldsymbol{y}-\hat{\boldsymbol{y}} = \boldsymbol{y}-\boldsymbol{X}\hat{\boldsymbol{\beta}} = \boldsymbol{y}-\boldsymbol{X}(\boldsymbol{X}^{\mathrm{T}}\boldsymbol{X})^{-1}\boldsymbol{X}^{\mathrm{T}}\boldsymbol{y} \\ &= (\boldsymbol{I}-\boldsymbol{X}(\boldsymbol{X}^{\mathrm{T}}\boldsymbol{X})^{-1}\boldsymbol{X}^{\mathrm{T}})\boldsymbol{y} = (\boldsymbol{I}-\boldsymbol{H})\boldsymbol{y} \end{aligned} \tag{3.4.21}$$

其中，$\boldsymbol{H}=\boldsymbol{X}(\boldsymbol{X}^{\mathrm{T}}\boldsymbol{X})^{-1}\boldsymbol{X}^{\mathrm{T}}$，由矩阵迹的性质可以证明

$$\begin{aligned} \mathrm{tr}(\boldsymbol{H}) &= \sum_{i=1}^{n} h_{ii} = \mathrm{tr}(\boldsymbol{X}(\boldsymbol{X}^{\mathrm{T}}\boldsymbol{X})^{-1}\boldsymbol{X}^{\mathrm{T}}) \\ &= \mathrm{tr}((\boldsymbol{X}^{\mathrm{T}}\boldsymbol{X})^{-1}\boldsymbol{X}^{\mathrm{T}}\boldsymbol{X}) = p+1 \\ &= \mathrm{tr}(\boldsymbol{I}_{p+1}) = p+1 \end{aligned} \tag{3.4.22}$$

由式(3.4.20)等于 $\mathbf{0}$ 和残差向量的式(3.4.21)可知 $\boldsymbol{X}^{\mathrm{T}}\boldsymbol{e}=\mathbf{0}$，即

$$\sum_{i=1}^{n}\boldsymbol{e}_i=0,\quad \sum_{i=1}^{n}x_{ij}e_i=0,\quad j=1,2,\cdots,p \tag{3.4.23}$$

这样,最小二乘的残差平方和(the Sum of Squared Errors or Residual Sum of Squares, SSE/RSS)

$$\mathrm{SSE}=\boldsymbol{e}^{\mathrm{T}}\boldsymbol{e}=(\boldsymbol{y}-\hat{\boldsymbol{y}})^{\mathrm{T}}(\boldsymbol{y}-\hat{\boldsymbol{y}})=\sum_{i=1}^{n}(y_i-\hat{y}_i)^2=\sum_{i=1}^{n}e_i^2 \tag{3.4.24}$$

总离差平方和(Total Sum of Squares, TSS)为

$$\mathrm{TSS}=\sum_{i=1}^{n}(y_i-\bar{y})^2 \tag{3.4.25}$$

其中,$\bar{y}=\frac{1}{n}\sum_{i=1}^{n}y_i$。

回归平方和(the Sum of Squares due to Regression, SSR)

$$\mathrm{SSR}=\sum_{i=1}^{n}(\hat{y}_i-\bar{y})^2 \tag{3.4.26}$$

由式(3.4.23),可以证明

$$\begin{aligned}\mathrm{TSS}&=\sum_{i=1}^{n}(y_i-\bar{y})^2\\&=\sum_{i=1}^{n}(y_i-\hat{y}_i+\hat{y}_i-\bar{y})^2\\&=\sum_{i=1}^{n}(y_i-\hat{y}_i)^2+\sum_{i=1}^{n}(\hat{y}_i-\bar{y})^2+2\sum_{i=1}^{n}(y_i-\hat{y}_i)(\hat{y}_i-\bar{y})\\&=\mathrm{SSE}+\mathrm{SSR}+2\sum_{i=1}^{n}(y_i-\hat{y}_i)(\hat{y}_i-\bar{y})\\&=\mathrm{SSE}+\mathrm{SSR}+2\sum_{i=1}^{n}e_i\hat{y}_i+2\bar{y}\sum_{i=1}^{n}e_i\\&=\mathrm{SSE}+\mathrm{SSR}+2\boldsymbol{e}^{\mathrm{T}}\boldsymbol{X}\hat{\boldsymbol{\beta}}+2\bar{y}\sum_{i=1}^{n}e_i\\&=\mathrm{SSE}+\mathrm{SSR}+2\hat{\boldsymbol{\beta}}^{\mathrm{T}}\boldsymbol{X}^{\mathrm{T}}\boldsymbol{e}+2\bar{y}\sum_{i=1}^{n}e_i\\&=\mathrm{SSE}+\mathrm{SSR}\end{aligned} \tag{3.4.27}$$

误差方差 σ^2 的无偏估计为(无偏性在下节证明)

$$\hat{\sigma}^2=\frac{1}{n-p-1}\mathrm{SSE}=\frac{1}{n-p-1}\boldsymbol{e}^{\mathrm{T}}\boldsymbol{e}=\frac{1}{n-p-1}\sum_{i=1}^{n}e_i^2 \tag{3.4.28}$$

$\hat{\sigma}^2$ 也称为残差平均(the Mean Squared Error, MSE)。

根据回归模型的假设,未知参数 $\boldsymbol{\beta}$ 和 σ^2 也可由最大似然方法估计。对于在回归分析中简单随机样本 $y_1,y_2,\cdots,y_n$,且 $\boldsymbol{y}\sim N(\boldsymbol{X\beta},\sigma^2\boldsymbol{I}_n)$,可得似然函数和对数似然函数分别为

$$L(\boldsymbol{\beta},\sigma^2)=(2\pi)^{-n/2}(\sigma^2)^{-n/2}\exp\left[-\frac{1}{2\sigma^2}(\boldsymbol{y}-\boldsymbol{X\beta})^{\mathrm{T}}(\boldsymbol{y}-\boldsymbol{X\beta})\right] \tag{3.4.29}$$

$$\ln(L(\boldsymbol{\beta},\sigma^2))=-\frac{n}{2}\ln(2\pi)-\frac{n}{2}\ln(\sigma^2)-\frac{1}{2\sigma^2}(\boldsymbol{y}-\boldsymbol{X\beta})^{\mathrm{T}}(\boldsymbol{y}-\boldsymbol{X\beta}) \tag{3.4.30}$$

对数似然函数关于未知参数 $\boldsymbol{\beta}$ 和 σ^2 的导数分别为

$$\begin{aligned}\frac{\partial \ln(L(\boldsymbol{\beta},\sigma^2))}{\partial \boldsymbol{\beta}} &= -\frac{1}{2\sigma^2}(\boldsymbol{y}-\boldsymbol{X\beta})^{\mathrm{T}}(\boldsymbol{y}-\boldsymbol{X\beta}) \\ &= \frac{1}{\sigma^2}(\boldsymbol{X}^{\mathrm{T}}\boldsymbol{y}-\boldsymbol{X}^{\mathrm{T}}\boldsymbol{X\beta})=0\end{aligned} \tag{3.4.31}$$

$$\frac{\partial \ln(L(\boldsymbol{\beta},\sigma^2))}{\partial \sigma^2} = -\frac{n}{2\sigma^2}+\frac{1}{2\sigma^2}(\boldsymbol{y}-\boldsymbol{X\beta})^{\mathrm{T}}(\boldsymbol{y}-\boldsymbol{X\beta})=0 \tag{3.4.32}$$

由式(3.4.31)可解出$\hat{\boldsymbol{\beta}}=(\boldsymbol{X}^{\mathrm{T}}\boldsymbol{X})^{-1}\boldsymbol{X}^{\mathrm{T}}\boldsymbol{y}$,然后代入式(3.4.32)可解出$\hat{\sigma}^2=\mathrm{SSE}/n$,它是误差方差 σ^2 的渐近无偏估计。

3.4.3 参数估计量的性质

根据回归模型相关参数估计量,可得到如下主要性质。

(1) $\hat{\boldsymbol{\beta}}$是回归系数 $\boldsymbol{\beta}$ 的无偏估计。这是因为,按照无偏估计量的定义,只需证明 $E[\hat{\boldsymbol{\beta}}]=\boldsymbol{\beta}$,即

$$\begin{aligned}E[\hat{\boldsymbol{\beta}}] &= E[(\boldsymbol{X}^{\mathrm{T}}\boldsymbol{X})^{-1}\boldsymbol{X}^{\mathrm{T}}\boldsymbol{y}] \\ &= E[(\boldsymbol{X}^{\mathrm{T}}\boldsymbol{X})^{-1}\boldsymbol{X}^{\mathrm{T}}(\boldsymbol{X\beta}+\varepsilon)] \\ &= E[\boldsymbol{\beta}+(\boldsymbol{X}^{\mathrm{T}}\boldsymbol{X})^{-1}\boldsymbol{X}^{\mathrm{T}}\varepsilon] \\ &= \boldsymbol{\beta}+E[(\boldsymbol{X}^{\mathrm{T}}\boldsymbol{X})^{-1}\boldsymbol{X}^{\mathrm{T}}\varepsilon] \\ &= \boldsymbol{\beta}\end{aligned} \tag{3.4.33}$$

(2) $\hat{\boldsymbol{\beta}}$ 的协方差矩阵 $D(\hat{\boldsymbol{\beta}})=\sigma^2(\boldsymbol{X}^{\mathrm{T}}\boldsymbol{X})^{-1}$。根据协方差的性质,可得

$$\begin{aligned}D(\hat{\boldsymbol{\beta}}) &= \mathrm{cov}(\hat{\boldsymbol{\beta}},\hat{\boldsymbol{\beta}}) \\ &= \mathrm{cov}((\boldsymbol{X}^{\mathrm{T}}\boldsymbol{X})^{-1}\boldsymbol{X}^{\mathrm{T}}\boldsymbol{y},(\boldsymbol{X}^{\mathrm{T}}\boldsymbol{X})^{-1}\boldsymbol{X}^{\mathrm{T}}\boldsymbol{y}) \\ &= (\boldsymbol{X}^{\mathrm{T}}\boldsymbol{X})^{-1}\boldsymbol{X}^{\mathrm{T}}\mathrm{cov}(\boldsymbol{y},\boldsymbol{y})((\boldsymbol{X}^{\mathrm{T}}\boldsymbol{X})^{-1}\boldsymbol{X}^{\mathrm{T}})^{\mathrm{T}} \\ &= (\boldsymbol{X}^{\mathrm{T}}\boldsymbol{X})^{-1}\boldsymbol{X}^{\mathrm{T}}\sigma^2\boldsymbol{I}((\boldsymbol{X}^{\mathrm{T}}\boldsymbol{X})^{-1}\boldsymbol{X}^{\mathrm{T}})^{\mathrm{T}} \\ &= \sigma^2(\boldsymbol{X}^{\mathrm{T}}\boldsymbol{X})^{-1}\boldsymbol{X}^{\mathrm{T}}\boldsymbol{X}(\boldsymbol{X}^{\mathrm{T}}\boldsymbol{X})^{-1} \\ &= \sigma^2(\boldsymbol{X}^{\mathrm{T}}\boldsymbol{X})^{-1}\end{aligned} \tag{3.4.34}$$

(3) $\hat{\boldsymbol{\beta}}\sim N(\boldsymbol{\beta},\sigma^2(\boldsymbol{X}^{\mathrm{T}}\boldsymbol{X})^{-1})$,这是因为 $\boldsymbol{y}\sim N(\boldsymbol{X\beta},\sigma^2 I_n)$,而$\hat{\boldsymbol{\beta}}=(\boldsymbol{X}^{\mathrm{T}}\boldsymbol{X})^{-1}\boldsymbol{X}^{\mathrm{T}}\boldsymbol{y}$ 是随机向量 $\boldsymbol{y}$ 的一个线性变换,再利用性质(1)和(2)可得。

(4) $\hat{\sigma}^2$ 是误差项方差 σ^2 的无偏估计。

证明:按照无偏估计量的定义,下面证明 $E[\hat{\sigma}^2]=\sigma^2$。因为

$$\hat{\boldsymbol{\beta}}=(\boldsymbol{X}^{\mathrm{T}}\boldsymbol{X})^{-1}\boldsymbol{X}^{\mathrm{T}}\boldsymbol{y}=(\boldsymbol{X}^{\mathrm{T}}\boldsymbol{X})^{-1}\boldsymbol{X}^{\mathrm{T}}(\boldsymbol{X\beta}+\boldsymbol{\varepsilon})=\boldsymbol{\beta}+(\boldsymbol{X}^{\mathrm{T}}\boldsymbol{X})^{-1}\boldsymbol{X}^{\mathrm{T}}\boldsymbol{\varepsilon} \tag{3.4.35}$$

残差向量可以写成

$$\boldsymbol{e}=\boldsymbol{y}-\hat{\boldsymbol{y}}=\boldsymbol{y}-\boldsymbol{X}(\boldsymbol{\beta}+(\boldsymbol{X}^{\mathrm{T}}\boldsymbol{X})^{-1}\boldsymbol{X}^{\mathrm{T}}\boldsymbol{\varepsilon})=(\boldsymbol{I}-\boldsymbol{H})\boldsymbol{\varepsilon} \tag{3.4.36}$$

因$(\boldsymbol{I}-\boldsymbol{H})$为对称幂等矩阵,由假设 $\boldsymbol{\varepsilon}\sim N(\boldsymbol{0},\sigma^2\boldsymbol{I})$,可得残差向量的期望和协方差矩阵分别为

$$E[\boldsymbol{e}]=\boldsymbol{0} \tag{3.4.37}$$

$$\begin{aligned}D(\boldsymbol{e}) &= \operatorname{cov}(\boldsymbol{e},\boldsymbol{e})\\ &= \operatorname{cov}((\boldsymbol{I}-\boldsymbol{H})\boldsymbol{y},(\boldsymbol{I}-\boldsymbol{H})\boldsymbol{y})\\ &= (\boldsymbol{I}-\boldsymbol{H})\operatorname{cov}(\boldsymbol{y},\boldsymbol{y})(\boldsymbol{I}-\boldsymbol{H})^{\mathrm{T}}\\ &= \sigma^2(\boldsymbol{I}-\boldsymbol{H})\boldsymbol{I}(\boldsymbol{I}-\boldsymbol{H})^{\mathrm{T}}\\ &= \sigma^2(\boldsymbol{I}-\boldsymbol{H})\end{aligned} \tag{3.4.38}$$

因 $E[e_i]=0$，可知 $D[e_i]=E[e_i^2](i=1,2,\cdots,n)$，再由式(3.4.38)和式(3.4.22)，可得

$$\begin{aligned}E[\boldsymbol{e}'\boldsymbol{e}] &= E[\sum_{i=1}^{n}e_i^2]\\ &= \sum_{i=1}^{n}E[e_i^2]\\ &= \sum_{i=1}^{n}D[e_i]\\ &= \sum_{i=1}^{n}\sigma^2(1-h_{ii})\\ &= (n-p-1)\sigma^2\end{aligned} \tag{3.4.39}$$

这样就证明了式(3.4.28)的$\hat{\sigma}^2$ 是误差项方差 σ^2 的无偏估计。

(5) $\hat{\boldsymbol{\beta}}$与$\hat{\sigma}^2$ 相互独立。

证明：因为 $\boldsymbol{\varepsilon}\sim N(\boldsymbol{0},\sigma^2\boldsymbol{I})$，由式(3.4.36)知 $\boldsymbol{e}$ 也服从正态分布。因为 $\boldsymbol{H}$ 为对称幂等矩阵，有

$$\begin{aligned}\operatorname{cov}(\hat{\boldsymbol{\beta}},\boldsymbol{e}) &= \operatorname{cov}((\boldsymbol{X}^{\mathrm{T}}\boldsymbol{X})^{-1}\boldsymbol{X}^{\mathrm{T}}\boldsymbol{y},(\boldsymbol{I}-\boldsymbol{H})\boldsymbol{y})\\ &= (\boldsymbol{X}^{\mathrm{T}}\boldsymbol{X})^{-1}\boldsymbol{X}^{\mathrm{T}}\operatorname{cov}(\boldsymbol{y},\boldsymbol{y})(\boldsymbol{I}-\boldsymbol{H})^{\mathrm{T}}\\ &= \sigma^2\boldsymbol{H}\boldsymbol{I}(\boldsymbol{I}-\boldsymbol{H})^{\mathrm{T}}\\ &= \boldsymbol{0}\end{aligned} \tag{3.4.40}$$

因$\hat{\boldsymbol{\beta}}$与 $\boldsymbol{e}$ 都服从正态分布，且不相关，可知$\hat{\boldsymbol{\beta}}$与 $\boldsymbol{e}$ 相互独立，从而$\hat{\boldsymbol{\beta}}$与$\hat{\sigma}^2=\dfrac{1}{n-p-1}\mathrm{SSE}=\dfrac{1}{n-p-1}\boldsymbol{e}^{\mathrm{T}}\boldsymbol{e}$ 独立。

性质(5)指出，回归系数的估计$\hat{\boldsymbol{\beta}}$与回归精度的估计$\hat{\sigma}^2$ 是相互独立的，进一步还可推出后面的性质(6)、(7)和(8)。

(6) $\dfrac{1}{\sigma^2}(\hat{\boldsymbol{\beta}}-\boldsymbol{\beta})^{\mathrm{T}}\boldsymbol{X}^{\mathrm{T}}\boldsymbol{X}(\hat{\boldsymbol{\beta}}-\boldsymbol{\beta})\sim\chi^2(p+1)$，该性质可由性质(3)和二次型的分布得到。

(7) $\dfrac{\mathrm{SSE}}{\sigma^2}\sim\chi^2(n-p-1)$，该性质可由性质(4)和式(3.4.28)得到。

(8) 关于$\hat{\beta}_j$ 的检验统计量的分布

$$\frac{(\hat{\beta}_j-\beta_j)^2}{c_{jj}\hat{\sigma}^2}\sim F(1,n-p-1) \tag{3.4.41}$$

即

$$\frac{\hat{\beta}_j-\beta_j}{\hat{\sigma}\sqrt{c_{jj}}}\sim t(n-p-1) \tag{3.4.42}$$

证明：因为$\hat{\boldsymbol{\beta}}$与 e 相互独立，并且$\hat{\boldsymbol{\beta}}\sim N(\boldsymbol{\beta},\sigma^2(\boldsymbol{X}^{\mathrm{T}}\boldsymbol{X})^{-1})$，即有$\hat{\beta}_j\sim N(\beta_j,c_{jj}\sigma^2)$，其中 c_{jj} 是$(\boldsymbol{X}^{\mathrm{T}}\boldsymbol{X})^{-1}$对角线的第 j 个元素。于是有

$$\frac{(\hat{\beta}_j-\beta_j)^2}{c_{jj}\sigma^2}\sim\chi^2(1)$$

又因

$$\frac{\mathrm{SSE}}{\sigma^2}\sim\chi^2(n-p-1)$$

而$\hat{\boldsymbol{\beta}}$与 $\boldsymbol{e}$ 相互独立，可知$\hat{\beta}_j$ 与 SSE 相互独立，由 F 分布的定义有

$$\frac{(\hat{\beta}_j-\beta_j)^2/(c_{jj}\sigma^2)}{\mathrm{SSE}/(\sigma^2(n-p-1))}=\frac{(\hat{\beta}_j-\beta_j)^2}{c_{jj}\hat{\sigma}^2}\sim F(1,n-p-1)$$

因 $F(1,n-p-1)$的开方为 $t(n-p-1)$，得

$$\frac{\hat{\beta}_j-\beta_j}{\hat{\sigma}\sqrt{c_{jj}}}\sim t(n-p-1)$$

3.4.4 多元线性回归模型的统计检验

1. **回归方程显著性的 F 检验**

对多元线性回归方程的显著性检验就是看自变量 $x_1,x_2,\cdots,x_p$ 从整体上对随机变量 y 是否有显著的影响。为此提出原假设，即

$$H_0:\beta_1=\cdots=\beta_p=0 \tag{3.4.43}$$

因为 $\boldsymbol{y}\sim N(\boldsymbol{X\beta},\sigma^2\boldsymbol{I}_n)$，当 H_0 成立时，$y_1,y_2,\cdots,y_p$ 相互独立且有相同的分布 $y_i\sim N(\beta_0,\sigma^2)$，可知$\frac{1}{\sigma^2}\mathrm{TSS}=\frac{1}{\sigma^2}\sum_{i=1}^{n}(y_i-\bar{y})^2\sim\chi^2(n-1)$。

$$\begin{aligned}\mathrm{SSR}&=\sum_{i=1}^{n}(\hat{y}_i-\bar{y})^2=\sum_{i=1}^{n}\left(\beta_0-\frac{1}{n}\sum_{i=1}^{n}y_i\right)^2\\&=\sum_{i=1}^{n}\left(\frac{1}{n}\sum_{i=1}^{n}(y_i-\beta_0)\right)^2\\&=\sum_{i=1}^{n}\left(\frac{1}{n}\sum_{i=1}^{n}(y_i-\beta_0)\right)^2\\&=n\left(\sum_{i=1}^{n}(y_i-\beta_0)\right)^2\sim\chi^2(p)\end{aligned} \tag{3.4.44}$$

构造 F 检验统计量为

$$F=\frac{\mathrm{SSR}/p}{\mathrm{SSE}/(n-p-1)}\sim F(p,n-p-1) \tag{3.4.45}$$

计算 F 检验统计量的观测值 F，当 $F\geqslant F_\alpha(p,n-p-1)$时，拒绝原假设 H_0，认为在显著性水平 α 下，随机变量 y 与自变量 $x_1,x_2,\cdots,x_p$ 有显著的线性关系，即回归方程是显著

的。更通俗一些说，就是以犯第Ⅰ类错误不超过 α 的概率接受"自变量全体 $x_1,x_2,\cdots,x_p$ 对 y 产生线性影响"这一结论。反之，当 $F<F_\alpha(p,n-p-1)$ 时，则不能拒绝原假设 H_0。

2. 回归变量显著性的 t 检验

在多元线性回归中，回归方程显著并不意味着每个自变量 $x_j(j=1,2,\cdots,p)$ 对随机变量 y 的影响都显著。我们总想从回归方程中剔除那些次要的、可有可无的变量，重新建立更为简单的回归方程，所以需要对每个自变量进行显著性检验。显然，如果某个自变量 x_j 对 y 的影响不显著，那么在回归模型中，它的系数 β_j 就取值为零。因此，检验变量 x_j 是否显著，等价于检验的原假设

$$H_{0j}:\beta_j=0 \tag{3.4.46}$$

在原假设成立的情况下，构造 t 检验统计量，即

$$t_j=\frac{\hat{\beta}_j}{\hat{\sigma}\sqrt{c_{jj}}}\sim t(n-p-1) \tag{3.4.47}$$

计算 t 检验统计量的观测值 t_j，当 $|t_j|\geqslant t_{\alpha/2}(n-p-1)$ 时，拒绝原假设 H_0，认为在显著性水平 α 下，自变量 x_j 对因变量 y 的线性效果显著。反之，当 $|t_j|<t_{\alpha/2}(n-p-1)$ 时，则不能拒绝原假设 H_0，认为 β_j 为零，即自变量 x_j 对因变量 y 的线性效果不显著。

3. 回归系数的置信区间

当有了参数向量 $\boldsymbol{\beta}$ 的估计量的分布 $\hat{\boldsymbol{\beta}}\sim N(\boldsymbol{\beta},\sigma^2(\boldsymbol{X}^{\mathrm{T}}\boldsymbol{X})^{-1})$，由式(3.4.42)可得置信度为 $1-\alpha$ 的 β_j 的置信区间为

$$[\hat{\beta}_j-t_{\alpha/2}(n-p-1)\hat{\sigma}\sqrt{c_{jj}},\hat{\beta}_j+t_{\alpha/2}(n-p-1)\hat{\sigma}\sqrt{c_{jj}}] \tag{3.4.48}$$

4. 拟合优度

拟合优度用于检验回归方程对样本观测值的拟合程度。样本决定系数及其调整的决定系数分别为

$$R^2=\frac{\mathrm{SSR}}{\mathrm{SST}}=1-\frac{\mathrm{SSE}}{\mathrm{SST}} \tag{3.4.49}$$

$$R_a^2=\frac{\mathrm{SSR}/(n-p-1)}{\mathrm{SST}/(n-1)}=1-\frac{\mathrm{SSE}/(n-p-1)}{\mathrm{SST}/(n-1)} \tag{3.4.50}$$

决定系数 R^2 的取值在区间 $[0,1]$ 内，R^2 越接近 1，表明回归拟合的效果越好；R^2 越接近 0，表明回归拟合的效果越差。与 F 检验相比，R^2 可以更清楚直观地反映回归拟合的效果，但是并不能做严格的显著性检验。

赤池准则是统计学家赤池(Akaike)于 1974 年根据最大似然估计原理提出的一种模型选择准则，人们称它为赤池信息量准则(Akaike Information Criterion，AIC)。AIC 可用作回归方程模型评价，还可用于时间序列分析中自回归模型的最优定阶。

对一般情况，设模型的似然函数为 $L(\boldsymbol{\theta},\boldsymbol{x})$，$\boldsymbol{\theta}$ 的维数为 d，$\boldsymbol{x}$ 为随机样本，则 AIC 的定义为

$$\mathrm{AIC}=-2\ln L(\boldsymbol{\theta},\boldsymbol{x})+2d \tag{3.4.51}$$

其中，$\hat{\boldsymbol{\theta}}=\underset{\boldsymbol{\theta}\in\Theta}{\arg\max}\ln L(\boldsymbol{\theta},\boldsymbol{x})$为 θ 的最大似然估计，d 为未知参数个数。使 AIC 达到最小的模型是最优模型。

在回归分析中，简单随机样本为 $y_1,y_2,\cdots,y_n$，且 $y\sim N(\boldsymbol{X\beta},\sigma^2\boldsymbol{I}_n)$，根据式(3.4.30)可得对数似然函数为

$$\begin{aligned}\ln(L(\hat{\boldsymbol{\beta}},\hat{\sigma}^2)) &= -\frac{n}{2}\ln(2\pi)-\frac{n}{2}\ln\left(\frac{\text{SSE}}{n}\right)-\frac{1}{2(\text{SSE}/n)}\text{SSE} \\ &= -\frac{n}{2}\ln(2\pi)-\frac{n}{2}\ln\left(\frac{\text{SSE}}{n}\right)-\frac{n}{2}\end{aligned} \tag{3.4.52}$$

将式(3.4.52)代入式(3.4.51)，对数似然函数中的未知参数个数为 $p+2$(含截距、回归系数和误差方差)，省略与模型无关的常数，得出回归模型的 AIC 公式为

$$\text{AIC}=n\log(\text{SSE}/n)+2(p+2) \tag{3.4.53}$$

在回归分析的建模过程中，对每一个回归子集计算 AIC，其中 AIC 最小者所对应的模型为最优模型。除决定系数 R^2，AIC 外，施瓦茨准则(Schwarz Criterion，SC)和 1964 年马洛斯(Mallows)提出的 C_p 统计量等也可以用于模型评价。

3.4.5 多元线性回归模型应用

下面主要采用多元线性回归模型对影响棒球运动员薪水的因素进行分析。数据来自职业棒球大联盟球员(不包括投手)的薪水(Salary)及其相关的比赛统计指标数据，这些棒球运动员在 1991 年和 1992 年至少参加过一场比赛。

例 2 根据棒球员的数据，建立薪水变量的对数与 27 个预测变量建立的多元线性回归模型，将薪水变量的对数作为因变量，其他 27 个变量作为预测变量。

解：多元线性回归模型分析结果显示，预测变量的总离差平方和为 465.109，回归平方和(SSR)为 377.161，残差平方和(SSE)为 87.948，AIC=−396.706，决定系数 R^2 为 0.8109，调整的决定系数为 0.7944，残差项的方差估计值为 0.2846。回归系数估计值、标准误及其显著性检验统计量见表 3.3.1。

表 3.3.1 回归系数估计值、标准误及其显著性检验统计量

回归系数	估计	标准误	t 值	p 值
β_0	5.3811	0.2751	19.5618	0.0000
β_1	−1.0732	2.6692	−0.4021	0.6879
β_2	−0.3914	2.3815	−0.1643	0.8696
β_3	0.0158	0.0066	2.4094	0.0166
β_4	−0.0052	0.0040	−1.2923	0.1972
β_5	0.0030	0.0069	0.4311	0.6667
β_6	−0.0151	0.0177	−0.8523	0.3947
β_7	−0.0142	0.0152	−0.9354	0.3503
β_8	0.0181	0.0063	2.8514	0.0046

续表

回归系数	估计	标准误	t 值	p 值
β_9	0.0035	0.0044	0.7941	0.4277
β_{10}	−0.0056	0.0030	−1.8597	0.0639
β_{11}	−0.0080	0.0310	−0.2588	0.7959
β_{12}	−0.0023	0.0156	−0.1461	0.8840
β_{13}	1.5088	0.0773	19.5214	0.0000
β_{14}	1.3483	0.0892	15.1132	0.0000
β_{15}	−0.3175	0.2055	−1.5448	0.1234
β_{16}	0.3121	0.1343	2.3239	0.0208
β_{17}	1.0350	0.6147	1.6839	0.0932
β_{18}	−0.4300	0.2646	−1.6246	0.1053
β_{19}	−0.1833	0.2353	−0.7789	0.4366
β_{20}	−0.7238	0.7682	−0.9423	0.3468
β_{21}	−0.0054	0.0134	−0.4013	0.6885
β_{22}	0.0068	0.0078	0.8680	0.3861
β_{23}	−0.0058	0.0196	−0.2948	0.7683
β_{24}	−0.0001	0.0002	−0.4454	0.6564
β_{25}	0.0936	0.0986	0.9487	0.3435
β_{26}	−0.0003	0.0002	−1.2032	0.2298
β_{27}	0.0000	0.0001	0.1111	0.9116

3.5 扩展阅读

对于插值法，本章主要介绍了多项式插值之拉格朗日插值、牛顿插值和埃尔米特插值。给定 $n+1$ 个互异点，可以通过拉格朗日插值或牛顿插值得到一个 n 次多项式。由于舍入误差和摆动的影响，对于有些函数 $f(x)$，n 次多项式在某些点或区间上误差较大。20 世纪初，龙格(Runge)就给出了区间$[-5,5]$上含 $n+1$ 个等距节点 $x_i=-5+10k/n(k=0,1,\cdots,n)$的插值多项式 $L_n(x)$不收敛于 $f(x)=1/(1+x^2)$的例子(见习题 5)。这说明，高次插值多项式 $L_n(x)$近似 $f(x)$的效果并不好。因而，通常不用高次插值，而用分段低次插值。比如，直接把 $f(x)=1/(1+x^2)$在 $x=0,\pm1,\pm2,\pm3,\pm4,\pm5$ 相邻节点用折线连接起来，显然比 $L_{10}(x)$近似 $f(x)$好得多。由此引出分段低次插值方法。分段线性插值就是通过插值点用折线段连接起来逼近 $f(x)$。分段线性插值函数的导数是间断的，分段三次埃尔米特插值可用来构造一个导数连续的分段插值函数。虽然分段三次埃尔米特插值比分段线性插值效果明显改善，但其光滑性也不高(只有一阶导数连续)。分段三次样条插值在每个小区间上结合函数值、一阶导和二阶导建立三次样条插值函数，可使得二阶导数连续，并且具有很好的收敛性和稳定性。样条插值在理论上和应用上都有重要意义，在计算机图形学中有重要应用。样条函数是 1946 年由 Schoenberg 首先提出的，有关样条理论及计算可查阅相关文献。

函数逼近是研究用简单函数逼近复杂函数的问题。本章主要介绍了多项式逼近函数，重点介绍了最佳平方逼近和最小二乘拟合。同时介绍了正交多项式中的勒让德多项式、切比雪夫多项式等常用的正交多项式及其性质。切比雪夫多项式零点插值可使插值区间最大误差最小化。当一个函数由给定的一组可能不精确表示函数的数据确定时，使用最小二乘的曲线拟合是最合适的，它是离散数据的最佳平方逼近。当模型为多项式，其法方程病态时，推荐使用点集正交化方法求解。函数逼近方法包括有理函数逼近方法之帕德逼近、三角多项式逼近方法和快速傅里叶变换相关方法，有兴趣的读者可深入学习。

3.6 习 题

1. 由 3 个插值节点及其函数值 $A(-1,e^{-1})$、$B(0,1)$、$C(1,e)$ 构造区间 $[-1,1]$ 上的二次拉格朗日插值多项式。

2. 设 $f(x)=x+2/x$。

(1) 基于点 $x_0=1$、$x_1=2$ 和 $x_2=2.5$ 构造二次拉格朗日插值多项式，并求 $f(2)$ 和 $f(2.4)$ 的近似值。

(2) 基于二次拉格朗日插值多项式计算 $\int_1^{2.5} f(x)\mathrm{d}x$ 的近似值。

3. 已知 $\sin 0.32=0.314567$、$\sin 0.34=0.333487$、$\sin 0.36=0.352274$，用线性插值计算 $\sin 0.3367$ 的值并估计截断误差。

4. 已知 4 个节点及其自然对数函数值 $(1,0)$、$(4,1.386295)$、$(6,1.791759)$、$(5,1.6094381)$。

(1) 采用前 3 个节点构造抛物线插值多项式，并计算节点 2 处的函数值。

(2) 采用 4 个节点构造三次插值多项式。

(3) 绘制第(1)、(2)题和 $\ln(x)$ 的函数图像。

5. 在区间 $[-5,5]$ 上等间隔取 $n+1(n\geqslant 1)$ 个插值节点 $x_i=-5+10i/n$ 及其函数值 $f(x_i)=1/(1+x_i^2)$，其中 $i=0,1,\cdots,n$。

(1) 当 $n+1=2,4,\cdots,24$ 时，分别求 n 次拉格朗日插值多项式 $L_n(x)$ 与 $f(x)=1/(1+x^2)$ 在区间 $[-5,5]$ 上的最大误差 $\max\limits_{-5\leqslant x\leqslant 5}|f(x)-L_n(x)|$（可离散取点近似计算），并观察最大误差的变化规律（称为龙格现象，Runge Phenomenon）。

(2) 在同一坐标系中分别绘制 $L_{10}(x)$ 和 $f(x)=1/(1+x^2)$ 在区间 $[-5,5]$ 上的函数图像。

6. 已知权函数 $\rho(x)=1+x^2$，区间 $[-1,1]$，由序列 $\{1,x,x^2,x^3\}$ 求首项系数为 1 的正交多项式 $\varphi_n(x)$，$n=0,1,2,3$。

7. 在区间 $[-1,1]$ 上给定 $f(x)=e^x$，求三次最佳平方逼近多项式，并求其平方误差。

(1) 以首项系数为 1 的勒让德多项式为基函数，求三次最佳平方逼近多项式 $S_3^*(x)$，并

求平方误差$\|f(x)-S_3^*(x)\|_2$和最大误差$\|f(x)-S_3^*(x)\|_\infty$。

(2) 以切比雪夫多项式$L_4(x)$的零点为插值节点，采用牛顿插值法求$N_3(x)$，并求平方误差$\|f(x)-N_3(x)\|_2$和最大误差$\|f(x)-N_3(x)\|_\infty$。

8. 求方程组的最小二乘解。

$$\begin{cases} x+\ y=1 \\ 2x+3y=4 \\ 3x+4y=5 \end{cases}$$

9. 给定数据表

x	-2	-1	0	1	2
y	-0.1	0.1	0.4	0.9	1.6

试用三次多项式以最小二乘法拟合数据。

第4章

方程与方程组的数值解法

4.1 非线性方程的数值解法

4.1.1 方程求根问题

非线性科学是科学技术发展的重要支柱。许多非线性问题都要转换为非线性的单个方程或方程组的求解。例如，统计计算中极大似然估计(对数似然函数一阶导为未知参数的非线性函数的零点问题)，贝叶斯统计中最大后验估计等问题，可转换为单个方程或方程组的求解问题。本节主要讨论求解单变量非线性方程

$$f(x)=0 \tag{4.1.1}$$

其中 $x\in R, f(x)\in C[a,b]$，$[a,b]$也可以是无穷区间。如果实数 x^* 满足 $f(x^*)=0$，则称 x^* 为方程式(4.1.1)的根，或称 x^* 是函数 $f(x)$的零点。

若 $f(x)$可分解为

$$f(x)=(x-x^*)^m g(x) \tag{4.1.2}$$

其中 m 是正整数，若 $m\geqslant 2$，且 $g(x^*)\neq 0$，则称 x^* 为 $f(x)$的 m 重根，或称 x^* 是函数$f(x)$的 m 重零点；$m=1$ 时为单根。若 x^* 为 $f(x)$的 m 重根，且 $g(x)$充分光滑，则

$$f'(x^*)=f''(x^*)=\cdots=f^{(m-1)}(x^*)=0, f^{(m)}(x^*)\neq 0 \tag{4.1.3}$$

这是因为由求导的二项式定理有 $f^{(k)}(x)=\sum_{r=0}^{k}C_k^r[(x-x_*)^m]^{(k-r)}g^{(r)}(x)$，特别地

$$f'(x)=m(x-x^*)^{m-1}g(x)+(x-x^*)^m g'(x) \tag{4.1.4}$$

$$f''(x)=m(m-1)(x-x^*)^{m-2}g(x)+m(x-x^*)^{m-1}g'(x)+(x-x^*)^m g''\mathrm{d}(x) \tag{4.1.5}$$

如果函数 $f(x)$是多项式函数，即

$$f(x)=a_n x^n+a_{n-1}x^{n-1}+\cdots+a_1 x+a_0=0 \tag{4.1.6}$$

其中 $a_n\neq 0, a_i\in R(i=0,1,\cdots,n)$，则称为 n 次代数方程。根据代数学基本定理可知，n 次多项式方程在复数域有且只有 n 个根(含重根，m 重根为 m 个根)。当 $n=1,2$ 时，求根公式是熟知的，当 $n=3,4$ 时，求根公式十分复杂；当 $n\geqslant 5$ 时，就不能直接用解析式或公式表示方程的根，所以当 $n\geqslant 3$ 时求根需用一般的数值方法。还有一类是超越方程，例如

$$\mathrm{e}^{-x/10}\sin(10x)=0 \tag{4.1.7}$$

它在整个 x 轴上有无穷多个解，若 x 取值范围不同，解也不同。因此，在讨论非线性方程的求解时，必须强调 x 的定义域，即 x 的求解区间$[a,b]$。另外，非线性问题一般不存在直接

的求解公式，故没有直接方法求解，都要使用迭代法求解。迭代法要求先给出根 x^* 的一个近似，若 $f(x)\in C[a,b]$ 且 $f(a)f(b)<0$，根据连续函数的零点定理可知，存在 $x^*\in[a,b]$，有 x^* 是函数 $f(x)$ 的零点，这时称 $[a,b]$ 区间为式(4.1.1)的有根区间。通常可逐次搜索求得式(4.1.1)的有根区间。

例 1 求方程 $f(x)=P_5(x)=(63x^5-70x^3+15x)/8=0$ 的有根区间。

解：绘制 $f(x)$ 在 $[-1,1]$ 的函数图像，如图 4.1.1 所示。

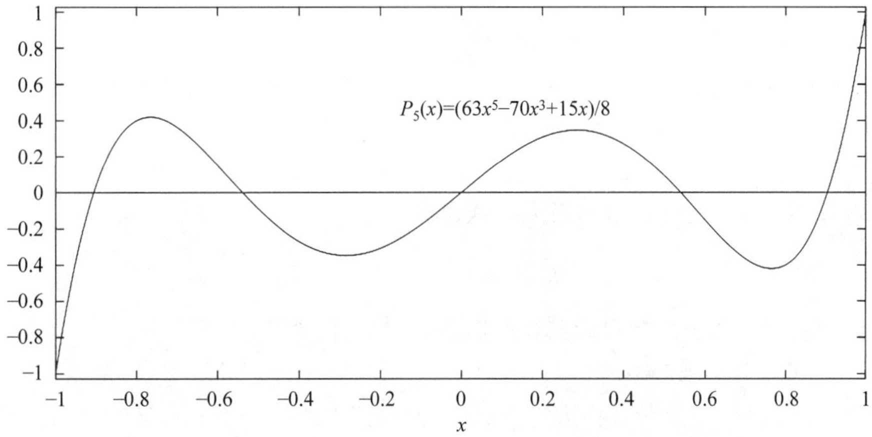

图 4.1.1 $f(x)$ 在 $[-1,1]$ 的函数图像

根据有根区间的定义，可以得到有根区间的范围，结果如表 4.1.1 所示。

表 4.1.1 方程 $f(x)$ 的有根区间

x	−1	−0.8	−0.4	0.4	0.8	1
$f(x)$ 的符号	−	+	−	+	−	+

4.1.2 二分法

二分法(Bisection)采用零点定理不断寻找和缩小有根区间。考查有根区间 $[a,b]$，取中点 $x_0=(a+b)/2$，将区间 $[a,b]$ 分为两半，假设中点 x_0 不是 $f(x)=0$ 的零点，然后进行根的搜索，即检查 $f(a)$ 与 $f(x_0)$ 是否同号，如果同号，说明所求的根 x^* 在 x_0 的右侧，这时令 $a_1=x_0, b_1=b$；否则，即若 $f(a)$ 与 $f(x_0)$ 异号，说明所求的根 x^* 在 x_0 的左侧，这时令 $a_1=a, b_1=x_0$。不管出现哪种情况，新的有根区间 $[a_1,b_1]$ 的长度仅为 $[a,b]$ 的一半。

对折半后的有根区间 $[a_1,b_1]$ 施行同样的过程，即用中点 $x_1=(a_1+b_1)/2$ 将区间 $[a_1,b_1]$ 分为两半，假设中点 x_0 不是 $f(x)=0$ 的零点，然后进行根的搜索，即检查 $f(a_1)$ 与 $f(x_1)$ 是否同号，如果同号，说明所求的根 x^* 在 x_1 的右侧，这时令 $a_2=x_1, b_2=b_1$；否则，即若 $f(a_1)$ 与 $f(x_1)$ 异号，说明所求的根 x^* 在 x_1 的左侧，这时令 $a_2=a_1, b_2=x_1$。

如此反复二分下去，即可得出一系列相互嵌套或包含的有根区间，即

$$[a,b]\supset[a_1,b_1]\supset\cdots\supset[a_k,b_k]\supset\cdots \tag{4.1.8}$$

其中，每个区间都是前一个区间长度的一半，因此，当二分的次数 $k\to\infty$ 时，$[a_k,b_k]$ 的长度

$$(b_k-a_k)=(b-a)/2^k \tag{4.1.9}$$

趋于零。就是说，如果二分过程无限地继续下去，这些区间最终必收缩于一点 x^*，该点就是所求的根。

取有根区间 $[a_k, b_k]$ 的中点，即

$$x_k = (a_k + b_k)/2, \quad k = 0, 1, \cdots \tag{4.1.10}$$

其中，$a_0 = a$ 和 $b_0 = b$。记录每次二分区间的中点，则在二分过程中可以获得一个近似根的序列

$$x_0, x_1, x_2, \cdots, x_k, \cdots \tag{4.1.11}$$

该序列必以根 x^* 为极限(注意首次二分中点记为 x_0)。不过在实际计算中，计算机的精度有限，也不可能完成这个无限过程，其实也没有必要，往往只要得到满足指定精度的根。可通过控制 x_k 作为 x^* 的近似值的绝对误差限 ε 预先确定最大的迭代次数或二分次数，使得

$$|x_k - x^*| \leqslant (b_k - a_k)/2 = (b-a)/2^{k+1} < \varepsilon \tag{4.1.12}$$

给定绝对误差限 ε 后，便可以解出最大的迭代次数

$$k > \log_2\left(\frac{b-a}{\varepsilon}\right) - 1 \tag{4.1.13}$$

可对式(4.1.13)右端向上取整，即可得到满足精度要求的迭代次数。

例 2 采用二分法求解方程 $f(x) = P_5(x) = (63x^5 - 70x^3 + 15x)/8$ 的根。

解：以 $|f(x_k)| < \varepsilon = 10^{-8}$ 作为终止标准，根据例 1 所得 5 个有根区间可分别采用二分法求解，所得的迭代序列如表 4.1.2 所示。可以看出，在 5 个求根区间下，分别经过 22，24，0，24，22 次迭代得其根 −0.90617985，−0.53846931，0，0.53846931 和 0.90617985。另外，直接以区间长度 $(b-a)/2^k < \varepsilon = 10^{-8}$ 作为二分法终止标准，即 x_k 作为 x^* 的近似值的绝对误差限 ε 小于或等于 0.5×10^{-8}，所得结果与该表类似。

表 4.1.2　5 个求根区间下二分法所得的迭代序列

k	[−1, −0.8]	[−0.8, −0.4]	[−0.4, 0.4]	[0.4, 0.8]	[0.8, 1]
	x_k	x_k	x_k	x_k	x_k
0	−0.90000000	−0.60000000	0.00000000	0.60000000	0.90000000
1	−0.95000000	−0.50000000		0.50000000	0.95000000
2	−0.92500000	−0.55000000		0.55000000	0.92500000
3	−0.91250000	−0.52500000		0.52500000	0.91250000
4	−0.90625000	−0.53750000		0.53750000	0.90625000
5	−0.90312500	−0.54375000		0.54375000	0.90312500
6	−0.90468750	−0.54062500		0.54062500	0.90468750
7	−0.90546875	−0.53906250		0.53906250	0.90546875
8	−0.90585938	−0.53828125		0.53828125	0.90585938
9	−0.90605469	−0.53867188		0.53867188	0.90605469
10	−0.90615234	−0.53847656		0.53847656	0.90615234
11	−0.90620117	−0.53837891		0.53837891	0.90620117

续表

k	[−1,−0.8]	[−0.8,−0.4]	[−0.4,0.4]	[0.4,0.8]	[0.8,1]
	x_k	x_k	x_k	x_k	x_k
12	−0.90617676	−0.53842773		0.53842773	0.90617676
13	−0.90618896	−0.53845215		0.53845215	0.90618896
14	−0.90618286	−0.53846436		0.53846436	0.90618286
15	−0.90617981	−0.53847046		0.53847046	0.90617981
16	−0.90618134	−0.53846741		0.53846741	0.90618134
17	−0.90618057	−0.53846893		0.53846893	0.90618057
18	−0.90618019	−0.53846970		0.53846970	0.90618019
19	−0.90618000	−0.53846931		0.53846931	0.90618000
20	−0.90617990	−0.53846912		0.53846912	0.90617990
21	−0.90617986	−0.53846922		0.53846922	0.90617986
22	−0.90617985	−0.53846927		0.53846927	0.90617985
23		−0.53846929		0.53846929	
24		−0.53846931		0.53846931	

4.1.3 不动点迭代法及其收敛性

1. 不动点迭代法

不动点迭代法(Fixed Point Iteration)是一种显示化的迭代法,它将隐式方程归结于一组显式的计算公式。将 $f(x)=0$ 改写成等价的形式,即

$$x=\varphi(x) \tag{4.1.14}$$

等价形式的特例为

$$f(x)=x-\varphi(x) \tag{4.1.15}$$

若要求 x^* 满足 $f(x^*)=0$,则 $x^*=\varphi(x^*)$,反之亦然,则称 x^* 为函数 $\varphi(x)$的不动点。这样求 $f(x)=0$ 的零点就等价于求 $\varphi(x)$的不动点。选择一个初始值,将它代入式(4.1.14)右端,即可求得

$$x_1=\varphi(x_0) \tag{4.1.16}$$

可以如此反复迭代计算,得

$$x_{k+1}=\varphi(x_k),\quad k=0,1,\cdots \tag{4.1.17}$$

$\varphi(x)$称为迭代函数。如果对任何 $x_0\in[a,b]$,由式(4.1.17)得到的序列$\{x_k\}$有极限

$$\lim_{k\to\infty}x_{k+1}=x^* \tag{4.1.18}$$

则称迭代方程式(4.1.17)收敛,且 $x^*=\varphi(x^*)$为函数 $\varphi(x)$的不动点,故称式(4.1.17)为不动点迭代法。

例 3 采用以下迭代函数,求解方程 $f(x)=x^2-2x-3$ 的根。

(1) $\varphi_1(x)=\sqrt{2x+3}$。

(2) $\varphi_2(x)=\dfrac{3}{x-2}$。

(3) $\varphi_3(x)=\dfrac{x^2-3}{2}$。

解：分别采用以上 3 个迭代函数，以 4 为初值且迭代 13 次的结果如表 4.1.3 所示，可以看出 $\varphi_1(x)=\sqrt{2x+3}$ 和 $\varphi_2(x)=3/(x-2)$ 分别越来越接近 $f(x)=x^2-2x+3$ 的根 3 和 -1，而 $\varphi_3(x)=(x^2-3)/2$ 其迭代序列发散。各函数图像及序列变化如图 4.1.2～图 4.1.4 所示。

表 4.1.3　3 种迭代函数所得的迭代序列

x_k	$\varphi_1(x)$	$\varphi_2(x)$	$\varphi_3(x)$
0	4.0000000	4.0000000	4.0000E+00
1	3.3166248	1.5000000	6.5000E+00
2	3.1037477	−6.0000000	1.9625E+01
3	3.0343855	−0.3750000	1.9107E+02
4	3.0114400	−1.2631579	1.8252E+04
5	3.0038109	−0.9193548	1.6658E+08
6	3.0012700	−1.0276243	1.3874E+16
7	3.0004233	−0.9908759	9.6240E+31
8	3.0001411	−1.0030506	4.6311E+63
9	3.0000470	−0.9989842	1.0723E+127
10	3.0000157	−1.0003387	5.7496E+253

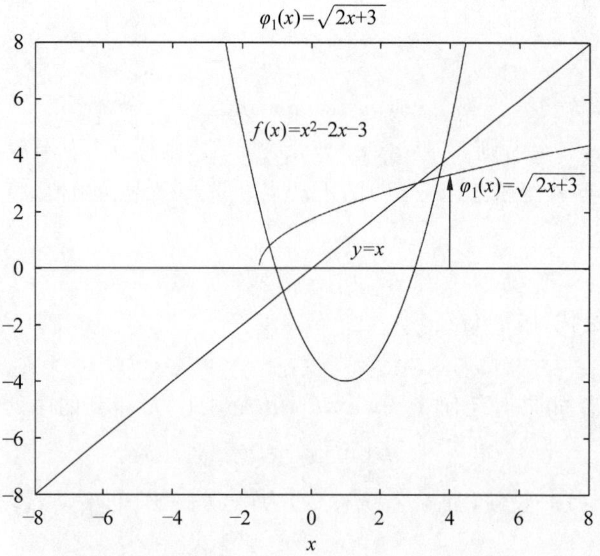

图 4.1.2　$\varphi_1(x)=\sqrt{2x+3}$ 的迭代序列变化

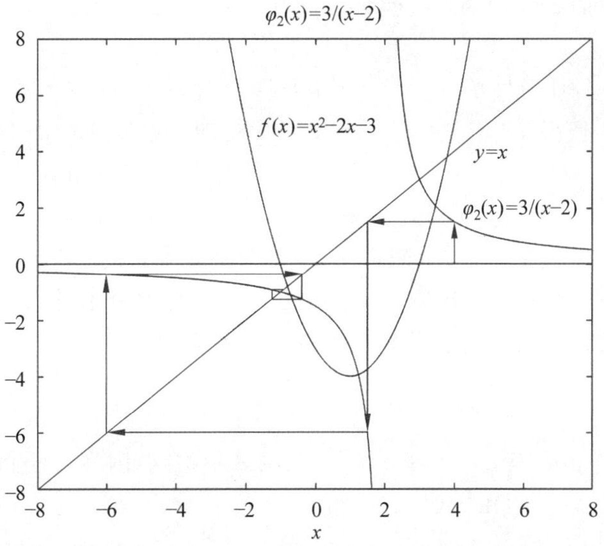

图 4.1.3 $\varphi_2(x)=3/(x-2)$的迭代序列变化

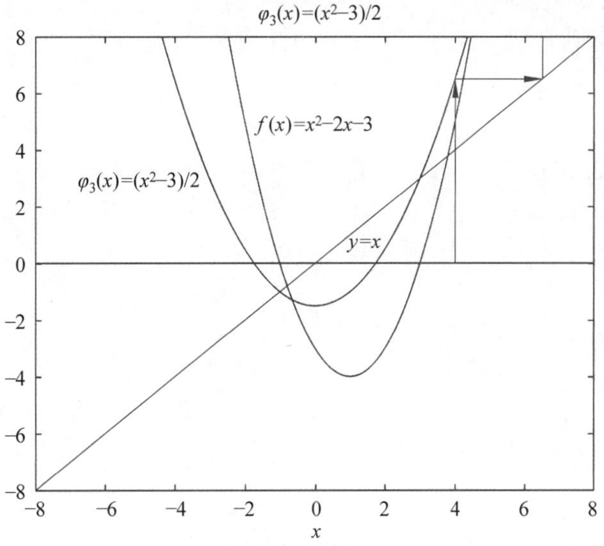

图 4.1.4 $\varphi_3(x)=(x^2-3)/2$ 的迭代序列变化

2. 不动点的存在性与收敛性

下面考虑$\varphi(x)$在$[a,b]$上不动点的存在性和唯一性。

定理 1（压缩映射定理） 设迭代函数$\varphi(x)\in C[a,b]$满足以下条件。

(1) $\forall x\in[a,b]$，都有$\varphi(x)\in[a,b]$。

(2) 存在正常数L满足$0\leqslant L<1$，使得$\forall x,y\in[a,b]$，都有

$$|\varphi(x)-\varphi(y)|\leqslant L|x-y| \tag{4.1.19}$$

则$\varphi(x)$在$[a,b]$上存在唯一的不动点x^*。

证明：先证明存在性。若$\varphi(a)=a$或$\varphi(b)=b$，显然$\varphi(x)$在$[a,b]$上存在不动点。因

为 $a \leqslant \varphi(x) \leqslant b$，下面设 $\varphi(a)>a$ 及 $\varphi(b)<b$，定义函数

$$f(x)=x-\varphi(x) \tag{4.1.20}$$

显然 $f(x)\in C[a,b]$，且满足 $f(a)=a-\varphi(a)<0, f(b)=b-\varphi(b)>0$，由连续函数性质可知，存在 $x^* \in [a,b]$ 使得 $f(x^*)=x^*-\varphi(x^*)=0$，即 x^* 为 $\varphi(x)$ 的不动点。

再证明唯一性。设 $x_1^*, x_2^* \in [a,b]$ 都是 $\varphi(x)$ 的不动点，则由式(4.1.19)得

$$|x_1^*-x_2^*|=|\varphi(x_1^*)-\varphi(x_2^*)| \leqslant L|x_1^*-x_2^*|<|x_1^*-x_2^*| \tag{4.1.21}$$

式(4.1.21)矛盾，故 $\varphi(x)$ 在 $[a,b]$ 上的不动点 x^* 只能是唯一的。

定理 2 设迭代函数 $\varphi(x)\in C[a,b]$ 满足定理 1 的两个条件，则对 $\forall x_0 \in [a,b]$，由式(4.1.17)得到的迭代序列 $\{x_k\}$ 收敛到不动点 x^*，并有误差估计

$$|x_k-x^*| \leqslant \frac{L^k}{1-L}|x_1-x_0| \tag{4.1.22}$$

证明：设 $x^* \in [a,b]$ 是 $\varphi(x)$ 在 $[a,b]$ 上的唯一不动点，因为 $x_0 \in [a,b]$，由定理 1 的条件(1) 可知 $\{x_k\} \subset [a,b]$，再由式(4.1.19)得

$$|x_k-x^*|=|\varphi(x_{k-1})-\varphi(x^*)| \leqslant L|x_{k-1}-x^*| \leqslant \cdots \leqslant L^k|x_0-x^*| \tag{4.1.23}$$

因为 $0 \leqslant L<1$，故当 $k \to \infty$ 时，序列 $\{x_k\}$ 收敛到不动点。

下面再证明误差估计式(4.1.22)，由式(4.1.19)有

$$|x_{k+1}-x_k|=|\varphi(x_k)-\varphi(x_{k-1})| \leqslant L|x_k-x_{k-1}| \leqslant \cdots \leqslant L^k|x_1-x_0| \tag{4.1.24}$$

于是对于任意正整数 p 有

$$\begin{aligned}
|x_{k+p}-x_k| &= |x_{k+p}-x_{k+p-1}+x_{k+p-1}-x_{k+p-2}+\cdots+x_{k+1}-x_k| \\
&\leqslant |x_{k+p}-x_{k+p-1}|+|x_{k+p-1}-x_{k+p-2}|+\cdots+|x_{k+1}-x_k| \\
&\leqslant (L^{k+p-1}+L^{k+p-1}+\cdots+L^k)|x_1-x_0| \\
&= \frac{L^k(1-L^p)}{1-L}|x_1-x_0| \\
&\leqslant \frac{L^k}{1-L}|x_1-x_0|
\end{aligned} \tag{4.1.25}$$

令 $p \to \infty$，因为 $\lim\limits_{p\to\infty} x_{k+p}=x^*$，即得式(4.1.22)。

虽然不动点迭代方法会按极限收敛，但在实际计算时，必须按精度要求控制迭代次数。误差估计式(4.1.22)原则上可用于确定迭代次数，但由于它含有未定的常数 L 而不便于实际应用。根据式(4.1.24)，对于任意正整数 p 有

$$\begin{aligned}
|x_{k+p}-x_k| &= |x_{k+p}-x_{k+p-1}+x_{k+p-1}-x_{k+p-2}+\cdots+x_{k+1}-x_k| \\
&\leqslant |x_{k+p}-x_{k+p-1}|+|x_{k+p-1}-x_{k+p-2}|+\cdots+|x_{k+1}-x_k| \\
&\leqslant (L^{p-1}+L^{p-2}+\cdots+1)|x_{k+1}-x_k| \\
&\leqslant \frac{1}{1-L}|x_{k+1}-x_k|
\end{aligned} \tag{4.1.26}$$

在式(4.1.26)中，令 $p \to \infty$，注意到 $\lim\limits_{p\to\infty} x_{k+p}=x^*$，可得

$$|x^*-x_k| \leqslant \frac{1}{1-L}|x_{k+1}-x_k| \tag{4.1.27}$$

由此可见，只要相邻两次计算结果的偏差 $|x_{k+1}-x_k|$ 足够小，即可保证近似值 x_k 具有足够精度。

如果 $\varphi(x)\in C^1[a,b]$（连续并存在一阶导数），且对 $\forall x\in[a,b]$ 有

$$\varphi'(x)\leqslant L<1 \tag{4.1.28}$$

则由中值定理可知，对 $\forall x,y\in[a,b]$，则

$$|\varphi(x)-\varphi(y)|\leqslant|\varphi'(\xi)(x-y)|\leqslant L|x-y|,\quad \xi\in[a,b] \tag{4.1.29}$$

它表明实际使用时定理 1 中的条件(2) 可用式(4.1.29)代替。

3. *局部收敛性与收敛阶*

上面给出 $\forall x_0\in[a,b]$ 上所产生的迭代序列 $\{x_k\}$ 的收敛性，通常称为全局收敛性，有时不易检验定理的条件，实际应用时通常只在不动点 x^* 的邻域考查其收敛性，即局部收敛性。

定义 1　设 $\varphi(x)$ 在 $[a,b]$ 上存在唯一的不动点的 x^*，如果存在 x^* 的某个邻域 $U(x^*,\delta)=\{x||x-x^*|<\delta\}$，对任意 $\forall x_0\in U(x^*,\delta)$，迭代法式(4.1.17)产生的序列 $\{x_k\}$ 收敛到不动点 x^*，则称迭代法式(4.1.17)局部收敛。

定理 3　设 $\varphi(x)$ 在 $[a,b]$ 上存在唯一的不动点的 x^*，如果 $\varphi'(x)$ 存在 x^* 的某个邻域 $U(x^*,\delta)=\{x||x-x^*|<\delta\}$ 上连续，且对任意 $\forall x_0\in U(x^*,\delta)$，有 $|\varphi'(x)|\leqslant 1$，则称迭代法式(4.1.17)局部收敛。

证明：由连续函数的性质，存在 x^* 的某个邻域 $U(x^*,\delta)=\{x||x-x^*|<\delta\}$，使得对 $\forall x_0\in U(x^*,\delta)$，有 $|\varphi'(x)|\leqslant 1$。此外，对于 $\forall x\in U(x^*,\delta)$，总有

$$|\varphi(x)-x^*|=|\varphi(x)-\varphi(x^*)|\leqslant L|x-x^*|\leqslant|x-x^*|\leqslant\delta \tag{4.1.30}$$

即 $\varphi(x)\in U(x^*,\delta)$，于是依据定理 2 可以断定，任意初值 $\forall x_0\in U(x^*,\delta)$ 下迭代函数生成的迭代序列 $x_{k+1}=\varphi(x_k)$ 均收敛。

例如，在例 3 中，$\varphi_1'(x)=1/\sqrt{2x+3}$，在 $x^*=3$ 处具有局部收敛性；$\varphi_2'(x)=-3/(x-2)^2$，在 $x^*=-1$ 处具有局部收敛性。而 $\varphi_3'(x)=x$，在 $x^*=3$ 不具有局部收敛性。

因为不同的迭代函数生成的迭代序列的收敛速度不尽相同，下面考虑用于评价收敛速度快慢的收敛阶的定义及相关结论。

定义 2　设迭代序列 $x_{k+1}=\varphi(x_k)$ 收敛于方程 $x=\varphi(x)$ 的根 x^*，如果当 $k\to\infty$ 时，迭代误差 $e_k=|x-x^*|$ 满足渐近关系式

$$\frac{e_{k+1}}{e_k^p}\to C \tag{4.1.31}$$

其中，C 是不等于 0 的常数，则称该迭代序列是 p 阶收敛。特别地，$p=1$（$|C|<1$）时，称为线性收敛；$p>1$ 时，称为超线性收敛；$p=2$ 时，称为平方（二阶）收敛。

定理 4　对于迭代序列 $x_{k+1}=\varphi(x_k)$ 及正整数 p，如果

$$\varphi'(x^*)=\varphi''(x^*)=\cdots=\varphi^{(p-1)}(x^*)=0,\quad \varphi^{(p)}(x^*)\neq 0 \tag{4.1.32}$$

则称该迭代序列是 p 阶收敛的。

证明：由于 $\varphi'(x^*)=0$，根据定理 3 立即可断定，迭代序列 $x_{k+1}=\varphi(x_k)$ 具有局部收敛性。再将 $\varphi(x_k)$ 在 x^* 处作泰勒展开，利用条件式(4.1.32)，则有

$$\varphi(x_k)=\varphi(x^*)+\frac{\varphi^{(p)}(\xi)}{p!}(x_k-x^*)^p \tag{4.1.33}$$

其中，ξ 位于 x_k 和 x^* 之间。$\varphi(x_k)=x_{k+1}$，$\varphi(x^*)=x^*$，由式(4.1.33)可得

$$x_{k+1}-x^*=\frac{\varphi^{(p)}(\xi)}{p!}(x_k-x^*)^p \tag{4.1.34}$$

因此，当 $k\to\infty$ 时，由 $x_k\to x^*$ 可知，$\xi\to x^*$，故迭代误差 $e_k=|x-x^*|$ 满足渐近关系式

$$\frac{e_{k+1}}{e_k^p}\to\frac{\varphi^{(p)}(x^*)}{p!} \tag{4.1.35}$$

这表明该迭代序列 $x_{k+1}=\varphi(x_k)$ 是 p 阶收敛的。

定理 5 给定函数 $f(x)$，设对一切 x，$f'(x)$ 存在且 $0<m\leqslant f'(x)\leqslant M$。证明：对于范围 $0<\lambda<2/M$ 内的任意数 λ，迭代过程 $x_{k+1}=x_k-\lambda f(x_k)$ 均收敛于 $f(x)=0$ 的根 x^*。

证明：由于 $f'(x)>0$，故 $f(x)$ 为单调函数，因此方程 $f(x)=0$ 的根是唯一的。迭代函数 $\varphi(x)=x-\lambda f(x)$。由定理 1，下面需要证明 $|\varphi'(x)|=|1-\lambda f'(x)|\leqslant 1$。由 $m\leqslant f'(x)\leqslant M$ 和 $0<\lambda<2/M$，得

$$0<\lambda m\leqslant\lambda f'(x)\leqslant\lambda M<2$$
$$-2<-\lambda M\leqslant-\lambda f'(x)\leqslant-\lambda m<0$$
$$-1=1-2<1-\lambda M\leqslant 1-\lambda f'(x)\leqslant 1-\lambda m<1$$

故

$$|\varphi'(x)|\leqslant L=\max\{|1-\lambda M|,|1-\lambda m|\}<1$$

由此可得

$$|x_k-x^*|\leqslant L|x_{k-1}-x^*|\leqslant\cdots\leqslant L^K|x_0-x^*|\to 0,k\to+\infty$$

即 $\lim\limits_{k\to+\infty}x_k=x^*$。

例 4 构造不动点迭代函数，求解方程 $f(x)=P_5(x)=(63x^5-70x^3+15x)/8$ 的根。

解：由图 4.1.1 可以看出，$f'(x)=(315x^4-210x^2+15)/8$ 在 -1 或 1 处达到最大值 15，按照定理 5，可为如下初值构建不动点迭代函数，即

$$\varphi(x)=x-\frac{2}{15}P_5(x),x_0=-1,0,1$$

$$\varphi(x)=x+\frac{2}{15}P_5(x),x_0=-0.6,0.6$$

以 $|f(x_k)|<\varepsilon=10^{-8}$ 作为终止标准，不动点迭代法所得迭代序列如表 4.1.4 所示。可以看出，在 5 个初值下，分别经过 9、43、0、43、9 次迭代得其根 -0.90617985、-0.53846931、0、0.53846931 和 0.90617985。

表 4.1.4　5 个初值下的迭代序列

k	x_k	x_k	x_k	x_k	x_k
0	−1.00000000	−0.60000000	0.00000000	0.60000000	1.00000000
1	−0.86666667	−0.57964800		0.57964800	0.86666667
2	−0.89606400	−0.56605211		0.56605211	0.89606400
3	−0.90486325	−0.55698484		0.55698484	0.90486325

续表

k	x_k	x_k	x_k	x_k	x_k
4	−0.90606128	−0.55092412		0.55092412	0.90606128
5	−0.90616983	−0.54686124		0.54686124	0.90616983
6	−0.90617900	−0.54413070		0.54413070	0.90617900
7	−0.90617978	−0.54229200		0.54229200	0.90617978
8	−0.90617984	−0.54105206		0.54105206	0.90617984
9	−0.90617985	−0.54021506		0.54021506	0.90617985
43		−0.53846931		0.53846931	

4.1.4 迭代收敛的加速方法

对于收敛的迭代过程，只要迭代足够多次，就可以使结果达到任意的精度。但有的迭代过程收敛缓慢，从而使计算量变得很大，因此需要考虑迭代收敛的加速方法。下面主要介绍两种加速方法，分别是埃特金(Aitken)加速收敛方法和斯蒂芬森(Steffensen)迭代法。

1. 埃特金加速收敛方法

对于给定的迭代序列$\{x_k\}$，埃特金加速收敛方法通过以下思路得到加速的迭代序列$\{\bar{x}_k\}$。设x_0是根x^*的某个近似值，用迭代公式迭代两次得

$$x_1=\varphi(x_0),\quad x_2=\varphi(x_1) \tag{4.1.36}$$

如果$\varphi'(x)$变化不大，近似地取某个近似值$\varphi'(x)\approx L$，由微分中值定理，有

$$\begin{cases}x_1-x^*=\varphi(x_0)-x^*\approx L(x_0-x^*)\\ x_2-x^*=\varphi(x_1)-x^*\approx L(x_1-x^*)\end{cases} \tag{4.1.37}$$

可得

$$\frac{x_1-x^*}{x_0-x^*}\approx\frac{x_2-x^*}{x_1-x^*} \tag{4.1.38}$$

即

$$x_1^2-2x_1x^*+x^{*2}=x_2x_0-x_2x^*-x_0x^*+x^{*2} \tag{4.1.39}$$

再解出

$$\begin{aligned}x^*&=\frac{x_2x_0-x_1^2}{x_2-2x_1+x_0}\\ &=x_0-\frac{x_2x_0-2x_0x_1+x_0^2-x_2x_0+x_1^2}{x_2-2x_1+x_0}\\ &=x_0-\frac{(x_1-x_0)^2}{x_2-2x_1+x_0}\end{aligned} \tag{4.1.40}$$

在计算出$x_1=\varphi(x_0)$，$x_2=\varphi(x_1)$后，可以采用式(4.1.40)右端计算x^*的近似值$\bar{x}_1$。一般情形下，由$x_{k+1}=\varphi(x_k)$，$x_{k+2}=\varphi(x_{k+1})$计算，即

$$\bar{x}_{k+1}=x_k-\frac{(x_{k+1}-x_k)^2}{x_{k+2}-2x_{k+1}+x_k}$$

$$
\begin{aligned}
&= x_k - \frac{(x_{k+1}-x_k)^2}{(x_{k+2}-x_{k+1})-(x_{k+1}-x_k)} \\
&= x_k - (\Delta x_k)^2/\Delta^2 x_k
\end{aligned}
\tag{4.1.41}
$$

其中，$\Delta x_k = x_{k+1}-x_k$，$\Delta^2 x_k = \Delta x_{k+1}-\Delta x_k$，该方法称为埃特金 Δ^2 加速方法。可以证明

$$
\lim_{k\to\infty}\frac{\bar{x}_{k+1}-x^*}{x_{k+1}-x^*}=0 \tag{4.1.42}
$$

即序列$\{\bar{x}_k\}$比$\{x_k\}$的收敛速度快。

例 5 沿用例 4 的不动点迭代函数，采用埃特金 Δ^2 加速方法求解方程 $f(x)=P_5(x)=(63x^5-70x^3+15x)/8$ 的根。

解：以$|f(x_k)|<\varepsilon=10^{-8}$作为终止标准，采用埃特金 Δ^2 加速方法所得的迭代序列如表 4.1.5 所示。可以看出，在 5 个初值下，分别经过 6、18、0、18、6 次迭代得其根−0.90617985、−0. 53846931、0、0.53846931 和 0.90617985。

表 4.1.5 5 个初值下埃特金 Δ^2 加速方法所得的迭代序列

k	x_k	x_k	x_k	x_k	x_k
0	−1.00000000	−0.60000000	0.00000000	0.60000000	1.00000000
1	−0.89075336	−0.53869197		0.53869197	0.89075336
2	−0.90862219	−0.53883022		0.53883022	0.90862219
3	−0.90625010	−0.53870667		0.53870667	0.90625010
4	−0.90618064	−0.53859877		0.53859877	0.90618064
5	−0.90617985	−0.53853471		0.53853471	0.90617985
6	−0.90617985	−0.53850109		0.53850109	0.90617985
18		−0.53846931		0.53846931	

2. 斯蒂芬森迭代法

埃特金加速方法不管原迭代序列$\{x_k\}$是怎样产生的，对$\{x_k\}$进行加速计算得到迭代序列$\{\bar{x}_k\}$。如果把埃特金加速技巧与不动点迭代方法结合，则可得到如下的迭代法。

$$
y_k=\varphi(x_k) \tag{4.1.43}
$$

$$
z_k=\varphi(y_k) \tag{4.1.44}
$$

$$
x_{k+1}=x_k-\frac{(y_k-x_k)^2}{z_k-2y_k+x_k},\quad k=0,1,2,\cdots \tag{4.1.45}
$$

将式(4.1.43)和式(4.1.44)代入式(4.1.45)，即得

$$
x_{k+1}=x_k-\frac{(\varphi(x_k)-x_k)^2}{\varphi(\varphi(x_k))-2\varphi(x_k)+x_k},\quad k=0,1,2,\cdots \tag{4.1.46}
$$

相当于将以不动点迭代法计算的两步合并成一步得到，上述迭代序列可由下列另一种迭代函数生成。

$$
\phi(x)=x-\frac{(\varphi(x)-x)^2}{\varphi(\varphi(x))-2\varphi(x)+x} \tag{4.1.47}
$$

定理6 若 x^* 是 $\phi(x)$ 的不动点,则 x^* 是 $\varphi(x)$ 的不动点。反之,若 x^* 是 $\varphi(x)$ 的不动点,设 $\varphi''(x)$ 存在且 $\varphi'(x^*)\neq 1$,则 x^* 是 $\phi(x)$ 的不动点,且斯蒂芬森迭代法是二阶收敛的。

例6 沿用例5的不动点迭代函数,采用斯蒂芬森迭代法求解方程 $f(x)=P_5(x)=(63x^5-70x^3+15x)/8$ 的根。

解:以 $|f(x_k)|<\varepsilon=10^{-8}$ 作为终止标准,采用斯蒂芬森迭代法所得的迭代序列如表4.1.6所示。可以看出,在5个初值下,分别经过4、3、0、3、4次迭代得其根 -0.90617985、-0.53846931、0、0.53846931和0.90617985。

表4.1.6 5个初值下斯蒂芬森迭代法所得的迭代序列

k	x_k	x_k	x_k	x_k	x_k
0	−1.00000000	−0.60000000	0.00000000	0.60000000	1.00000000
1	−0.89075336	−0.53869197		0.53869197	0.89075336
2	−0.90637743	−0.53846934		0.53846934	0.90637743
3	−0.90617986	−0.53846931		0.53846931	0.90617986
4	−0.90617985				0.90617985

4.1.5 自适应运动估计算法(Adam)

自适应运动估计(adaptive moment estimation,Adam)算法是梯度下降优化算法的扩展。Kingma和Ba在2014年发表的题为《Adam:随机优化方法》的论文中描述了该算法。Adam算法是梯度下降的扩展,是AdaGrad和RMSProp等算法的自然继承者。该技术通过使用以指数移动平均值以更新梯度的一阶、二阶中心距,然后对一阶、二阶中心距的偏差进行修正,再基于学习率和修正后的梯度不断生成迭代序列。

Adam算法通常设置梯度的一阶、二阶中心距 $m_0=0$,$v_0=0$,通过设置指数 $\beta_1,\beta_2\in(0,1)$,结合当前迭代值处的目标函数的导数或梯度 $g_k=f'(x_k)$,更新梯度的一阶、二阶中心距如下。

$$m_k=\beta_1 m_{k-1}+(1-\beta_1)g_k \tag{4.1.48}$$

$$v_k=\beta_2 v_{k-1}+(1-\beta_2)g_k^2 \tag{4.1.49}$$

再对一阶、二阶原点距的偏差进行修正,即

$$\hat{m}_k=m_k/(1-\beta_1^k) \tag{4.1.50}$$

$$\hat{v}_k=v_k/(1-\beta_2^k) \tag{4.1.51}$$

这是因为(注意,一阶距的偏差修正,可类似下面的方法推导)

$$\begin{aligned} E[v_k]&=E\left[(1-\beta_2)\sum_{t=1}^{k}\beta_2^{k-t}g_i^2\right]\\ &=(1-\beta_2)E[g_i^2]\left[\sum_{t=1}^{k}\beta_2^{k-t}\right]+\zeta\\ &=E[g_i^2](1-\beta_2^k)+\zeta \end{aligned} \tag{4.1.52}$$

若 $E[g_i^2]$ 平稳,则 $\zeta=0$。

最后,基于学习率和修正后的梯度,得到更新的迭代值为

$$x_{k+1}=x_k-\alpha\hat{m}_k/\left(\sqrt{\hat{v}_k}+\varepsilon\right) \tag{4.1.53}$$

其中小正数 $\varepsilon=10^{-8}$。

如果需要最小化多变量目标函数 $f(\boldsymbol{x})$，Adam 算法只需要计算梯度向量 $f'(\boldsymbol{x}^{(k)})$，便可基于学习率和修正后的梯度不断生成迭代序列。Adam 算法广泛用于回归模型参数估计、多层神经网络、卷积神经网络以及深度神经网络的参数学习。

例 7 采用 Adam 迭代法求解方程 $f(x)=P_5(x)=(63x^5-70x^3+15x)/8$ 的根。

解：以 $|f(x_k)|<\varepsilon=10^{-2}$ 作为终止标准，采用 Adam 迭代法所得的迭代序列如表 4.1.7 所示。可以看出，在 5 个初值下，分别经过 10、6、0、6、10 次迭代得其根 −0.90571240、−0.53998366、0、0.53998366 和 0.90571240。

表 4.1.7 5 个初值下 Adam 迭代法所得的迭代序列

k	x_k	x_k	x_k	x_k	x_k
0	−1.00000000	−0.60000000	0.00000000	0.60000000	1.00000000
1	−0.99000000	−0.59000000		0.59000000	0.99000000
2	−0.98004557	−0.57999575		0.57999575	0.98004557
3	−0.97016822	−0.56998782		0.56998782	0.97016822
4	−0.96039956	−0.55997924		0.55997924	0.96039956
5	−0.95077076	−0.54997534		0.54997534	0.95077076
6	−0.94131194	−0.53998366		0.53998366	0.94131194
7	−0.93205160				0.93205160
8	−0.92301614				0.92301614
9	−0.91422940				0.91422940
10	−0.90571240				0.90571240

4.1.6 牛顿法

1. 牛顿法及其收敛性

例 8 设 $\varphi(x)=x-p(x)f(x)$，试确定 $p(x)$，使以迭代函数 $\varphi(x)$ 求解 $f(x)=0$ 的迭代法至少二阶或平方收敛。

解：若使 $x_{k+1}=\varphi(x_k)$ 二阶收敛到 $f(x)=0$ 的根 x^*，根据定理 4，应有 $\varphi(x^*)=x^*$，$\varphi'(x^*)=0$，即

$$\varphi(x^*)=x^*-p(x^*)f(x^*)=x^* \tag{4.1.54}$$

$$\begin{aligned}\varphi'(x^*)&=1-p'(x^*)f(x^*)-p(x^*)f'(x^*)\\&=1-p(x^*)f'(x^*)\\&=0\end{aligned} \tag{4.1.55}$$

式(4.1.54)和式(4.1.55)，因为 $f(x^*)=0$ 而成立。由式(4.1.55)可求出

$$p(x^*)=\frac{1}{f'(x^*)} \tag{4.1.56}$$

由此，得出牛顿法的迭代函数为

$$\varphi(x)=x-\frac{1}{f'(x)}f(x) \tag{4.1.57}$$

牛顿法实质上是一种将非线性方程 $f(x)=0$ 逐步归结为某种线性方程求解。设已知方程 $f(x)=0$ 的近似根 x_k(假定 $f(x_k)\neq 0$)，将函数 $f(x)$ 在 x_k 展开，有

$$f(x)\approx f(x_k)+f'(x_k)(x-x_k) \tag{4.1.58}$$

于是方程 $f(x)=0$ 可近似地表示为

$$f(x)\approx f(x_k)+f'(x_k)(x-x_k)=0 \tag{4.1.59}$$

求解这个线性方程可得根的新一轮近似值为

$$x_{k+1}=x_k-\frac{1}{f'(x_k)}f(x),\quad k=0,1,\cdots \tag{4.1.60}$$

由式(4.1.58)知，牛顿法是以函数 $f(x)$ 在 x_k 处的切线函数 $f(x_k)+f'(x_k)(x-x_k)$ 近似 $f(x)$，迭代求解 $f(x)=0$ 的根，故牛顿法也称为切线法。

例 9　当初值分别为 -1、-0.6、0、0.6 和 1 时，采用牛顿法求解方程 $f(x)=P_5(x)=(63x^5-70x^3+15x)/8$ 的根。

解：以 $|f(x_k)|<\varepsilon=10^{-8}$ 作为终止标准，采用牛顿法所得的迭代序列如表 4.1.8 所示。可以看出，在 5 个初值下，分别经过 5、3、1、3、5 次迭代得其根 -0.90617985、-0.53846931、0、0.53846931 和 0.90617985。

表 4.1.8　5 个初值下牛顿法所得的迭代序列

k	x_k	x_k	x_k	x_k	x_k
0	−1.00000000	−0.60000000	0.00000000	0.60000000	1.00000000
1	−0.93333333	−0.53825243		0.53825243	0.93333333
2	−0.90932643	−0.53846935		0.53846935	0.90932643
3	−0.90622895	−0.53846931		0.53846931	0.90622895
4	−0.90617986				0.90617986
5	−0.90617985				0.90617985

2. 简化牛顿法与牛顿下山法

牛顿法的优点是收敛快，缺点是每步迭代要计算 $f(x_k)$ 和 $f'(x_k)$，计算量较大，且有时计算 $f'(x_k)$ 较困难；二是初始的近似值 x_0 只在根 x^* 附近才能保证收敛，如 x_0 不合适可能不收敛。为克服这两个缺点，通常可用简化牛顿法或牛顿下山法。

(1) 简化牛顿法，也称为平行弦法，其迭代式为

$$x_{k+1}=x_k-Cf(x),\quad C\neq 0,k=0,1,\cdots \tag{4.1.61}$$

迭代函数 $\varphi(x)=x-Cf(x)$。若 $|\varphi'(x)|=|1-Cf'(x)|<1$，则 $0<Cf'(x)<2$，它在根 x^* 附近成立，则迭代法式(4.1.61)局部收敛。在式(4.1.61)中取 $C=1/f'(x_0)$，则称为简化牛顿法，这类方法计算量少，但只有线性收敛。其几何意义是用斜率为 $f'(x_0)$ 的平行弦与 x 轴的交点作为 x^* 的近似。

(2) 牛顿下山法。牛顿法收敛性依赖初值 x_0 的选取，如果 x_0 偏离 x^* 所求根较远或 $f'(x)$ 比较小，则牛顿法不能保证 $|f(x)|$ 减少甚至可能发散。例如，例 6 中，如取初值为 $x_0=-0.3$，此处 $f(-0.3)=0.3454$ 和 $f'(-0.3)=-0.1686$，牛顿法的下一步迭代值为

$$x_1=x_0-\frac{1}{f'(x_0)}f(x_0)=-2.3486 \tag{4.1.62}$$

而 $f(x_1)\approx-454$。以 $|f(x_k)|<\varepsilon=10^{-8}$ 作为终止标准，该初值通过 12 步迭代仍会收敛到一个解，即 -0.90617984。

为防止牛顿法迭代过程中发散，对迭代过程再附加一个要求，即具有单调性

$$f(x_{k+1})\leqslant f(x_k) \tag{4.1.63}$$

满足这项要求的算法称为下山法。

将牛顿法和下山法结合使用，即在下山法保证函数值稳定下降的前提下，用牛顿法加快收敛速度，即迭代序列为

$$\begin{aligned} x_{k+1}&=(1-\lambda)x_k+\lambda\left(x_k-\frac{1}{f'(x_k)}f(x)\right)\\ &=x_k-\lambda\frac{1}{f'(x_k)}f(x),\quad k=0,1,\cdots \end{aligned} \tag{4.1.64}$$

称为牛顿下山法。可以看出，牛顿下山法的下一步近似值 x_{k+1} 可看成 x_k 与原始的牛顿法的下一步近似值 $x_k-f(x)/f'(x_k)$ 的加权平均。下山因子从 $\lambda=1$ 开始，如 x_{k+1} 不满足下降条件式(4.1.63)，需要逐次将 λ 减半进行试算，直到下降条件成立为止。在例 6 中仍取初值为 $x_0=-0.3$，以 $|f(x_k)|<\varepsilon=10^{-8}$ 作为终止标准，牛顿下山法通过 5 步迭代便会收敛到初值附近的一个解 -0.53846931。

3. 重根解法

设 $f(x)=(x-x^*)^m g(x)$，整数 $m\geqslant 2$，$g(x^*)\neq 0$，则 x^* 为 $f(x)$ 的 m 重根。此时有

$$f'(x^*)=f''(x^*)=\cdots=f^{(m-1)}(x^*)=0,f^{(m)}(x^*)\neq 0$$

因为 $f^{(k)}(x)=\sum_{l=0}^{k}C_k^l[(x-x^*)^m]^{(r)}g^{(k-r)}(x)$，特别地

$$f'(x)=m(x-x^*)^{m-1}g(x)+(x-x^*)^m g'(x)$$

$$f''(x)=m(m-1)(x-x^*)^{m-2}g(x)+m(x-x^*)^{m-1}g'(x)+(x-x^*)^m g''(x)$$

若 $f'(x_k)\neq 0$，仍可用牛顿法计算，迭代函数 $\varphi(x)=x-f(x)/f'(x)$，下面计算

$$\begin{aligned} \varphi'(x)&=1-\frac{f'(x)f'(x)-f(x)f''(x)}{[f'(x)]^2}=\frac{f(x)f''(x)}{[f'(x)]^2}\\ &=\frac{(x-x^*)^m g(x)[m(m-1)(x-x^*)^{m-2}g(x)+m(x-x^*)^{m-1}g'(x)+(x-x^*)^m g''(x)]}{[m(x-x^*)^{m-1}g(x)+(x-x^*)^m g'(x)]^2}\\ &=\frac{(x-x^*)^{2m-2}g(x)[m(m-1)g(x)+m(x-x^*)g'(x)+(x-x^*)^2 g''(x)]}{(x-x^*)^{2m-2}[mg(x)+(x-x^*)g'(x)]^2}\\ &=\frac{g(x)[m(m-1)g(x)+m(x-x^*)g'(x)+(x-x^*)^2 g''(x)]}{[mg(x)+(x-x^*)g'(x)]^2} \end{aligned}$$

因此

$$\varphi'(x^*)=\frac{g(x)[m(m-1)g(x)]}{[mg(x)]^2}=1-\frac{1}{m}$$

因为 $\varphi'(x^*)\neq 0$ 且 $|\varphi'(x^*)|<1$，由定理 4 可知，$\varphi(x)=x-f(x)/f'(x)$ 求重根只是线性收敛。由上面 $\varphi'(x)$ 的导数，只需取 $\varphi(x)=x-mf(x)/f'(x)$，可使 $\varphi'(x^*)=0$，若取迭代函数

$$x_{k+1}=x_k-m\frac{f(x_k)}{f'(x_k)} \tag{4.1.65}$$

求重根至少具有二阶收敛。

上述方法需要知道重数 m。为克服此缺点，下面给出另一种方法。因为

$$f(x)=(x-x^*)^m g(x)$$
$$f'(x)=m(x-x^*)^{m-1}g(x)+(x-x^*)^m g'(x)$$

可令 $\mu(x)=f(x)/f'(x)$，即

$$\begin{aligned}\mu(x)&=\frac{f(x)}{f'(x)}=\frac{(x-x^*)^m g(x)}{m(x-x^*)^{m-1}g(x)+(x-x^*)^m g'(x)}\\&=\frac{(x-x^*)g(x)}{mg(x)+(x-x^*)g'(x)}\end{aligned}$$

若 x^* 为 $f(x)$ 的 m 重根，则

$$\begin{aligned}\mu(x)&=\frac{(x-x^*)g(x)}{mg(x)+(x-x^*)g'(x)}=(x-x^*)\frac{g(x)}{mg(x)+(x-x^*)g'(x)}\\&=(x-x^*)h(x)\end{aligned}$$

因为 $g(x^*)\neq 0$，可知 $\mu(x^*)=0$ 和 $h(x^*)=1/m\neq 0$，故 x^* 为 $\mu(x)$ 的单根。对 $\mu(x)$ 使用牛顿法，其迭代函数为

$$\begin{aligned}\varphi(x)&=x-\frac{\mu(x)}{\mu'(x)}=x-\frac{f(x)/f'(x)}{\dfrac{f'(x)f'(x)-f(x)f''(x)}{[f'(x)]^2}}\\&=x-\frac{f(x)f'(x)}{[f'(x)]^2-f(x)f''(x)}\end{aligned}$$

又因为

$$\varphi'(x)=1-\frac{[\mu'(x)]^2-\mu(x)\mu''(x)}{[\mu'(x)]^2}=\mu(x)\mu''(x)$$

因 $\mu(x^*)=0$，可知 $\varphi'(x^*)=\mu(x^*)\mu''(x^*)=0$，从而可构造迭代公式

$$x_{k+1}=x_k-\frac{f(x_k)f'(x_k)}{[f'(x_k)]^2-f(x_k)f''(x_k)} \tag{4.1.66}$$

它是二阶收敛的。

例 10　分别用牛顿法式(4.1.60)，重数已知的牛顿法式(4.1.65)和重数未知的牛顿法式(4.1.66)，求解方程 $f(x)=x^4-4x^2+4=0$。

解：先求出 3 种方法的迭代公式，分别如下。

(1) 牛顿法式(4.1.60)，$x_{k+1}=x_k-(x_k^2-2)/(4x_k)$。

(2) 重数已知的牛顿法式(4.1.65)，$x_{k+1}=x_k-(x_k^2-2)/(2x_k)$。

(3) 重数未知的牛顿法式(4.1.66)，$x_{k+1}=x_k-x_k(x_k^2-2)/(x_k^2+2)$。

取初值 $x_0=1.5$，以 $|f(x_k)|<\varepsilon=10^{-8}$ 作为终止标准，计算结果如表 4.1.9 所示。

表 4.1.9　3 种方法所得的迭代序列

k	牛　顿　法	重数已知的牛顿法	重数未知的牛顿法
0	1.50000000	1.50000000	1.50000000
1	1.45833333	1.41666667	1.41176471
2	1.43660714	1.41421569	1.41421144
3	1.41423578		

4.1.7　弦截法与抛物线法

用牛顿法求方程的根，每步迭代都要计算 $f(x_k)$和 $f'(x_k)$，计算量较大，当函数 $f(x)$比较复杂时，计算 $f'(x_k)$往往较困难。为此可利用已求函数值 $f(x_k)$，$f(x_{k+1})$，…，计算均差近似数值微分 $f'(x_k)$的计算。

1. 弦截法或正割法

设已知方程 $f(x)=0$ 的近似根 x_{k-1}和 x_k(假定 $f(x_k)\neq 0$)，将函数 $f(x)$在 x_k 采用牛顿线性插值函数近似，即

$$N(x)\approx f(x_k)+f[x_{k-1},x_k](x-x_k) \tag{4.1.67}$$

令 $N(x)=0$，可解出 x 作为 x_{k+1}，或弦截法采用差商或均差 $f[x_{k-1},x_k]$近似牛顿法中的 $f'(x_k)$，即

$$\begin{aligned} x_{k+1} &= x_k-\frac{1}{f[x_{k-1},x_k]}f(x) \\ &= x_k-\frac{x_k-x_{k-1}}{f(x_k)-f(x_{k-1})}f(x),\quad k=0,1,\cdots \end{aligned} \tag{4.1.68}$$

弦截法与牛顿法都是线性化方法，但两者有本质的区别。牛顿法在计算 x_{k+1}时只用到前一步的值 x_k，而弦截法式(4.1.68)，在求 x_{k+1}时要用到前面两步的结果，即 x_k 和 x_{k-1}，因此，使用这种方法必须先给出两个初值 x_0 和 x_1。另外，可以证明，弦截法的局部收敛阶为 $p=(1+\sqrt{5})/2\approx 1.618$。

例 11　以表 4.1.2 中第 0，1 次迭代值为初值，采用弦截法求解方程 $f(x)=P_5(x)=(63x^5-70x^3+15x)/8$ 的根。

解：以 $|f(x_k)|<\varepsilon=10^{-8}$ 作为终止标准，采用弦截法所得的迭代序列如表 4.1.10 所示。可以看出，弦截法分别经过 6、5、1、5、6 次迭代得其根－0.90617985、－0.53846931、0、0.53846931 和 0.90617985。

表 4.1.10　弦截法所得的迭代序列

k	x_k	x_k	x_k	x_k	x_k
0	－0.90000000	－0.60000000	0.00000000	0.60000000	0.90000000
1	－0.95000000	－0.50000000		0.50000000	0.95000000
2	－0.90497013	－0.53705145		0.53705145	0.90497013

续表

k	x_k	x_k	x_k	x_k	x_k
3	−0.90594639	−0.53852472		0.53852472	0.90594639
4	−0.90618128	−0.53846925		0.53846925	0.90618128
5	−0.90617984	−0.53846931		0.53846931	0.90617984
6	−0.90617985				0.90617985

2. 抛物线法

抛物线法也称为密勒(Müller)法，设已知方程 $f(x)=0$ 的3个近似根 x_{k-2},x_{k-1},x_k(假定 $f(x_k)\neq 0$)，以这3点构造二次牛顿插值多项式近似函数 $f(x)$

$$N_2(x)\approx f(x_k)+f[x_{k-1},x_k](x-x_k)+ f[x_{k-2},x_{k-1},x_k](x-x_k)(x-x_{k-1}) \tag{4.1.69}$$

令二次函数 $N_2(x)=0$，可解出两个零点 x 作为 x_{k+1}

$$x_{k+1}=x_k-\frac{2f(x_k)}{\omega\pm\sqrt{\omega^2-4f[x_{k-2},x_{k-1},x_k]f(x_k)}},\quad k=0,1,\cdots \tag{4.1.70}$$

式(4.1.70)中 $\omega=f[x_{k-1},x_k]+f[x_{k-2},x_{k-1},x_k](x_k-x_{k-1})$。需要在两个零点写出一个值 x_{k+1}，通常 x_{k-2},x_{k-1},x_k 中 x_k 更接近 x^*，选取式(4.1.70)中较接近 x_k 的一个值作为新的近似值 x_{k+1}。为此，只要取根式前的符号与 ω 的符号相同，这时可使式(4.1.70)中分母较大。

抛物线法必须先给出3个初值 x_0,x_1,x_2。可以证明，抛物线法的局部收敛阶为 $p\approx 1.840$(即方程 $x^3-x^2-x-1=0$ 的根)，抛物线法的收敛速度比弦截法更接近牛顿法。

例12　以表4.1.2中第0,1,2次迭代值为初值，采用抛物线法求解方程 $f(x)=P_5(x)=(63x^5-70x^3+15x)/8$ 的根。

解：以 $|f(x_k)|<\varepsilon=10^{-8}$ 作为终止标准，采用抛物线法所得的迭代序列如表4.1.11所示。可以看出，弦截法分别经过5、5、1、5、5次迭代得其根−0.90617985、−0.53846931、0、0.53846931和0.90617985。

表4.1.11　抛物线法所得的迭代序列

k	x_k	x_k	x_k	x_k	x_k
0	−0.90000000	−0.60000000	0.00000000	0.60000000	0.90000000
1	−0.95000000	−0.50000000		0.50000000	0.95000000
2	−0.92500000	−0.55000000		0.55000000	0.92500000
3	−0.90622299	−0.53830016		0.53830016	0.90622299
4	−0.90617954	−0.53846973		0.53846973	0.90617954
5	−0.90617985	−0.53846931		0.53846931	0.90617985

4.2 非线性方程组的数值解法

4.2.1 非线性方程组

考虑方程组

$$\begin{cases} f_1(x_1,x_2,\cdots,x_n)=0 \\ f_2(x_1,x_2,\cdots,x_n)=0 \\ \quad\vdots \\ f_n(x_1,x_2,\cdots,x_n)=0 \end{cases} \tag{4.2.1}$$

其中，$f_1,f_2,\cdots,f_n$ 均是 $x_1,x_2,\cdots,x_n$ 的多元函数。记 $\boldsymbol{x}=(x_1,x_2,\cdots,x_n)^{\mathrm{T}}\in\mathbf{R}^n$，$\boldsymbol{f}=(f_1,f_2,\cdots,f_n)^{\mathrm{T}}$，方程组可以写成

$$\boldsymbol{f}(\boldsymbol{x})=\boldsymbol{0} \tag{4.2.2}$$

当 $n\geqslant 2$ 时，且 $f_1,f_2,\cdots,f_n$ 至少有一个是自变量的非线性函数，则称方程组为非线性方程组。这里 $\boldsymbol{f}(\boldsymbol{x})$ 是定义在某区域 $D\subset\mathbf{R}^n$ 上的向量函数，若存在 $\boldsymbol{x}^*\in D$ 使得 $\boldsymbol{f}(\boldsymbol{x}^*)=\boldsymbol{0}$，则称 $\boldsymbol{x}^*$ 为非线性方程组的解(向量)。非线性方程组的求解问题，无论在理论上还是实际解法上均比线性方程组各单个方程求解要复杂和困难，它可能无解，也可能有一个解或多个解。

例 1 在 xOy 平面上绘制两条抛物线的函数图像 $y=x^2+a$ 和 $x=y^2+a(a=-1,0,0.25,1)$，并观察其解的情形。

解：$a=-1,0,0.25,-1$ 共 4 种条件下的抛物线的函数图像如图 4.2.1 所示，解的情形分别为无解、唯一解、两个解和四个解。

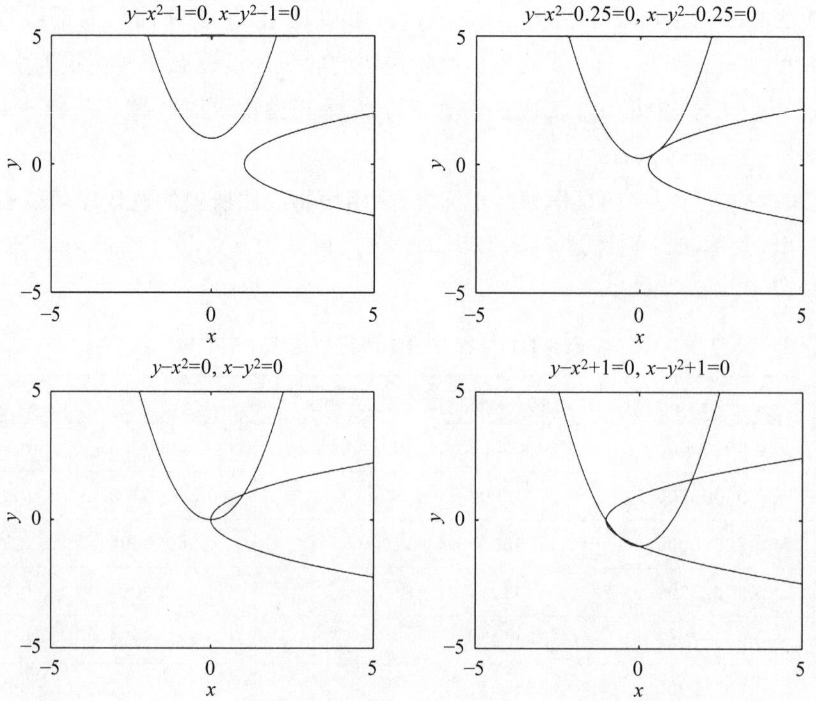

图 4.2.1 4 种条件下的抛物线的函数图像

4.2.2 多元不动点迭代法

为求解方程 $\boldsymbol{f}(\boldsymbol{x})=\mathbf{0}$,可将其改写成等价的形式

$$\boldsymbol{x}=\boldsymbol{\Phi}(\boldsymbol{x}) \tag{4.2.3}$$

等价形式即

$$\boldsymbol{f}(\boldsymbol{x})=\boldsymbol{x}-\boldsymbol{\Phi}(\boldsymbol{x}) \tag{4.2.4}$$

其中向量函数 $\boldsymbol{\Phi}\subseteq D\subset\mathbf{R}^n$ 且在定义域 D 上连续,如果 $\boldsymbol{x}^*$ 满足 $\boldsymbol{x}^*=\boldsymbol{\Phi}(\boldsymbol{x}^*)$,则 $\boldsymbol{x}^*$ 为函数 $\boldsymbol{\Phi}(\boldsymbol{x})$的不动点,称 $\boldsymbol{x}^*$ 也是 $\boldsymbol{f}(\boldsymbol{x})=\mathbf{0}$ 的一个解。

根据式(4.2.3)构造的迭代法

$$\boldsymbol{x}^{(k+1)}=\boldsymbol{\Phi}(\boldsymbol{x}^{(k)}),\quad k=0,1,\cdots \tag{4.2.5}$$

称为不动点迭代法,$\boldsymbol{\Phi}(\boldsymbol{x})$称为迭代函数。如果对任何 $\boldsymbol{x}_0\in D$,由式(4.2.5)得到的序列$\{\boldsymbol{x}_k\}$有极限,即

$$\lim_{k\to\infty}\boldsymbol{x}^{(k+1)}=\boldsymbol{x}^* \tag{4.2.6}$$

因 $\boldsymbol{\Phi}(\boldsymbol{x})$的连续性有

$$\lim_{k\to\infty}\boldsymbol{x}^{(k+1)}=\boldsymbol{x}^*=\boldsymbol{\Phi}(\boldsymbol{x}^*) \tag{4.2.7}$$

故 $\boldsymbol{x}^*$ 为函数 $\boldsymbol{\Phi}(\boldsymbol{x})$的不动点。类似一元方程有下面的定理。

定理7(压缩映射原理) 向量函数 $\boldsymbol{\Phi}$ 的定义域为 D,若满足以下条件。

(1) 存在闭集 $D_0\subset D$,$\forall\,\boldsymbol{x}\in D_0$,都有 $\boldsymbol{\Phi}\in D\subset\mathbf{R}^n$(自映射)。

(2) 存在正常数 L 满足 $0\leqslant L<1$,使得 $\forall\,\boldsymbol{x},\boldsymbol{y}\in D_0$,都有(压缩条件)

$$\|\boldsymbol{\Phi}(\boldsymbol{x})-\boldsymbol{\Phi}(\boldsymbol{y})\|\leqslant L\|\boldsymbol{x}-\boldsymbol{y}\| \tag{4.2.8}$$

则 $\boldsymbol{\Phi}$ 在 D_0 上存在唯一的不动点 $\boldsymbol{x}^*$,且对 $\forall\,\boldsymbol{x}_0\in D_0$,由式(4.2.8)得到的迭代序列$\{\boldsymbol{x}^{(k)}\}$收敛到不动点 $\boldsymbol{x}^*$,并有误差估计

$$\|\boldsymbol{x}^{(k)}-\boldsymbol{x}^*\|\leqslant\frac{L^k}{1-L}\|\boldsymbol{x}_1-\boldsymbol{x}_0\| \tag{4.2.9}$$

压缩映射原理是迭代法在定义域 D_0 上的全局收敛定理,类似一元方程还有以下局部收敛定理。

定理8 设向量函数 $\boldsymbol{\Phi}$ 在定义域 D 上有不动点 $\boldsymbol{x}^*$,$\boldsymbol{\Phi}$ 的分量函数有连续偏导数,函数 $\boldsymbol{\Phi}$ 的雅可比矩阵的谱半径(最大特征值的绝对值)满足

$$\rho(\boldsymbol{\Phi}'(x^*))<1 \tag{4.2.10}$$

则存在 $\boldsymbol{x}^*$ 的一个邻域 $U=S(\boldsymbol{x}^*,\delta)=\{\boldsymbol{x}\mid\|\boldsymbol{x}-\boldsymbol{x}^*\|\leqslant\delta\}\subset D$,$\forall\,\boldsymbol{x}^{(0)}\in U$,由式(4.2.8)得到的迭代序列$\{\boldsymbol{x}^{(k)}\}$收敛到不动点 $\boldsymbol{x}^*$。

因为 $\mathbf{A}\in\mathbf{R}^{n\times n}$ 的任一算子范数满足 $\|\mathbf{A}\|\geqslant\rho(\mathbf{A})$,若有 $\boldsymbol{\Phi}'(\boldsymbol{x})$的任一算子范数 $\|\boldsymbol{\Phi}'(\boldsymbol{x})\|<1$,则必然有 $\rho(\boldsymbol{\Phi}'(\boldsymbol{x}))<1$。类似一元方程迭代法,也有向量序列$\{\boldsymbol{x}^{(k)}\}$收敛阶的定义,设$\{\boldsymbol{x}^{(k)}\}$收敛于 $\boldsymbol{x}^*$,若存在常数 p 及常数 c,使得

$$\lim_{k\to\infty}\frac{\|\boldsymbol{x}^{(k+1)}-\boldsymbol{x}^*\|}{\|\boldsymbol{x}^{(k)}-\boldsymbol{x}^*\|^p}=c \tag{4.2.11}$$

则称$\{\boldsymbol{x}^{(k)}\}$为 p 阶收敛。

例2 设初值为 $\boldsymbol{x}^{(0)}=(1.0,1.0)^{\mathrm{T}}$,构造迭代函数求解

$$\begin{cases} f_1(x_1, x_2) = x_1 + 2x_2 - 3 = 0 \\ f_2(x_1, x_2) = 2x_1^2 + x_2^2 - 5 = 0 \end{cases}$$

解：考虑迭代函数

$$\boldsymbol{\Phi}(\boldsymbol{x}) = [\sqrt{(5 - x_2^2)/2}, (3 - x_1)/2]^{\mathrm{T}}$$

可得雅可比矩阵为

$$\boldsymbol{\Phi}'(\boldsymbol{x}) = \begin{bmatrix} 0 & -0.5x_2((5 - x_2^2)/2)^{-0.5} \\ -0.5 & 0 \end{bmatrix}$$

通过迭代函数得到的迭代序列收敛到方程组的一个解，结果如表 4.2.1 所示。本例中以$\|\boldsymbol{f}(\boldsymbol{x})\|_2^2 \leqslant 10^{-8}$为终止条件。可计算$\boldsymbol{x}^*$处$\rho(\boldsymbol{\Phi}'(\boldsymbol{x}^*)) \approx 0.36$，满足式(4.2.10)。

表 4.2.1 不动点迭代法所得的迭代序列

k	x_{k1}	x_{k2}	k	x_{k1}	x_{k2}
0	1.00000000	1.00000000	6	1.48680559	0.75659721
1	1.41421356	1.00000000	7	1.48787780	0.75659721
2	1.41421356	0.79289322	8	1.48787780	0.75606110
3	1.47839784	0.79289322	9	1.48801405	0.75606110
4	1.47839784	0.76080108	10	1.48801405	0.75599298
5	1.48680559	0.76080108	11	1.48803135	0.75599298

4.2.3 牛顿迭代法

设已知方程$\boldsymbol{f}(\boldsymbol{x}) = \boldsymbol{0}$的近似根$\boldsymbol{x}^{(k)}$，假定$\boldsymbol{f}(\boldsymbol{x}^{(k)}) \neq \boldsymbol{0}$，函数$\boldsymbol{f}(\boldsymbol{x})$在$\boldsymbol{x}^{(k)}$处的泰勒展开式为

$$\boldsymbol{f}(\boldsymbol{x}) \approx \boldsymbol{f}(\boldsymbol{x}^{(k)}) + \boldsymbol{f}'(\boldsymbol{x}^{(k)})(\boldsymbol{x} - \boldsymbol{x}^{(k)}) \tag{4.2.12}$$

于是方程$\boldsymbol{f}(\boldsymbol{x}) = \boldsymbol{0}$可近似地表示为

$$\boldsymbol{f}(\boldsymbol{x}) \approx \boldsymbol{f}(\boldsymbol{x}^{(k)}) + \boldsymbol{f}'(\boldsymbol{x}^{(k)})(\boldsymbol{x} - \boldsymbol{x}^{(k)}) = \boldsymbol{0} \tag{4.2.13}$$

这是一个线性方程，可记新一轮根的近似值为

$$\boldsymbol{x}^{(k+1)} = \boldsymbol{x}^{(k)} - [\boldsymbol{f}'(\boldsymbol{x}^{(k)})]^{-1}\boldsymbol{f}(\boldsymbol{x}^{(k)}) \tag{4.2.14}$$

其中雅可比矩阵

$$\boldsymbol{f}'(\boldsymbol{x}^{(k)}) = \begin{bmatrix} \dfrac{\partial f_1}{\partial x_1} & \dfrac{\partial f_1}{\partial x_2} & \cdots & \dfrac{\partial f_1}{\partial x_n} \\ \dfrac{\partial f_2}{\partial x_1} & \dfrac{\partial f_2}{\partial x_2} & \cdots & \dfrac{\partial f_2}{\partial x_n} \\ \vdots & \vdots & & \vdots \\ \dfrac{\partial f_n}{\partial x_1} & \dfrac{\partial f_n}{\partial x_2} & \cdots & \dfrac{\partial f_n}{\partial x_n} \end{bmatrix} \tag{4.2.15}$$

因为式(4.2.13)是一个线性方程组，可令$\boldsymbol{h}^{(k)} = \boldsymbol{x} - \boldsymbol{x}^{(k)}$，可将式(4.2.13)变换为式(4.2.16)用于求解$\boldsymbol{h}^{(k)}$，即

$$\boldsymbol{f}'(\boldsymbol{x}^{(k)})\boldsymbol{h}^{(k)} = -\boldsymbol{f}(\boldsymbol{x}^{(k)}) \tag{4.2.16}$$

然后，再得到

$$x^{(k+1)}=x^{(k)}+h^{(k)} \tag{4.2.17}$$

定理 9 设向量函数 $\boldsymbol{f}(\boldsymbol{x})$ 的定义域为 $D\subset\mathbf{R}^n$，$\boldsymbol{x}^*\in D$ 且满足 $\boldsymbol{f}(\boldsymbol{x}^*)=\boldsymbol{0}$，在 $\boldsymbol{x}^*$ 的一个开邻域 $U_0\subset D$ 上 $\boldsymbol{f}'(\boldsymbol{x})$ 存在且连续，$\boldsymbol{f}'(\boldsymbol{x})$ 非奇异，则牛顿迭代法生成的序列 $\{\boldsymbol{x}^{(k)}\}$ 在闭域 $U\subset U_0$ 上超线性收敛于 $\boldsymbol{x}^*$。若还存在常数 $L>0$，使

$$\|\boldsymbol{f}'(\boldsymbol{x})-\boldsymbol{f}'(\boldsymbol{x}^*)\|<L\|\boldsymbol{x}-\boldsymbol{x}^*\|,\quad \forall\boldsymbol{x}\in U \tag{4.2.18}$$

则 $\{\boldsymbol{x}^{(k)}\}$ 平方收敛于 $\boldsymbol{x}^*$。

例 3 设初值为 $\boldsymbol{x}^{(0)}=(1.0,1.0)^{\mathrm{T}}$，用牛顿法解下面方程组。

$$\begin{cases}f_1(x_1,x_2)=x_1+2x_2-3=0\\ f_2(x_1,x_2)=2x_1^2+x_2^2-5=0\end{cases}$$

解：依题意知

$$\boldsymbol{f}(\boldsymbol{x})=\begin{bmatrix}x_1+2x_2-3\\ 2x_1^2+x_2^2-5\end{bmatrix},\quad \boldsymbol{f}'(\boldsymbol{x})=\begin{bmatrix}1 & 2\\ 4x_1 & 2x_2\end{bmatrix}$$

$$[\boldsymbol{f}'(\boldsymbol{x})]^{-1}=\frac{1}{2x_2-8x_1}\begin{bmatrix}2x_2 & -2\\ -4x_1 & 1\end{bmatrix}$$

代入式(4.2.14)或式(4.2.16)，迭代序列收敛到方程组的一个解，结果如表 4.2.2 所示。本例中以 $\|\boldsymbol{f}(\boldsymbol{x})\|_2^2\leqslant 10^{-8}$ 为终止条件。

表 4.2.2 牛顿迭代法所得的迭代序列

k	x_{k1}	x_{k2}	k	x_{k1}	x_{k2}
0	1.00000000	1.00000000	3	1.48809524	0.75595238
1	1.66666667	0.66666667	4	1.48803387	0.75598306
2	1.50000000	0.75000000			

4.2.4 牛顿迭代法变形

1. 牛顿下山法

类似一元的牛顿下山法，为避免 $\|\boldsymbol{f}(\boldsymbol{x}^{(k)})\|\geqslant\|\boldsymbol{f}(\boldsymbol{x}^{(k-1)})\|$ 以控制收敛性，调整步长是有益的，可以采用以下更新方程

$$\boldsymbol{x}^{(k+1)}=\boldsymbol{x}^{(k)}-c^{(k)}\boldsymbol{M}^{-1}\boldsymbol{f}(\boldsymbol{x}^{(k)}) \tag{4.2.19}$$

其中，$c^{(k)}$ 为正常数，$\boldsymbol{M}$ 为雅可比矩阵。

2. 离散牛顿法和不动点法

类似一元的简单牛顿法，为避免多次计算雅可比矩阵，对于所有 k，可固定 $\boldsymbol{M}^{(k)}=\boldsymbol{M}$，其更新方程为

$$\boldsymbol{x}^{(k+1)}=\boldsymbol{x}^{(k)}-\boldsymbol{M}^{-1}\boldsymbol{f}(\boldsymbol{x}^{(k)}) \tag{4.2.20}$$

$\boldsymbol{M}$ 的一种合理选择是 $\boldsymbol{M}=\boldsymbol{f}'(\boldsymbol{x}^{(0)})$。如果 $\boldsymbol{M}$ 是一个对角矩阵，则此方法相当于对单个分量分别应用单变量刻度调整的不动点算法。

为近似 $\boldsymbol{M}^{(k)}=\boldsymbol{f}'(\boldsymbol{x}^{(k)})$ 中的元素，一个最为直接的方法是令 $\boldsymbol{M}^{(k)}$ 中的元素等于

$$\boldsymbol{M}_{ij}^{(k)}=\frac{\boldsymbol{f}_i(\boldsymbol{x}^{(k)}+h_{ij}^{(k)}e_j)-\boldsymbol{f}_i(\boldsymbol{x}^{(k)})}{h_{ij}^{(k)}},\quad i,j=1,2,\cdots,n \tag{4.2.21}$$

其中，$h_{ij}^{(k)}$ 为常数。对于所有 i,j,k，取 $h_{ij}^{(k)}=h$ 最为容易，但其收敛阶为 1。如果对于所有 i，取 $h_{ij}^{(k)}=x_j^{(k)}-x_j^{(k-1)}$，其中 $x_j^{(k)}$ 是 $\boldsymbol{x}^{(k)}$ 中第 j 个分量，则得到的收敛阶类似单变量的正割法或弦截法。为保证 $\boldsymbol{M}^{(k)}$ 的对称性，可令 $\boldsymbol{M}^{(k)}$ 为 $(\boldsymbol{M}^{(k)}+(\boldsymbol{M}^{(k)})^{\mathrm{T}})/2$。

3. 拟牛顿法

拟牛顿法(Quasi-Newton Methods)用于解决离散牛顿法每次迭代都要计算离散差分的烦琐，每个元素都用离散差分近似。基于迭代更新 $\boldsymbol{x}^{(k+1)}=\boldsymbol{x}^{(k)}+h^{(k)}$ 时学习的 $\boldsymbol{f}(\boldsymbol{x}^{(k)})$ 在 $\boldsymbol{x}^{(k)}$ 附近的曲率变化，可以利用这些信息构造或更新 $\boldsymbol{M}^{(k+1)}$，并要求 $\boldsymbol{M}^{(k+1)}$ 满足正割条件，即

$$\boldsymbol{f}(\boldsymbol{x}^{(k+1)})-\boldsymbol{f}(\boldsymbol{x}^{(k)})=\boldsymbol{M}^{(k+1)}(\boldsymbol{x}^{(k+1)}-\boldsymbol{x}^{(k)}) \tag{4.2.22}$$

更新 $\boldsymbol{M}^{(k+1)}$ 时要求只需少量计算就可满足上面条件，同时可利用曲率变化的信息。由此产生了拟牛顿法，有时也称为变尺度(Variable Metric)法。这类方法主要有 Davidon 于 1959 年提出的 DFP 更新方法和 Broyden 族(著名的 BFGS 更新方法是其特例)。

DFP 方法采用秩为 1 的方法构建对称矩阵，即

$$\boldsymbol{M}^{(k+1)}=\boldsymbol{M}^{(k)}+\boldsymbol{E}^{(k)} \tag{4.2.23}$$

其中

$$\boldsymbol{E}^{(k)}=c^{(k)}\boldsymbol{v}^{(k)}(\boldsymbol{v}^{(k)})^{\mathrm{T}} \tag{4.2.24}$$

而 $\boldsymbol{v}^{(k)}$ 为 $n\times 1$ 的列向量。同时令

$$\boldsymbol{z}^{(k)}=\boldsymbol{x}^{(k+1)}-\boldsymbol{x}^{(k)} \tag{4.2.25}$$

$$\boldsymbol{y}^{(k)}=\boldsymbol{f}(\boldsymbol{x}^{(k+1)})-\boldsymbol{f}(\boldsymbol{x}^{(k)}) \tag{4.2.26}$$

由正割条件有

$$\begin{aligned}\boldsymbol{y}^{(k)}&=\boldsymbol{M}^{(k+1)}\boldsymbol{z}^{(k)}=(\boldsymbol{M}^{(k)}+\boldsymbol{E}^{(k)})\boldsymbol{z}^{(k)}\\&=(\boldsymbol{M}^{(k)}+c^{(k)}\boldsymbol{v}^{(k)}(\boldsymbol{v}^{(k)})^{\mathrm{T}})\boldsymbol{z}^{(k)}\\&=\boldsymbol{M}^{(k)}\boldsymbol{z}^{(k)}+\boldsymbol{v}^{(k)}(c^{(k)}(\boldsymbol{v}^{(k)})^{\mathrm{T}}\boldsymbol{z}^{(k)})\end{aligned} \tag{4.2.27}$$

满足上面方程组的 $\boldsymbol{v}^{(k)}$ 和 $c^{(k)}$ 很多，可令

$$\boldsymbol{v}^{(k)}=\boldsymbol{y}^{(k)}-\boldsymbol{M}^{(k)}\boldsymbol{z}^{(k)} \tag{4.2.28}$$

$$c^{(k)}=\frac{1}{(\boldsymbol{v}^{(k)})^{\mathrm{T}}\boldsymbol{z}^{(k)}} \tag{4.2.29}$$

因此

$$\boldsymbol{M}^{(k+1)}=\boldsymbol{M}^{(k)}+c^{(k)}\boldsymbol{v}^{(k)}(\boldsymbol{v}^{(k)})^{\mathrm{T}}=\boldsymbol{M}^{(k)}+\frac{\boldsymbol{v}^{(k)}(\boldsymbol{v}^{(k)})^{\mathrm{T}}}{(\boldsymbol{v}^{(k)})^{\mathrm{T}}\boldsymbol{z}^{(k)}} \tag{4.2.30}$$

根据 Woodbury 公式的特殊情形有

$$(\boldsymbol{M}^{(k+1)})^{-1}=(\boldsymbol{M}^{(k)})^{-1}-\frac{(\boldsymbol{M}^{(k)})^{-1}(c^{(k)}\boldsymbol{v}^{(k)})(\boldsymbol{v}^{(k)})^{\mathrm{T}}(\boldsymbol{M}^{(k)})^{-1}}{1+(c^{(k)}\boldsymbol{v}^{(k)})^{\mathrm{T}}(\boldsymbol{M}^{(k)})^{-1}\boldsymbol{v}^{(k)}} \tag{4.2.31}$$

根据 DFP 方法，只需先计算 $\boldsymbol{M}^{(0)}=\boldsymbol{f}'(\boldsymbol{x}^{(0)})$ 及其逆矩阵 $[\boldsymbol{M}^{(0)}]^{-1}=[\boldsymbol{f}'(\boldsymbol{x}^{(0)})]^{-1}$，便可计算出

$$\boldsymbol{x}^{(1)}=\boldsymbol{x}^{(0)}-[\boldsymbol{M}^{(0)}]^{-1}\boldsymbol{f}(\boldsymbol{x}^{(0)}) \tag{4.2.32}$$

然后可由式(4.2.25)和式(4.2.26)依次计算出 $\boldsymbol{z}^{(0)}$ 和 $\boldsymbol{y}^{(0)}$，再由式(4.2.28)和式(4.2.29)可计算出 $\boldsymbol{v}^{(0)}$ 和 $c^{(0)}$，最后由式(4.2.31)便可计算出$(\boldsymbol{M}^{(1)})^{-1}$，于是

$$\boldsymbol{x}^{(2)}=\boldsymbol{x}^{(1)}-[\boldsymbol{M}^{(1)}]^{-1}\boldsymbol{f}(\boldsymbol{x}^{(1)}) \tag{4.2.33}$$

类似$(\boldsymbol{M}^{(1)})^{-1}$的计算过程可依次计算$\{(\boldsymbol{M}^{(k)})^{-1}\}$和$\{\boldsymbol{x}^{(k)}\}$等。

BFGS 方法采用秩为 2 的方法构建

$$\boldsymbol{M}^{(k+1)}=\boldsymbol{M}^{(k)}+\boldsymbol{B}^{(k)} \tag{4.2.34}$$

其中

$$\boldsymbol{B}^{(k)}=\alpha\boldsymbol{u}^{(k)}(\boldsymbol{u}^{(k)})^{\mathrm{T}}+\beta\boldsymbol{v}^{(k)}(\boldsymbol{v}^{(k)})^{\mathrm{T}} \tag{4.2.35}$$

其中，$\boldsymbol{u}^{(k)}$ 和 $\boldsymbol{v}^{(k)}$ 均为 $n\times 1$ 的列向量。依然令

$$\boldsymbol{z}^{(k)}=\boldsymbol{x}^{(k+1)}-\boldsymbol{x}^{(k)} \tag{4.2.36}$$

$$\boldsymbol{y}^{(k)}=\boldsymbol{f}(\boldsymbol{x}^{(k+1)})-\boldsymbol{f}(\boldsymbol{x}^{(k)}) \tag{4.2.37}$$

由正割条件有

$$\begin{aligned}\boldsymbol{y}^{(k)}&=\boldsymbol{M}^{(k+1)}\boldsymbol{z}^{(k)}=(\boldsymbol{M}^{(k)}+\boldsymbol{B}^{(k)})\boldsymbol{z}^{(k)}\\&=(\boldsymbol{M}^{(k)}+\alpha\boldsymbol{u}^{(k)}(\boldsymbol{u}^{(k)})^{\mathrm{T}}+\beta\boldsymbol{v}^{(k)}(\boldsymbol{v}^{(k)})^{\mathrm{T}})\boldsymbol{z}^{(k)}\\&=\boldsymbol{M}^{(k)}\boldsymbol{z}^{(k)}+\alpha((\boldsymbol{u}^{(k)})^{\mathrm{T}}\boldsymbol{z}^{(k)})\boldsymbol{u}^{(k)}+\beta((\boldsymbol{v}^{(k)})^{\mathrm{T}}\boldsymbol{z}^{(k)})\boldsymbol{v}^{(k)}\end{aligned} \tag{4.2.38}$$

满足上面方程组的 $\alpha,\beta,\boldsymbol{u}^{(k)}$ 和 $\boldsymbol{v}^{(k)}$ 很多，可令 $\boldsymbol{u}^{(t)}=r\boldsymbol{M}^{(t)}\boldsymbol{z}^{(t)}$，$\boldsymbol{v}^{(t)}=l\boldsymbol{y}^{(t)}$，得

$$-\boldsymbol{M}^{(k)}\boldsymbol{z}^{(k)}+\boldsymbol{y}^{(k)}=\alpha((r\boldsymbol{M}^{(k)}\boldsymbol{z}^{(k)})^{\mathrm{T}}\boldsymbol{z}^{(k)})(r\boldsymbol{M}^{(k)}\boldsymbol{z}^{(k)})+\beta((l\boldsymbol{y}^{(k)})^{\mathrm{T}}\boldsymbol{z}^{(k)})(l\boldsymbol{y}^{(k)}) \tag{4.2.39}$$

即

$$[\alpha r^2(\boldsymbol{z}^{(k)})^{\mathrm{T}}\boldsymbol{M}^{(k)}\boldsymbol{z}^{(k)}+1](\boldsymbol{M}^{(k)}\boldsymbol{z}^{(k)})+[\beta l^2((\boldsymbol{y}^{(k)})^{\mathrm{T}}\boldsymbol{z}^{(k)})-1](\boldsymbol{y}^{(k)})=0 \tag{4.2.40}$$

可令

$$\alpha r^2(\boldsymbol{z}^{(k)})^{\mathrm{T}}\boldsymbol{M}^{(k)}\boldsymbol{z}^{(k)}+1=0 \tag{4.2.41}$$

$$\beta l^2((\boldsymbol{y}^{(k)})^{\mathrm{T}}\boldsymbol{z}^{(k)})-1=0 \tag{4.2.42}$$

得

$$\alpha r^2=-\frac{1}{(\boldsymbol{z}^{(k)})^{\mathrm{T}}\boldsymbol{M}^{(k)}\boldsymbol{z}^{(k)}} \tag{4.2.43}$$

$$\beta l^2=\frac{1}{(\boldsymbol{y}^{(k)})^{\mathrm{T}}\boldsymbol{z}^{(k)}} \tag{4.2.44}$$

因此，得出

$$\begin{aligned}\boldsymbol{M}^{(k+1)}&=\boldsymbol{M}^{(k)}+\alpha(r\boldsymbol{M}^{(k)}\boldsymbol{z}^{(t)})(r\boldsymbol{M}^{(k)}\boldsymbol{z}^{(k)})^{\mathrm{T}}+\beta(l\boldsymbol{y}^{(k)})(l\boldsymbol{y}^{(k)})^{\mathrm{T}}\\&=\boldsymbol{M}^{(k)}+\alpha r^2(\boldsymbol{M}^{(k)}\boldsymbol{z}^{(t)})(\boldsymbol{M}^{(k)}\boldsymbol{z}^{(k)})^{\mathrm{T}}+\beta l^2(\boldsymbol{y}^{(k)})(\boldsymbol{y}^{(k)})^{\mathrm{T}}\\&=\boldsymbol{M}^{(k)}-\frac{(\boldsymbol{M}^{(k)}\boldsymbol{z}^{(k)})\ (\boldsymbol{M}^{(k)}\boldsymbol{z}^{(k)})^{\mathrm{T}}}{(\boldsymbol{z}^{(k)})^{\mathrm{T}}\boldsymbol{M}^{(k)}\boldsymbol{z}^{(k)}}+\frac{(\boldsymbol{y}^{(k)})(\boldsymbol{y}^{(k)})^{\mathrm{T}}}{(\boldsymbol{y}^{(k)})^{\mathrm{T}}\boldsymbol{z}^{(k)}}\end{aligned} \tag{4.2.45}$$

一般而言，秩为 1 的 DFP 更新方法表现较好，且较 BFGS 方法具有一定优势。因为采用近似的 $\boldsymbol{M}^{(k)}$，拟牛顿法的收敛阶数比线性高，但比二次低。不过，拟牛顿法仍是快速且有效的，而且可在相关的软件包中找到。

例 4　给定初值 $\boldsymbol{x}=(x_1,x_2,x_3,x_4)^{\mathrm{T}}=(0.5,1.5,-0.5,0.5)^{\mathrm{T}}$ 和非线性方程组

$$
\boldsymbol{f}(\boldsymbol{x})=\begin{bmatrix} x_1+x_2-1 \\ x_1x_3+x_2x_4-\dfrac{1}{2} \\ x_1x_3^2+x_2x_4^2-\dfrac{1}{3} \\ x_1x_3^3+x_2x_4^3-\dfrac{1}{4} \end{bmatrix}=\mathbf{0}
$$

指定精度 $\boldsymbol{f}(\boldsymbol{x})^{\mathrm{T}}\boldsymbol{f}(\boldsymbol{x})=\|\boldsymbol{f}(\boldsymbol{x})\|_2^2\leqslant 10^{-8}$，采用多元迭代法求解上述非线性方程组的解向量。

解：采用牛顿法得到迭代序列

$$
\boldsymbol{x}^{(k+1)}=\boldsymbol{x}^{(k)}-[\boldsymbol{f}'(\boldsymbol{x}^{(k)})]^{-1}\boldsymbol{f}(\boldsymbol{x}^{(k)})
$$

其中雅可比矩阵为

$$
\boldsymbol{f}'(\boldsymbol{x})=\begin{bmatrix} 1 & 1 & 0 & 0 \\ x_3 & x_4 & x_1 & x_2 \\ x_3^2 & x_4^2 & 2x_1x_3 & 2x_2x_4 \\ x_3^3 & x_4^3 & 3x_1x_3^2 & 3x_2x_4^2 \end{bmatrix}
$$

采用牛顿法得到的迭代序列如表 4.2.3 所示。基于 DFP 更新方法的拟牛顿法经过 33 步迭代后得到的解向量为

$$
\boldsymbol{x}=[0.50013103,0.49986897,0.21140119,0.78873837]
$$

表 4.2.3　牛顿法所得的迭代序列

迭代次数	x_1	x_2	x_3	x_4
0	0.50000000	1.50000000	−0.50000000	0.50000000
1	0.25000000	0.75000000	−0.33333333	0.61111111
2	0.25259516	0.74740484	−0.05882353	0.68954248
3	0.38022027	0.61977973	0.18897184	0.73290524
4	0.51438288	0.48561712	0.22429082	0.78688537
5	0.49920624	0.50079376	0.21110534	0.78842512
6	0.50000006	0.49999994	0.21132516	0.78867487

4.3　方程和方程组的数值解法的应用

4.3.1　极大似然估计问题

例 1　设在一个口袋中装有许多白球和黑球，但不知是黑球多还是白球多，只知道两种球的数量之比为 1∶3，也就是说抽取到黑球的概率 p 为$\dfrac{1}{4}$或$\dfrac{3}{4}$。如果采用有放回抽取方法从口袋中抽取 $n=3$ 个球，发现有一个是黑球，试判断 p 最有可能取什么值。

解：当 $p=\frac{1}{4}$时，取到3个球中有1个黑球为 $C_3^1\ \frac{1}{4}\left(\frac{3}{4}\right)^2=\frac{27}{64}$；当 $p=\frac{3}{4}$时，取到3个球中有1个黑球为 $C_3^1\ \frac{3}{4}\left(\frac{1}{4}\right)^2=\frac{9}{64}$。因为前者发生的概率大，选取参数 $p=\frac{1}{4}$总体较合理。故取 p 的估计值$\hat{p}=\frac{1}{4}$。

极大似然估计的基本思想是，根据样本的具体情况，选择参数 p 的估计$\hat{p}$，使得该样本发生的概率最大。极大似然估计是指使似然函数最大以获得总体参数估计的方法。所获得的估计参数的样本函数称为极大似然估计量，由观测样本值计算得到的参数估计值称为总体参数的极大似然估计值。

假设总体 X 的概率 $P(x,\boldsymbol{\theta})$或概率密度 $f(x,\boldsymbol{\theta})$，其中 $\boldsymbol{\theta}$ 为总体分布中未知参数向量。给定 $X_1,X_2,\cdots,X_n$ 是来自总体 X 的简单随机样本。下面仅以离散型随机变量为例，样本观测值$(x_1,x_2,\cdots,x_n)$发生的概率或联合概率密度，即似然函数

$$L(\boldsymbol{\theta})=L(x_1,x_2,\cdots,x_n;\boldsymbol{\theta})=\prod_{i=1}^{n}P(x_i,\boldsymbol{\theta}) \tag{4.3.1}$$

为计算方便，一般将似然函数取对数，称为对数似然函数，因为取对数后似然函数由乘积变为加式，其表达式为

$$l(\boldsymbol{\theta})=\ln L(\theta)=\sum_{i=1}^{n}\ln P(x_i,\boldsymbol{\theta}) \tag{4.3.2}$$

通过对数似然函数和似然函数的极大化所估计总体参数的结果是一致的，一般说来，前者在计算上要容易处理些。因此，往往利用对数似然函数极大化的方法获得极大似然估计。求极大似然估计量可以通过令对数似然函数对总体参数的偏导数等于0获得，即当 $\boldsymbol{\theta}=(\theta_1,\theta_2,\cdots,\theta_K)$，有

$$\begin{aligned}\frac{\partial}{\partial\theta_k}\ln L(y_1,y_2,\cdots,y_n\mid\theta_1,\theta_2,\cdots,\theta_K)&=\sum_{i=1}^{n}\frac{\partial}{\partial\theta_k}f(y_i\mid\theta_1,\theta_2,\cdots,\theta_K)\\&=0,\quad k=1,2,\cdots,K\end{aligned} \tag{4.3.3}$$

解方程组可获得总体参数的极大似然估计量$\hat{\boldsymbol{\theta}}=(\hat{\theta}_1,\hat{\theta}_2,\cdots,\hat{\theta}_K)$。将式(4.3.3)写成向量函数微分形式，即

$$\boldsymbol{g}(\boldsymbol{\theta})=\frac{\partial l(\boldsymbol{\theta})}{\partial\boldsymbol{\theta}}=\boldsymbol{0} \tag{4.3.4}$$

故求极大似然估计量$\hat{\boldsymbol{\theta}}=(\hat{\theta}_1,\hat{\theta}_2,\cdots,\hat{\theta}_K)$的问题可以转换为解上述方程组的问题，即转换为求方程组的解的问题。

4.3.2 极大似然估计的迭代求解

下面仅介绍牛顿法求解极大似然估计的过程，其他迭代方法可类似用于极大似然估计。设极大似然估计量的近似解$\hat{\boldsymbol{\theta}}^{(k)}$，计算 $l(\boldsymbol{\theta})$在$\hat{\boldsymbol{\theta}}^{(k)}$处的二阶泰勒展开式，即

$$l(\boldsymbol{\theta})=l(\hat{\boldsymbol{\theta}}^{(k)})+(\boldsymbol{\theta}-\hat{\boldsymbol{\theta}}^{(k)})^{\mathrm{T}}l'(\hat{\boldsymbol{\theta}}^{(k)})+\frac{1}{2!}(\boldsymbol{\theta}-\hat{\boldsymbol{\theta}}^{(k)})^{\mathrm{T}}l''(\hat{\boldsymbol{\theta}}^{(k)})(\boldsymbol{\theta}-\hat{\boldsymbol{\theta}}^{(k)}) \tag{4.3.5}$$

对式(4.3.5)关于 $\boldsymbol{\theta}$ 求导并令其为 $\boldsymbol{0}$，由矩阵微商的性质可得

$$\frac{\partial l(\boldsymbol{\theta})}{\partial \boldsymbol{\theta}} = l'(\hat{\boldsymbol{\theta}}^{(k)}) + l''(\hat{\boldsymbol{\theta}}^{(k)})(\boldsymbol{\theta} - \hat{\boldsymbol{\theta}}^{(k)}) = \mathbf{0} \tag{4.3.6}$$

于是

$$\boldsymbol{\theta}^{(k+1)} = \hat{\boldsymbol{\theta}}^{(k)} - [l''(\hat{\boldsymbol{\theta}}^{(k)})]^{-1} l'(\hat{\boldsymbol{\theta}}^{(k)}), \quad k = 0, 1, \cdots \tag{4.3.7}$$

即为牛顿法的更新方程。

例 2 1974—1999 年,在某水域共有 46 起严重的原油泄露事件,每次从油轮泄露出的原油不少于 1000 桶。第 i 年的泄露数为 x_i,经该水域进出口(因为油轮运输路线未知,表 4.2.4 中值实为原始进出口总量的一半,以此为该水域的进出口估计值)、国内运输的原油运输总量分别为 b_{i1} 和 b_{i2}(单位以百万桶计)。原油的油轮运输量是揭示溢出风险的一个度量。假定 b_{i1} 和 b_{i2} 下 N_i 的分布为泊松公布,即 $x_i | b_{i1}, b_{i2}: P(\lambda_i)$,其中 $\lambda_i = \theta_1 b_{i1} + \theta_2 b_{i2}$,此模型的参数为 $\boldsymbol{\theta} = (\theta_1, \theta_2)$,它们分别表示在进出口、国内运输时每百万桶发生泄露的比率。给出牛顿法求 $\boldsymbol{\theta} = (\theta_1, \theta_2)$ 的极大似然估计值 $\hat{\boldsymbol{\theta}} = (\hat{\theta}_1, \hat{\theta}_2)$ 的更新方程,并求解。

表 4.2.4 原油泄露数据

年份	泄露次数 x_i	进出口总量 b_{i1}	国内运输总量 b_{i2}	年份	泄露次数 x_i	进出口总量 b_{i1}	国内运输总量 b_{i2}
1974	2	0.72	0.22	1987	4	0.79	1.06
1975	5	0.85	0.17	1988	2	0.84	1
1976	3	1.12	0.15	1989	2	0.995	0.88
1977	3	1.345	0.2	1990	3	1.03	0.82
1978	1	1.29	0.59	1991	2	0.975	0.82
1979	5	1.26	0.64	1992	1	1.07	0.76
1980	2	1.015	0.84	1993	0	1.19	0.66
1981	2	0.87	0.87	1994	0	1.29	0.65
1982	1	0.75	0.94	1995	1	1.235	0.59
1983	1	0.605	0.99	1996	0	1.34	0.56
1984	1	0.57	0.92	1997	0	1.44	0.51
1985	2	0.54	1	1998	0	1.45	0.42
1986	3	0.72	0.99	1999	0	1.51	0.44

解:样本的似然函数

$$L(\boldsymbol{\theta}) = \prod_{i=1}^{n} P(x_i, \boldsymbol{\theta}) = \prod_{i=1}^{26} \frac{(\theta_1 b_{i1} + \theta_2 b_{i2})^{x_i} \mathrm{e}^{-(\theta_1 b_{i1} + \theta_2 b_{i2})}}{x_i!} \tag{4.3.8}$$

样本的对数似然函数为

$$l(\boldsymbol{\theta}) = \sum_{i=1}^{26} x_i \ln(\theta_1 b_{i1} + \theta_2 b_{i2}) - \sum_{i=1}^{26} (\theta_1 b_{i1} + \theta_2 b_{i2}) - \sum_{i=1}^{26} \ln(x_i!) \tag{4.3.9}$$

于是,牛顿法的更新方程为

$$\boldsymbol{\theta}^{(k+1)} = \hat{\boldsymbol{\theta}}^{(k)} - [l''(\hat{\boldsymbol{\theta}}^{(k)})]^{-1} l'(\hat{\boldsymbol{\theta}}^{(k)}), \quad k = 0, 1, \cdots \tag{4.3.10}$$

其中

$$l'(\boldsymbol{\theta})=\sum_{i=1}^{26}\begin{bmatrix}\dfrac{x_i b_{i1}}{\theta_1 b_{i1}+\theta_2 b_{i2}}-b_{i1}\\ \dfrac{x_i b_{i2}}{\theta_1 b_{i1}+\theta_2 b_{i2}}-b_{i2}\end{bmatrix} \tag{4.3.11}$$

$$l''(\boldsymbol{\theta})=-\sum_{i=1}^{26}\frac{x_i}{(\theta_1 b_{i1}+\theta_2 b_{i2})^2}\begin{bmatrix}b_{i1}^2 & b_{i1}b_{i2}\\ b_{i1}b_{i2} & b_{i2}^2\end{bmatrix} \tag{4.3.12}$$

采用初值$\hat{\boldsymbol{\theta}}^{(0)}=[0.1,0.1]$，通过式(4.3.10)迭代求解，结果如表4.2.5所示。未知参数向量的极大似然估计值为$\hat{\boldsymbol{\theta}}=[1.0972,0.9376]$，说明进出口量比国内运输量对平均事故发生次数的影响或比率更大。

表4.2.5　原油泄露数据下极大似然估计结果

k	θ_1	θ_2	$l(\boldsymbol{\theta})$	$l'_1(\boldsymbol{\theta})$	$l'_2(\boldsymbol{\theta})$
0	0.5000	0.5000	−57.7030	29.0356	18.4644
1	0.7727	0.7357	−50.0362	9.9349	6.2432
2	1.0018	0.8966	−48.1514	2.1176	1.2931
3	1.0890	0.9365	−48.0278	0.1456	0.0830
4	1.0971	0.9376	−48.0272	0.0008	0.0004
5	1.0972	0.9376	−48.0272	0.0000	0.0000
6	1.0972	0.9376	−48.0272	0.0000	0.0000

4.4　扩展阅读

本章主要介绍了不动点迭代法、加速方法、牛顿迭代法、牛顿法的变形(拟牛顿法)等方法，这些方法是用于求解非线性方程或方程组的重要方法，它们还可用于求解统计中极大似然估计问题，或用于求解对数似然函数的导数零点。还有许多没有介绍的方法，如Fisher得分法、Gauss-Newton方法、Nelder-Mead算法、随机梯度算法，以及广泛应用于求二次函数极值的共轭梯度算法，有兴趣的读者可以查阅相关资料或书籍。

4.5　习　　题

1. 求方程$x-e^{-x}=0$的有根区间。

2. 采用二分法，求方程$x^3-x-1=0$在区间[1.0,1.5]上的一个实根及最小迭代次数，要求准确到小数点后的第2位。

3. 设$\varphi(x)=x-p(x)f(x)-q(x)f^2(x)$，试确定$p(x)$和$q(x)$，使以迭代函数$\varphi(x)$求解$f(x)=0$的迭代法至少三阶收敛。

4. 构造不动点迭代函数，求方程$x^3-x-1=0$的一个根，取初值为1.5。

5. 采用斯特芬森迭代法，求方程 $x^3-x-1=0$ 的一个根，取初值为 1.5。

6. 采用牛顿下山法，求方程 $x^3-x-1=0$ 的一个根，取初值为 0.6。

7. 采用弦截法(初值为 $x_0=0.5, x_1=0.6$) 和抛物线法(初值为 $x_0=0.5, x_1=0.6$ 和弦截法第一次迭代值)，求方程 $xe^x-1=0$ 的一个根。

8. 给定初值 $\boldsymbol{x}^{(0)}=(0.5,0.5)$ 且以 $\|\boldsymbol{f}(\boldsymbol{x})\|_2^2\leqslant 10^{-4}$ 为终止条件，构造迭代函数，在区域 $D=\{(x_1,x_2)\mid 0\leqslant x_1\leqslant 1, 0\leqslant x_2\leqslant 1\}$ 下求解下面非线性方程组。

$$\begin{cases} f_1(x_1,x_2)=-x_1^2+x_2=0 \\ f_2(x_1,x_2)=x_1^2+x_2^2-1=0 \end{cases}$$

9. 给定初值 $\boldsymbol{x}^{(0)}=(0.5,0.5)$ 且以 $\|\boldsymbol{f}(\boldsymbol{x})\|_2^2\leqslant 10^{-4}$ 为终止条件，在区域 $D=\{(x_1,x_2)\mid 0\leqslant x_1\leqslant 1, 0\leqslant x_2\leqslant 1\}$ 下，采用牛顿法求解下面非线性方程组。

$$\begin{cases} f_1(x_1,x_2)=-x_1^2+x_2=0 \\ f_2(x_1,x_2)=x_1^2+x_2^2-1=0 \end{cases}$$

10. 给定初值 $\boldsymbol{x}=(x_1,x_2,x_3,x_4)^{\mathrm{T}}=(0.5,1.5,-0.5,0.5)^{\mathrm{T}}$ 和非线性方程组

$$\boldsymbol{f}(\boldsymbol{x})=\begin{bmatrix} x_1+x_2-2 \\ x_1x_3+x_2x_4-\dfrac{2}{3} \\ x_1x_3^2+x_2x_4^2-\dfrac{2}{5} \\ x_1x_3^3+x_2x_4^3-\dfrac{2}{7} \end{bmatrix}=\boldsymbol{0}$$

指定精度 $\boldsymbol{f}(\boldsymbol{x})^{\mathrm{T}}\boldsymbol{f}(\boldsymbol{x})=\|\boldsymbol{f}(\boldsymbol{x})\|_2^2\leqslant 10^{-4}$，采用多元迭代法求解上述非线性方程组的解向量。

11. 假设总体的随机变量 X 服从柯西分布 Cauchy(α,β)，即

$$f(x;\alpha,\beta)=\frac{1}{\pi\beta\left[1+\left(\dfrac{x-\alpha}{\beta}\right)^2\right]}$$

给定来自总体 X 的简单随机样本数据($n=40$)，给定初值$(\alpha^{(0)},\beta^{(0)})=(1,1)$，求 α,β 的极大似然估计。

0.6	−2.8	10.8	0.1	−1.9	7.2	2.3	0.8	−4.2	29.6
1.4	2.3	2.7	−1.6	−3.9	2.6	2.2	−0.2	3.3	13.5
5.1	5.5	−8.3	3.8	6.0	−0.2	−0.3	2.3	0.1	3.9
3.2	598.0	1.9	0.9	0.0	−0.4	3.8	1.2	−0.1	3.6

第5章

数值积分与数值微分

5.1 数值积分概论

5.1.1 数值积分的基本思想

实际问题中常常需要计算积分。在统计中,如连续型随机变量的概率分布函数、连续型随机变量或函数的数字特征、贝叶斯统计推断中后验分布,都和积分相联系。

高等数学中熟悉的微积分基本定理,对于积分

$$I=\int_a^b f(x)\mathrm{d}x \tag{5.1.1}$$

只要找到被积函数 $f(x)$ 的原函数 $F(x)$,便可以根据牛顿-莱布尼茨(Newton-Leibniz)公式计算积分,即

$$I=\int_a^b f(x)\mathrm{d}x=F(b)-F(a) \tag{5.1.2}$$

但实际使用这种求积方法往往比较困难,因为大量的被积函数,诸如 $\sin x/x\ (x\neq 0)$、$\cos(x^2)$、e^{-x^2} 等,其原函数不能用初等函数表达,故不能用上述公式计算。另外,当 $f(x)$ 是由测量或数值计算给出一张数据表时,牛顿-莱布尼茨公式也不能直接运用。因此,有必要介绍和研究积分的数值计算问题。

由积分中值定理可知,在积分区间 $[a,b]$ 内存在一点 ξ 满足

$$I=\int_a^b f(x)\mathrm{d}x=(b-a)f(\xi) \tag{5.1.3}$$

相当于曲边梯形面积 I 等于曲边梯形的底乘以 $f(x)$ 在区间 $[a,b]$ 上的平均高度 $f(\xi)$。这样,只要提供一种算法估计平均高度 $f(\xi)$,相应地便获得一种数值求积方法。

如果用两端点"高度" $f(a)$ 与 $f(b)$ 的算术平均值作为平均高度 $f(\xi)$ 的近似值,可导出梯形求积公式(the Trapezoidal Rule)为

$$\int_a^b f(x)\mathrm{d}x\approx(b-a)\frac{[f(a)+f(b)]}{2} \tag{5.1.4}$$

如果改用区间中点 $c=(a+b)/2$ 的"高度" $f(c)$ 近似地取代平均高度 $f(\xi)$,可导出中矩形求积公式(简称矩形求积公式)为

$$\int_a^b f(x)\mathrm{d}x\approx(b-a)f\left(\frac{a+b}{2}\right) \tag{5.1.5}$$

更一般地,可以在区间 $[a,b]$ 上适当选取某些节点 $x_k(k=0,1,\cdots,n)$,然后用 $f(x_k)$

$(k=0,1,\cdots,n)$的加权平均得到积分的近似值,即

$$\int_a^b f(x)\mathrm{d}x \approx \sum_{k=0}^{n} A_k f(x_k) \tag{5.1.6}$$

其中,x_k 为求积节点,A_k 为求积系数,也称为伴随节点 x_k 的积分权重。积分权重仅与节点 x_k 的选取有关,而不依赖被积函数 $f(x)$的具体形式。

这类数值积分方法通常称为机械求积,其特点是将积分问题归结为函数值的计算,这样避开了牛顿-莱布尼茨公式需要求原函数的困难。

5.1.2 代数精度的概念

数值求积方法是一种求积分的近似方法。为保证精度,希望求积公式能对"尽可能多"的函数准确成立,这就提出了代数精度的概念。

定义 1 如果某个求积公式对于次数小于或等于 m 的多项式均能成立,但对于 $m+1$ 次多项式就不一定准确,则称该求积公式具有 m 次代数精度。

例 1 判断以下求积公式的代数精度。

(1) $\int_a^b f(x)\mathrm{d}x \approx (b-a)\dfrac{[f(a)+f(b)]}{2}$(梯形求积公式)。

(2) $\int_a^b f(x)\mathrm{d}x \approx (b-a)f\left(\dfrac{a+b}{2}\right)$(矩形求积公式)。

(3) $\int_a^b f(x)\mathrm{d}x \approx \dfrac{(b-a)}{6}\left[f(a)+4f\left(\dfrac{a+b}{2}\right)+f(b)\right]$(辛普森求积公式)。

解:(1)

$$\int_a^b 1\mathrm{d}x = b-a = (b-a)\frac{[f(a)+f(b)]}{2} = (b-a)\frac{[1+1]}{2}$$

$$\int_a^b x\,\mathrm{d}x = \frac{1}{2}(b^2-a^2) = (b-a)\frac{[f(a)+f(b)]}{2} = (b-a)\frac{[a+b]}{2}$$

$$\int_a^b x^2\mathrm{d}x = \frac{1}{3}(b^3-a^3) \neq (b-a)\frac{[f(a)+f(b)]}{2} = (b-a)\frac{[a^2+b^2]}{2}$$

它具有 1 次代数精度。

(2)

$$\int_a^b 1\mathrm{d}x = b-a = (b-a)f\left(\frac{a+b}{2}\right) = (b-a)$$

$$\int_a^b x\,\mathrm{d}x = \frac{1}{2}(b^2-a^2) = (b-a)f\left(\frac{a+b}{2}\right) = (b-a)\left(\frac{a+b}{2}\right)$$

$$\int_a^b x^2\mathrm{d}x = \frac{1}{2}(b^3-a^3) \neq (b-a)f\left(\frac{a+b}{2}\right) = (b-a)\left(\frac{a+b}{2}\right)^2$$

它具有 1 次代数精度。

(3)

$$\int_a^b 1\mathrm{d}x = b-a = \frac{(b-a)}{6}\left[f(a)+4f\left(\frac{a+b}{2}\right)+f(b)\right]$$

$$\begin{aligned}\int_a^b x\,\mathrm{d}x &= \frac{1}{2}(b^2-a^2) = \frac{(b-a)}{6}\left[f(a)+4f\left(\frac{a+b}{2}\right)+f(b)\right] \\ &= \frac{(b-a)}{6}\left(a+4\left(\frac{a+b}{2}\right)+b\right)\end{aligned}$$

$$\int_a^b x^2\mathrm{d}x = \frac{1}{2}(b^3-a^3) = \frac{(b-a)}{6}\left[f(a)+4f\left(\frac{a+b}{2}\right)+f(b)\right]$$

$$=\frac{(b-a)}{6}\left(a^2+4\left(\frac{a+b}{2}\right)^2+b^2\right)$$

$$=\frac{(b-a)}{2}(a^2+ab+b^2)$$

$$\int_a^b x^3\mathrm{d}x=\frac{1}{4}(b^4-a^4)=\frac{(b-a)}{6}\left[f(a)+4f\left(\frac{a+b}{2}\right)+f(b)\right]$$

$$=\frac{(b-a)}{6}\left(a^3+4\left(\frac{a+b}{2}\right)^3+b^3\right)$$

$$=\frac{(b-a)}{6}\left(a^3+\frac{1}{2}a^3+\frac{3}{2}a^2b+\frac{3}{2}ab^2+\frac{1}{2}b^3+b^3\right)$$

$$=\frac{(b-a)}{4}(a^3+a^2b+ab^2+b^3)$$

另外,可验证求积公式对 x^4 不成立(特例可见例 2 中第 2 问),故它具有 3 次代数精度。

由定义可验证该例中梯形求积公式和矩形求积公式均具有 1 次代数精度,辛普森求积公式具有 3 次代数精度。

一般地,欲使求积公式(5.1.6)具有 m 次代数精度,只要令它对于 $f(x)=1,x,\cdots,x^m$ 都能准确成立,即满足

$$\begin{cases}\int_a^b f(x)\mathrm{d}x=\int_a^b 1\mathrm{d}x=\sum_{k=0}^n A_k=b-a\\ \int_a^b f(x)\mathrm{d}x=\int_a^b x\mathrm{d}x=\sum_{k=0}^n A_kx_k=\frac{1}{2}(b^2-a^2)\\ \quad\vdots\\ \int_a^b f(x)\mathrm{d}x=\int_a^b x^m\mathrm{d}x=\sum_{k=0}^n A_kx_k^m=\frac{1}{m+1}(b^{m+1}-a^{m+1})\end{cases}\tag{5.1.7}$$

如果事先选取求积节点,如以区间$[a,b]$的等距分点作为节点,这时取 $m=n$,求解线性方程组(5.1.7)中求积系数 $A_k(k=0,1,\cdots,n)$,则求积公式至少具有 n 次代数精度。为了构造形如式(5.1.6)的求积公式,原则上要确定参数求积节点 x_k 和求积系数 A_k。

例 2　给定下面求积公式

$$\int_{-1}^1 f(x)\mathrm{d}x\approx w_0f(-1)+w_1f(0)+w_2f(1)$$

(1) 试确定 w_0、w_1、w_2,使求积公式的代数精度尽量高。

(2) 对于确定的 w_0、w_1、w_2,上面求积公式至少有几次代数精度。

解:(1) $\int_{-1}^1 f(x)\mathrm{d}x=\int_{-1}^1 1\mathrm{d}x=2=w_0+w_1+w_2$

$$\int_{-1}^1 x\mathrm{d}x=\int_{-1}^1 x\mathrm{d}x=0=-w_0+w_2$$

$$\int_{-1}^1 x^2\mathrm{d}x=\frac{2}{3}=w_0+w_2$$

解出 $w_0=\frac{1}{3}$、$w_1=\frac{4}{3}$、$w_2=\frac{1}{3}$。因此,$\int_{-1}^1 f(x)\mathrm{d}x\approx\frac{1}{3}[f(-1)+4f(0)+f(1)]$

(2) 代数精度为

$$\int_{-1}^{1} x^3 \mathrm{d}x = 0 = \frac{1}{3}[-1 + 4 \times 0 + 1]$$

$$\int_{-1}^{1} x^4 \mathrm{d}x = \frac{2}{5} \neq \frac{1}{3}[1 + 0 + 1]$$

它具有 3 次代数精度，其实该求积公式也是例 1 中第(3)个问题的求积公式的特例。本章后续会学习到，该求积公式为辛普森公式的特例，即 2 阶牛顿-柯特斯公式，而偶数阶牛顿-柯特斯公式至少具有 3 次代数精度。

5.1.3 插值型求积公式

插值型求积公式的基本思想是先求被积函数的插值函数，将被积函数变为较容易积分的多项式函数进行积分。因此，需要给定一组节点

$$a \leqslant x_0 < x_1 < \cdots < x_n \leqslant b$$

且已知函数 $f(x)$在这些节点上的函数值 $f(x_k)(k=0,1,\cdots,n)$。根据这些节点和节点上的函数值构造插值多项式，即

$$f(x) \approx L_n(x) = \sum_{k=0}^{n} f(x_k) l_k(x) \tag{5.1.8}$$

由于多项式 $L_n(x)$的基函数积分是容易计算的，可以对式(5.1.8)两边取积分，从而可得 $I=\int_a^b f(x)\mathrm{d}x$ 的近似，即

$$\begin{aligned} I_n &= \int_a^b L_n(x)\mathrm{d}x \\ &= \int_a^b \sum_{k=0}^{n} f(x_k) l_k(x)\mathrm{d}x \\ &= \sum_{k=0}^{n} f(x_k) \int_a^b l_k(x)\mathrm{d}x \\ &= \sum_{k=0}^{n} A_k f(x_k) \end{aligned} \tag{5.1.9}$$

其中

$$A_k = \int_a^b l_k(x)\mathrm{d}x \tag{5.1.10}$$

注意，权重与函数 $f(x)$无关。

5.1.4 求积公式的余项

下面考虑插值型求积公式的余项，即

$$\begin{aligned} R_n(f) &= \int_a^b f(x)\mathrm{d}x - \sum_{k=0}^{n} A_k f(x_k) \\ &= \int_a^b [f(x) - L_n(x)]\mathrm{d}x \\ &= \int_a^b R_n(x)\mathrm{d}x \end{aligned} \tag{5.1.11}$$

其中，$R_n(x)$为 $L_n(x)$关于 $f(x)$的插值余项，即

$$\begin{aligned} R_n(x) &= f(x) - L_n(x) \\ &= \frac{f^{(n+1)}(\xi)}{(n+1)!} w_{n+1}(x) \\ &= f[x_0, x_1, \cdots, x_n, x] w_{n+1}(x) \end{aligned} \tag{5.1.12}$$

这里 $\xi \in (a, b)$ 与 x 有关，

$$w_{n+1}(x) = (x - x_0)(x - x_1)\cdots(x - x_k) = \prod_{i=0}^{n}(x - x_i) \tag{5.1.13}$$

令 $K = \int_a^b \frac{w_{n+1}(x)}{(n+1)!} \mathrm{d}x$，插值型求积公式的余项可记为

$$\begin{aligned} R_n(f) &= \int_a^b \frac{f^{(n+1)}(\xi)}{(n+1)!} w_{n+1}(x) \mathrm{d}x \\ &= f^{(n+1)}(\xi) \int_a^b \frac{w_{n+1}(x)}{(n+1)!} \mathrm{d}x = K f^{(n+1)}(\xi) \end{aligned} \tag{5.1.14}$$

由式(5.1.14)可知，K 与被积函数 $f(x)$ 无关。

根据含 $n+1$ 个节点的插值余项式(5.1.12)，如果被积函数 $f(x)$ 为最高次数不超过 n 次的多项式，因为插值余项 $R_n(x)$ 等于零，故插值型求积公式的余项 $R_n(f)$ 为零。根据求积公式的代数精度定义，插值型求积公式至少有 n 次代数精度。

对于如果插值型求积式(5.1.9)的代数精度为 $m(m \geqslant n)$，根据定义 1，即找最小的 $l(l \geqslant n)$ 使得当 $f(x) = x^l$ 时，$R_n(x^l) = \int_a^b x^l \mathrm{d}x - \sum_{k=0}^{n} A_k x_k^l \neq 0$，而当 $f(x) = x^j$ 时，$R_n(x^j) = \int_a^b x^j \mathrm{d}x - \sum_{k=0}^{n} A_k x_k^j = 0 (j = 0, 1, \cdots, l-1)$。找出满足上述条件的最小的 l 后，可知插值型求积式(5.1.9)的代数精度为 $m = l - 1$，即 $l = m + 1$。也就是说，当 $f(x) = x^{m+1}$ 时，插值型求积式的余项可表示为

$$R_n(x^{m+1}) = \int_a^b x^{m+1} \mathrm{d}x - \sum_{k=0}^{n} A_k x_k^{m+1} = K f^{(m+1)}(\eta) \neq 0 \tag{5.1.15}$$

注意，K 为不依赖 $f(x)$ 的待定系数，$\eta \in [a, b]$，$f^{(m+1)}(\eta) = (m+1)!$，故可解出

$$K = \frac{1}{(m+1)!} \left[\int_a^b x^{m+1} \mathrm{d}x - \sum_{k=0}^{n} A_k x_k^{m+1} \right] \tag{5.1.16}$$

对于一般的被积函数，只需要将式(5.1.16)求得的 K 代入式(5.1.17)，便可计算含 $n+1$ 个节点插值型求积公式，近似计算 $f(x)$ 在区间$[a, b]$上积分的余项 $R_n(f)$，即

$$R_n(f) = \int_a^b f(x) \mathrm{d}x - \sum_{k=0}^{n} A_k f(x_k) = K f^{(m+1)}(\eta), \quad \eta \in [a, b] \tag{5.1.17}$$

例 3 计算以下求积公式的余项。

(1) $\int_a^b f(x) \mathrm{d}x \approx (b - a) \frac{[f(a) + f(b)]}{2}$(梯形求积公式)。

(2) $\int_a^b f(x) \mathrm{d}x \approx (b - a) f\left(\frac{a + b}{2}\right)$(矩形求积公式)。

解：由例 1 可知，梯形求积公式和矩形求积公式的代数精度均为 1。下面先采用式(5.1.16)计算梯形求积公式的 K，即

$$K=\frac{1}{2}\left[\frac{1}{3}(b^3-a^3)-(b-a)\frac{(a^2+b^2)}{2}\right]=-\frac{1}{12}(b-a)^3$$

于是可得梯形求积公式的余项为

$$R_n(f)=-\frac{1}{12}(b-a)^3 f''(\eta),\quad \eta\in[a,b] \tag{5.1.18}$$

再采用式(5.1.16)计算矩形求积公式的 K,即

$$K=\frac{1}{2}\left[\frac{1}{3}(b^3-a^3)-(b-a)\left(\frac{a+b}{2}\right)^2\right]=\frac{1}{24}(b-a)^3$$

于是可得矩形求积公式的余项为

$$R_n(f)=\frac{1}{24}(b-a)^3 f''(\eta),\quad \eta\in[a,b] \tag{5.1.19}$$

5.1.5 插值型求积公式的收敛性与稳定性

定义 2 在求积式(5.1.6)中,若

$$\lim_{\substack{n\to\infty\\ h\to 0}}\sum_{k=0}^{n}A_k f(x_k)=\int_a^b f(x)\mathrm{d}x \tag{5.1.20}$$

其中,$h=\max\limits_{1\leqslant i\leqslant n}\{x_i-x_{i-1}\}$,则称求积式(5.1.6)是收敛的。

在求积式(5.1.6)中,由于计算 $f(x_k)$ 可能产生误差 δ_k,实际得到 $\tilde{f}(x_k)$,即 $f(x_k)=\tilde{f}(x_k)+\delta_k$,记

$$I_n(f)=\sum_{k=0}^{n}A_k f(x_k),\quad \tilde{I}_n(\tilde{f})=\sum_{k=0}^{n}A_k\tilde{f}(x_k) \tag{5.1.21}$$

如果对任意小正数 $\varepsilon>0$,只要误差 $|\delta_k|$ 充分小就有

$$|I_n(f)-\tilde{I}_n(\tilde{f})|=\left|\sum_{k=0}^{n}A_k[f(x_k)-\tilde{f}(x_k)]\right|\leqslant\varepsilon \tag{5.1.22}$$

表明求积式(5.1.6)是稳定的,由此给出下面定义。

定义 3 对任给 $\varepsilon>0$,若 $\exists\delta>0$,只要 $|f(x_k)-\tilde{f}(x_k)|<\delta(k=0,1,\cdots,n)$,式(5.1.22)就成立,则称求积式(5.1.6)是稳定的。

定理 1 若求积式(5.1.6)中系数 $A_k>0(k=0,1,\cdots,n)$,则此求积式是稳定的。

证明:对任给 $\varepsilon>0$,若取 $\delta=\varepsilon/(b-a)$,都要求 $|f(x_k)-\tilde{f}(x_k)|<\delta(k=0,1,\cdots,n)$,则有

$$\begin{aligned}|I_n(f)-\tilde{I}_n(\tilde{f})|&=\left|\sum_{k=0}^{n}A_k[f(x_k)-\tilde{f}(x_k)]\right|\\&\leqslant\sum_{k=0}^{n}|A_k||f(x_k)-\tilde{f}(x_k)|\\&\leqslant\delta\sum_{k=0}^{n}A_k\\&=\delta(b-a)=\varepsilon\end{aligned} \tag{5.1.23}$$

式(5.1.23)倒数第二个等式成立是由式(5.1.7)中第一个等式而得到。由定义 3 可知,求积式(5.1.6)是稳定的。该定理说明,如果所有求积系数均大于 0,就能保证求积公式的稳定性。

5.2 牛顿-柯特斯公式

5.2.1 柯特斯系数与辛普森公式

牛顿-柯特斯公式(Newton-Cotes Formulas)是梯形公式的推广。将积分区间$[a,b]$划分为n等分,步长为$h=(b-a)/n$,共计$n+1$个节点,即$x_k=a+kh(k=0,1,\cdots,n)$,基于$n+1$个节点及其对应的函数值$f(x_k)(k=0,1,\cdots,n)$,可构建插值型求积公式

$$I_n(x)=\sum_{k=0}^{n}A_kf(x_k) \tag{5.2.1}$$

其中

$$\begin{aligned}A_k&=\int_a^b l_k(x)\mathrm{d}x=\int_a^b\frac{(x-x_0)\cdots(x-x_{k-1})(x-x_{k+1})\cdots(x-x_n)}{(x_k-x_0)\cdots(x_k-x_{k-1})(x_k-x_{k+1})\cdots(x_k-x_n)}\mathrm{d}x\\&\overset{\text{积分变换:}x=a+th}{=}\frac{b-a}{n}\int_0^n\frac{\prod\limits_{j=0,j\neq k}^{n}(t-j)}{\prod\limits_{j=0,j\neq k}^{n}(k-j)}\mathrm{d}t\\&=\frac{b-a}{n\prod\limits_{j=0,j\neq k}^{n}(k-j)}\int_0^n\prod_{j=0,j\neq k}^{n}(t-j)\mathrm{d}t\\&=\frac{(b-a)(-1)^{n-k}}{nk!(n-k)!}\int_0^n\prod_{j=0,j\neq k}^{n}(t-j)\mathrm{d}t,\quad k=0,1,\cdots,n\end{aligned} \tag{5.2.2}$$

为将式(5.2.1)写成类似梯形公式的形式,将各个求积系数A_k中因子$(b-a)$提出至式(5.2.1)求和符号外面,插值型求积公式之牛顿-柯特斯公式为

$$I_n(x)=(b-a)\sum_{k=0}^{n}C_k^{(n)}f(x_k) \tag{5.2.3}$$

其中柯特斯系数为

$$C_k^{(n)}=A_k/(b-a)=\frac{(-1)^{n-k}}{nk!(n-k)!}\int_0^n\prod_{j=0,j\neq k}^{n}(t-j)\mathrm{d}t,\quad k=0,1,\cdots,n \tag{5.2.4}$$

由于式(5.2.4)是多项式的积分,柯特斯系数的计算不会遇到实质性的困难。

当$n=1$时,共计2个节点,分别为$x_0=a,x_1=b$,根据式(5.2.4)得

$$C_0^{(1)}=-1\int_0^1(t-1)\mathrm{d}t=\frac{1}{2},C_1^{(1)}=\int_0^1t\mathrm{d}t=\frac{1}{2} \tag{5.2.5}$$

将其代入式(5.2.3),即为梯形求积公式。

当$n=2$时,共计3个节点,分别为$x_0=a,x_1=(a+b)/2,x_2=b$,根据式(5.2.4)得

$$C_0^{(2)}=\frac{1}{4}\int_0^2(t-1)(t-2)\mathrm{d}t=\frac{1}{6} \tag{5.2.6}$$

$$C_1^{(2)}=-\frac{1}{2}\int_0^2t(t-2)\mathrm{d}t=\frac{4}{6} \tag{5.2.7}$$

$$C_2^{(2)} = \frac{1}{4}\int_0^2 t(t-1)\mathrm{d}t = \frac{1}{6} \tag{5.2.8}$$

将其代入式(5.2.3)得到的相应的求积公式称为辛普森公式，即

$$S = \frac{(b-a)}{6}\left[f(a) + 4f\left(\frac{a+b}{2}\right) + f(b)\right] \tag{5.2.9}$$

而 $n=4$ 时的牛顿-柯特斯公式则特别称为柯特斯公式，其形式为

$$C = \frac{(b-a)}{90}[7f(x_0) + 32f(x_1) + 12f(x_2) + 32f(x_3) + 7f(x_4)] \tag{5.2.10}$$

其中，$x_k = a + kh(k=0,1,\cdots,4)$，步长 $h=(b-a)/4$。

表 5.2.1 列出了 $n \leqslant 8$ 的柯特斯系数。当 $n=8$ 时，柯特斯系数有正有负，这时积分的稳定性得不到保证，即初始数据误差将会引起计算结果误差增大。事实上，当 $n \geqslant 10$ 时，柯特斯系数均出现负值。因此，在实际应用中，一般不使用高阶牛顿-柯特斯公式。

表 5.2.1　柯特斯系数

n	$C_k^{(n)}$								
1	$\frac{1}{2}$	$\frac{1}{2}$							
2	$\frac{1}{6}$	$\frac{4}{6}$	$\frac{1}{6}$						
3	$\frac{1}{8}$	$\frac{3}{8}$	$\frac{3}{8}$	$\frac{1}{8}$					
4	$\frac{7}{90}$	$\frac{16}{45}$	$\frac{12}{15}$	$\frac{16}{45}$	$\frac{7}{90}$				
5	$\frac{19}{288}$	$\frac{25}{96}$	$\frac{25}{144}$	$\frac{25}{144}$	$\frac{25}{96}$	$\frac{19}{288}$			
6	$\frac{41}{840}$	$\frac{9}{35}$	$\frac{9}{280}$	$\frac{34}{105}$	$\frac{34}{105}$	$\frac{9}{35}$	$\frac{41}{840}$		
7	$\frac{751}{17280}$	$\frac{3577}{17280}$	$\frac{1323}{17280}$	$\frac{2989}{17280}$	$\frac{2989}{17280}$	$\frac{1323}{17280}$	$\frac{3577}{17280}$	$\frac{751}{17280}$	
8	$\frac{989}{28350}$	$\frac{5888}{28350}$	$\frac{-928}{28350}$	$\frac{10496}{28350}$	$\frac{-4540}{28350}$	$\frac{10496}{28350}$	$\frac{-928}{28350}$	$\frac{5888}{28350}$	$\frac{989}{28350}$

5.2.2　偶数阶求积公式的代数精度

作为插值型求积公式的 n 阶牛顿-柯特斯公式，至少有 n 次代数精度。从例 1 可以看出，1 阶牛顿-柯特斯公式，即梯形公式具有 1 次代数精度；2 阶牛顿-柯特斯公式，即辛普森公式具有 3 次代数精度。一般地，可以证明以下结论。

定理 2　当 n 为偶数时，n 阶牛顿-柯特斯公式至少有 $n+1$ 次代数精度。

证明：只需验证，当 n 为偶数时，n 阶牛顿-柯特斯公式对 $f(x)=x^{n+1}$ 的余项为零。因为 $f^{(n+1)}(\xi)=(n+1)!$，按照余项式(5.1.11)有

$$R_n(f) = \int_a^b R_n(x)\mathrm{d}x = \int_a^b \frac{f^{(n+1)}(\xi)}{(n+1)!}w_{n+1}(x)\mathrm{d}x$$

$$
\begin{aligned}
&=\int_a^b w_{n+1}(x)\mathrm{d}x \\
&\overset{令 x=(a+b)/2+uh}{=} \frac{b-a}{n}\int_{-n/2}^{n/2}\left[\prod_{j=0}^{n}((a+b)/2+uh)-((a+b)/2+(j-n/2)h)\right]\mathrm{d}u \\
&=h^{n+2}\int_{-n}^{n}\left[\prod_{j=0}^{n}\left(u+\frac{n}{2}-j\right)\right]\mathrm{d}u
\end{aligned}
\tag{5.2.11}
$$

令

$$
g(u)=\prod_{j=0}^{n}\left(u+\frac{n}{2}-j\right)\overset{令 l=j-n/2}{=}\prod_{l=-n/2}^{n/2}(u-l) \tag{5.2.12}
$$

因为

$$
\begin{aligned}
g(-u)&=\prod_{l=-n/2}^{n/2}(-u-l) \\
&=(-1)^{n+1}\prod_{l=-n/2}^{n/2}(u+l) \\
&\overset{k=-l}{=}(-1)^{n+1}\left(\prod_{k=-n/2}^{n/2}(u-k)\right)=(-1)^{n+1}g(u)
\end{aligned}
\tag{5.2.13}
$$

因此，当 n 为偶数时，$g(u)$为奇函数，n 阶牛顿-柯特斯公式对 $f(x)=x^{n+1}$ 的余项式(5.2.12)为零。

5.2.3 牛顿-柯特斯公式的余项

一般地，当 n 为偶数时，n 阶牛顿-柯特斯公式有 $n+1$ 次代数精度；当 n 为奇数时，n 阶牛顿-柯特斯公式有 n 次代数精度。根据插值型求积公式的余项表达式可得

$$
\begin{aligned}
R(f)&=\int_a^b f(x)\mathrm{d}x-(b-a)\sum_{k=0}^{n}C_k^{(n)}f(x_k) \\
&=\begin{cases} K_{n+2}f^{(n+2)}(\eta) & n\ 为偶数, \\ K_{n+1}f^{(n+1)}(\eta) & n\ 为奇数, \end{cases} \quad \eta\in[a,b]
\end{aligned}
\tag{5.2.14}
$$

注意，K_{n+2}和 K_{n+1}为不依赖 $f(x)$的待定系数。

当 n 为偶数时，可令 $f(x)=x^{n+2}$，$f^{(n+2)}(\eta)=(n+2)!$，故可解出

$$
K_{n+2}=\frac{1}{(n+2)!}\left[\int_a^b x^{n+2}\mathrm{d}x-(b-a)\sum_{k=0}^{n}C_k^{(n)}x_k^{n+2}\right] \tag{5.2.15}
$$

当 n 为奇数时，可令 $f(x)=x^{n+1}$，$f^{(n+1)}(\eta)=(n+1)!$，故可解出

$$
K_{n+1}=\frac{1}{(n+1)!}\left[\int_a^b x^{n+1}\mathrm{d}x-(b-a)\sum_{k=0}^{n}C_k^{(n)}x_k^{n+1}\right] \tag{5.2.16}
$$

一般地，牛顿-柯特斯公式通常只用$n=1,2,4$ 时的 3 个公式。当 $n=1$ 时，梯形公式的余项为式(5.1.19)。当 $n=2$ 时，可采用式(5.2.15)计算，即

$$
\begin{aligned}
K_4&=\frac{1}{4!}\left[\int_a^b x^4\mathrm{d}x-(b-a)\sum_{k=0}^{n}C_k^{(n)}x_k^4\right] \\
&=\frac{1}{4!}\left[\frac{1}{5}(b^5-a^5)-\frac{(b-a)}{6}\left[a^4+4\left(\frac{a+b}{2}\right)^4+b^4\right]\right]
\end{aligned}
$$

$$= -\frac{(b-a)}{180}\left(\frac{b-a}{2}\right)^4 \tag{5.2.17}$$

将式(5.2.17)代入式(5.2.14)可计算辛普森公式余项为

$$R(f) = -\frac{(b-a)}{180}\left(\frac{b-a}{2}\right)^4 f^{(4)}(\eta) \tag{5.2.18}$$

当 $n=4$ 时,可采用式(5.2.15)计算,即

$$\begin{aligned} K_6 &= \frac{1}{6!}\left[\int_a^b x^6 \mathrm{d}x - (b-a)\sum_{k=0}^{6} C_k^{(6)} x_k^6\right] \\ &= -\frac{2(b-a)}{945}\left(\frac{b-a}{4}\right)^6 \end{aligned} \tag{5.2.19}$$

将式(5.2.19)代入式(5.2.14)可计算柯特斯公式余项为

$$R(f) = -\frac{2(b-a)}{945}\left(\frac{b-a}{4}\right)^6 f^{(6)}(\eta) \tag{5.2.20}$$

5.3 复合求积公式

5.3.1 复合梯形公式

由于高阶牛顿-柯特斯公式不具有稳定性,为提高精度,通常可把积分区间分成若开个子区间(通常是等分),再在每个子区间上用低阶求积公式,这种方法称为复合求积法。本节介绍复合梯形公式,下节将介绍复合辛普森公式。

复合梯形公式通过在每个子区间用梯形公式,然后求和得到积分的近似值。将积分区间$[a,b]$划分为 n 等分,步长为 $h=(b-a)/n$,共计 $n+1$ 个节点,即 $x_k=a+kh(k=0,1,\cdots,n)$,基于 $n+1$ 个节点及其对应的函数值 $f(x_k)(k=0,1,\cdots,n)$,在每个子区间用梯形式(5.1.4),则得

$$I = \int_a^b f(x)\mathrm{d}x = \sum_{k=0}^{n-1}\int_{x_k}^{x_{k+1}} f(x)\mathrm{d}x = \frac{h}{2}\sum_{k=0}^{n-1}[f(x_k)+f(x_{k+1})] + R_n(f) \tag{5.3.1}$$

记梯形公式所得的积分近似值为

$$T_n = \frac{h}{2}\sum_{k=0}^{n-1}[f(x_k)+f(x_{k+1})] = \frac{h}{2}\left[f(a)+\sum_{k=1}^{n-1} f(x_k)+f(b)\right] \tag{5.3.2}$$

称为复合梯形公式,其余项可由式(5.1.19)得

$$R_n(f) = I - T_n = \sum_{k=0}^{n-1}\left[-\frac{h^3}{12}f''(\eta_k)\right], \quad \eta_k \in [x_k, x_{k+1}] \tag{5.3.3}$$

由于 $f(x)\in C^2[a,b]$,且

$$\min_{0\leqslant k\leqslant n-1} f''(\eta_k) \leqslant \frac{1}{n}\sum_{k=0}^{n-1} f''(\eta_k) \leqslant \max_{0\leqslant k\leqslant n-1} f''(\eta_k) \tag{5.3.4}$$

所以,由介值定理或中间值定理,$\exists\, \eta\in[a,b]$,使

$$f''(\eta) = \frac{1}{n}\sum_{k=0}^{n-1} f''(\eta_k) \tag{5.3.5}$$

于是复合梯形公式的余项为

$$R_n(f)=-\frac{(b-a)}{12}h^2 f''(\eta) \tag{5.3.6}$$

可以看出误差是 h^2 阶，且因式(5.3.6)的极限 $\lim\limits_{n\to\infty}R_n(f)=0$，则

$$\lim_{n\to\infty}T_n=\int_a^b f(x)\mathrm{d}x \tag{5.3.7}$$

即复合梯形公式是收敛的。事实上只要设 $f(x)\in C[a,b]$，便可得到其收敛性，只要改写

$$\begin{aligned} T_n &= \frac{h}{2}\sum_{k=0}^{n-1}[f(x_k)+f(x_{k+1})] \\ &= \frac{1}{2}\left[\frac{b-a}{n}\sum_{k=0}^{n-1}f(x_k)+\frac{b-a}{n}\sum_{k=1}^{n}f(x_k)\right] \end{aligned} \tag{5.3.8}$$

当 $n\to\infty$ 时，式(5.3.8)右端两个黎曼和均收敛到 $\int_a^b f(x)\mathrm{d}x$，所以复合梯形公式收敛。此外，T 的求积系数为正，可知复合梯形公式是稳定的。

5.3.2 复合辛普森公式

复合辛普森公式通过在每个子区间用辛普森公式，然后求和得到积分的近似值。将积分区间 $[a,b]$ 划分为 n 等分，步长为 $h=(b-a)/n$，共计 $n+1$ 个节点，即 $x_k=a+kh(k=0,1,\cdots,n)$，并在每个小区间上增加一个中点节点 $x_{k+1/2}=x_k+h/2$，在每个子区间 $[x_k,x_{k+1}]$ 采用辛普森公式，则得

$$\begin{aligned} I &= \int_a^b f(x)\mathrm{d}x=\sum_{k=0}^{n-1}\int_{xk}^{x_{k+1}}f(x)\mathrm{d}x \\ &= \frac{h}{6}\sum_{k=0}^{n-1}[f(x_k)+4f(x_{k+1/2})+f(x_{k+1})]+R_n(f) \end{aligned} \tag{5.3.9}$$

记辛普森公式所得的积分近似值为

$$\begin{aligned} S_n &= \frac{h}{6}\sum_{k=0}^{n-1}[f(x_k)+4f(x_{k+1/2})+f(x_{k+1})] \\ &= \frac{h}{6}\left[f(a)+4\sum_{k=0}^{n-1}f(x_{k+1/2})+2\sum_{k=1}^{n-1}f(x_k)+f(b)\right] \end{aligned} \tag{5.3.10}$$

称为复合辛普森公式，其余项可由式(5.2.18)得

$$R_n(f)=I-T_n=-\frac{h}{180}\left(\frac{h}{2}\right)^4\sum_{k=0}^{n-1}f^{(4)}(\eta_k),\quad \eta_k\in[x_k,x_{k+1}] \tag{5.3.11}$$

由于 $f(x)\in C^4[a,b]$，且

$$\min_{0\leqslant k\leqslant n-1}f^{(4)}(\eta_k)\leqslant\frac{1}{n}\sum_{k=0}^{n-1}f^{(4)}(\eta_k)\leqslant\max_{0\leqslant k\leqslant n-1}f^{(4)}(\eta_k) \tag{5.3.12}$$

所以，由介值定理或中间值定理，$\exists\,\eta\in[a,b]$，得

$$f^{(4)}(\eta)=\frac{1}{n}\sum_{k=0}^{n-1}f^{(4)}(\eta_k) \tag{5.3.13}$$

于是复合辛普森公式的余项为

$$R_n(f)=I-S_n=-\frac{b-a}{180}\left(\frac{h}{2}\right)^4 f^{(4)}(\eta),\quad \eta_k\in[a,b] \tag{5.3.14}$$

可以看出误差是 h^4 阶，且因式(5.3.6)的极限 $\lim\limits_{n\to\infty}R_n(f)=0$，则

$$\lim_{n\to\infty}T_n=\int_a^b f(x)\mathrm{d}x \tag{5.3.15}$$

即复合梯形公式是收敛的。事实上只要设 $f(x)\in C[a,b]$，便可得到其收敛性。

此外，T 的求积系数为正，可知复合梯形公式是稳定的。

5.4 龙贝格求积公式

5.4.1 梯形法的递推法

复合求积公式可以提高求积精度，实际计算时若精度不够可将步长逐次分半。如果将积分区间$[a,b]$划分为 n 等份，步长为 $h=(b-a)/n$，共计 $n+1$ 个节点，即 $x_k=a+kh(k=0,1,\cdots,n)$。如果将求积区间再二分一次，则节点数增至 $2n+1$ 个。下面考查二分前后积分值的联系。$2n+1$ 个节点下共计算 $2n$ 个小区间，在每个小区间用梯形式(5.1.4)，可得到下列递推式，即

$$\begin{aligned}T_{2n}&=\frac{1}{2}\sum_{k=0}^{n-1}\left[\frac{h}{2}[f(x_k)+f(x_{k+1/2})]+\frac{h}{2}[f(x_{k+1/2})+f(x_{k+1})]\right]\\&=\frac{h}{4}\sum_{k=0}^{n-1}[f(x_k)+f(x_{k+1})]+\frac{h}{2}\sum_{k=0}^{n-1}f(x_{k+1/2})\\&=\frac{1}{2}T_n+\frac{h}{2}\sum_{k=0}^{n-1}f(x_{k+1/2})\end{aligned} \tag{5.4.1}$$

在区间$[a,b]$上经过 k 次二分后的梯形公式为

$$T_{k,0}=\frac{1}{2}T_{k-1,0}+\frac{b-a}{2^k}\sum_{k=1}^{2^{k-1}}f\left(a+(2i-1)\frac{b-a}{2^k}\right) \tag{5.4.2}$$

注意，在区间$[a,b]$上经过 $k-1$ 次二分后的区间数为 $n=2^{k-1}$，小区间长度为 $h=(b-a)/2^{k-1}$。

5.4.2 外推技巧

从梯形公式出发，将积分区间$[a,b]$逐次二分可提高求积精度，当$[a,b]$分为 n 等份，由式(5.3.6)可得

$$T_n=I+R_n(f)=I-\frac{b-a}{12}h^2f''(\eta),\quad \eta\in[a,b],h=\frac{b-a}{n} \tag{5.4.3}$$

因为 T_n 是 h 的函数，可记 $T_n=T(h)$。如果将求积区间再二分一次，即当$[a,b]$分为 $2n$ 等份时，有

$$T_{2n}=I+R_{2n}(f)=I-\frac{b-a}{12}\left(\frac{h}{2}\right)^2f''(\eta),\quad \eta\in[a,b],h=\frac{b-a}{n} \tag{5.4.4}$$

同样可记 $T_{2n}=T\left(\frac{h}{2}\right)$，可以证明梯形公式的余项可展开成级数形式，则有下面定理。

定理 3（梯形法下欧拉-麦克劳林公式 Euler-Maclaurin Formula） 设 $f(x)\in C^{\infty}[a,b]$，$\forall\, l>0$，则

$$T(h)=I+\alpha_1h^2+\alpha_2h^4+\cdots+\alpha_lh^{2l}+c_{l+1}(b-a)h^{2l+2}f^{(2l+2)}(\xi),\quad \xi\in[a,b] \tag{5.4.5}$$

其中，系数 $\alpha_l=c_l(f^{(2l-1)}(b)-f^{(2l-1)}(a))(l=1,2,\cdots)$ 与 h 无关，如 $c_1=1/12,c_2=-1/720,c_3=1/30240$。

此定理可利用泰勒展开式推导得到，可参考李庆扬等编写的《数值分析》(第 3 版)。根据该定理，可知 $T(h)$ 的误差项为 h^2 阶。若将其中 h 替换为 $h/2$(相当于区间再次二分)，可得

$$T\left(\frac{h}{2}\right)=I+\frac{1}{4}\alpha_1h^2+\frac{1}{4^2}\alpha_2h^4+\cdots \tag{5.4.6}$$

若采用第 $m=1$ 次外推，即用 4^m 乘以式(5.4.6)再减去式(5.4.5)，最后再除以 4^m-1，可得

$$T_1(h)=\frac{4T\left(\frac{h}{2}\right)-T(h)}{3}=I+\beta_1h^4+\beta_2h^6+\cdots \tag{5.4.7}$$

可知 $S(h)$ 的误差项为 h^4 阶。将式(5.3.2)的 $T_n=T(h)$ 和式(5.4.1)的 $T_{2n}=T(h/2)$ 代入式(5.4.7)，可得

$$\begin{aligned}T_1(h)&=\frac{4T\left(\frac{h}{2}\right)-T(h)}{3}\\&=\frac{h\sum_{k=0}^{n-1}[f(x_k)+2f(x_{k+1/2})+f(x_{k+1})]-\frac{h}{2}\sum_{k=0}^{n-1}[f(x_k)+f(x_{k+1})]}{3}\\&=\frac{h}{6}\sum_{k=0}^{n-1}[f(x_k)+4f(x_{k+1/2})+f(x_{k+1})]\end{aligned} \tag{5.4.8}$$

可知，$T_1(h)$ 正好是复合辛普森公式 S_n。这种将计算 I 的近似值的误差项 h^2 阶提高到 h^4 阶的方法称为外推法。

若采用第 $m=2$ 次外推，即用 4^m 乘以 $T_{m-1}(h/2)$，再减去 $T_{m-1}(h)$，最后再除以 4^m-1，可得

$$T_2(h)=\frac{4^2T_1\left(\frac{h}{2}\right)-T_1(h)}{4^2-1}=I+\gamma_1h^6+\gamma_2h^8+\cdots \tag{5.4.9}$$

易验证可知，$T_2(h)$ 正好是复合柯特斯公式 C_n，即在 $[a,b]$ 上 n 等分子区间(各子区间经两次二分生成 5 个节点)上使用柯特斯公式。

若采用第 m 次外推，即用 4^m 乘以 $T_{m-1}(h/2)$，再减去 $T_{m-1}(h)$，最后再除以 4^m-1，可得

$$T_m(h)=\frac{4^mT_{m-1}\left(\frac{h}{2}\right)-T_{m-1}(h)}{4^m-1}=I+\delta_1h^{2(m+1)}+\delta_2h^{2(m+2)}+\cdots \tag{5.4.10}$$

上述方法通常称为理查逊外推(Richardson Extrapolation)加速算法。

5.4.3 龙贝格算法

从理查逊外推式(5.4.10)可以看出,每外推一次,需要将区间再次二分。结合区间不断二分的递推式和不断加速的理查逊外推算法,可以得出龙贝格积分算法(Romberg Integration Method)。设以 $T_{k,0}$ 表示二分 k 次后求得的梯形值,且以 $T_{k,m}$ 表示 $T_{k,0}$ 的 m 次加速,则依据式(5.4.10)有

$$T_{k,m}=\frac{4^m T_{k+1,m-1}-T_{k,m-1}}{4^m-1},\quad k=1,2,\cdots,m=1,2,\cdots,k \tag{5.4.11}$$

龙贝格算法的具体过程如下(其中 k 表示二分次数,m 表示外推次数)。

(1) 取 $k=0,m=0,h=b-a$,求 $T_{0,0}=\frac{h}{2}[f(a)+f(b)]$。

(2) 取 $h=h/2$,按式(5.4.1)计算

$$T_{k+1,0}=\frac{1}{2}T_{k,0}+h\sum_{j=0}^{k-1}f(x_{j+1/2}),x_{j+1/2}=x_j+h$$

(3) 依次取 $m=1,2,\cdots,k$,按式(5.4.11)计算

$$T_{k,m}=\frac{4^m T_{k+1,m-1}-T_{k,m-1}}{4^m-1}$$

(4) 若 $|T_{k,k}-T_{k-1,k-1}|\leqslant\varepsilon$($\varepsilon$ 为预先设定的精度)满足时终止计算,并令 $T_{k,k}\approx I$;否则,取 $k=k+1$,重复过程(2)和(3)。

例 1 用龙贝格算法计算积分 $I=\int_0^1 x^{3/2}\mathrm{d}x$。

解:设定 $\varepsilon=10^{-6}$,用龙贝格算法计算积分 $T_{k,m}(k,m=0,1,\cdots,7)$ 如表 5.4.1 所示,积分近似值约为 0.400000,真实值为 0.4。

表 5.4.1 用龙贝格算法计算积分值

k	*m*							
	0	1	2	3	4	5	6	7
0	0.500000							
1	0.426777	0.402369						
2	0.407018	0.400432	0.400303					
3	0.401812	0.400077	0.400054	0.400050				
4	0.400463	0.400014	0.400009	0.400009	0.400009			
5	0.400118	0.400002	0.400002	0.400002	0.400002	0.400002		
6	0.400030	0.400000	0.400000	0.400000	0.400000	0.400000	0.400000	
7	0.400007	0.400000	0.400000	0.400000	0.400000	0.400000	0.400000	0.400000

例 2 用龙贝格算法计算积分 $I=\int_0^1 \frac{\sin x}{x}\mathrm{d}x$。

解:设定 $\varepsilon=10^{-6}$,用龙贝格算法计算积分 $T_{k,m}(k,m=0,1,\cdots,5)$ 如表 5.4.2 所示,积

分近似值为 0.946083。从表 5.4.2 可以看出区间 8 等分时的复合梯形积分值为 $T_{3,0}=0.9456909$，区间 4 等分时复合辛普森公式 $S_4=0.9460833$。

表 5.4.2　用龙贝格算法计算积分值

k	m			
	0	1	2	3
0	0.9207355			
1	0.9397933	0.9461459		
2	0.9445135	0.9460869	0.9460830	
3	0.9456909	0.9460833	0.9460831	0.9460831

例 3　用龙贝格算法计算积分 $I=\int_0^1 e^x\,dx$。

解：设定 $\varepsilon=10^{-15}$，用龙贝格算法计算积分 $T_{k,k}(k)$ 如表 5.4.3 所示，积分近似值约为 1.71828182845904，误差列显示误差减小十分迅速。

表 5.4.3　用龙贝格算法计算积分值

k	$T_{k,k}(k)$	$I-T_{k,k}(k)$
0	1.85914091422952	−0.14085908577048
1	1.71886115187659	−0.00057932341754
2	1.71886115187659	−0.00057932341754
3	1.71828182879453	−0.00000000033548
4	1.71828182845908	−0.00000000000003
5	1.71828182845905	0.00000000000000
6	1.71828182845904	0.00000000000001

5.5　高斯求积公式

5.5.1　一般理论

给定权函数 $\rho(x)$，机械求积公式为

$$\int_a^b \rho(x)f(x)\,dx \approx \sum_{k=0}^{n} A_k f(x_k) \tag{5.5.1}$$

含有 $2n+2$ 个待定参数 $x_k, A_k(k=0,1,\cdots,n)$，适当选择这些参数，可以使求积公式具有 $2n+1$ 次代数精度。这类求积公式称为高斯公式，高斯公式中求积节点称为高斯点。

定义 4　如果求积式(5.5.1)具有 $2n+1$ 次代数精度，则称其节点 $x_k(k=0,1,\cdots,n)$ 为高斯点，相应的公式称为高斯求积公式。

根据该定义，要使式(5.5.1)具有 $2n+1$ 次代数精度，只要取 $f(x)=x^m$，对 $m=0,1,\cdots,2n+1$，式(5.5.1)精确成立，即

$$\int_a^b \rho(x)x^m \mathrm{d}x = \sum_{k=0}^{n} A_k x_k^m, \quad m=0,1,\cdots,2n+1 \tag{5.5.2}$$

由于式(5.5.2)是关于 x_k 和 $A_k(k=0,1,\cdots,n)$ 的非线性方程组，直接求解比较困难，但可以采用迭代法求解。若能先推导出节点 $x_k(k=0,1,\cdots,n)$，式(5.5.2)即为关于 $A_k(k=0,1,\cdots,n)$ 的线性方程组。下面主要讨论如何选取节点 $x_k(k=0,1,\cdots,n)$，才能使求积式(5.5.1)具有 $2n+1$ 次代数精度。

在区间 $[a,b]$ 上的 $n+1$ 个节点 $a\leqslant x_0<x_1<\cdots<x_n\leqslant b$，根据这些节点和节点函数值作插值多项式，即

$$f(x) \approx \sum_{k=0}^{n} f(x_k) l_k(x) + \frac{1}{(n+1)!} f^{(n+1)}(\xi(x))\omega_{n+1}(x), \quad \xi(x) \in [a,b] \tag{5.5.3}$$

用 $\rho(x)$ 乘式(5.5.3)两边，并取积分，则有

$$\int_a^b \rho(x) f(x) \mathrm{d}x = \sum_{k=0}^{n} A_k f(x_k) + \frac{1}{(n+1)!}\int_a^b \rho(x) f^{(n+1)}(\xi(x))\omega_{n+1}(x)\mathrm{d}x \tag{5.5.4}$$

其中积分系数和余项分别为

$$A_k = \int_a^b l_k(x)\rho(x)\mathrm{d}x \tag{5.5.5}$$

$$R[f] = \frac{1}{(n+1)!}\int_a^b \rho(x) f^{(n+1)}(\xi(x)) w_{n+1}(x)\mathrm{d}x \tag{5.5.6}$$

显然，取 $f(x)=x^m(m=0,1,\cdots,n)$，余项为零，此时有

$$\int_a^b \rho(x) f(x)\mathrm{d}x = \sum_{k=0}^{n} A_k f(x_k) \tag{5.5.7}$$

成立，即式(5.5.1)至少具有 n 次代数精度。

现在考虑如何选取节点 $x_k(k=0,1,\cdots,n)$，使求积公式代数精度提高到 $2n+1$。此时要求 $f(x)=x^m$ 对 $m=n+1,n+2,\cdots,2n+1$ 时 $R[f]=0$，而这时余项中 $f^{(n+1)}(\xi(x))$ 为最高次数小于或等于 n 的多项式，该多项式一般不为零。若能选择节点 $x_k(k=0,1,\cdots,n)$，使得对于任意最高次数小于或等于 n 的多项式 $p(x)$，积分

$$\int_a^b p(x) w_{n+1}(x)\rho(x)\mathrm{d}x = 0 \tag{5.5.8}$$

则能保证 $R[f]=0$，相当于 $w_{n+1}(x)$ 与 $p(x)$ 带权 $\rho(x)$ 在区间 $[a,b]$ 上正交，也就是以节点 $x_k(k=0,1,\cdots,n)$ 为零点的 $n+1$ 多项式 $w_{n+1}(x)$ 是区间 $[a,b]$ 上带权 $\rho(x)$ 的正交多项式。于是便有以下定理，下面定理给出了高斯点的特性和构造高斯点的一种方法。

定理 4 如果插值型求积式(5.5.1)的节点 $a\leqslant x_0<x_1<\cdots<x_n\leqslant b$ 为高斯点的充要条件是以这些点为零点的多项式 $w_{n+1}(x)=\prod_{k=0}^{n}(x-x_k)$ 与任意次数不超过 n 的多项式 $p(x)$ 正交，即

$$\int_a^b p(x) w_{n+1}(x)\rho(x)\mathrm{d}x = 0 \tag{5.5.9}$$

证明：先证明必要性。设 $p(x)\in H_n$，则 $p(x)w_{n+1}(x)\in H_{2n+1}$。因此，如果 $x_0,x_1,\cdots,x_n$ 是高斯点，根据定义 4，求积公式对于 $f(x)=p(x)w_{n+1}(x)\in H_{2n+1}$ 精确成立，即有

$$\int_a^b f(x)\rho(x)\mathrm{d}x=\int_a^b p(x)w_{n+1}(x)\rho(x)\mathrm{d}x$$

$$=\sum_{k=0}^{n}A_k f(x_k) \tag{5.5.10}$$

$$=\sum_{k=0}^{n}A_k p(x_k)w_{n+1}(x_k)$$

因 $w_{n+1}(x_k)=0(k=0,1,\cdots,n)$，故式(5.5.10)等于0，即式(5.5.9)成立。

再证明充分性。设 $f(x)\in H_{2n+1}$，用 $f(x)$ 除以 $w_{n+1}(x)$，记商为 $p(x)$，余式为 $q(x)$，即 $f(x)=p(x)w_{n+1}(x)+q(x)$，其中 $p(x),q(x)\in H_n$，由式(5.5.9)可得

$$\int_a^b f(x)\rho(x)\mathrm{d}x=\int_a^b q(x)\rho(x)\mathrm{d}x \tag{5.5.11}$$

由于求积式(5.5.7)为插值型，它对于 $q(x)\in H_n$ 精确成立，即

$$\int_a^b \rho(x)q(x)\mathrm{d}x=\sum_{k=0}^{n}A_k q(x_k) \tag{5.5.12}$$

再注意到 $w_{n+1}(x_k)=0(k=0,1,\cdots,n)$，可知 $q(x_k)=f(x_k)(k=0,1,\cdots,n)$，从而由式(5.5.11)和式(5.5.12)有

$$\int_a^b f(x)\rho(x)\mathrm{d}x=\int_a^b q(x)\rho(x)\mathrm{d}x=\sum_{k=0}^{n}A_k q(x_k)=\sum_{k=0}^{n}A_k f(x_k) \tag{5.5.13}$$

可见求积公式对一切次数不超过 $2n+1$ 的多项式均精确成立。因此，插值节点或求积节点 $x_k(k=0,1,\cdots,n)$ 为高斯点。

定理4表明在区间 $[a,b]$ 上带权 $\rho(x)$ 的 $n+1$ 正交多项式的零点就是求积式(5.5.7)的高斯点，有了求积节点 $x_k(k=0,1,\cdots,n)$，可求解一组关于 $A_k(k=0,1,\cdots,n)$ 的线性方程组

$$\int_a^b \rho(x)x^m\mathrm{d}x=\sum_{k=0}^{n}A_k x_k^m,m=0,1,\cdots,n \tag{5.5.14}$$

解此方程组得出 $A_k(k=0,1,\cdots,n)$。求积系数 $A_k(k=0,1,\cdots,n)$ 还可直接由 $x_0,x_1,\cdots,x_n$ 的插值基函数的积分求出，即

$$A_k=\int_a^b l_k(x)\rho(x)\mathrm{d}x \tag{5.5.15}$$

因为式(5.5.13)，即高斯求积公式对一切次数不超过 $2n+1$ 的多项式均精确成立，令 $f(x)=l_k^2(x)\in H_{2n}$，因此有

$$\begin{aligned}\int_a^b f(x)\rho(x)\mathrm{d}x&=\int_a^b l_k^2(x)\rho(x)\mathrm{d}x\\&=\sum_{i=0}^{n}A_i l_k^2(x_i)=A_k,\quad k=0,1,\cdots,n\end{aligned} \tag{5.5.16}$$

最后一个等式成立是因为 $l_k^2(x_k)=1$，而 $l_k^2(x_i)=0(\forall i\neq k)$。这意味着，求积系数 $A_k(k=0,1,\cdots,n)$ 可直接由 $x_0,x_1,\cdots,x_n$ 的插值基函数平方的积分求出。由式(5.5.16)可知，高斯求积系数 $A_k(k=0,1,\cdots,n)$ 全是正的，故高斯求积公式是稳定的。另外，还可以证明高斯求积公式是收敛的。

利用 $f(x)$ 在节点 $x_k(k=0,1,\cdots,n)$ 的 $2n+1$ 次埃尔米特插值多项式 $H_{2n+1}(x)$ 及其余项

$$f(x)=H_{2n+1}(x)+\frac{1}{(2n+2)!}f^{(2n+2)}(\xi(x))w_{n+1}^{2}(x),\quad \xi(x)\in[a,b] \tag{5.5.17}$$

两端乘权函数 $\rho(x)$，再积分，并由积分中值定理可得

$$\int_a^b f(x)\rho(x)\mathrm{d}x=\int_a^b H_{2n+1}(x)\rho(x)\mathrm{d}x+\frac{f^{(2n+2)}(\eta)}{(2n+2)!}\int_a^b w_{n+1}^{2}(x)\rho(x)\mathrm{d}x \tag{5.5.18}$$

因为高斯求积公式对式(5.5.18)中右端第一项 $2n+1$ 次多项式的积分精确成立，且埃尔米特插值多项式满足 $H_{2n+1}(x_k)=f(x_k)$，故

$$\begin{aligned}R[f]&=\int_a^b f(x)\rho(x)\mathrm{d}x-\int_a^b H_{2n+1}(x)\rho(x)\mathrm{d}x\\&=\int_a^b f(x)\rho(x)\mathrm{d}x-\sum_{k=0}^{n}A_kH_{2n+1}(x_k)\\&=\int_a^b f(x)\rho(x)\mathrm{d}x-\sum_{k=0}^{n}A_kf(x_k)\\&=\frac{f^{(2n+2)}(\eta)}{(2n+2)!}\int_a^b w_{n+1}^{2}(x)\rho(x)\mathrm{d}x\end{aligned} \tag{5.5.19}$$

例 1 确定求积公式

$$\int_0^1 f(x)\mathrm{d}x=A_0f(x_0)+A_1f(x_1) \tag{5.5.20}$$

的系数 A_0,A_1 及节点 x_0,x_1，使它具有 3 次代数精度。

解：(1) 定义法。根据定义，要使求积公式具有 3 次代数精度，只要取 $f(x)=x^m$，对 $m=0,1,2,3$，求积公式精确成立，即

$$\begin{cases}\int_0^1 1\mathrm{d}x=A_0+A_1=1\\ \int_0^1 x\mathrm{d}x=A_0x_0+A_1x_1=\dfrac{1}{2}\\ \int_0^1 x^2\mathrm{d}x=A_0x_0^2+A_1x_1^2=\dfrac{1}{3}\\ \int_0^1 x^3\mathrm{d}x=A_0x_0^3+A_1x_1^3=\dfrac{1}{4}\end{cases} \tag{5.5.21}$$

该非线性方程组，给定误差平方和小于10^{-8}为终止条件，初值向量$(A_0,A_1,x_0,x_1)=(0.4,0.6,0,1)$，由 DFP 迭代法得到其解为$(\hat{A}_0,\hat{A}_1,\hat{x}_0,\hat{x}_1)=(0.4997,0.5003,0.2109,0.7885)$。

(2) 正交法。构建 $w_2(x)=(x-x_0)(x-x_1)=x^2+bx+c$，如果能先求出 b 和 c，便能解出 x_0 和 x_1，然后代入式(5.5.21)可解出系数 A_0,A_1。下面先求 b 和 c，因 $w_2(x)$与 1 和 x 均正交，即得

$$\int_0^1(x^2+bx+c)\mathrm{d}x=\frac{1}{3}+\frac{1}{2}b+c=0 \tag{5.5.22}$$

$$\int_0^1 x(x^2+bx+c)\mathrm{d}x=\frac{1}{4}+\frac{1}{3}b+\frac{1}{2}c=0 \tag{5.5.23}$$

注意式(5.5.22)和式(5.5.23)的积分结果可以直接由式(5.5.21)得到，从而可求出 $b=-1$ 和 $c=1/6$，代入 $w_2(x)$可得

$$w_2(x)=x^2-x+\frac{1}{6} \tag{5.5.24}$$

可解出

$$x_0=\frac{1}{2}+\sqrt{\frac{1}{12}},x_1=\frac{1}{2}-\sqrt{\frac{1}{12}} \tag{5.5.25}$$

再代入式(5.5.21)中前两个等式,可得

$$\begin{cases}A_0+A_1=1\\A_0\left(\frac{1}{2}+\sqrt{\frac{1}{12}}\right)+A_1\left(\frac{1}{2}-\sqrt{\frac{1}{12}}\right)=\frac{1}{2}\end{cases} \tag{5.5.26}$$

可解出

$$A_0=A_1=\frac{1}{2} \tag{5.5.27}$$

可得

$$\begin{aligned}\int_0^1 f(x)\mathrm{d}x &\approx \frac{1}{2}f\left(\frac{1}{2}+\sqrt{\frac{1}{12}}\right)+\frac{1}{2}f\left(\frac{1}{2}-\sqrt{\frac{1}{12}}\right)\\ &\approx \frac{1}{2}f(0.7887)+\frac{1}{2}f(0.2113)\end{aligned} \tag{5.5.28}$$

注意,系数也可由式(5.5.15)计算,即

$$\begin{aligned}A_0&=\int_0^1 l_0(x)\mathrm{d}x=\int_0^1\frac{(x-x_1)}{(x_0-x_1)}\mathrm{d}x\\ &=\frac{\sqrt{12}}{2}\left(\frac{1}{2}-\left(\frac{1}{2}-\sqrt{\frac{1}{12}}\right)\right)=\frac{1}{2}\end{aligned} \tag{5.5.29}$$

$$\begin{aligned}A_1&=\int_0^1 l_1(x)\mathrm{d}x=\int_0^1\frac{(x-x_0)}{(x_1-x_0)}\mathrm{d}x\\ &=-\frac{\sqrt{12}}{2}\left(\frac{1}{2}-\left(\frac{1}{2}+\sqrt{\frac{1}{12}}\right)\right)=\frac{1}{2}\end{aligned} \tag{5.5.30}$$

或可由式(5.5.16)计算。

5.5.2　高斯-勒让德求积公式

对于区间为$[-1,1]$且权函数$\rho(x)=1$的积分$\int_{-1}^1 f(x)\mathrm{d}x$,由定理4可采用勒让德正交多项式$P_{n+1}(x)$或$\widetilde{P}_{n+1}(x)$的零点作为求积节点$x_k(k=0,1,\cdots,n)$构建高斯-勒让德求积公式

$$\int_{-1}^1 f(x)\mathrm{d}x=\sum_{k=0}^n A_k f(x_k) \tag{5.5.31}$$

其中求积系数为

$$A_k=\frac{2}{(1-x_k^2)[P'_n(x_k)]^2}=\frac{2(1-x_k^2)}{(n+1)^2[x_kP_n(x_k)-P_{n+1}(x_k)]^2}$$

将式(5.5.19)中的$w_{n+1}(x)$替换为$\widetilde{P}_{n+1}(x)$,即可得高斯-勒让德求积公式的余项,即

$$R[f]=\frac{f^{(2n+2)}(\eta)}{(2n+2)!}\int_{-1}^{1}\widetilde{P}_{n+1}^{2}(x)\rho(x)\mathrm{d}x \tag{5.5.32}$$

再由勒让德正交多项式的性质,可得

$$R[f]=\frac{2^{2n+3}[(n+1)!]^4}{(2n+3)[(2n+2)!]^3}f^{(2n+2)}(\eta),\quad \eta\in[-1,1] \tag{5.5.33}$$

当 $n=1$ 时,有 $R[f]=f^{(4)}(\eta)/135$,它比辛普森公式的余项 $R[f]=-f^{(4)}(\eta)/90$ 还小,且比辛普森公式少算一个函数值。

高斯-勒让德的求积节点和求积系数如表 5.5.1 所示。

表 5.5.1 高斯-勒让德的求积节点和求积系数

n	x_k 与 A_k	k					
		0	1	2	3	4	5
0	x_k	0.0000000					
	A_k	2.0000000					
1	x_k	−0.5773503	0.5773503				
	A_k	1.0000000	1.0000000				
2	x_k	−0.7745967	0.0000000	0.7745967			
	A_k	0.5555556	0.8888889	0.5555556			
3	x_k	−0.8611363	−0.3399810	0.3399810	0.8611363		
	A_k	0.3478548	0.6521452	0.6521452	0.3478548		
4	x_k	−0.9061798	−0.5384693	0.0000000	0.5384693	0.9061798	
	A_k	0.2369269	0.4786287	0.5688889	0.4786287	0.2369269	
5	x_k	−0.9324695	−0.6612094	−0.2386192	0.2386192	0.6612094	0.9324695
	A_k	0.1713245	0.3607616	0.4679139	0.4679139	0.3607616	0.1713245

5.5.3 高斯-切比雪夫求积公式

对于区间为[−1,1]且权函数 $\rho(x)=1/\sqrt{1-x^2}$ 的积分 $\int_{-1}^{1}\rho(x)f(x)\mathrm{d}x$,由定理 4 可采用切比雪夫正交多项式 $\widetilde{T}_{n+1}(x)$ 的零点作为求积节点 $x_k(k=0,1,\cdots,n)$ 构建高斯-切比雪夫求积公式

$$\int_{-1}^{1}\frac{1}{\sqrt{1-x^2}}f(x)\mathrm{d}x=\sum_{k=0}^{n}A_kf(x_k) \tag{5.5.34}$$

其中求积节点、求积系数分别为

$$x_k=\cos\left(\frac{2k+1}{2n+2}\pi\right),\quad k=0,1,\cdots,n \tag{5.5.35}$$

$$A_k=\frac{\pi}{n+1} \tag{5.5.36}$$

将式(5.5.19)中的 $w_{n+1}(x)$ 替换为 $\widetilde{T}_n(x)$,即可得高斯-切比雪夫求积公式的余项,即

$$R[f]=\frac{f^{(2n+2)}(\eta)}{(2n+2)!}\int_{-1}^{1}\frac{\widetilde{T}_{n+1}^{2}(x)}{\sqrt{1-x^2}}\mathrm{d}x=\frac{f^{(2n+2)}(\eta)}{(2n+2)!}\left(\frac{1}{2^n}T_{n+1},\frac{1}{2^n}T_{n+1}\right)$$
$$=\frac{2\pi}{2^{2n+2}(2n+2)!}f^{(2n+2)}(\eta) \tag{5.5.37}$$

高斯-切比雪夫的求积节点和求积系数如表5.5.2所示。

表5.5.2　高斯-切比雪夫的求积节点和求积系数

n	x_k 与 A_k	k					
		0	1	2	3	4	5
0	x_k	0.0000000					
	A_k	3.1415927					
1	x_k	−0.7071068	0.7071068				
	A_k	1.5707963	1.5707963				
2	x_k	−0.8660254	0.0000000	0.8660254			
	A_k	1.0471976	1.0471976	1.0471976			
3	x_k	−0.9238795	−0.3826834	0.3826834	0.9238795		
	A_k	0.7853982	0.7853982	0.7853982	0.7853982		
4	x_k	−0.9510565	−0.5877853	0.0000000	0.5877853	0.9510565	
	A_k	0.6283185	0.6283185	0.6283185	0.6283185	0.6283185	
5	x_k	−0.9659258	−0.7071068	−0.2588190	0.2588190	0.7071068	0.9659258
	A_k	0.5235988	0.5235988	0.5235988	0.5235988	0.5235988	0.5235988

5.5.4　高斯-拉盖尔求积公式

对于区间为$[0,+\infty)$且权函数$\rho(x)=\mathrm{e}^{-x}$的积分$\int_{-1}^{1}\rho(x)f(x)\mathrm{d}x$，由定理4可采用拉盖尔正交多项式$L_{n+1}(x)$的零点作为求积节点$x_k(k=0,1,\cdots,n)$构建高斯-拉盖尔求积公式

$$\int_{0}^{+\infty}\mathrm{e}^{-x}f(x)\mathrm{d}x=\sum_{k=0}^{n}A_kf(x_k) \tag{5.5.38}$$

其中求积系数为

$$A_k=\frac{[(n+1)!]^2}{x_k[\widetilde{L}'_{n+1}(x_k)]^2}=\frac{1}{x_k[L'_{n+1}(x_k)]^2}$$
$$=\frac{x_k}{[(n+1)L_{n+1}(x_k)-(n+1)L_n(x_k)]^2} \tag{5.5.39}$$

将式(5.5.19)中的$w_{n+1}(x)$替换为$\widetilde{L}_{n+1}(x)$，即可得高斯-拉盖尔求积公式的余项，即

$$R[f]=\frac{f^{(2n+2)}(\eta)}{(2n+2)!}\int_{0}^{+\infty}\mathrm{e}^{-x}\widetilde{L}_{n+1}^{2}(x)\mathrm{d}x$$
$$=\frac{[(n+1)!\ ]^2}{(2n+2)!}f^{(2n+2)}(\eta),\quad \eta\in[0,+\infty) \tag{5.5.40}$$

高斯-拉盖尔的求积节点和求积系数如表 5.5.3 所示。

表 5.5.3 高斯-拉盖尔的求积节点和求积系数

n	x_k 与 A_k	k					
		0	1	2	3	4	5
1	x_k	1.0000000					
	A_k	1.0000000					
2	x_k	0.5857864	3.4142136				
	A_k	0.8535534	0.1464466				
3	x_k	0.4157746	2.2942804	6.2899451			
	A_k	0.7110930	0.2785177	0.0103893			
4	x_k	0.3225477	1.7457611	4.5366203	9.3950709		
	A_k	0.6031541	0.3574187	0.0388879	0.0005393		
5	x_k	0.2635603	1.4134031	3.5964258	7.0858100	12.6408008	
	A_k	0.5217556	0.3986668	0.0759424	0.0036118	0.0000234	
6	x_k	0.2228466	1.1889321	2.9927363	5.7751436	9.8374674	15.9828740
	A_k	0.4589647	0.4170008	0.1133734	0.0103992	0.0002610	0.0000009

5.5.5 高斯-埃尔米特求积公式

对于区间为$(-\infty,+\infty)$且权函数$\rho(x)=\mathrm{e}^{-x^2}$的积分$\int_{-\infty}^{\infty}\mathrm{e}^{-x^2}f(x)\mathrm{d}x$，由定理4可采用埃尔米特正交多项式$H_{n+1}(x)$的零点作为求积节点$x_k(k=0,1,\cdots,n)$构建高斯-埃尔米特求积公式

$$\int_{-\infty}^{\infty}\mathrm{e}^{-x^2}f(x)\mathrm{d}x=\sum_{k=0}^{n}A_kf(x_k) \tag{5.5.41}$$

其中求积系数为

$$\begin{aligned}A_k&=2^{n+2}(n+1)!\frac{\sqrt{\pi}}{[H'_{n+1}(x_k)]^2}\\&=2^{n+2}(n+1)!\frac{\sqrt{\pi}}{[2(n+1)H_n(x_k)]^2}\end{aligned} \tag{5.5.42}$$

将式(5.5.19)中的$w_{n+1}(x)$替换为$H_{n+1}(x)$，即可得高斯-拉盖尔求积公式的余项，即

$$\begin{aligned}R[f]&=\frac{f^{(2n+2)}(\eta)}{(2n+2)!}\int_0^{+\infty}\mathrm{e}^{-x^2}H_{n+1}^2(x)\mathrm{d}x\\&=\frac{(n+1)!\sqrt{\pi}}{2^{n+1}(2n+2)!}f^{(2n+2)}(\eta),\quad \eta\in[0,+\infty)\end{aligned} \tag{5.5.43}$$

高斯-埃尔米特的求积节点和求积系数如表 5.5.4 所示。

表 5.5.4 高斯-埃尔米特的求积节点和求积系数

n	x_k 与 A_k	k					
		0	1	2	3	4	5
1	x_k	0.0000000					
	A_k	1.7724539					
2	x_k	−0.7071068	0.7071068				
	A_k	0.8862269	0.8862269				
3	x_k	−1.2247449	0.0000000	1.2247449			
	A_k	0.2954090	1.1816359	0.2954090			
4	x_k	−1.6506801	−0.5246476	0.5246476	1.6506801		
	A_k	0.0813128	0.8049141	0.8049141	0.0813128		
5	x_k	−2.0201829	−0.9585725	0.0000000	0.9585725	2.0201829	
	A_k	0.0199532	0.3936193	0.9453087	0.3936193	0.0199532	
6	x_k	−2.3506050	−1.3358491	−0.4360774	0.4360774	1.3358491	2.3506050
	A_k	0.0045300	0.1570673	0.7246296	0.7246296	0.1570673	0.0045300

5.6 数值微分

5.6.1 中点方法与误差分析

数值微分就是用函数值的线性组合近似函数在某点的导数。按导数定义可以简单地用差商近似导数，这样立即得到几种数值微分的公式

$$
\begin{aligned}
f'(a) &\approx \frac{f(a+h)-f(a)}{h} \\
f'(a) &\approx \frac{f(a)-f(a-h)}{h} \\
f'(a) &\approx \frac{f(a+h)-f(a-h)}{2h}
\end{aligned}
\tag{5.6.1}
$$

其中，h 为增量，称为步长。最后一种数值微分方法称为中点方法，它其实是前两种方法的算术平均，但它的误差阶从 h 阶提高到 h^2 阶。中点方法更为常用。下面采用泰勒公式对其误差进行分析，计算 $f(a\pm h)$ 在 $x=a$ 处的泰勒展开式

$$
\begin{aligned}
f(a\pm h) = {} & f(a) \pm hf'(a) + \frac{h^2}{2!}f''(a) \pm \frac{h^3}{3!}f'''(a) + \frac{h^4}{4!}f^{(4)}(a) \pm \\
& \frac{h^5}{5!}f^{(5)}(a) + \cdots
\end{aligned}
\tag{5.6.2}
$$

可得

$$
G(h) = \frac{f(a+h)-f(a-h)}{2h} = f'(a) + \frac{h^2}{3!}f'''(a) + \frac{h^4}{5!}f^{(5)}(a) + \cdots \tag{5.6.3}
$$

误差限为

$$|G(h)-f'(a)|\leqslant\frac{h^2}{6}M \tag{5.6.4}$$

其中，$M\geqslant\max\limits_{|x-a|\leqslant h}|f'''(x)|$。从截断误差看，步长越小，计算结果越准确。但从舍入误差看，步长不宜太小，因为步长很小时，$f(a+h)$和$f(a-h)$可能很接近。

5.6.2 插值型的求导公式

已知函数$y=f(x)$的节点上的函数值$y_i=f(x_i)(i=0,1,\cdots,n)$，建立插值多项式$P_n(x)$，取

$$f'(x)\approx P'_n(x) \tag{5.6.5}$$

这样建立的数值微分公式称为插值型求导公式。

依据插值余项定理，式(5.6.5)的余项为

$$f'(x)-P'_n(x)=\frac{f^{(n+1)}(\xi)}{(n+1)!}\omega'_{n+1}(x)+\frac{\omega_{n+1}(x)}{(n+1)!}\frac{d}{\mathrm{d}x}f^{(n+1)}(\xi) \tag{5.6.6}$$

其中，$\xi\in[a,b]$，$\omega_{n+1}(x)=\prod\limits_{j=0}^{n}(x-x_j)$。因$\omega_{n+1}(x_k)=0(k=0,1,\cdots,n)$，可得

$$f'(x_k)-P'_n(x_k)=\frac{f^{(n+1)}(\xi)}{(n+1)!}\omega'_{n+1}(x_k) \tag{5.6.7}$$

对线性插值公式$P_1(x)$求导，可得到$f(x)$在x_0和x_1处导数的近似值（也称为两点公式），即

$$P'_1(x_0)=\frac{1}{h}[f(x_1)-f(x_0)] \tag{5.6.8}$$

$$P'_1(x_1)=\frac{1}{h}[-f(x_0)+f(x_1)] \tag{5.6.9}$$

对抛物线插值公式$P_2(x)$求导，可得到$f(x)$在x_0、x_1、x_2处导数的近似值（也称为三点公式），即

$$P'_2(x_0)=\frac{1}{2h}[-3f(x_0)+4f(x_1)-f(x_2)] \tag{5.6.10}$$

$$P'_2(x_1)=\frac{1}{2h}[-f(x_0)+f(x_2)] \tag{5.6.11}$$

$$P'_2(x_2)=\frac{1}{2h}[f(x_0)-4f(x_1)+3f(x_2)] \tag{5.6.12}$$

5.6.3 数值微分的外推方法

根据式(5.6.3)有

$$f'(x)=G(h)+\alpha_1h^2+\alpha_2h^4+\cdots \tag{5.6.13}$$

其中，$\alpha_i(i=1,2,\cdots)$与h无关，式(5.6.13)中利用中点公式计算导数的近似值为

$$f'(x)\approx G(h)=\frac{f(x+h)-f(x-h)}{2h} \tag{5.6.14}$$

利用理查森外推法对步长h逐次分半，若记$G_0(h)=G(h)$，则有

$$G_1(h)=\frac{4G\left(\frac{h}{2}\right)-G(h)}{3}=f'(x)+\beta_1h^4+\beta_2h^6+\cdots \tag{5.6.15}$$

由此,可得导数的外推公式为

$$G_m(h)=\frac{4^mG_{m-1}\left(\frac{h}{2}\right)-G_{m-1}(h)}{4^m-1},\quad m=1,2,\cdots \tag{5.6.16}$$

例1 已知 $f(x)$的函数值如下。

x	0	0.25	0.50	0.75	1
$f(x)$	1.2	1.10351563	0.925	0.63632813	0.2

(1) 用外推法计算 $f'(0.5)$。

(2) 若 $f(x)=-0.1x^4-0.15x^3-0.5x^2-0.25x+1.2$,计算 $f'(0.5)$。

解:(1) $G(0.5)=\dfrac{f(1)-f(0)}{1}=-1.0$

$$G(0.25)=\frac{f(0.75)-f(0.25)}{0.5}=-0.934375$$

$$G_1(h)=\frac{4G(\frac{h}{2})-G(h)}{3}=\frac{4}{3}(-0.934375)-\frac{1}{3}(-1)=-0.9125$$

(2) 因为 $f'(x)=-0.4x^3-0.45x^2-x-0.25$,可得 $f'(0.5)=-0.9125$。

5.7 数值积分在贝叶斯推断中的应用

5.7.1 (共轭)先验分布与后验分布

定义5(先验分布) 参数空间 Θ 上任一概率分布都称为先验分布 $\pi(\theta)$(Prior Distribution)。

先验分布 $\pi(\theta)$是在抽取样本前对参数 θ 的认识。在获取样本 X 后,由于样本 X 也包含 θ 的信息,因此一旦获得抽样信息后,人们对 θ 的认识发生了变化和调整,调整的结果获得对 θ 的新认知,称为后验分布,记为 $\pi(\theta|x)$。后验分布可以看作是人们用总体信息和样本信息(抽样信息)对先验信息作调整的结果。

定义6(后验分布) 在获得样本 X 后,θ 的后验分布(Posterior Distribution)就是给定 $X=x$ 条件下的条件分布,记为 $\pi(\theta|x)$。

在给定连续随机变量的密度情形下,它的密度函数为

$$\pi(\theta\mid x)=\frac{f(x,\theta)}{f(x)}=\frac{f(x\mid\theta)\pi(\theta)}{\int_\Theta f(x\mid\theta)\pi(\theta)\mathrm{d}\theta}\propto f(x\mid\theta)\pi(\theta) \tag{5.7.1}$$

其中,$f(x,\theta)$为(X,θ)联合概率密度,$f(x|\theta)$是样本的密度函数,也称为似然函数,可以用 $L(x|\theta)$代替 $f(x,\theta)$,$f(x)$为 X 边缘分布,$\pi(\theta)$是 θ 的先验分布。符号“$\propto$”表示“正比于”,即式(5.7.1)的左边和右边只相差一个正的常数因子。

当 θ 是离散型随机变量时,先验分布可用先验分布列 $\{\pi(\theta_i), i=1,2,\cdots\}$ 表示,这时后验分布的表达式为

$$\pi(\theta_i \mid x)=\frac{f(x,\theta_i)}{f(x)}=\frac{f(x \mid \theta_i)\pi(\theta_i)}{\sum_i f(x \mid \theta_i)\pi(\theta_i)}, \quad i=1,2,\cdots \tag{5.7.2}$$

如果样本来自的总体 X 也是离散的,只要把式(5.7.1)或式(5.7.2)中的密度函数 $f(x|\theta_i)$ 换成事件 $\{X=x|\theta=\theta\}$ 的概率 $P(X=x|\theta=\theta_i)$ 且 $\pi(\theta_i)$ 换成 $P(\theta=\theta_i)$,即为贝叶斯公式。

在获得参数 θ 的后验分布后,θ 的估计可以用后验期望

$$\hat{\theta}_{\mathrm{EAP}}=E(\theta \mid x)=\int_{\Theta}\theta\pi(\theta \mid x)\mathrm{d}\theta \tag{5.7.3}$$

当然也可以用后验分布的中位数或后验众数作为 θ 的估计值。

定义 7 设 F 表示由参数 θ 的先验分布 $\pi(\theta)$ 构成的分布族,如果对任取的 $\pi(\theta)\in F$ 及样本值 x 的后验分布 $\pi(\theta|x)$ 仍属于 F,则称 F 是一个共轭先验分布族(Conjugate Prior Distribution Family)。

下面给出计算共轭先验分布的例子。

例 1 设 $X|\theta\sim b(n,\theta)$。

(1) 设 θ 服从均匀分布 $U(0,1)$,证明:θ 的后验分布为贝塔分布。

(2) 设 θ 服从贝塔分布 $B(\alpha,\beta)$,α,β 已知,证明:θ 的后验分布仍为贝塔分布,即 θ 的共轭先验分布为贝塔分布。

证明:(1) 均匀分布 $U(0,1)$ 是贝塔分布 $B(1,1)$,$X|\theta\sim b(n,\theta)$,其概率分布为

$$f(\theta \mid x)=\mathrm{C}_n^x\theta^x(1-\theta)^{n-x}, \quad x=0,1,\cdots,n \tag{5.7.4}$$

θ 的先验分布为 $\pi(\theta)=1,\theta\in(0,1)$,故有

$$\pi(\theta \mid x)=\frac{\mathrm{C}_n^x\theta^x(1-\theta)^{n-x}}{\int_0^1\mathrm{C}_n^x\theta^x(1-\theta)^{n-x}\mathrm{d}\theta}=\frac{\theta^x(1-\theta)^{n-x}}{\int_0^1\theta^x(1-\theta)^{n-x}\mathrm{d}\theta} \tag{5.7.5}$$

计算积分得到

$$\int_0^1\theta^x(1-\theta)^{n-x}\mathrm{d}\theta=\frac{\Gamma(x+1)\Gamma(n-x+1)}{\Gamma(n+2)} \tag{5.7.6}$$

将式(5.7.6)代入式(5.7.5),得到后验密度

$$\pi(\theta \mid x)=\frac{\Gamma(n+2)}{\Gamma(x+1)\Gamma(n-x+1)}\theta^{(x+1)-1}(1-\theta)^{(n-x+1)-1}, \quad \theta\in(0,1) \tag{5.7.7}$$

即 θ 的后验分布为贝塔分布 $B(x+1,n-x+1)$。

(2) 若 $\theta\sim B(\alpha,\beta)$,即

$$\pi(\theta)=\frac{\Gamma(\alpha+\beta)}{\Gamma(\alpha)\Gamma(\beta)}\theta^{\alpha-1}(1-\theta)^{\beta-1} \tag{5.7.8}$$

于是

$$\pi(\theta \mid x)=\frac{\theta^{x+\alpha-1}(1-\theta)^{n-x+\beta-1}}{\int_0^1\theta^{x+\alpha-1}(1-\theta)^{n-x+\beta-1}\mathrm{d}\theta} \tag{5.7.9}$$

计算积分得到

$$\int_0^1\theta^{x+\alpha-1}(1-\theta)^{n-x+\beta-1}\mathrm{d}\theta=\frac{\Gamma(x+\alpha)\Gamma(n-x+\beta)}{\Gamma(n+\alpha+\beta)} \tag{5.7.10}$$

将式(5.7.10)代入式(5.7.5)，得到后验密度为

$$\pi(\theta \mid x)=\frac{\Gamma(n+\alpha+\beta)}{\Gamma(x+\alpha)\Gamma(n-x+\beta)}\theta^{(x+\alpha)-1}(1-\theta)^{(n-x+\beta)-1}, \quad \theta\in(0,1) \tag{5.7.11}$$

即 θ 的后验分布为贝塔分布 $B(x+\alpha,n-x+\beta)$。因此，样本分布若为二项分布，其参数 θ 的共轭先验分布为贝塔分布。

多项分布是二项分布的推广，狄利克雷分布是贝塔分布的推广。若设样本分布 $(X_1, X_2,\cdots,X_n)\sim PN(N;p_1,p_2,\cdots,p_n)$，多项分布的未知参数向量的先验分布为 $\boldsymbol{\theta}=(p_1, p_2,\cdots,p_n)\sim D_n(\alpha_1,\alpha_2,\cdots,\alpha_n)$，给定样本 $\boldsymbol{x}=(x_1,x_2,\cdots,x_n)$，可以证明

$$\pi(\boldsymbol{\theta} \mid \boldsymbol{x})\sim D_n(\alpha_1+x_1,\alpha_2+x_2,\cdots,\alpha_n+x_n) \tag{5.7.12}$$

因此，样本分布若为多项分布，其参数向量 $\boldsymbol{\theta}$ 的共轭先验分布为狄利克雷分布。

例 2 设总体 X 的分布为泊松分布 $X|\lambda\sim P(\lambda)$，$X_1,X_2,\cdots,X_n$ 是来自总体的简单随机样本，设 λ 服从伽马分布，即 $\lambda\sim\Gamma(\alpha,\beta)$，给定样本观测值 $(X_1,X_2,\cdots,X_n)=(x_1,x_2,\cdots, x_n)$。证明：$\lambda$ 的后验分布为伽马分布 $\Gamma(\alpha,\beta)$，即 λ 的共轭先验分布为伽马分布。

证明：先验分布 $\lambda\sim\Gamma(\alpha,\beta)$，其概率分布为

$$f(\lambda)=\frac{1}{\Gamma(\alpha)}\beta^{\alpha}\lambda^{\alpha-1}\exp(-\beta\lambda),\ \lambda>0 \tag{5.7.13}$$

而样本分布的似然函数或联合概率分布为

$$P(\boldsymbol{x} \mid \lambda)=L(\lambda \mid \boldsymbol{x})=\prod_{i=1}^{n}p(x_i \mid \lambda)=\prod_{i=1}^{n}\lambda^{x_i}\frac{\mathrm{e}^{-\lambda}}{x_i\,!}\propto\lambda^{\sum\limits_{i=1}^{n}x_i}\mathrm{e}^{-n\lambda} \tag{5.7.14}$$

故有

$$\pi(\lambda \mid \boldsymbol{x})\propto\lambda^{\sum\limits_{i=1}^{n}x_i}\mathrm{e}^{-n\lambda}\lambda^{\alpha-1}\exp(-\beta\lambda)=\lambda^{\alpha+\sum\limits_{i=1}^{n}x_i-1}\mathrm{e}^{-(n+\beta)\lambda}, \quad \lambda>0 \tag{5.7.15}$$

即 λ 的后验分布为伽马分布 $\Gamma(\alpha+\sum\limits_{i=1}^{n}x_i,\beta+n)$。因此，样本分布若为泊松分布，其参数 λ 的共轭先验分布为伽马分布。

5.7.2 后验分布的数值计算

数值积分可以用于计算后验分布中的正规化常数，还可用于计算随机变量或随机变量函数的数字特征，如期望、方差、k 阶原点距和 k 阶中心距等。

例 3 设某地每年某事故 X 的分布为泊松分布 $X|\lambda\sim P(\lambda)$，$X_1,X_2,\cdots,X_n$ 是来自总体的简单随机样本，设 λ 服从伽马分布，即 $\lambda\sim\Gamma(3,1)$，统计某地共计 112 年的事故次数和为 191，计算 λ 的期望。

解：由 5.7.2 节例 2 可知，$\pi(\lambda|\boldsymbol{x})\sim\Gamma(\alpha+n\bar{x},\beta+n)$，即

$$\pi(\lambda \mid \boldsymbol{x})=\frac{1}{\Gamma\left(\alpha+\sum\limits_{i=1}^{n}x_i\right)}(n+\beta)^{\left(\alpha+\sum\limits_{i=1}^{n}x_i\right)}\lambda^{\left(\alpha+\sum\limits_{i=1}^{n}x_i\right)-1}\mathrm{e}^{-(n+\beta)\lambda}, \quad \lambda>0 \tag{5.7.16}$$

λ 的后验分布 $\pi(\lambda|\boldsymbol{x})$ 的期望为

$$E(\lambda \mid \boldsymbol{x})=\int_0^{+\infty}\lambda\pi(\lambda \mid \boldsymbol{x})\mathrm{d}\lambda \tag{5.7.17}$$

令 $f(\lambda)=\lambda\pi(\lambda \mid x)$，考虑到 $\Gamma(3,1)$ 分布的不十分接近零的概率密度主要集中在区间 $[0,20]$ 上，基于该区间和相对误差标准 $|T_{k,k}-T_{k-1,k-1}|/|T_{k-1,k-1}|\leqslant10^{-7}$，采用龙贝格算

法计算期望的数值积分，即

$$E(\lambda \mid \boldsymbol{x})=\int_0^{+\infty} f(\lambda)\mathrm{d}\lambda \approx T_{13,13}=1.7168142 \tag{5.7.18}$$

可采用伽马分布的期望计算公式或直接采用分部积分计算真实值 $E[\lambda \mid \boldsymbol{x}]=(\alpha+n\bar{x})/(\beta+n)\approx 1.7168142$。

5.8 扩展阅读

早在1976年牛顿就提出基于等距节点的插值求积公式，1743年辛普森提出了复合辛普森求积公式，1955年龙贝格利用理查德森外推法得到了龙贝格求积方法，进一步提高了等距节点求积公式的精度。龙贝格求积方法是目前计算机上求积分的重要方法。针对被积函数变化不均匀的自适应方法（本章未介绍）也是以此为基础给出的。另一类不等距节点的求积公式是1814年高斯首先提出的具有更高代数精度的高斯求积公式，它精度高、稳定性好，还可以计算某些奇异积分，是一种减少计算函数值的好方法。还有多重积分方法和采用积分方法求微分等方法，有兴趣的读者可以查阅相关资料。

5.9 习题

1. 求下列求积公式的代数精度：

$$\int_{-1}^{1} f(x)\mathrm{d}x \approx \frac{1}{2}[f(-1)+2f(0)+f(1)]$$

2. 给定插值求积公式

$$\int_a^b f(x)\mathrm{d}x \approx \sum_{k=0}^{n} w_k f_k$$

（1）求梯形求积公式的余项。

（2）求辛普森求积公式的余项。

3. 给定积分式 $\int_1^2 \mathrm{e}^{-x^2}\mathrm{d}x$。

（1）采用梯形求积公式估计上述积分。

（2）采用辛普森求积公式估计上述积分。

（3）采用正态分布表或相关软件计算上述积分。

4. 给定积分式 $\int_0^{\pi/2} \sin x\,\mathrm{d}x$，采用1阶牛顿-柯特斯公式（梯形公式）、2阶牛顿-柯特斯公式（辛普森公式）、3阶牛顿-柯特斯公式与4阶牛顿-柯特斯公式估计上述积分，并计算各自的余项（公式附后）及其真实误差。

阶数	估计值	余项	真实误差
1			
2			
3			
4			

注：写明过程，结果保留15位小数。

附公式如下。

$$R_n \leqslant c_n M_d \left(\frac{b-a}{n}\right)^{d+1}$$

$$d=\begin{cases} n+1, & n\ 为奇数 \\ n+2, & n\ 为偶数 \end{cases}$$

$$c_1=\frac{1}{12}, c_2=\frac{1}{90}, c_3=\frac{3}{80}, c_4=\frac{8}{945}$$

$$R_1 \leqslant \frac{(b-a)^3}{12}M_2, R_2 \leqslant \frac{(b-a)^5}{2880}M_4, R_3 \leqslant \frac{(b-a)^5}{6480}M_4, R_4 \leqslant \frac{(b-a)^7}{1935360}M_6$$

其中 $M_d=\max\limits_{x\in[0,\pi/2]}(f^{(d)}(x))$。

5. 采用复合梯形法计算积分 $I=\int_1^2 \frac{1}{x}\mathrm{d}x$，将区间[1,2]分成 n 等份(按四舍五入规则保留4位小数)。

(1) 当 $n=1$ 时，采用复合梯形法计算积分 T_1。

(2) 当 $n=2$ 时，采用复合梯形法计算积分 T_2。

(3) 当 $n=4$ 时，采用复合梯形法计算积分 T_4。

(4) 分别计算 $\ln(2)-T_1$、$\ln(2)-T_2$、$\ln(2)-T_4$，并分析其他误差变化规律。

6. 采用理查逊外推加速法(龙贝格算法)计算积分 $I=\int_0^{\pi/2}\sin x\,\mathrm{d}x$。

k	m				
	0	1	2	3	4
0					
1					
2					
3					
4					

注：(1)指定精度 $\varepsilon<10^{-8}$。(2)列出程序代码。(3)按上表格式列出计算结果。

7. 给定积分 $I=\int_1^2 \mathrm{e}^{-x^2}\mathrm{d}x$，采用理查逊外推加速法计算积分(按习题6的要求列出结果)。

8. 试构造高斯型求积公式 $\int_0^1 \frac{1}{\sqrt{x}}f(x)\mathrm{d}x \approx A_0 f(x_0)+A_1 f(x_1)$。

(1) 用定义法列出方程组求解。

(2) 构造对应权下正交多项式并求零点，再计算积分系数。

9. 用4点($n=4$)的高斯-勒让德求积公式计算

$$I=\int_0^{\frac{\pi}{2}} x^2\cos x\,\mathrm{d}x$$

10. 用5点($n=5$)的高斯-切比雪夫求积式计算

$$I=\int_{-1}^{1}\frac{e^{x}}{\sqrt{1-x^{2}}}dx$$

11. 用 5 点($n=5$) 的高斯-拉盖尔求积公式计算

$$I=\int_{0}^{+\infty}e^{-x}\sin x\,dx$$

12. 用两个节点的高斯-埃尔米特求积式计算

$$I=\int_{-\infty}^{+\infty}e^{-x^{2}}x^{2}\,dx$$

13. 用外推法计算 $f(x)=x^{2}e^{-x}$ 在 0.5 处的导数 $G_{2}(0.025)$，其中初始 $h=0.1$。

14. 设某地每年某事故 X 的分布为泊松分布 $X|\lambda\sim P(\lambda)$，$X_1,X_2,\cdots,X_n$ 是来自总体的简单随机样本，设 λ 服从伽马分布 $\lambda\sim\Gamma(3,1)$，统计某地共计 112 年的事故总次数为 191。

(1) 采用数值积分计算 λ 后验分布的方差。

(2) 根据伽马分布的方差式计算 λ 后验分布的方差。

第6章

马尔可夫链蒙特卡洛模拟

6.1 马尔可夫链

6.1.1 马尔可夫过程及其概率分布

马尔可夫链蒙特卡洛(Markov Chain Monte Carlo,MCMC),作为一种随机采样方法,在机器学习、深度学习以及自然语言处理等领域都有广泛的应用,是很多复杂算法求解的基础。MCMC 由两个 MC 组成,即马尔可夫链(Markov Chain,MC)和蒙特卡洛(Monte Carlo,MC)方法。马尔可夫链是一类特殊的随机过程,时间和状态都是离散的马尔可夫过程称为马尔可夫链,简称马尔可夫链,因安德烈·马尔可夫(A.A.Markov)而得名。

定义 1 马尔可夫链是满足马尔可夫性的随机变量序列$\{X_t:t\geqslant 0\}$,该序列满足马尔可夫性质(Markov Property),又称马尔可夫性、无后效性或一步记忆,即

$$P(X_{t+1}=s_j \mid X_t=s_i,X_{t-1}=s_{i_{t-1}},\cdots,X_0=s_{i_0})=P(X_{k+1}=s_j \mid X_k=s_i) \tag{6.1.1}$$

随机变量序列$\{X_t=s_i:t\in T,s_i\in S\}$可以看作在时间集 $T=\{0,1,2,\cdots\}$上和离散状态集或状态空间 $S=\{s_1,s_2,\cdots\}$的马尔可夫过程相继观察的结果。

马尔可夫性还可用下列条件分布律表示,即对任意正整数 $m,n,r,t_i\in T$ 和 $0\leqslant t_1<t_2<\cdots<t_r<m$,有

$$P(X_{m+n}=s_j \mid X_{t_1}=s_{i_1},\cdots,X_{t_r}=s_{i_r},X_m=s_i)=P(X_{m+n}=s_j \mid X_m=s_i) \tag{6.1.2}$$

其中,$s_i,s_j,s_{i_1},\cdots,s_{i_r}\in S$。记式(6.1.2)右端为

$$P_{ij}(m,m+n)=P(X_{m+n}=s_j \mid X_m=s_i) \tag{6.1.3}$$

表示马尔可夫链在时刻 m 处于状态 s_i 条件下,在时刻 $m+n$ 处于状态 s_j 的转移概率(Transition Probability)。因为马尔可夫链在时刻 m 从任意状态 s_i 出发,到另一时刻 $m+n$,必然转移到 $s_1,s_2,\cdots$诸状态中的某一个状态,所以

$$\sum_{j=1}^{\infty}P_{ij}(m,m+n)=1 \tag{6.1.4}$$

由转移概率组成的矩阵 $\boldsymbol{P}(m,m+n)=(P_{ij}(m,m+n))$称为马尔可夫链的转移概率矩阵,由式(6.1.4)可知,转移概率矩阵每行元素之和为 1。

当转移概率矩阵 $P_{ij}(m,m+n)$只与 i,j 及时间间距 n 有关,而与时刻 m 无关时,转移概率矩阵可记为 $P_{ij}(n)$,即

$$P_{ij}(n)=P_{ij}(m,m+n) \tag{6.1.5}$$

称此转移概率具有平稳性,同时也称此链是齐次的或时齐的。以下仅讨论时齐马尔可夫链。

在马尔可夫链为时齐的情形下，以下定义的 n 步转移概率

$$P_{ij}(n)=P(X_{m+n}=s_j \mid X_m=s_i) \tag{6.1.6}$$

称为马尔可夫链的 n 步转移概率，$\boldsymbol{P}(n)=(P_{ij}(n))$ 称为马尔可夫链的 n 步转移概率矩阵。当 $n=1$ 时，即得到特别重要的 1 步转移概率

$$p_{ij}=P_{ij}(1)=P(X_{m+1}=s_j \mid X_m=s_i) \tag{6.1.7}$$

和由它们组成的 1 步转移概率矩阵

$$\boldsymbol{P}=\boldsymbol{P}(1)=(p_{ij})=\begin{bmatrix} p_{11} & p_{12} & \cdots & p_{1j} & \cdots \\ p_{21} & p_{22} & \cdots & p_{2j} & \cdots \\ \vdots & \vdots & & \vdots & \cdots \\ p_{i1} & p_{i2} & \cdots & p_{ij} & \cdots \\ \vdots & \vdots & \cdots & \vdots & \cdots \end{bmatrix} \tag{6.1.8}$$

例 1(0-1 传输系统) 在如图 6.1.1 所示只传输数字 0 和 1 的串联系统中，设每级的传真率(输出与输入相同的概率称为系统的传真率，相反情形为误码率)为 p，误码率为 $q=1-p$，并设一个单位时间传输一级，X_0 是第 1 级的输入，X_n 为第 n 级输出($n\geqslant 1$)，状态空间 $S=\{0,1\}$，则 $\{X_n:n=0,1,\cdots\}$ 是一个随机过程。

解：当 $X_n=i, i\in S$ 已知时，X_{n+1} 所处状态的概率分布只与 $X_n=i$ 有关，而与时刻 n 以前所处的状态无关，所以它是一个马尔可夫链，而且还是齐次的。它的 1 步转移概率和 1 步转移概率矩阵分别为

$$p_{ij}=P(X_{m+1}=j \mid X_m=i)=\begin{cases} p, & j=i \\ q, & j\neq i \end{cases} \quad i,j=0,1 \tag{6.1.9}$$

$$\boldsymbol{P}=\begin{bmatrix} p & q \\ q & p \end{bmatrix} \tag{6.1.10}$$

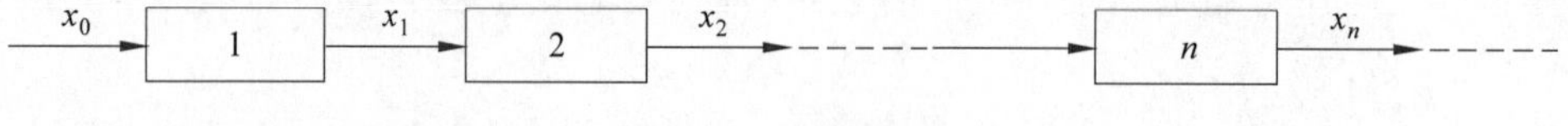

图 6.1.1 串联系统

6.1.2 多步转移概率矩阵

为确定 n 步转移概率 $P_{ij}(n)$，下面介绍 $P_{ij}(n)$ 所满足的基本方程。

定理 1(切普曼-柯尔莫戈罗夫方程，Chapman-Kolmogorov Equations) 设 $\{X_n:n=0,1,\cdots\}$ 是齐次的马尔可夫链，则对任意的正整数 m,n，有

$$P_{ij}(n+m)=\sum_{k=1}^{+\infty}P_{ik}(m)P_{kj}(n) \tag{6.1.11}$$

该方程就是著名的切普曼-柯尔莫戈罗夫方程，简称 C-K 方程。

证明：由式(6.1.6)，有

$$\begin{aligned} P_{ij}(m+n) &= P(X_{m+n}=j \mid X_0=i) \\ &= \sum_{k=1}^{\infty}P(X_{m+n}=j, X_m=k \mid X_0=i) \end{aligned}$$

$$=\sum_{k=1}^{\infty}P(X_{m+n}=j\mid X_m=k,X_0=i)P(X_m=k\mid X_0=i)$$

$$=\sum_{k=1}^{\infty}P(X_{m+n}=j\mid X_m=k)P(X_m=k\mid X_0=i)$$

$$=\sum_{k=1}^{\infty}P_{ik}(m)P_{kj}(n)$$

上述证明中依次用到式(6.1.6)，全概率公式，条件概率公式，乘法公式和马尔可夫性。C-K 方程写成矩阵形式为

$$\boldsymbol{P}(n+m)=\boldsymbol{P}(m)\boldsymbol{P}(n) \tag{6.1.12}$$

C-K 方程可以用来确定 n 步转移概率矩阵。令式(6.1.12)中 $m=1$ 和 $n=n-1$，且因 $\boldsymbol{P}(1)=\boldsymbol{P}$ 即为 1 步转移概率矩阵，于是可得到以下递推关系

$$\boldsymbol{P}(n)=\boldsymbol{P}(1)\boldsymbol{P}(n-1)=\boldsymbol{P}\boldsymbol{P}(n-1) \tag{6.1.13}$$

以此类推，可得

$$\boldsymbol{P}(n)=\boldsymbol{P}^n \tag{6.1.14}$$

故 n 步转移概率矩阵为 1 步转移概率矩阵的 n 次幂。

如果已知初始分布 $\boldsymbol{\pi}^{(0)}=(\pi_1^{(0)},\pi_2^{(0)},\cdots,\pi_n^{(0)},\cdots)^{\mathrm{T}}$，由全概率公式可计算经过 n 步后各状态的概率，即时刻 1 的分布 $\boldsymbol{\pi}^{(1)}$

$$\boldsymbol{\pi}^{(1)}=(\boldsymbol{\pi}^{(0)})^{\mathrm{T}}\boldsymbol{P}(1)=(\boldsymbol{\pi}^{(0)})^{\mathrm{T}}\boldsymbol{P} \tag{6.1.15}$$

连续运用式(6.1.15)，可得到经过 n 步后各状态的概率分布，即在任意时刻 $n\in T$ 的分布

$$\boldsymbol{\pi}^{(n)}=(\boldsymbol{\pi}^{(0)})^{\mathrm{T}}\boldsymbol{P}(n)=(\boldsymbol{\pi}^{(0)})^{\mathrm{T}}\boldsymbol{P}^n \tag{6.1.16}$$

例 2　设马尔可夫链 $\{X_n,n\geqslant 0\}$ 的状态空间为 $S=\{1,2,3\}$，初始分布为 $\boldsymbol{\pi}^{(0)}=(0.25,0.5,0.25)^{\mathrm{T}}$，1 步转移概率矩阵为

$$\boldsymbol{P}=\begin{bmatrix}0.5 & 0.3 & 0.2\\ 0.3 & 0.4 & 0.3\\ 0.2 & 0.3 & 0.5\end{bmatrix}$$

(1) 计算 $P\{X_0=1,X_1=2,X_2=2\}$。

(2) 计算 $P_{12}(2)=P\{X_2=2|X_0=1\}$。

(3) 计算 $\boldsymbol{P}^2$。

(4) 计算 $P\{X_2=1\},P\{X_2=2\},P\{X_2=3\}$。

解：(1) $P\{X_0=1,X_1=2,X_2=2\}$

$$=P\{X_0=1\}P\{X_1=2\mid X_0=1\}P\{X_2=2\mid X_0=1,X_1=2\}$$

$$=P\{X_0=1\}P\{X_1=2\mid X_0=1\}P\{X_2=2\mid X_1=2\}$$

$$=0.25\times 0.3\times 0.4=0.03$$

(2) $P_{12}(2)=P\{X_2=2\mid X_0=1\}=\sum_{k=1}^{3}P\{X_2=2,X_1=k\mid X_0=1\}$

$$=\sum_{k=1}^{3}P\{X_2=2\mid X_1=k,X_0=1\}P\{X_1=k\mid X_0=1\}$$

$$=\sum_{k=1}^{3}P\{X_2=2\mid X_1=k\}P\{X_1=k\mid X_0=1\}$$

$$=p_{11}p_{12}+p_{12}p_{22}+p_{13}p_{32}$$
$$=0.5\times0.3+0.3\times0.4+0.2\times0.3$$
$$=0.33$$

(3) $\boldsymbol{P}^2=\begin{bmatrix}0.38 & 0.33 & 0.29\\0.33 & 0.34 & 0.33\\0.29 & 0.33 & 0.38\end{bmatrix}$

(4) $\begin{bmatrix}P(X_2=1)\\P(X_2=2)\\P(X_2=3)\end{bmatrix}=(\boldsymbol{\pi}^{(0)})^{\mathrm{T}}\boldsymbol{P}^2=[0.25\quad 0.5\quad 0.25]\begin{bmatrix}0.38 & 0.33 & 0.29\\0.33 & 0.34 & 0.33\\0.29 & 0.33 & 0.38\end{bmatrix}$

$$=\begin{bmatrix}0.3325\\0.3350\\0.3325\end{bmatrix}$$

定义 2 如果从状态 i 出发,能以概率为 1 最终又回到状态 i,则称马尔可夫链的状态 i 为常返态;否则,状态 i 为暂返态。

状态 i 为常返态,当且仅当 $f_{ii}=\sum_{n=1}^{\infty}f_{ii}^{(n)}=1$ 或者 $\sum_{n=1}^{\infty}P_{ii}^{n}=\infty$。状态 i 为暂返态,当且仅当 $f_{ii}=\sum_{n=1}^{\infty}f_{ii}^{(n)}<1$ 或者 $\sum_{n=1}^{\infty}P_{ii}^{n}<\infty$(可推出 $\lim_{n\to\infty}P_{ii}^{n}\to0$)。其中 $f_{ii}^{(n)}=P(T_i=n\mid X_0=i)$ 表示从状态 i 出发首次返回至状态 i 的概率,n 表示马尔可夫链首次返回状态 i 的时刻,f_{ii} 表示从状态 i 出发最终转移到状态 i 的概率,或者说从状态 i 出发在有限时间内到达状态 i 的概率。假设有限状态的马尔可夫链的所有状态均是暂态,则有 $\lim_{n\to\infty}\sum_{j=1}^{N}P_{ij}^{n}\to0$,这与 $\sum_{j=1}^{N}P_{ij}^{n}=1$ 矛盾,故有限状态的马尔可夫链至少有一个常返态。

定义 3 如果状态 i 经过有限步可以到达状态 j,即 $\exists n>0$,有 $p_{ij}^{(n)}>0$,则称状态 i 可达状态 j,记为 $i\to j$。

马尔可夫链转移可用状态转移图表示,即把马尔可夫链的状态记为顶点,如果 $P_{ij}>0$,则从状态 i 到状态 j 画一条有向边,这样就得到表示马尔可夫链的转移情况的一个有向图(有些边可能是双向的或用两条边),可称为状态转移图。状态 i 可达状态当且仅当 $\exists i_1,i_2,\cdots,i_{n-1}$,有 $p_{i_k i_{k+1}}>0,0\leqslant k\leqslant n-1,i_0=i,i_n=j$,也就是说,在状态转移图中存在顶点 i 到顶点 i 的一条有向边组成的通路。

定义 4 如果 $i\to j$ 且 $j\to i$,则称状态 i 与状态 j 互通(Communicate),记为 $i\leftrightarrow j$。

可以证明,在常返态间,互通性是等价关系,即满足自反性、对称性和传递性,其中传递性可由 C-K 方程证明。而暂返态不一定是自返的,只有在常返态间,互通性才是自返的。

定义 5 马尔可夫链的状态,除暂返态外,可利用互通这个等价关系划分成不同的等价类,即把互通的常返状态归入同一类中,称为一个常返类。而把所有的暂返态状态,全部放到另外一类中,不再加以细分。单个状态 k 是一个常返类的充要条件是 $p_{kk}=1$,称为吸收态。

定义 6 如果状态的子集 A,对于任意状态 $i\in A$,满足 $\sum_{j\in A}p_{ij}=1$,则称状态集 A 为闭集。状态空间(即全体状态)S 是一个闭集。如果除 S 外,再也没有其他非空闭集,则称此马尔可夫链为不可约的(Irreducible);否则,它是可约的。

显然,一个常返类是闭集,并且不含更小的闭集。如果对所有的 i,j,都存在正整数 n,使得 $P_{ij}^{n}>0$,则称此马尔可夫链为不可约的,也就是所有状态之间互通,即从一个状态总能通过有限步转移到另一个状态。

定义 7 记状态 i 的平均回访时间或步数为

$$\mu_i=E[T_i \mid X_0=i]=\sum_{i=1}^{\infty}nP(T_i=n \mid X_0=i)=\sum_{i=1}^{\infty}nf_{ii}^{(n)}$$

如果 $\mu_i=\infty$,常返态 i 称为零常返(或零态);否则,称为正常返。

有限状态空间的常返状态均是正常返的;无限状态空间的常返状态有可能是零常返的。

定义 8 若状态 i 满足 $P_{ii}^{(n)}>0$ 的所有 $n\geqslant 1$ 的最大公约数记为 d_i(如果对所有 $n\geqslant 1$ 都有 $p_{ii}^{(n)}>0$,则约定 $d_i=\infty$)。$d_i=1$ 或 $d_i=\infty$的状态,称为非周期的;$d_i>1$ 且 $d_i<\infty$的状态,称为周期的。也就是说,如果从状态 i 到状态 j 的步数都不是某个整数的倍数(即无公约数),就称此链是非周期的。

下面引入一种特殊的,而且有重要作用的一种正常返态,称为遍历态。

定义 9 正常返的非周期的状态称为遍历态。

例 3 确定下列概率转移矩阵的等价类,并判断对应链是否是不可约的,状态转移如图 6.1.2 所示。

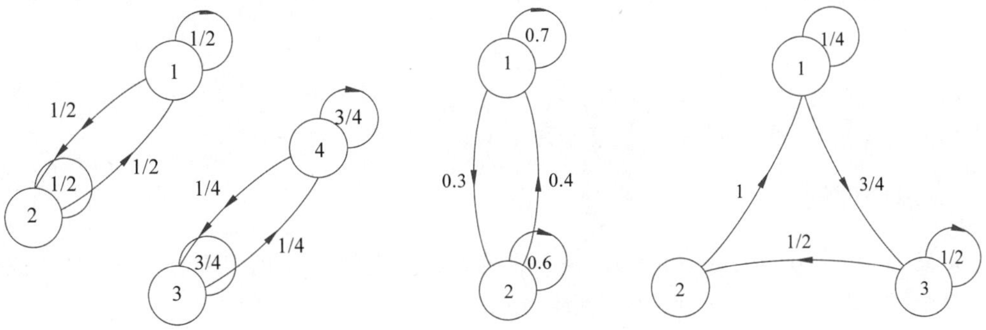

图 6.1.2 例 3 状态转移图

(1) $\boldsymbol{P}=\begin{bmatrix}1/2 & 1/2 & 0 & 0\\1/2 & 1/2 & 0 & 0\\0 & 0 & 3/4 & 1/4\\0 & 0 & 1/4 & 3/4\end{bmatrix}$;

(2) $\boldsymbol{P}=\begin{bmatrix}0.7 & 0.3\\0.4 & 0.6\end{bmatrix}$;

(3) $\boldsymbol{P}=\begin{bmatrix}1/4 & 0 & 3/4\\1 & 0 & 0\\0 & 1/2 & 1/2\end{bmatrix}$。

解:(1) 状态 1 和 2 是互通的,状态 3 和 4 是互通的,而状态 1 和 2 与状态 3 和 4 均不可达,因此,等价类为{1,2}和{3,4}。

(2) 状态 1 和 2 是互通的,故等价类为{1,2},该链是不可约的。

(3) 状态 1、2 和 3 之间都互通的，故等价类为{1,2,3}，该链是不可约的。

例 4 给定下列转移矩阵，状态转移如图 6.1.3 所示，求各状态的周期。

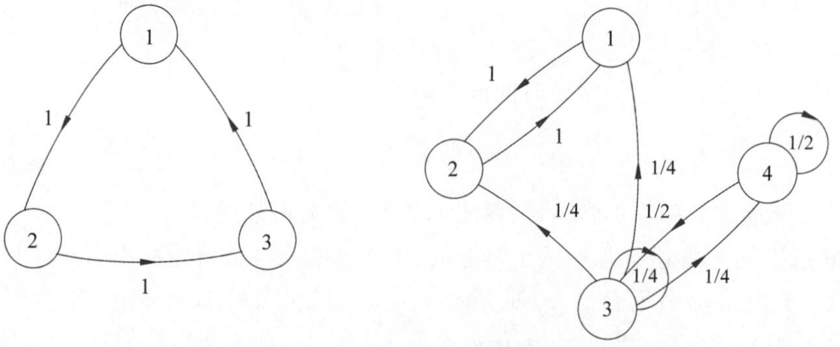

图 6.1.3 例 4 状态转移图

(1) $\boldsymbol{P}=\begin{bmatrix}0 & 1 & 0\\0 & 0 & 1\\1 & 0 & 0\end{bmatrix}$。

(2) $\boldsymbol{P}=\begin{bmatrix}0 & 1 & 0 & 0\\1 & 0 & 0 & 0\\1/4 & 1/4 & 1/4 & 1/4\\0 & 0 & 1/2 & 1/2\end{bmatrix}$。

解：(1) 各状态的周期均为 3。

(2) 状态 1 和 2 的周期为 2，状态 3 和 4 周期为 1。

6.1.3 遍历理论

定义 10(不变分布) 如果 $\boldsymbol{\pi}^{\mathrm{T}}\boldsymbol{P}=\boldsymbol{\pi}^{\mathrm{T}}$，则称在状态空间 S 上的概率分布 $\boldsymbol{\pi}$ 为 $\boldsymbol{P}$ 的不变概率分布，简称平稳分布、不变分布或极限分布。

不变分布未必存在。若状态空间 S 为有限集，且不变分布存在，则根据定义，可得 $\boldsymbol{P}^{\mathrm{T}}\boldsymbol{\pi}=\boldsymbol{\pi}$，则 1 是矩阵 $\boldsymbol{P}^{\mathrm{T}}$ 的特征值，而不变分布 $\boldsymbol{\pi}$ 是属于 1 的特征向量。此时 $\boldsymbol{\pi}$ 可由代数方程组

$$\boldsymbol{\pi}^{\mathrm{T}}\boldsymbol{P}=\boldsymbol{\pi}^{\mathrm{T}},\quad \boldsymbol{\pi}^{\mathrm{T}}1=\mathbf{1} \tag{6.1.17}$$

的非负解得到，其中 $\mathbf{1}=(1,1,\cdots,1)^{\mathrm{T}}$。故只需要计算矩阵 $\boldsymbol{P}^{\mathrm{T}}$ 的特征值 1 所对应元素和为 1 的特征向量，即为 $\boldsymbol{\pi}$。

定理 2 给定一个不可约、遍历(即正常返非周期)的马尔可夫链，平稳分布具有如下性质。

(1) 若 $\boldsymbol{P}_{ij}^{n}$ 的极限存在，则 $\lim\limits_{n\to\infty}\boldsymbol{P}_{ij}^{n}=\pi_j$，$\forall i,j\in S$。

(2) 存在唯一的平稳分布，且满足 $\boldsymbol{\pi}^{\mathrm{T}}\boldsymbol{P}=\boldsymbol{\pi}^{\mathrm{T}}$ 和 $\boldsymbol{\pi}^{\mathrm{T}}\mathbf{1}=1$。

该定理不仅给出了存在唯一平稳分布的条件，还给出了计算平稳分布的两种方法，并且可见马尔可夫链的行径是由它的转移矩阵 $\boldsymbol{P}$ 决定的，即由链的现在状态转移到新的状态的概率决定。平稳分布可以先求转换概率矩阵的极限，然后取其任一列即为其确定的平稳分布。还可以通过解方程组 $\boldsymbol{\pi}^{\mathrm{T}}\boldsymbol{P}=\boldsymbol{\pi}^{\mathrm{T}}$ 和 $\boldsymbol{\pi}^{\mathrm{T}}\mathbf{1}=1$，求出 $\boldsymbol{\pi}$。若马尔可夫链的初始分布 $\boldsymbol{\pi}^{(0)}=\boldsymbol{\pi}$，从性质 2 可得

$$\begin{aligned}\boldsymbol{\pi}^{(n)} &= (\boldsymbol{\pi}^{(0)})^{\mathrm{T}}\boldsymbol{P}^{n} \\ &= \boldsymbol{\pi}^{\mathrm{T}}\boldsymbol{P}^{n} = \boldsymbol{\pi}^{\mathrm{T}}\boldsymbol{P}^{n-1} = \cdots = \boldsymbol{\pi}\boldsymbol{P} = \boldsymbol{\pi}, \quad \forall n \in T\end{aligned} \tag{6.1.18}$$

即若用 $\boldsymbol{\pi}$ 作为马尔可夫链的初始分布，则链在任意时刻 $n \in T$ 的分布永远与 $\boldsymbol{\pi}$ 一致。

因为实际应用或计算处理中，马尔可夫链通常只包含有限个状态，下面给出有限状态下的马尔可夫链不可约遍历的充分条件。

定理 3　设有限状态 $S=\{s_1,s_2,\cdots,s_n\}$ 的齐次马尔可夫链，$\boldsymbol{P}$ 是它的 1 步转移概率矩阵，如果存在正整数 n，使得对于任意的 $s_i,s_j \in S$，都有

$$P_{ij}^{n} > 0, \quad i,j=1,2,\cdots,n \tag{6.1.19}$$

则此链具有遍历性，且具有唯一的满足定理 2 的两条性质的平稳分布。

有限状态的马尔可夫链只要任意状态间是互通的，即全体状态组成一个互通常返态，它一定存在唯一的不变分布。有限状态的只有正常返态的马尔可夫链，一定存在不变分布，又若此链还是互通的，那么不变分布还是唯一的(但是此时 $\boldsymbol{P}^n$ 未必有极限)。一个用马尔可夫链描述的系统，常常可以利用它的长时间后的稳定分布，作为其参数的稳定设计的依据。在很宽的条件下，不变分布就是这个稳定分布。而求不变分布需要求极限或解方程组(求特征向量实质上也是解方程组)，一般来说需要很大的工作量。所幸的是，在实际中有很多简单的网络系统常满足一个对称性条件，即可逆性条件。

定义 11(可逆马尔可夫链)　以 $\boldsymbol{P}$ 为转移矩阵的马尔可夫链是可逆的，如果存在概率分布 π，使得

$$\pi_i P_{ij} = \pi_j P_{ji}, \quad \forall i,j \in S \tag{6.1.20}$$

在物理中，此条件称为细致平衡条件(Detailed Balance or Reversibility Condition)，π 称为可逆分布。

由定义可以看出，可逆分布是唯一的，由可逆性的定义立即可得

$$\sum_{i=1}^{\infty}\pi_i P_{ij} = \sum_{i=1}^{\infty}\pi_j P_{ji} = \pi_j, \quad \forall j \in S \tag{6.1.21}$$

故可逆分布一定是不变分布。

例 5　设马尔可夫链 $\{X_n, n \geqslant 0\}$ 的状态空间为 $S=\{1,2,3\}$，初始分布为 $p_1(0)=1/4$，$p_2(0)=2/4$，$p_3(0)=1/4$，1 步转移概率矩阵为

$$\boldsymbol{P} = \begin{bmatrix} 0.5 & 0.3 & 0.2 \\ 0.3 & 0.4 & 0.3 \\ 0.2 & 0.3 & 0.5 \end{bmatrix}$$

(1) 计算 $\boldsymbol{P}^n$，并求 $\lim\limits_{n\to\infty}\boldsymbol{P}^n$。

(2) 证明：链是遍历的。

(3) 求 π 满足

$$\pi\boldsymbol{P} = \pi, \sum_{i=1}^{3}\pi_i = 1, \quad \pi_i \geqslant 0, i=1,2,3$$

解：(1) 先计算 $\boldsymbol{P}$ 的特征值，即

$$|\lambda \boldsymbol{I} - \boldsymbol{P}| = \begin{vmatrix} \lambda - 0.5 & -0.3 & -0.2 \\ -0.3 & \lambda - 0.4 & -0.3 \\ -0.2 & -0.3 & \lambda - 0.5 \end{vmatrix}$$

$$
\begin{aligned}
&= \begin{vmatrix} \lambda-1 & \lambda-1 & \lambda-1 \\ -0.3 & \lambda-0.4 & -0.3 \\ -0.2 & -0.3 & \lambda-0.5 \end{vmatrix} \\
&= (\lambda-1)\begin{vmatrix} 1 & 1 & 1 \\ -0.3 & \lambda-0.4 & -0.3 \\ -0.2 & -0.3 & \lambda-0.5 \end{vmatrix} \\
&= (\lambda-1)\begin{vmatrix} 1 & 1 & 1 \\ 0 & \lambda-0.1 & 0 \\ 0 & -0.1 & \lambda-0.3 \end{vmatrix} \\
&= (\lambda-1)(\lambda-0.1)(\lambda-0.3)
\end{aligned}
$$

得 $\boldsymbol{P}$ 的特征值分别为 $\lambda_1=1,\lambda_2=0.1,\lambda_3=0.3$。

再依次解方程

$$(\lambda_i\boldsymbol{I}-\boldsymbol{P})x=\boldsymbol{0},\quad i=1,2,3$$

可得特征值分别为 $\lambda_1=1,\lambda_2=0.1,\lambda_3=0.3$,对应的单位化的特征向量组成的矩阵为

$$\boldsymbol{Q}=\begin{bmatrix} 1/\sqrt{3} & 1/\sqrt{6} & -1/\sqrt{2} \\ 1/\sqrt{3} & -2/\sqrt{6} & 0 \\ 1/\sqrt{3} & 1/\sqrt{6} & 1/\sqrt{2} \end{bmatrix}$$

令对角阵 $\boldsymbol{\Lambda}=\begin{bmatrix} 1 & 0 & 0 \\ 0 & 0.1 & 0 \\ 0 & 0 & 0.3 \end{bmatrix}$,因为 $\boldsymbol{PQ}=\Lambda\boldsymbol{Q}$,即 $\boldsymbol{P}=\boldsymbol{Q}\Lambda\boldsymbol{Q}^{\mathrm{T}}$,从而

$$
\begin{aligned}
\boldsymbol{P}^n &= \boldsymbol{Q}\Lambda^n\boldsymbol{Q}^{\mathrm{T}} \\
&= \begin{bmatrix} 1/\sqrt{3} & 1/\sqrt{6} & -1/\sqrt{2} \\ 1/\sqrt{3} & -2/\sqrt{6} & 0 \\ 1/\sqrt{3} & 1/\sqrt{6} & 1/\sqrt{2} \end{bmatrix}\begin{bmatrix} 1 & 0 & 0 \\ 0 & 0.1^n & 0 \\ 0 & 0 & 0.3^n \end{bmatrix}\begin{bmatrix} 1/\sqrt{3} & 1/\sqrt{3} & 1/\sqrt{3} \\ 1/\sqrt{6} & -2/\sqrt{6} & 1/\sqrt{6} \\ -1/\sqrt{2} & 0 & 1/\sqrt{2} \end{bmatrix} \\
&= \begin{bmatrix} 1/\sqrt{3} & 0.1^n/\sqrt{6} & -0.3^n/\sqrt{2} \\ 1/\sqrt{3} & -2\times 0.1^n/\sqrt{6} & 0 \\ 1/\sqrt{3} & 0.1^n/\sqrt{6} & 0.3^n/\sqrt{2} \end{bmatrix}\begin{bmatrix} 1/\sqrt{3} & 1/\sqrt{3} & 1/\sqrt{3} \\ 1/\sqrt{6} & -2/\sqrt{6} & 1/\sqrt{6} \\ -1/\sqrt{2} & 0 & 1/\sqrt{2} \end{bmatrix} \\
&= \begin{bmatrix} 1/3+0.1^n/6+0.3^n/2 & 1/3+2\times 0.1^n/6 & 1/3+0.1^n/6+0.3^n/2 \\ 1/3+2\times 0.1^n/6 & 1/3+2\times 0.1^n/6 & 1/3+2\times 0.1^n/6 \\ 1/3+0.1^n/6+0.3^n/2 & 1/3+2\times 0.1^n/6 & 1/3+0.1^n/6+0.3^n/2 \end{bmatrix}
\end{aligned}
$$

可得

$$\lim_{n\to\infty}\boldsymbol{P}^n=\begin{bmatrix} 1/3 & 1/3 & 1/3 \\ 1/3 & 1/3 & 1/3 \\ 1/3 & 1/3 & 1/3 \end{bmatrix}$$

(2) $P^2=\begin{pmatrix} 0.3800 & 0.3300 & 0.2900 \\ 0.3300 & 0.3400 & 0.3300 \\ 0.2900 & 0.3300 & 0.3800 \end{pmatrix}$,因为 P^2 无零元,该链是遍历的。

(3) 解方程组

$$\begin{cases}\pi_0 = 0.5\pi_0 + 0.3\pi_1 + 0.2\pi_2 \\ \pi_1 = 0.3\pi_0 + 0.4\pi_1 + 0.3\pi_2 \\ \pi_2 = 0.2\pi_0 + 0.3\pi_1 + 0.5\pi_2 \\ \pi_0 + \pi_1 + \pi_2 = 1\end{cases}$$

得 $\pi_0=1/3, \pi_1=1/3, \pi_2=1/3$。

给定一个不可约非周期的马尔可夫链、可逆马尔可夫链或有限状态的遍历链,经过一个充分长的时间,马尔可夫链会达到唯一的平稳分布 $\boldsymbol{\pi}$,并且 $\boldsymbol{\pi}$ 与初始状态(分布)无关。换句话说,给定某个初始状态,按照转移概率矩阵,通过蒙特卡洛模拟马尔可夫链中每一步的状态,得到随机变量取值序列,删去前面一部分观测后得到的序列,可得出随机变量的经验分布,近似于 $\boldsymbol{\pi}$。与以其他任意状态为初始状态,模拟得到的分布几乎是相同的。基于得到的近似于 $\boldsymbol{\pi}$ 的经验分布样本,可依据该样本推断有关未知参数。

定理 4(遍历定理,Ergodic Theorem) 若 $X^{(1)}, X^{(2)}, \cdots, X^{(n)}, \cdots$ 是平稳分布为 $\boldsymbol{\pi}$ 的一个不可约、遍历的马尔可夫链的样本,则

(1) $X^{(n)}$ 依分布收敛于 $\boldsymbol{\pi}$。

(2) 给定函数 h,若期望 $E_\pi[h(X)]$ 存在,有

$$\frac{1}{n}\sum_{t=1}^{n} h(X^{(t)}) \xrightarrow{a.s.} E_\pi[h(X)] \tag{6.1.22}$$

遍历定理是强大数定理和中心极限定理的推广。

6.2 马尔可夫链蒙特卡洛模拟

6.2.1 马尔可夫链蒙特卡洛模拟算法

上节介绍了马尔可夫链及其平稳分布的条件,接下来的问题是如何构建指定平稳分布 $\boldsymbol{\pi}$ 的不可约、遍历的马尔可夫链。MCMC 是构建具有平稳分布(所要得到的总体分布,如后验分布)的马尔可夫链,通过蒙特卡洛模拟随机数,进行概率分布取样的一类方法。一般来说,用马尔可夫链模拟样本,对平稳分布、吉布斯分布、吉布斯场、高维分布或样本空间非常大的离散分布等取样的方法,统称为 MCMC 方法。在取样的马尔可夫链的链长比较长时,可以将取样所得的样本分布(或经验分布)视为所需要总体分布的近似分布,随着取样次数的增加,样本分布越来越趋近总体分布。

一维随机变量取样方法主要有逆累积分布函数方法(The Inverse Cumulative Distribution Function Method),取舍抽样法(Acceptance/Rejection Sampling),自适应取舍抽样(Adaptive Acceptance/Rejection Sampling),均匀比法(Ratio-of-Uniforms),重要度采样(Importance Sampling)等。多维随机变量的取样方法,如果分布密度已知,可以利用条件密度,把生成多维随机数归结为生成一系列一维随机数,当然在生成各个全条件分布的随机数时,仍然可以使用取舍抽样法。由于取舍抽样法需要设定参考密度分布或包络函数(Envelope Function),而参考密度分布与目标分布的匹配好坏,将影响抽样效率。

以上提到的随机变量取样方法,都要通过蒙特卡洛或统计模拟方法产生(伪)随机数,使

其服从一个目标概率分布。许多计算机软件都可以得到一维随机变量的随机数。而对于多维随机变量的情形，直接从目标分布取样，多数情况是不可行的。在高维空间中，取舍抽样和重要性采样的效率随空间的维数的增加而指数下降。另外，生成的样本或者不独立，或者不符合目标分布，或者二者都有。研究者设计了许多方法试图解决这一问题，比如采用重要度采样法生成独立样本。

MCMC 是一种更好的采样算法，可以较容易实现高维随机向量采样，它通过构建可逆马尔可夫链（如下面介绍的 Metropolis 采样法和 Metropolis-Hastings 采样法）或遍历的马尔可夫链（如下面介绍的吉布斯采样法），得到平稳分布的样本。Metropolis 与 Hastings 等推广了 MCMC 方法的应用。MCMC 方法构建以 $\boldsymbol{\pi}$ 为平稳分布的马尔可夫链生成样本。基于条件分布的迭代取样是另外一种重要的 MCMC 方法，其中最著名的是吉布斯抽样，现在已成为统计计算的标准工具，它最关键的特征是其潜在的马尔可夫链是通过分解一系列条件分布建立起来的。

MCMC 方法主要用于：实现对高维分布（或高维格点分布）取样；实现高维数值积分（或项数极多的求和）的数值计算，如吉布斯分布的各种泛函的平均值的计算，在计算物理学、计算生物学和计算语言学等领域常出现高维积分计算问题；实现贝叶斯统计中未知参数的后验分布的取样，实现贝叶斯推断；还可用于在复杂样本空间上求函数极值（模拟退火）。

1. Metropolis 采样法

Metropolis 等 1953 年提出的采样法，可用于求高维积分以及用于对概率分布 $\pi(\boldsymbol{x})$ 进行抽样。该方法的主要特点是对样本取样仅依赖两个样本值 $\boldsymbol{x}'$ 和 $\boldsymbol{x}$ 的概率比值 $\pi(\boldsymbol{x}')/\pi(\boldsymbol{x})$，故不需要计算正规化常数。如吉布斯分布，其样本空间非常大，正规化常数就难以计算。还不需要将 $\pi(\boldsymbol{x})$ 分解成单维的条件分布形式。不过，由于采用马尔可夫链进行样本模拟，得到的样本是相关的。

Metropolis 算法，以多维随机向量 X 为例，其分布为 $\pi(\boldsymbol{x})$，Metropolis 采样法在时刻 t 更新 $\boldsymbol{x}^{(t)}\to\boldsymbol{x}^{(t+1)}$ 可采取如下的操作。

(1) 设当前为时刻 t，对应的状态记为 $\boldsymbol{x}^{(t)}=i$，对 $\boldsymbol{x}^{(t)}$ 作随机扰动，即取一个建议分布为 $q(\boldsymbol{x},\boldsymbol{y})$，它满足对称性 $q(\boldsymbol{x},\boldsymbol{y})=q(\boldsymbol{y},\boldsymbol{x})$，即模拟服从分布 $q(\boldsymbol{x},\boldsymbol{y})$ 的随机数 $\boldsymbol{y}$，候选状态记为 $\boldsymbol{y}=j$，其相应的概率简记为 $q_{ij}=q(i,j)$。

(2) 若 $\pi_j/\pi_i\geqslant 1$，则将状态更新为 $\boldsymbol{x}^{(t+1)}=j$；否则，进行步骤(3)。

(3) 独立地取一个均匀分布 $U[0,1]$ 随机数 u，如果 $u\leqslant\pi_j/\pi_i$，则将状态更新为 $\boldsymbol{x}^{(t+1)}=j$；否则，状态不更新，即令 $\boldsymbol{x}^{(t+1)}=i$。

定理 5 按 Metropolis 算法生成的马尔可夫链为可逆马尔可夫链，并且其平稳分布为 $\pi(\boldsymbol{x})$。

证明：由 Metropolis 算法的步骤可知，Metropolis 采样法的接受概率

$$\alpha_{ij}^{(M)}=\min(1,\pi_j/\pi_i),\alpha_{ji}^{(M)}=\min(1,\pi_i/\pi_j) \tag{6.2.1}$$

再根据条件概率公式，可得到转移概率

$$P_{ij}=q_{ij}\alpha_{ij}^{(M)},P_{ji}=q_{ji}\alpha_{ji}^{(M)} \tag{6.2.2}$$

当 $\pi_j\geqslant\pi_i$ 时，由式(6.2.1)有

$$\alpha_{ij}^{(M)}=1,\alpha_{ji}^{(M)}=\pi_i/\pi_j \tag{6.2.3}$$

又 $q_{ij}=q_{ji}$，于是有

$$\pi_i P_{ij}=\pi_i q_{ij}\alpha_{ij}^{(M)}=\pi_i q_{ij}=\pi_i q_{ji}=\pi_j q_{ji}(\pi_i/\pi_j)=\pi_j q_{ji}\alpha_{ji}^{(M)}=\pi_j P_{ji} \tag{6.2.4}$$

当 $\pi_j<\pi_i$ 时，同样有

$$\pi_i P_{ij}=\pi_i q_{ij}\alpha_{ij}^{(M)}=\pi_i q_{ij}(\pi_j/\pi_i)=\pi_j q_{ij}=\pi_j q_{ji}=\pi_j q_{ji}\alpha_{ji}^{(M)}=\pi_j P_{ji} \tag{6.2.5}$$

即满足细致平衡条件，故 Metropolis 采样法构建的马尔可夫链为可逆马尔可夫链，其可逆分布即为其平稳分布 $\pi(\boldsymbol{x})$。

Metropolis 采样法可以采取不同的建议分布。第一种是随机游动马尔可夫链，候选值取样的方式，是先从分布 f 进行独立抽样，得到 $\boldsymbol{z}$，然后得到 $\boldsymbol{y}=\boldsymbol{x}+\boldsymbol{z}$，这样 $q(\boldsymbol{x},\boldsymbol{y})=f(\boldsymbol{y}-\boldsymbol{x})=f(\boldsymbol{z})$，候选值 $\boldsymbol{y}$ 依赖前一步取样值 $\boldsymbol{x}$。通常 f 是关于原点的对称分布，如选择均匀分布、多元正态分布或多元学生分布等。第二种是独立马尔可夫链（独立链），候选值独立取样得到，即根据建议分布 $q(\boldsymbol{y},\boldsymbol{x})=f(\boldsymbol{y})$ 得到的候选值 $\boldsymbol{y}$，$\boldsymbol{y}$ 与 $\boldsymbol{x}$ 只是来自同一分布的独立抽样，并不依赖前一步取样 $\boldsymbol{x}$。独立链有点像重要度采样的过程，f 为多元正态分布或多元学生分布等，只是需要预先指定分布的位置参数和尺度参数（如多元正态分布的均值向量和协方差矩阵）。随机游动链和独立链，其建议分布 f 只要满足在样本空间中，几乎处处为正，生成的马尔可夫链就是遍历的。若 Metropolis 采样法的接受概率设定为 $\alpha_{ij}^{(B)}=\pi_j/(\pi_i+\pi_j)$，就成了 Barker 采样法。

2. Metropolis-Hastings 采样法

Hastings 在 1970 年推广了 Metropolis 采样法，给出一种构建可逆马尔可夫链的一般方法。给定建议分布 $\boldsymbol{Q}=(q_{ij})$，并不一定是对称矩阵（在高维时，经常并不对称），接受概率定义如下。

$$\alpha_{ij}=\frac{s_{ij}}{1+\dfrac{\pi_i q_{ij}}{\pi_j q_{ji}}},\quad \forall i,j\in S \tag{6.2.6}$$

其中，s_{ij} 是对称矩阵的元素，并且使得 $0\leqslant\alpha_{ij}\leqslant 1$。根据可逆马尔可夫链的定义，容易验证该方法构建的马尔可夫链是可逆马尔可夫链。并且 Hastings 给出了一个 s_{ij} 的一般函数式，当 $q_{ij}=q_{ji}$ 且 $s_{ij}=1+\min\{(\pi_i q_{ij}/\pi_j q_{ji}),(\pi_j q_{ji}/\pi_i q_{ij})\}$ 时，按 Hastings 构建的可逆马尔可夫链的采样法，就成为 Metropolis 采样法；当 $q_{ij}=q_{ji}$ 且 $s_{ij}=1$，按 Hastings 构建的可逆马尔可夫链的采样法，就成为 Barker 采样法；仅令 $s_{ij}=1+\min\{(\pi_i q_{ij}/\pi_j q_{ji}),(\pi_j q_{ji}/\pi_i q_{ij})\}$，此时接受概率为 $\alpha_{ij}=\min\{(\pi_j q_{ji})/(\pi_i q_{ij}),1\}$，就成为 Metropolis-Hastings 采样法，简称为 MH 采样法。

MH 算法，以多维随机向量 $\boldsymbol{X}$ 为例，其分布为 $\pi(\boldsymbol{x})$，MH 采样法在时刻 t 更新 $\boldsymbol{x}^{(t)}\to\boldsymbol{x}^{(t+1)}$ 可采取如下的操作。

(1) 设当前时刻 t，状态简记为 $\boldsymbol{x}^{(t)}=i$，对 $\boldsymbol{x}^{(t)}$ 作随机扰动，即取一个建议分布为 $q(\boldsymbol{x},\boldsymbol{y})$，它满足对称性 $q(\boldsymbol{x},\boldsymbol{y})=q(\boldsymbol{y},\boldsymbol{x})$，即模拟服从分布 $q(\boldsymbol{x},\boldsymbol{y})$ 的随机数 $\boldsymbol{y}$，若取的候选状态简记为 $\boldsymbol{y}=j$，其相应的概率简记为 $q_{ij}=q(i,j)$。

(2) 若 $\pi_j q_{ji}/\pi_i q_{ij}\geqslant 1$，则将状态更新为 $\boldsymbol{x}^{(t+1)}=j$；否则进行步骤(3)。

(3) 独立地取一个均匀分布 $U[0,1]$ 随机数 u，如果 $u\leqslant\pi_j q_{ji}/\pi_i q_{ij}$，则将状态更新为 $\boldsymbol{x}^{(t+1)}=j$；否则，状态不更新，即令 $\boldsymbol{x}^{(t+1)}=i$。

定理 6　MH 算法生成的马尔可夫链为可逆马尔可夫链，并且其平稳分布为 $\pi(\boldsymbol{x})$。

证明：由 MH 算法的步骤可知，MH 采样法的接受概率为

$$\alpha_{ij}^{(\mathrm{MH})}=\min\{(\pi_j q_{ji}/\pi_i q_{ij}),1\},\quad \alpha_{ji}^{(\mathrm{MH})}=\min\{(\pi_i q_{ij}/\pi_j q_{ji}),1\} \tag{6.2.7}$$

再根据条件概率公式，可得到转移概率为

$$P_{ij}=q_{ij}\alpha_{ij}^{(\mathrm{MH})},P_{ji}=q_{ji}\alpha_{ji}^{(\mathrm{MH})} \tag{6.2.8}$$

于是有

$$\begin{aligned}\pi_i P_{ij}&=\pi_i q_{ij}\alpha_{ij}^{(\mathrm{MH})}\\&=\pi_i q_{ij}\min\{(\pi_j q_{ji})/(\pi_i q_{ij}),1\}\\&=\min\{\pi_j q_{ji},\pi_i q_{ij}\}\\&=\pi_j q_{ji}\min\{1,(\pi_i q_{ij})/(\pi_j q_{ji})\}\\&=\pi_j q_{ji}\alpha_{ji}^{(\mathrm{MH})}\\&=\pi_j P_{ji}\end{aligned} \tag{6.2.9}$$

即满足细致平衡条件，故 MH 采样法构建的马尔可夫链为可逆马尔可夫链，其可逆分布即为其平稳分布 $\pi(\boldsymbol{x})$。

由于 MH 采样法是 Metropolis 采样法的推广，对于 MH 采样法的建议分布的选择，同样可以采用前面提到的 Metropolis 采样法的建议分布方法。另外，如果 $\pi(\boldsymbol{x})\propto\varphi(\boldsymbol{x})h(\boldsymbol{x})$，其中 $\varphi(\boldsymbol{x})$ 有界，$h(\boldsymbol{x})$ 容易取样，可以令 $q(\boldsymbol{x},\boldsymbol{y})=h(\boldsymbol{y})$ 生成候选值，或使用取舍取样法生成候选值等。

3. 吉布斯采样法

Geman 等在 1984 年提出吉布斯采样法(Gibbs Sampling)并成功应用于图像恢复。吉布斯采样法的接受概率始终为 1。吉布斯采样法的基本思想是把高维总体的取样化为一系列一维分布的取样，而后者容易做到。通过 $\pi(\boldsymbol{x})$ 的条件分布族，构造不可约正常返的马尔可夫链，使它以 $\pi(\boldsymbol{x})$ 为不变分布。吉布斯采样法并不需要计算 $\pi(\boldsymbol{x})$，而只需知道在固定其他一切分量条件下，剩余的某一个分量的全条件分布，就可以对全条件分布进行取样。

吉布斯算法，以多维随机变量为例，其分布为 $\pi(\boldsymbol{x})$，吉布斯采样法在时刻 t 更新 $\boldsymbol{x}^{(t)}\to\boldsymbol{x}^{(t+1)}$ 时，其中 $\boldsymbol{x}^{(t)}=(x_1^{(t)},x_2^{(t)},\cdots,x_p^{(t)})^{\mathrm{T}}$ 和 $\boldsymbol{x}^{(t+1)}=(x_1^{(t+1)},x_2^{(t+1)},\cdots,x_p^{(t+1)})^{\mathrm{T}}$，可采取如下的操作。

(1) 依取舍取样法，从全条件分布 $\pi(x_1|x_2^{(t)},\cdots,x_p^{(t)})$ 中，取随机变量 X_1 的一个样本，记为 $x_1^{(t+1)}$，记当前随机变量为 $\boldsymbol{x}_1^{(t+1)}=(x_1^{(t+1)},x_2^{(t)},\cdots,x_p^{(t)})^{\mathrm{T}}$。

(2) 依次类推，从全条件分布 $\pi(x_k|x_1^{(t+1)},\cdots,x_{k-1}^{(t+1)},x_{k+1}^{(t)},\cdots,x_p^{(t)})$ 中，取随机变量 X_k 的一个样本，记为 $x_k^{(t+1)}$，其中 $1<k<p$，记当前随机变量为 $\boldsymbol{x}_k^{(t+1)}=(x_1^{(t+1)},\cdots,x_k^{(t+1)},x_{k+1}^{(t)},\cdots,x_p^{(t)})^{\mathrm{T}}$。

(3) 最后，从全条件分布 $\pi(x_p|x_1^{(t+1)},x_2^{(t+1)},\cdots,x_{p-1}^{(t+1)})$ 中，取随机变量 X_p 的一个样本，记为 $x_p^{(t+1)}$，记当前随机变量为 $\boldsymbol{x}^{(t+1)}=\boldsymbol{x}_p^{(t+1)}=(x_1^{(t+1)},x_2^{(t+1)},\cdots,x_p^{(t+1)})^{\mathrm{T}}$。

定理 7　吉布斯算法生成的马尔可夫链为可逆马尔可夫链，并且其平稳分布为 $\pi(\boldsymbol{x})$。

证明：吉布斯采样的每单步(时刻 t 下第 k 步)采样构成一个马尔可夫链。假设对 $\boldsymbol{x}$ 中的第 k 个分量采样，记

$$\boldsymbol{x}=(x_1^{(t+1)},\cdots,x_{k-1}^{(t+1)},x_k^{(t)},x_{k+1}^{(t)},\cdots,x_p^{(t)})^{\mathrm{T}},\quad \boldsymbol{x}_{\backslash k}=(x_1^{(t+1)},\cdots,x_{k-1}^{(t+1)},x_{k+1}^{(t)},\cdots,x_p^{(t)})^{\mathrm{T}}$$

$$\boldsymbol{x}'=(x_1^{(t+1)},\cdots,x_{k-1}^{(t+1)},x_k^{(t+1)},x_{k+1}^{(t)},\cdots,x_p^{(t)})^{\mathrm{T}},\quad \boldsymbol{x}'_{\setminus k}=(x_1^{(t+1)},\cdots,x_{k-1}^{(t+1)},x_{k+1}^{(t)},\cdots,x_p^{(t)})^{\mathrm{T}}$$

其中，$\boldsymbol{x}_{\setminus k}$ 表示 $\boldsymbol{x}$ 去掉第 k 个分量后剩余的向量，$\boldsymbol{x}'_{\setminus k}$ 表示 $\boldsymbol{x}'$ 去掉第 k 个分量后剩余的向量，易知 $\boldsymbol{x}_{\setminus k}=\boldsymbol{x}'_{\setminus k}$。对 $\boldsymbol{x}$ 中的第 k 个分量采样时，从 $\boldsymbol{x}\to\boldsymbol{x}'$ 的状态转移概率，即为全条件分布

$$\pi(\boldsymbol{x}'\mid\boldsymbol{x})=\pi(x'_k\mid\boldsymbol{x}_{\setminus k})=\begin{cases}\pi(\boldsymbol{x}')/\pi(\boldsymbol{x}_{\setminus k}) & \boldsymbol{x}_{\setminus k}=\boldsymbol{x}'_{\setminus k}\\ 0 & \boldsymbol{x}_{\setminus k}\neq\boldsymbol{x}'_{\setminus k}\end{cases}\tag{6.2.10}$$

其中，$\pi(\boldsymbol{x}_{\setminus k})$ 为边际分布。因 $\boldsymbol{x}_{\setminus k}=\boldsymbol{x}'_{\setminus k}$，故 $\pi(\boldsymbol{x}_{\setminus k})=\pi(\boldsymbol{x}'_{\setminus k})$，于是有

$$\begin{aligned}\pi(\boldsymbol{x})\pi(\boldsymbol{x}'\mid\boldsymbol{x})&=\pi(\boldsymbol{x})(\pi(\boldsymbol{x}')/\pi(\boldsymbol{x}_{\setminus k}))\\&=\pi(\boldsymbol{x}')(\pi(\boldsymbol{x})/\pi(\boldsymbol{x}'_{\setminus k}))\\&=\pi(\boldsymbol{x}')(\pi(\boldsymbol{x})/\pi(\boldsymbol{x}'))\\&=\pi(\boldsymbol{x}')(\pi(\boldsymbol{x}\mid\boldsymbol{x}'))\end{aligned}\tag{6.2.11}$$

再考虑时刻 t 更新 $\boldsymbol{x}^{(t)}\to\boldsymbol{x}^{(t+1)}$ 的转移概率，即采样分量 k 逐个变化，根据吉布斯算法样本更新步骤可得到转移概率(简记 $\boldsymbol{x}^{(t)}$ 为 i，$\boldsymbol{x}^{(t+1)}$ 为 j)

$$P(\boldsymbol{x}^{(t+1)}\mid\boldsymbol{x}^{(t)})=\prod_{k=1}^{p}\pi(x_k^{(t+1)}\mid x_1^{(t+1)},\cdots,x_{k-1}^{(t+1)},x_{k+1}^{(t)},\cdots,x_p^{(t)})\tag{6.2.12}$$

当采样分量 k 从 1 到 p 逐个变化时，依次运用式(6.2.11)，则

$$\begin{aligned}\pi(\boldsymbol{x}^{(t)})P(\boldsymbol{x}^{(t+1)}\mid\boldsymbol{x}^{(t)})&=\pi(\boldsymbol{x}^{(t)})\prod_{k=1}^{p}\pi(x_k^{(t+1)}\mid x_1^{(t+1)},\cdots,x_{k-1}^{(t+1)},x_{k+1}^{(t)},\cdots,x_p^{(t)})\\&=\pi(\boldsymbol{x}^{(t)})\pi(x_1^{(t+1)}\mid x_2^{(t)},\cdots,x_p^{(t)})\prod_{k=2}^{p}\pi(x_k^{(t+1)}\mid x_1^{(t+1)},\cdots,x_{k-1}^{(t+1)},x_{k+1}^{(t)},\cdots,x_p^{(t)})\\&=\pi(\boldsymbol{x}_1^{(t+1)})\pi(\boldsymbol{x}^{(t)}\mid\boldsymbol{x}_1^{(t+1)})\prod_{k=2}^{p}\pi(x_k^{(t+1)}\mid x_1^{(t+1)},\cdots,x_{k-1}^{(t+1)},x_{k+1}^{(t)},\cdots,x_p^{(t)})\\&=\pi(\boldsymbol{x}_2^{(t+2)})\pi(\boldsymbol{x}^{(t)}\mid\boldsymbol{x}_1^{(t+1)})\pi(\boldsymbol{x}_1^{(t+1)}\mid\boldsymbol{x}_2^{(t+1)})\\&\quad\prod_{k=3}^{p}\pi(x_k^{(t+1)}\mid x_1^{(t+1)},\cdots,x_{k-1}^{(t+1)},x_{k+1}^{(t)},\cdots,x_p^{(t)})\\&=\cdots=\pi(\boldsymbol{x}_p^{(t+1)})\pi(\boldsymbol{x}^{(t)}\mid\boldsymbol{x}_1^{(t+1)})\prod_{k=2}^{p}\pi(\boldsymbol{x}_{k-1}^{(t+1)}\mid\boldsymbol{x}_k^{(t+1)})\\&=\pi(\boldsymbol{x}^{(t+1)})\prod_{k=1}^{p}\pi(x_k^{(t)}\mid x_1^{(t)},\cdots,x_{k-1}^{(t)},x_{k+1}^{(t+1)},\cdots,x_p^{(t+1)})\\&=\pi(\boldsymbol{x}^{(t+1)})P(\boldsymbol{x}^{(t)}\mid\boldsymbol{x}^{(t+1)})\end{aligned}\tag{6.2.13}$$

即满足细致平衡条件，故吉布斯算法构建的马尔可夫链为可逆马尔可夫链，其可逆分布即为平稳分布 $\pi(\boldsymbol{x})$。

定理 7 也可以通过证明 $\sum_{x}\pi(\boldsymbol{x}^{(t)})P(\boldsymbol{x}^{(t+1)}\mid\boldsymbol{x}^{(t)})=\pi(\boldsymbol{x}^{(t+1)})$，再由定义 10，知吉布斯算法采样法生成的马尔可夫链的不变分布为 $\pi(\boldsymbol{x})$，可参见龚光鲁和钱敏平所著《应用随机过程教程及在算法和智能计算中的随机模型》。吉布斯算法中以“取舍取样法”从全条件分布中对一维随机变量进行取样，也可以采用 Metropolis 采样法，不需要计算正规化常数，或采用 MH 采样法，被称为吉布斯内的 MH 算法(MH within Gibbs)。

6.2.2 收敛性评价与分析

尽管 MCMC 方法具有特有的优势，可以将复杂的多维问题化成一系列单维问题，不要求似然函数分布与先验分布是共轭分布，只需构建适合的马尔可夫链进行目标分布取样。MCMC 收敛需要较长时间，决定何时终止取样且达到收敛，往往比较困难，即在什么时候，取样所得的样本是马尔可夫链潜在平稳分布的代表性样本。如同普通的迭代算法，MCMC 收敛判断比较困难，加上 MCMC 收敛的含义更为宽泛，因为它并不是单个数值甚至不是分布的收敛，而是取样的收敛问题。因此，判断 MCMC 是否收敛是比较困难的。

MCMC 收敛判断方法的研究，主要分为两方面：一是从理论的角度进行分析，决定迭代次数，以达到指定的收敛精度；二是采用诊断工具对样本输出进行汇总和分析，以判断是否收敛。对于前者要求复杂的数学并且对于各个模型要求重复的计算，应用仍非常少。对于后者，尽管提出了许多评价收敛的方法，并且也有所应用。由于平稳分布往往是未知的，有研究者认为收敛诊断方法不太理想。但是，许多统计学家仍很依赖一些收敛诊断方法，坚持“弱的收敛诊断总比没有收敛诊断好”。对于 MCMC 收敛诊断不能仅凭一种方法做出判断，必须综合运用各种收敛诊断方法。比较常用的收敛诊断与分析方法主要有以下几种。

(1) 评价混合性和收敛性的图示法，主要用于评价链忘记初始值的速度，链是否完全搜索了平稳分布的参数空间或支撑区域等。主要有轨迹图(Trace Plots)、累积和(Cumulative Sum)、核密度图(Kernel Density Plots)和自相关函数(Autocorrelation Function，ACF)等。轨迹图是一种直观易实现的方法，它是将链中某参数所有迭代的值绘成图。若某参数达到收敛，参数取样值将在分布众数附近上下来回波动；若未收敛，参数取样值并未稳定于固定的某一区域，可能在整个样本空间变化。而由轨迹图易将局部收敛当作全局收敛。有时，未收敛的参数的后验密度图呈现多峰情况，这时可以采用核密度图直观地呈现和判断。

累积和用于衡量参数 $\theta=E_\pi[h(X)]$ 估计的收敛性，基于链的 n 个取样值的估计为

$$\hat{\theta}_n=\frac{1}{n}\sum_{t=1}^{n}h(X^{(t)}) \tag{6.2.14}$$

累积和诊断是描述

$$\sum_{j=1}^{t}(h(X^{(j)})-\hat{\theta}_t) \tag{6.2.15}$$

随 t 而变化的图。如果累积和图抖动很大并且离 0 比较近，则说明链混合性比较好。如果累积和图比较光滑并且离 0 比较远，则说明链有较低的混合速度。但它不适用于多峰情形下参数收敛诊断。

自相关诊断是计算链中的某参数值 θ_i 与其自身(延迟一定数量 k)的相关系数

$$\rho_{\theta_i}(k)=\frac{n}{n-k}\,\frac{\sum_{i}^{n-k}(\theta_i-\bar{\theta})(\theta_{i+k}-\bar{\theta})}{\sum_{i}^{n}(\theta_i-\bar{\theta})^2} \tag{6.2.16}$$

自相关系数随延迟数量 k 增加而递减，如果延迟数量比较大(如 200)，自相关系数仍比较大(如大于 0.2)，则表示需要增加链长。绘制延迟数与自相关系数的折线图，可以一目了然地

检查自相关系数随延迟数增加的变化趋势，从而判断马尔可夫链的收敛性。自相关诊断方法还可辅助用于决定应砍掉的链长。

(2) 有效的样本量。链中样本的独立性量化指标可以采用有效的样本量(Effective Sample Size，ESS)，即

$$\mathrm{ESS}=\frac{n}{1+2\sum_{k=1}^{+\infty}\rho(k)} \tag{6.2.17}$$

有效的样本量用来比较给定问题不同的 MCMC 抽样算法的效率。对于固定的链长，具有较大有效样本量 MCMC 抽样算法可能收敛更快。

(3) 多链收敛诊断。最难的诊断问题是如何判断链是否停留在目标分布的一个或多峰附近。图诊断法和其他诊断法都很可能得到链收敛的结论，但事实上链并没有完全刻画出目标分布。一个解决办法是运行多个具有不同初始值的链，并比较链内和链间差异。Gelman 和 Rubin(1992) 提出的诊断方法，适合多链收敛诊断(尤其适合多峰分布情形)。若有 m 条链，每条独立链长为 $2n$，砍掉前面一半，后面的样本量为 n。下面先考虑样本是单维随机变量 θ 的情形(假设其总体均值和方差分别为 μ 和 σ^2)，首先计算链间方差

$$B/n=\frac{1}{m-1}\sum_{i=1}^{m}(\bar{\theta}_i-\bar{\theta})^2 \tag{6.2.18}$$

其中，$\bar{\theta}_i$ 表示链 i 的样本均值，$\bar{\theta}$ 为 m 条链的所有样本均值，$\bar{\theta}$ 可作为 μ 的估计量 $\hat{\mu}$。然后计算链内方差的平均，即

$$W=\frac{1}{m(n-1)}\sum_{i=1}^{m}\sum_{t=1}^{n}(\theta_{it}-\bar{\theta}_i)^2=\frac{1}{m}\sum_{i=1}^{m}S_i^2 \tag{6.2.19}$$

其中，θ_{it} 表示链 i 的第 t 时刻的样本值，S_i^2 表示链 i 的样本方差。使用 W 和 B 的加权平均可得到方差 σ^2 的估计量，即

$$\hat{\sigma}_+^2=\frac{n-1}{n}W+\frac{1}{n}B \tag{6.2.20}$$

若初始分布过度分散，$\hat{\sigma}_+^2$ 会高估 σ^2，否则会低估 σ^2。考虑 μ 的估计量 $\hat{\mu}$ 的抽样方差，可得到经验方差估计，即

$$\hat{V}=\hat{\sigma}_+^2+\frac{1}{mn}B \tag{6.2.21}$$

若采用链内方差均值 W 估计 σ^2，可计算潜在量尺缩减因子(Potential Scale Reduction Factor，PSRF)

$$\hat{R}=\frac{\hat{V}}{W}=\frac{\hat{\sigma}_+^2+\frac{1}{mn}B}{W}=\frac{m+1}{mn}\frac{B}{W}+\frac{n-1}{n} \tag{6.2.22}$$

若各链砍掉前面一半后的样本接近平稳分布，这时 W 和 $\hat{V}$ 均是 σ^2 的无偏估计，$\hat{R}$ 接近 1。即若 $\hat{R}$ 接近 1，说明各链砍掉前面一半后的样本接近平稳分布。若 $\hat{R}=1.1$，意味着若增加抽样数量至无限，θ 的后验置信区间长度可减少 10%。若各链砍掉前面一半后的样本未收敛到平稳分布，这时 W 会低估 σ^2，又因不同链取的相对分散的初值，导致 $\hat{V}$ 高估 σ^2，此时 $\hat{R}$ 会变大。较大的 $\hat{R}$ 意味着链间方差比链内方差大，说明链尚未达到平稳分布，需要增加链长以减

少$\hat{V}$或增大W。若$\hat{R}>1.2$,说明未知参数θ的后验边际分布可能呈现多峰,而各链很可能收敛到不同峰值。

上面的$\hat{R}$是基于正态分布而得,而$\hat{\mu}$和$\hat{V}$均是估计量,可采用自由度为d的t分布建立带修正因子的PSRF,即

$$\hat{R}=\left(\frac{n-1}{n}+\frac{m+1}{mn}\frac{B}{W}\right)\frac{d+3}{d+1} \tag{6.2.23}$$

其中

$$d=2\hat{V}/\hat{S}(\hat{V}) \tag{6.2.24}$$

$$\begin{aligned}\hat{S}(\hat{V})=&\left(\frac{n-1}{n}\right)^2\frac{1}{m}\mathrm{var}(S_i^2)+\left(\frac{m+1}{mn}\right)^2\frac{2}{m-1}B^2+\\&2\frac{(m+1)(n-1)}{mn^2}\frac{n}{m}[\mathrm{cov}(S_i^2,\bar{\theta}_{i.}^2)-2\bar{\theta}\,\mathrm{cov}(S_i^2,\bar{\theta}_{i}^2)]\end{aligned} \tag{6.2.25}$$

其中,方差$\mathrm{var}(S_i^2)$和协方差$\mathrm{cov}(S_i^2,\bar{\theta}_{i.}^2)$可由$m$个样本值$S_i^2$和$\bar{\theta}_{i.}^2(i=1,2,\cdots,m)$估计得到。

PSRF还被推广到多维情形,记为MPSRF,用于同时评价多变量收敛诊断。MPSRF只需将单变量方差($\boldsymbol{B}$和$\boldsymbol{W}$)变成多变量后验方差向量和协方差矩阵。若$\boldsymbol{W}^{-1}\boldsymbol{B}$是正定矩阵($\boldsymbol{W}$要求非奇异),可计算$\sqrt{\hat{R}^p}=\sqrt{\frac{n-1}{n}+\frac{m+1}{m}\lambda_1}$,其中$p$是未知参数个数,$\lambda_1$为$\boldsymbol{W}^{-1}\boldsymbol{B}$的最大特征值。

6.2.3 参数设置、结果与示例

MCMC算法可以自己编程实现,也可以借助WinBUGS、Stan或Python相关程序完成。下面简要介绍MCMC算法相关参数的经验值:①混合性,1～2维问题接受概率为45%,三维以上接受概率为23%;②预烧长度L设置为0～50000;③链长N设置为5000～5000000;④蒙特卡洛标准差比抽样标准差小5%。

根据MCMC获得的近似于平稳分布的样本,MCMC可输出相关结果主要包括以下内容。

(1) 目标分布及其边际分布,可绘制相关参数的密度图。

(2) 预烧长度L、经验平均与抽样标准差,因为MCMC获得的前期样本依赖初始值,故在参数估计时,通常会去掉指定长度L的样本,然后采用后面的样本得到样本函数的均值和抽样标准差,即

$$\bar{\theta}=\frac{1}{n}\sum_{t=L+1}^{L+n}h(X^{(t)}) \tag{6.2.26}$$

$$\mathrm{SD}_{\bar{\theta}}=\sqrt{\frac{1}{n}\sum_{t=L+1}^{n+L}(h(X^{(t)})-\bar{\theta})^2} \tag{6.2.27}$$

(3) 蒙特卡洛标准误(Monte Carlo Standard Error,MCSE),考虑到MCMC样本并不具有独立性,可以采用a批法得到蒙特卡洛标准误,如取$b=50$和$n=ab$,采用下面式子计算蒙特卡洛标准误,即

$$\hat{\sigma}^2=\frac{b}{a-1}\sum_{k=1}^{a}(\bar{\theta}_k-\bar{\theta})^2 \tag{6.2.28}$$

其中

$$\bar{\theta}_k=\frac{1}{b}\sum_{t=L+(k-1)b+1}^{L+kb}h(X^{(t)}) \tag{6.2.29}$$

(4) 分位数、置信区间等,可以基于样本经验分布计算上、下 $\alpha/2$ 分位数,并得到置信度为 $1-\alpha$ 的双侧置信区间。

例 1 MH 算法用于贝叶斯后验分布未知参数的统计推断。给定观察数据 $\boldsymbol{y}$,根据贝叶斯定理,可得未知参数 θ 的后验分布为

$$p(\theta \mid \boldsymbol{y})=\frac{p(\boldsymbol{y} \mid \theta)p(\theta)}{p(\boldsymbol{y})}\propto p(\boldsymbol{y} \mid \theta)p(\theta) \tag{6.2.30}$$

其中,$p(\boldsymbol{y}|\theta)$为似然函数,$p(\theta)$为先验分布。

解:在贝叶斯统计分析中,需要以 $p(\theta|\boldsymbol{y})$平稳分布构建马尔可夫链,得到 $p(\theta|\boldsymbol{y})$的近似样本,然后采用 θ 的样本均值估计未知参数 θ。采用 MH 算法构建平稳分布 $\pi(\theta)=p(\theta|\boldsymbol{y})$的马尔可夫链,可取建议分布为先验分布

$$q(\theta^{(t)},\theta^*)=p(\theta^*) \tag{6.2.31}$$

根据 MH 算法的接受概率公式,可得到从 $\theta^{(t)}$ 接受 θ^* 作为 $\theta^{(t+1)}$ 的概率为

$$\begin{aligned}\alpha(\theta^{(t)},\theta^*)&=\min\{(\pi(\theta^*)q(\theta^*,\theta^{(t)}))/(\pi(\theta^{(t)})q(\theta^{(t)},\theta^*)),1\}\\&=\min\{(p(y \mid \theta^*)p(\theta^*)p(\theta^{(t)}))/(p(y \mid \theta^{(t)})p(\theta^{(t)})p(\theta^*)),1\}\\&=\min\{p(y \mid \theta^*)/p(y \mid \theta^{(t)}),1\}\end{aligned} \tag{6.2.32}$$

以先验分布作为建议分布,MH 算法接受概率直接以似然比定义。先验分布的支撑区域(非零概率密度区域)覆盖目标后验分布的支撑区域,独立链的平稳分布即为希望得到的后验分布。虽然还有很多特殊的 MCMC 算法可以更高效地生成各种类型后验分布的样本,但这可能是一种最简单且通用的方法。

例 2 模拟来自下面高斯混合分布模型的简单随机样本 $x_i(i=1,2,\cdots,100)$

$$P(x \mid \boldsymbol{\theta})=0.7\varphi(x \mid 7,0.5)+0.3\varphi(x \mid 10,0.5) \tag{6.2.33}$$

由样本数据,采用 MH 算法估计混合分布的比率参数。

解:混合分布的比率参数分别采用 $B(1,1)$和 $B(2,10)$。链长设置为 10000,MH 算法生成的比率参数样本轨迹图如图 6.2.1 所示。可以看出,比率参数基本上在真值 0.7 附近波动,由先验分布 $B(2,10)$所得链的混合性不如 $B(1,1)$。

例 3 给定 1851—1962 年煤矿事故数据(见表 6.2.1),假设事故次数符合以下概率模型

$$X_j:\begin{cases}\pi(\lambda_1), & j=1,2,\cdots,\theta\\ \pi(\lambda_2), & j=\theta+1,\cdots,112\end{cases} \tag{6.2.34}$$

其中,X_j 表示第 j 年的煤矿事故次数,$\pi(\lambda_1)$为参数为 λ_1 的泊松分布。假设给定 α 条件下 λ_i 的条件分布为伽马分布 $\Gamma(3,\alpha)$,即 $\lambda_i|\alpha:\Gamma(3,\alpha)$,其中 $i=1,2$。并且假设 $\alpha\sim\Gamma(10,10)$,θ 服从$\{1,2,\cdots,112\}$上的离散均匀分布。采用吉布斯内的 Metropolis 算法构建马尔可夫链并估计未知参数。

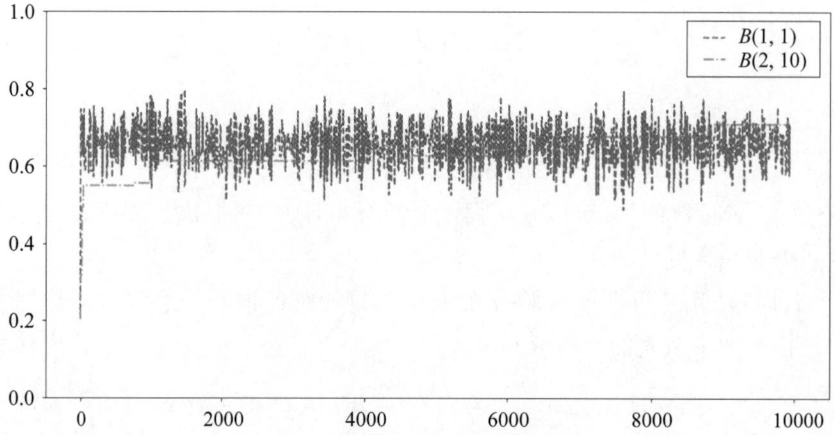

图 6.2.1 比率参数样本轨迹图

表 6.2.1 1851—1962 年煤矿事故数据

年份	次数	年份	次数	年份	次数	年份	次数
1851	4	1879	3	1907	0	1935	2
1852	5	1880	4	1908	3	1936	1
1853	4	1881	2	1909	2	1937	1
1854	1	1882	5	1910	2	1938	1
1855	0	1883	2	1911	0	1939	1
1856	4	1884	2	1912	1	1940	2
1857	3	1885	3	1913	1	1941	4
1858	4	1886	4	1914	1	1942	2
1859	0	1887	2	1915	0	1943	0
1860	6	1888	1	1916	1	1944	0
1861	3	1889	3	1917	0	1945	0
1862	3	1890	2	1918	1	1946	1
1863	4	1891	2	1919	0	1947	4
1864	0	1892	1	1920	0	1948	0
1865	2	1893	1	1921	0	1949	0
1866	6	1894	1	1922	2	1950	0
1867	3	1895	1	1923	1	1951	1
1868	3	1896	3	1924	0	1952	0
1869	5	1897	0	1925	0	1953	0
1870	4	1898	0	1926	0	1954	0
1871	5	1899	1	1927	1	1955	0
1872	3	1900	0	1928	1	1956	0
1873	1	1901	1	1929	0	1957	1
1874	4	1902	1	1930	2	1958	0
1875	4	1903	0	1931	3	1959	0
1876	1	1904	0	1932	3	1960	1
1877	5	1905	3	1933	1	1961	0
1878	5	1906	1	1934	1	1962	1

解：依题设，可得目标后验分布为

$$P(\theta,\lambda_1,\lambda_2,\alpha \mid X) \propto L(X^{(1)} \mid \lambda_1,\theta)L(X^{(2)} \mid \lambda_2,\theta)P(\lambda_1 \mid \alpha)P(\lambda_2 \mid \alpha)P(\alpha)P(\theta)$$

其中，$X^{(1)}=(x_1,x_2,\cdots,x_\theta)$，$X^{(2)}=(x_{\theta+1},x_{\theta+2},\cdots,x_{112})$，其似然函数可由泊松分布概率连乘得到。由目标后验分布，可得吉布斯采样的全条件分布分别为

$$P(\theta \mid X,\lambda_1,\lambda_2,\alpha) \propto L(X^{(1)} \mid \lambda_1,\theta)L(X^{(2)} \mid \lambda_2,\theta)P(\theta)$$
$$P(\lambda_1 \mid X,\theta,\lambda_2,\alpha) \propto L(X^{(1)} \mid \lambda_1,\theta)P(\lambda_1 \mid \alpha)$$
$$P(\lambda_2 \mid X,\theta,\lambda_1,\alpha) \propto L(X^{(2)} \mid \lambda_2,\theta)P(\lambda_2 \mid \alpha)$$
$$P(\alpha \mid X,\theta,\lambda_1,\lambda_2) \propto P(\lambda_1 \mid \alpha)P(\lambda_2 \mid \alpha)P(\alpha)$$

取建议分布

$$\theta:U(\{1,2,\cdots,112\}),\alpha:\Gamma(10,10),\lambda_1:\Gamma(3,\alpha),\lambda_2:\Gamma(3,\alpha)$$

接受概率为

$$p(\theta^*)=\min\left(1,\frac{L(X^{(1)} \mid \lambda_1,\theta^*)L(X^{(2)} \mid \lambda_2,\theta^*)}{L(X^{(1)} \mid \lambda_1,\theta^{(t)})L(X^{(2)} \mid \lambda_2,\theta^{(t)})}\right)$$
$$p(\lambda_1^*)=\min\left(1,\frac{L(X^{(1)} \mid \lambda_1,\theta^*)}{L(X^{(1)} \mid \lambda_1,\theta^{(t)})}\right)$$
$$p(\lambda_2^*)=\min\left(1,\frac{L(X^{(2)} \mid \lambda_2,\theta^*)}{L(X^{(2)} \mid \lambda_2,\theta^{(t)})}\right)$$
$$p(\alpha^*)=\min\left(1,\frac{P(\lambda_1 \mid \alpha^*)P(\lambda_2 \mid \alpha^*)}{P(\lambda_1 \mid \alpha^{(t)})P(\lambda_2 \mid \alpha^{(t)})}\right)$$

链长设置为 10000，砍掉前面 5000，可得各参数的估计值分别为样本均值$\hat{\lambda}_1=3.1341$，样本均值$\hat{\lambda}_2=0.9541$，样本众数$\hat{\theta}=40$，样本均值$\hat{\alpha}=1.0033$。图 6.2.2 给出了砍掉前面 5000

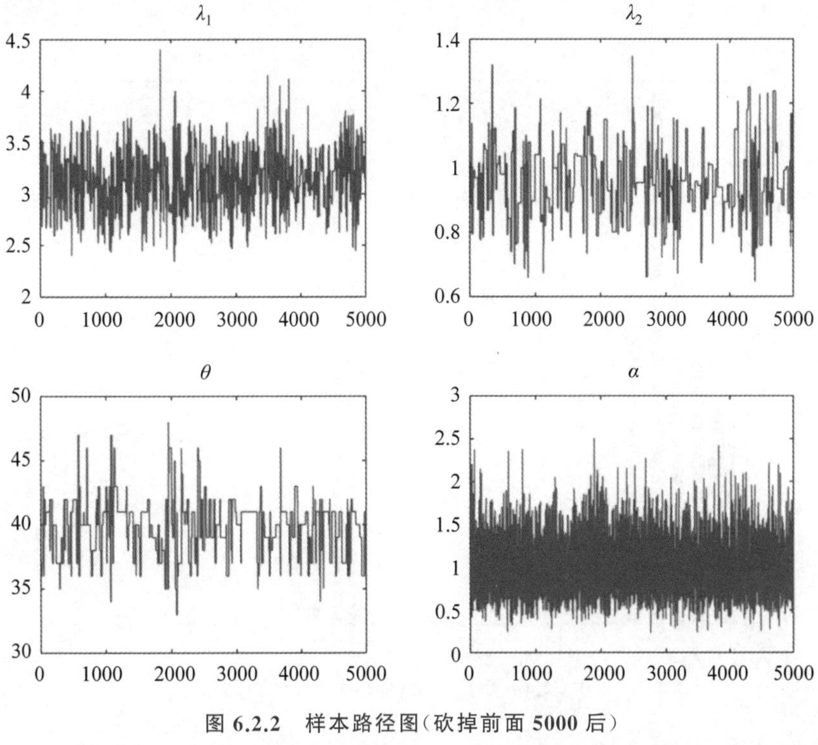

图 6.2.2　样本路径图(砍掉前面 5000 后)

后的样本路径图，可见链的混合性较好。图 6.2.3 给出了样本自相关函数图，各参数的收敛性较好。图 6.2.4 给出了数据直方图和模型预测曲线，可见带时间转换点的泊松模型可以较好地拟合数据。

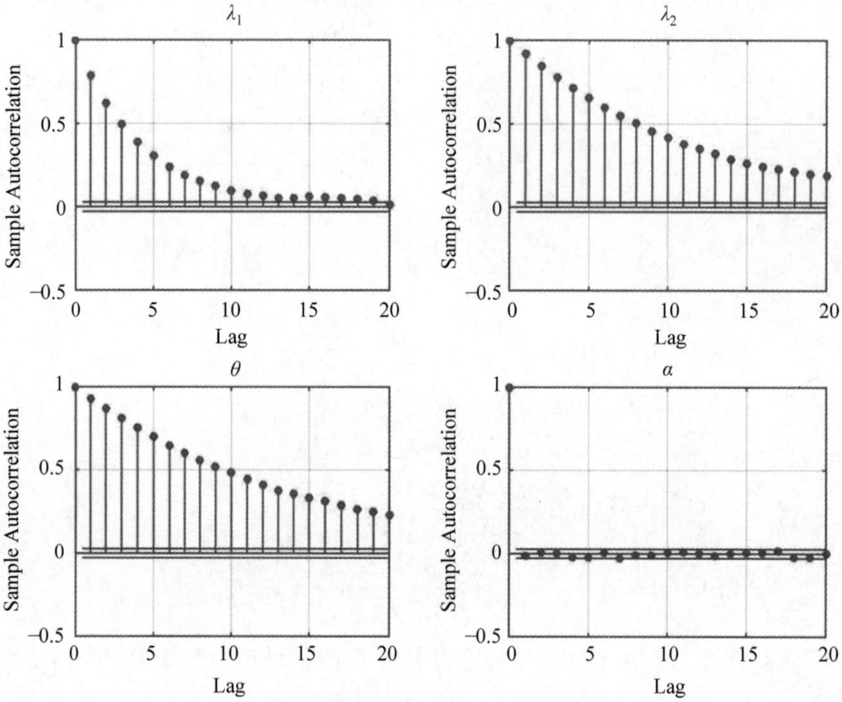

图 6.2.3　样本自相关函数图

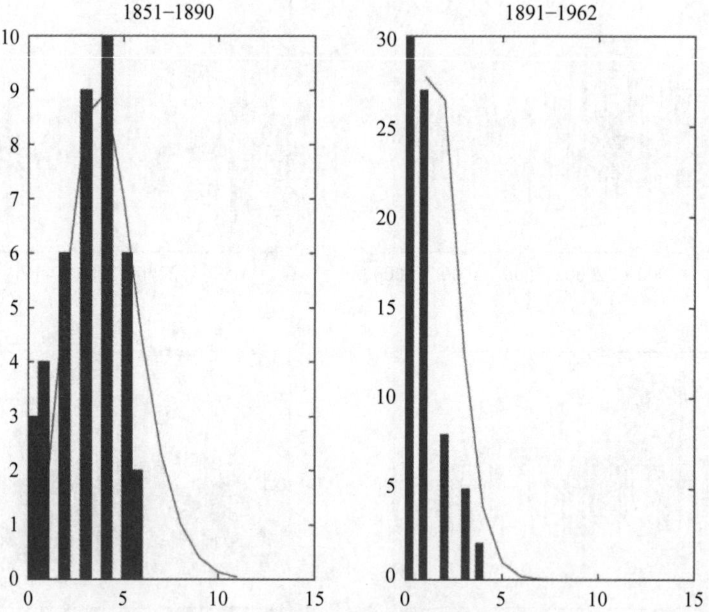

图 6.2.4　数据直方图和模型预测曲线

6.3 马尔可夫链蒙特卡洛模拟在文本分类中的应用

6.3.1 文本主题模型

文本主题模型之潜在狄利克雷分配(Latent Dirichlet Allocation,LDA)模型于 2003 年由 Blei 等提出。LDA 模型是一种无监督学习式的概率生成模型,可用于多类别学习。从主题模型看,LDA 是一种实现潜在语义分析的方法,用来从文本语料中发现潜在主题或概念结构。有研究发现,文档中词的共现可用于揭示潜在主题。反过来,文本的潜在主题表征可对同义和多义等语言学现象建模,信息检索系统从语义水平表征文本以更好地匹配用户查询。潜在语义模型之概率化潜在语义模型,LDA 模型及其它们的变形,已经广泛用于文档和主题建模、文本分类中的维度约简、协同过滤等领域。

假设有 M 个文档,对应第 m 个文档中有 N_m 个词,LDA 模型的目标是找到每篇文档的主题分布和每个主题的词分布。在 LDA 模型中,需要先假定一个潜在主题数目 K,这样所有的分布就都基于 K 个主题展开。图 6.3.1 给出 LDA 的图模型,包含 LDA 模型下文档生成过程的假设。

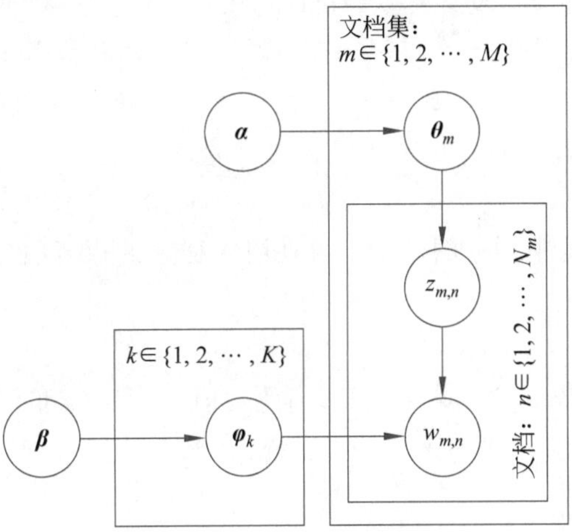

图 6.3.1 LDA 图模型

在 LDA 模型中,假设文档主题的先验分布是狄利克雷分布,即对于任一文档 m,其主题分布 $\boldsymbol{\theta}_m=(\theta_{1m},\theta_{2m},\cdots,\theta_{Km})^{\mathrm{T}}$ 的先验分布为

$$\boldsymbol{\theta}_m \sim \mathrm{Dir}(\boldsymbol{\alpha})=\mathrm{Dir}(\alpha_1,\alpha_2,\cdots,\alpha_K) \tag{6.3.1}$$

它表示文档 m 所属主题的概率分布列,θ_{km} 表示文档 m 属于主题 k 的概率,$\boldsymbol{\alpha}=(\alpha_1,\alpha_2,\cdots,\alpha_K)$为 $\boldsymbol{\theta}_m$ 的先验分布的超参数。

LDA 假设主题中词的先验分布也是狄利克雷分布,即对于任一主题 k,其词分布 $\boldsymbol{\varphi}_k=(\varphi_{1k},\varphi_{2k},\cdots,\varphi_{Vk})^{\mathrm{T}}$ 的先验分布为

$$\boldsymbol{\varphi}_k \sim \mathrm{Dir}(\beta)=\mathrm{Dir}(\beta_1,\beta_2,\cdots,\beta_V) \tag{6.3.2}$$

它表示主题 k 中各词的概率分布列,φ_{vk} 表示主题 k 中词 v 的概率,其中 $\boldsymbol{\beta}=(\beta_1,\beta_2,\cdots,\beta_V)$为 $\boldsymbol{\varphi}_k$ 的先验分布的超参数,V 代表词汇表中词的个数。

对于数据中某篇文档 m 中的第 n 个词，可以从主题分布 $\boldsymbol{\theta}_m$ 中得到它的主题编号 $\boldsymbol{z}_{m,n}$ 的分布为

$$\boldsymbol{z}_{m,n} \sim \mathrm{PN}(1;\boldsymbol{\theta}_m) \tag{6.3.3}$$

$\boldsymbol{z}_{m,n}$ 为 K 维 0-1 向量，取出 $\boldsymbol{z}_{m,n}$ 向量中分量为 1 对应的序号并记为 $z_{m,n}$，即 $z_{m,n}$ 表示文档 m 中词 n 所属的主题编号，下面将 $z_{m,n}$ 直接简记为 $\boldsymbol{z}_{m,n}$。

对于该主题编号 $\boldsymbol{z}_{m,n}$，得到观察到的词 $w_{m,n}$ 的分布为

$$w_{m,n} \sim \mathrm{PN}(1;\boldsymbol{\varphi}_{z_{m,n}}) \tag{6.3.4}$$

$w_{m,n}$ 为文档 m 的词向量 $\boldsymbol{w}_m=(w_{m,n})=(w_{m,1},w_{m,2},\cdots,w_{m,N_m})$ 的分量。

在这个模型里，有 M 个文档主题的狄利克雷分布，而对应的数据有 K 个主题编号的多项分布，这样 $\boldsymbol{\alpha}\to\boldsymbol{\theta}_m\to\boldsymbol{z}_{m,n}$ 就组成了狄利克雷和多项分布共轭，可以使用前面提到的贝叶斯推断的方法得到基于狄利克雷分布的文档主题后验分布。如果在第 m 个文档中各主题的词个数向量为

$$\boldsymbol{n}_m=(n_{1m},n_{2m},\cdots,n_{Km})^{\mathrm{T}} \tag{6.3.5}$$

其中，n_{km} 表示第 m 个文档中第 k 个主题的词数。再利用狄利克雷和多项分布共轭，可以得到主题 $\boldsymbol{\theta}_m$ 的后验分布为

$$\boldsymbol{\theta}_m \mid \boldsymbol{\alpha},\boldsymbol{n}_m \sim \mathrm{Dir}(\boldsymbol{\alpha}+\boldsymbol{n}_m)=\mathrm{Dir}(\alpha_1+n_{1m},\alpha_2+n_{2m},\cdots,\alpha_K+n_{Km}) \tag{6.3.6}$$

类似地，对于主题与词的分布，有 K 个主题与词的狄利克雷分布，而对应的数据有 K 个主题编号的多项分布，这样 $\boldsymbol{\beta}\to\boldsymbol{\varphi}_m\to w_{m,n}$ 就组成了狄利克雷和多项分布共轭，可以得到主题词的后验分布。如果在第 k 个主题中各词数量为

$$\boldsymbol{n}_k=(n_{1k},n_{2k},\cdots,n_{Vk})^{\mathrm{T}} \tag{6.3.7}$$

其中，n_{vk} 表示第 k 个主题中词 v 的数量。再利用狄利克雷和多项分布共轭，可以得到词 $\boldsymbol{\varphi}_k$ 的后验分布

$$\boldsymbol{\varphi}_k \mid \boldsymbol{\beta},\boldsymbol{n}_k \sim \mathrm{Dir}(\boldsymbol{\beta}+\boldsymbol{n}_k)=\mathrm{Dir}(\beta_1+n_{1k},\beta_2+n_{2k},\cdots,\beta_v+n_{vk}) \tag{6.3.8}$$

由于主题产生词不依赖具体某个文档，因此文档主题分布和主题词分布是独立的，这样就有上面的 $M+K$ 组狄利克雷与多项分布共轭。

6.3.2 文本主题模型参数估计算法

1. 文本主题模型参数估计原理

给定 M 个文档，各个文档的词 $\boldsymbol{w}_m=(w_{m,1},w_{m,2},\cdots,w_{m,N_m})$，潜在主题数为 K，超参数向量为 $\boldsymbol{\alpha}=(\alpha_1,\alpha_2,\cdots,\alpha_K)$ 和 $\boldsymbol{\beta}=(\beta_1,\beta_2,\cdots,\beta_V)$。现在的问题是，基于 LDA 模型如何求解每篇文档的主题分布 $\boldsymbol{\theta}_m$ 和每个主题中词的分布 $\boldsymbol{\varphi}_k$。一般有两种方法，第一种是基于吉布斯算法求解，第二种是基于变分推断的 EM 算法求解。下面主要介绍基于吉布斯算法的求解过程。

根据图 6.3.1，可以得到所有观察词与潜变量的联合分布为

$$p(\boldsymbol{w}_m,\boldsymbol{z},\boldsymbol{\theta}_m,\boldsymbol{\Phi} \mid \boldsymbol{\alpha},\boldsymbol{\beta})=p(\boldsymbol{\Phi} \mid \boldsymbol{\beta})\prod_{n=1}^{N_m} p(w_{m,n} \mid \boldsymbol{\varphi}_{z_{m,n}})p(z_{m,n} \mid \boldsymbol{\theta}_m)p(\boldsymbol{\theta}_m \mid \boldsymbol{\alpha}) \tag{6.3.9}$$

其中，$\boldsymbol{\Phi}_{V\times K}=(\boldsymbol{\varphi}_1,\boldsymbol{\varphi}_2,\cdots,\boldsymbol{\varphi}_K)$，对式(6.3.9)中$\boldsymbol{\theta}_m$，$\boldsymbol{\Phi}$积分，并对$z_{m,n}$求和，可得

$$p(\boldsymbol{w}_m \mid \boldsymbol{\alpha},\boldsymbol{\beta}) \sim \iint p(\boldsymbol{\theta}_m \mid \boldsymbol{\alpha}) p(\boldsymbol{\Phi} \mid \boldsymbol{\beta}) \prod_{n=1}^{N_m} p(w_{m,n} \mid \boldsymbol{\theta}_m,\boldsymbol{\Phi}) \mathrm{d}\boldsymbol{\Phi} \mathrm{d}\boldsymbol{\theta}_m \tag{6.3.10}$$

在各个文档相互独立条件下，M个文档所有词$\boldsymbol{w}=(\boldsymbol{w}_1,\boldsymbol{w}_2,\cdots,\boldsymbol{w}_M)$的似然函数为

$$p(\boldsymbol{w} \mid \boldsymbol{\alpha},\boldsymbol{\beta}) \sim \prod_{m=1}^{M} p(\boldsymbol{w}_m \mid \boldsymbol{\alpha},\boldsymbol{\beta}) \tag{6.3.11}$$

因为$\boldsymbol{\theta}_m$，$\boldsymbol{\Phi}$分别蕴含在$z_{m,n}$和$w_{m,n}|z_{m,n}$的分布中，如果能得到$(\boldsymbol{w},\boldsymbol{z}|\alpha,\beta)$的联合分布的样本，便能由$\boldsymbol{\theta}_m$，$\boldsymbol{\Phi}$的后验分布估计出它们。下面推导$(\boldsymbol{w},\boldsymbol{z}|\alpha,\beta)$的联合分布，即

$$\begin{aligned} p(\boldsymbol{w},\boldsymbol{z} \mid \boldsymbol{\alpha},\boldsymbol{\beta}) &= \frac{p(\boldsymbol{w},\boldsymbol{z},\boldsymbol{\alpha},\boldsymbol{\beta})}{p(\boldsymbol{\alpha},\boldsymbol{\beta})} \\ &= \frac{p(\boldsymbol{w},\boldsymbol{z},\boldsymbol{\alpha},\boldsymbol{\beta})}{p(\boldsymbol{z},\boldsymbol{\alpha},\boldsymbol{\beta})} \frac{p(\boldsymbol{z},\boldsymbol{\alpha},\boldsymbol{\beta})}{p(\boldsymbol{\alpha},\boldsymbol{\beta})} \\ &= p(\boldsymbol{w} \mid \boldsymbol{z},\boldsymbol{\alpha},\boldsymbol{\beta}) p(\boldsymbol{z} \mid \boldsymbol{\alpha},\boldsymbol{\beta}) \\ &= p(\boldsymbol{w} \mid \boldsymbol{z},\boldsymbol{\beta}) p(\boldsymbol{z} \mid \boldsymbol{\alpha}) \end{aligned} \tag{6.3.12}$$

其中，$p(\boldsymbol{w}|\boldsymbol{z},\boldsymbol{\alpha},\boldsymbol{\beta})=p(\boldsymbol{w}|\boldsymbol{z},\boldsymbol{\beta})$是因为给定$\boldsymbol{z}$条件下$\boldsymbol{w}$与$\boldsymbol{\alpha}$条件独立，记为$\boldsymbol{w}\perp\!\!\!\perp\boldsymbol{\alpha}|\boldsymbol{z}$，即给定$\boldsymbol{z}$条件下$\boldsymbol{\alpha}$不影响$\boldsymbol{w}$的分布；类似地，$p(\boldsymbol{z}|\boldsymbol{\alpha},\boldsymbol{\beta})=p(\boldsymbol{z}|\boldsymbol{\alpha})$是因为给定$\boldsymbol{\alpha}$条件下$\boldsymbol{z}$与$\boldsymbol{\beta}$条件独立，记为$\boldsymbol{z}\perp\!\!\!\perp\boldsymbol{\beta}|\boldsymbol{\alpha}$，即给定$\boldsymbol{\alpha}$条件下$\boldsymbol{\beta}$不影响$\boldsymbol{z}$的分布。这样就可以分开处理$p(\boldsymbol{w}|\boldsymbol{z},\boldsymbol{\beta})$和$p(\boldsymbol{z}|\boldsymbol{\alpha})$。

首先，考虑$p(\boldsymbol{w}|\boldsymbol{z},\boldsymbol{\beta})$。因为$\boldsymbol{w}\perp\!\!\!\perp\boldsymbol{\beta}|\boldsymbol{\Phi}$且$\boldsymbol{z}\perp\!\!\!\perp\boldsymbol{\Phi}|\boldsymbol{\beta}$，因此有

$$\begin{aligned} p(\boldsymbol{w},\boldsymbol{\Phi} \mid \boldsymbol{z},\boldsymbol{\beta}) &= \frac{p(\boldsymbol{w},\boldsymbol{\Phi},\boldsymbol{z},\boldsymbol{\beta})}{p(\boldsymbol{\Phi},\boldsymbol{z},\boldsymbol{\beta})} \frac{p(\boldsymbol{\Phi},\boldsymbol{z},\boldsymbol{\beta})}{p(\boldsymbol{z},\boldsymbol{\beta})} \\ &= p(\boldsymbol{w} \mid \boldsymbol{\Phi},\boldsymbol{z},\boldsymbol{\beta}) p(\boldsymbol{\Phi} \mid \boldsymbol{z},\boldsymbol{\beta}) \\ &= p(\boldsymbol{w} \mid \boldsymbol{\Phi},\boldsymbol{z}) p(\boldsymbol{\Phi} \mid \boldsymbol{\beta}) \end{aligned} \tag{6.3.13}$$

其中

$$\begin{aligned} p(\boldsymbol{w} \mid \boldsymbol{\Phi},\boldsymbol{z}) &= \prod_{k=1}^{K} \prod_{v=1}^{V} \prod_{m=1}^{M} \prod_{n=1}^{N_m} p(w_{m,n}=v \mid z_{m,n}=k)^{I(w_{m,n}=v,z_{m,n}=k)} \\ &= \prod_{k=1}^{K} \prod_{v=1}^{V} \varphi_{v,k}^{n_{v,k}} \end{aligned} \tag{6.3.14}$$

$$p(\boldsymbol{\Phi} \mid \boldsymbol{\beta}) = \prod_{k=1}^{K} \left[\frac{\Gamma\left(\sum_{v=1}^{V} \beta_v\right)}{\prod_{v=1}^{V} \Gamma(\beta_v)} \prod_{v=1}^{V} \varphi_{v,k}^{\beta_v - 1} \right] \tag{6.3.15}$$

其中，$I(w_{m,n}=v,z_{m,n}=k)$为示性函数，而$n_{v,k}=\sum_{m=1}^{M}\sum_{n=1}^{N_m} I(w_{m,n}=v,z_{m,n}=k)$。

对式(6.3.13)两边的$\boldsymbol{\Phi}$求积分，有

$$\begin{aligned} p(\boldsymbol{w} \mid \boldsymbol{z},\boldsymbol{\beta}) &= \int p(\boldsymbol{w} \mid \boldsymbol{z},\boldsymbol{\Phi}) p(\boldsymbol{\Phi} \mid \boldsymbol{\beta}) \mathrm{d}\boldsymbol{\Phi} \\ &= \int \prod_{k=1}^{K} \frac{\Gamma\left(\sum_{v=1}^{V} \beta_v\right)}{\prod_{v=1}^{V} \Gamma(\beta_v)} \prod_{v=1}^{V} \varphi_{vk}^{n_{vk}+\beta_v-1} \mathrm{d}\boldsymbol{\varphi}_k \end{aligned}$$

$$=\prod_{k=1}^{K}\frac{\Gamma\left(\sum_{v=1}^{V}\beta_v\right)}{\prod_{v=1}^{V}\Gamma(\beta_v)}\frac{\prod_{v=1}^{V}\Gamma(n_{vk}+\beta_v)}{\Gamma\left(\sum_{v=1}^{V}(n_{vk}+\beta_v)\right)} \tag{6.3.16}$$

然后，考虑 $p(\boldsymbol{z}|\boldsymbol{\alpha})$的计算。因为 $\boldsymbol{z}\perp\!\!\!\perp\boldsymbol{\alpha}|\boldsymbol{\Theta}$，因此有

$$\begin{aligned}p(\boldsymbol{z},\boldsymbol{\Theta}\mid\boldsymbol{\alpha})&=\frac{p(\boldsymbol{z},\boldsymbol{\Theta},\boldsymbol{\alpha})}{p(\boldsymbol{\Theta},\boldsymbol{\alpha})}\cdot\frac{p(\boldsymbol{\Theta},\boldsymbol{\alpha})}{p(\boldsymbol{\alpha})}\\&=p(\boldsymbol{z}\mid\boldsymbol{\Theta},\boldsymbol{\alpha})p(\boldsymbol{\Theta}\mid\boldsymbol{\alpha})\\&=p(\boldsymbol{z}\mid\boldsymbol{\Theta})p(\boldsymbol{\Theta}\mid\boldsymbol{\alpha})\end{aligned} \tag{6.3.17}$$

其中

$$p(\boldsymbol{z}\mid\boldsymbol{\Theta})=\prod_{m=1}^{M}\prod_{k=1}^{K}\prod_{n=1}^{N_m}p(z_{m,n}=k)^{I(z_{m,n}=k)}=\prod_{m=1}^{M}\prod_{k=1}^{K}\theta_{k,m}^{n_{k,m}} \tag{6.3.18}$$

$$p(\boldsymbol{\Theta}\mid\boldsymbol{\alpha})=\prod_{k=1}^{K}\left[\frac{\Gamma\left(\sum_{k=1}^{K}\alpha_k\right)}{\prod_{k=1}^{K}\Gamma(\alpha_k)}\prod_{m=1}^{M}\theta_{k,m}^{\alpha_k-1}\right] \tag{6.3.19}$$

其中，$I(z_{m,n}=k)$为示性函数，而 $n_{k,m}=\sum_{n=1}^{N_m}I(z_{m,n}=k)$。

式(6.3.17)两边对 $\boldsymbol{\Theta}$ 求积分，有

$$\begin{aligned}p(\boldsymbol{z}\mid\boldsymbol{\alpha})&=\int p(\boldsymbol{z}\mid\boldsymbol{\Theta})p(\boldsymbol{\Theta}\mid\boldsymbol{\alpha})\mathrm{d}\boldsymbol{\Theta}\\&=\int\prod_{m=1}^{M}\frac{\Gamma\left(\sum_{k=1}^{K}\alpha_k\right)}{\prod_{k=1}^{K}\Gamma(\alpha_k)}\prod_{k=1}^{K}\theta_{mk}^{n_{mk}+\beta_k-1}\mathrm{d}\boldsymbol{\theta}_m\\&=\prod_{m=1}^{M}\frac{\Gamma\left(\sum_{k=1}^{K}\alpha_k\right)}{\prod_{k=1}^{K}\Gamma(\alpha_k)}\frac{\prod_{k=1}^{K}\Gamma(n_{mk}+\alpha_k)}{\Gamma\left(\sum_{k=1}^{K}(n_{mk}+\alpha_k)\right)}\end{aligned} \tag{6.3.20}$$

将式(6.3.16)和式(6.3.20)代入式(6.3.12)，于是得到联合分布

$$\begin{aligned}p(\boldsymbol{w},\boldsymbol{z}\mid\boldsymbol{\alpha},\boldsymbol{\beta})&=\left[\prod_{m=1}^{M}\frac{\Gamma\left(\sum_{k=1}^{K}\alpha_k\right)}{\prod_{k=1}^{K}\Gamma(\alpha_k)}\frac{\prod_{k=1}^{K}\Gamma(n_{mk}+\alpha_k)}{\Gamma\left(\sum_{k=1}^{K}(n_{mk}+\alpha_k)\right)}\right]\\&=\left[\prod_{k=1}^{K}\frac{\Gamma\left(\sum_{v=1}^{V}\beta_v\right)}{\prod_{v=1}^{V}\Gamma(\beta_v)}\frac{\prod_{v=1}^{V}\Gamma(n_{vk}+\beta_v)}{\Gamma\left(\sum_{v=1}^{V}(n_{vk}+\beta_v)\right)}\right]\end{aligned} \tag{6.3.21}$$

由该联合分布，记 $i=(m,n)$和 $w_{m,n}=v$，可得全条件分布为

$$p(z_i=k\mid\boldsymbol{z}_{\setminus i},\boldsymbol{w})=\frac{p(\boldsymbol{w},\boldsymbol{z})}{p(\boldsymbol{w},\boldsymbol{z}_{\setminus i})}=\frac{p(\boldsymbol{w}\mid\boldsymbol{z})p(\boldsymbol{z})}{p(\boldsymbol{w}_{\setminus i}\mid\boldsymbol{z}_{\setminus i})p(w_i)p(\boldsymbol{z}_{\setminus i})}$$

$$\propto \frac{\Gamma(n_{vk}+\beta_v)}{\Gamma(n_{vk,\backslash i}+\beta_v)} \frac{\Gamma\left(\sum_{v=1}^{V}(n_{vk,\backslash i}+\beta_v)\right)}{\Gamma\left(\sum_{v=1}^{V}(n_{vk}+\beta_v)\right)} \frac{\Gamma(n_{mk}+\alpha_k)}{\Gamma(n_{mk,\backslash i}+\alpha_k)} \frac{\Gamma\left(\sum_{k=1}^{K}(n_{mk,\backslash i}+\alpha_k)\right)}{\Gamma\left(\sum_{k=1}^{K}(n_{mk}+\alpha_k)\right)}$$

$$\propto \frac{n_{vk,\backslash i}+\beta_v}{\left[\sum_{v=1}^{V}(n_{vk,\backslash i}+\beta_v)\right]} \frac{n_{mk,\backslash i}+\alpha_k}{\left[\sum_{k=1}^{K}(n_{mk,\backslash i}+\alpha_k)\right]} \tag{6.3.22}$$

按式(6.3.22)对 $\boldsymbol{z}$ 的各个分量抽样后，可以统计出 $\boldsymbol{n}_m$ 和 $\boldsymbol{n}_k$，再利用式(6.3.6)和式(6.3.8)，以及狄利克雷分布期望公式，并采用贝叶斯期望估计更新

$$\varphi_{v,k}=\frac{n_{vk}+\beta_v}{\sum_{v=1}^{V}(n_{vk}+\beta_v)}, \quad v=1,2,\cdots,V;k=1,2,\cdots,K \tag{6.3.23}$$

$$\theta_{m,k}=\frac{n_{mk}+\alpha_k}{\sum_{k=1}^{K}(n_{mk}+\alpha_k)}, \quad m=1,2,\cdots,M;k=1,2,\cdots,K \tag{6.3.24}$$

2. 文本主题模型参数估计算法

1）初始化阶段

设置 $n_{mk}=0, n_m=0, n_{vk}=0, n_k=0, \alpha_k=1/K, \beta_v=1/V$

对于 $m=1,2,\cdots,M, n=1,2,\cdots,N_m$

抽样获取主题编号 $z_{m,n}=k:\mathrm{PN}(1;\alpha)$

更新 $n_{mk}=n_{mk}+1, n_m=n_m+1, n_{w_{n,n},k}=n_{w_{n,n},k}+1, n_k=n_k+1$

2）吉布斯采样

设置吉布斯采样链长 T，对于 $t=1,2,\cdots,T$

对于 $m=1,2,\cdots,M, n=1,2,\cdots,N_m$

对于词 $w_{n,n}=v$ 的当前主题编号 $z_{m,n}=k$

更新 $n_{mk}=n_{mk}-1, n_m=n_m-1, n_{v,k}=n_{v,k}-1, n_k=n_k-1$

按式(6.3.22)抽样获取新主题编号 $z_{m,n}=\tilde{k}\sim p(z_i=k|\boldsymbol{z}_{\backslash i},\boldsymbol{w})$

更新 $n_{m\tilde{k}}=n_{m\tilde{k}}+1, n_m=n_m+1, n_{v,\tilde{k}}=n_{v,\tilde{k}}+1, n_{\tilde{k}}=n_{\tilde{k}}+1$

链的收敛诊断与分析，并输出结果

采用式(6.3.23)和式(6.3.24)得到$\hat{\boldsymbol{\Phi}}$和$\hat{\boldsymbol{\Theta}}$

3. 应用示例

表 6.3.1 给出 8 个短文档(短语或句子)，采用 LDA 模型将其划分成两类，即 $K=2$。设置链长为 10000，$\alpha_k=0.1, \beta_k=0.1$。表 6.3.2 给出 8 个短文档属于各类的概率分布，即主题分布$\hat{\boldsymbol{\Theta}}$。表 6.3.3 给出了两个潜在类下的词分布，即词分布$\hat{\boldsymbol{\Phi}}$。从 8 个文档的内容看，这些文档的主题主要为两类，分别为影视(主题一)和饮食(主题二)。文档 4、5、7 和 8 以很高的概率属于主题一，文档 1 和 2 以很高的概率属于主题二。文档 3 和 6 所属主题比较模糊，它

们本应属于主题一。从表 6.3.1 可以看出，分类模糊的原因在于，文档 3 和 6 中火鸡(turkey)和介词(on)是主题二的较高频率的词，而其中感恩节(thanksgiving)和电影(movie)又是主题一的较高频率的词。

表 6.3.1　8 个短文档(短语或句子)

文档编号	文档内容
1	eat turkey on turkey day holiday
2	i like to eat cake on holiday
3	turkey trot race on thanksgiving holiday
4	snail race the turtle
5	time travel space race
6	movie on thanksgiving
7	movie at air and space museum is cool movie
8	aspiring movie star

表 6.3.2　8 个短文档属于各类的概率分布

文档编号	主题一	主题二
1	0.0161	0.9839
2	0.0139	0.9861
3	0.3387	0.6613
4	0.9762	0.0238
5	0.9762	0.0238
6	0.6563	0.3438
7	0.9891	0.0109
8	0.9688	0.0313

表 6.3.3　两个潜在类下的词分布

词	主题一	主题二	词	主题一	主题二	词	主题一	主题二
air	0.0412	0.0048	i	0.0037	0.0531	star	0.0412	0.0048
and	0.0412	0.0048	is	0.0412	0.0048	thanksgiving	0.0787	0.0048
aspiring	0.0412	0.0048	like	0.0037	0.0531	the	0.0412	0.0048
at	0.0412	0.0048	movie	0.1536	0.0048	time	0.0412	0.0048
cake	0.0037	0.0531	museum	0.0412	0.0048	to	0.0037	0.0531
cool	0.0412	0.0048	on	0.0037	0.1981	travel	0.0412	0.0048
day	0.0037	0.0531	race	0.1161	0.0048	trot	0.0037	0.0531
eat	0.0037	0.1014	snail	0.0412	0.0048	turkey	0.0037	0.1498
holiday	0.0037	0.1498	space	0.0787	0.0048	turtle	0.0412	0.0048

6.4 扩展阅读

本章仅讨论了马尔可夫链最简单的情形，状态离散、时间连续的马尔可夫过程和状态、时间都是连续的马尔可夫过程，它们都有比较完善的理论，而讨论的主题也都是从各自场合的切普曼-柯尔莫戈罗夫方程出发，研究转移概率的确定方法和性质。除常见的马尔可夫链或随机过程模型外，还有排队模型、计数过程、泊松过程和维纳过程等。

吉布斯采样法一次更新步骤中，按指标和次序轮番更新所有随机变量，也可随机或按固定序列选择一个指标进行更新，还可将相关高的随机变量组成块(Blocking)进行更新，可参见随机过程或 MCMC 相关书籍。由于吉布斯采样法需要将联合分布分解成全条件分布，然后对全条件分布进行取样。当全条件分布取样不是很方便时，当模型变得越来越复杂时，尽管可以采用取舍取样或 MH 取样，但是往往不是直接对目标分布进行取样，将影响取样效率和 MCMC 收敛速度。

针对 MCMC 出现这种情况时，为提高 MCMC 收敛速度，Gilks 等(1998)提出了改进 MCMC 的几种策略：重新参数化模型，如对线性回归方程中自变量进行中心化；随机或自适应方向取样，如吉布斯采样法仅沿着坐标轴方向(单位向量)取样，可改变成随机选择方向向量并对向量长度(并不一定是单位向量)进行取样；修改平稳分布方法，如重要度采样加权法；增加辅助变量或数据扩张方法等。

数据扩张方法就是在全条件分布取样不太方便时，提出增加一系列的随机变量扩张参数空间。该方法可保证边际(后验)分布为原来未扩张的目标分布，同时可以将所有的全条件分布变成标准形式的分布(Distributions of Standard Form)。因为扩张参数空间后的分布，仍采用吉布斯采样法，数据扩张方法可以说是对吉布斯采样法的推广。比较常用的收敛诊断方法还有 Geweke 基于时间序列提出的诊断方法，更多方法及优劣可参见相关文献。

6.5 习　　题

1. 简述马尔可夫链的相关概念。

(1) 什么是马尔可夫链，举例说明。

(2) 什么是 1 步转移概率矩阵。

(3) 基于 1 步转移概率矩阵，如何得到 n 步转移概率矩阵。

2. 简述马尔可夫链遍历性的相关结论。

(1) 如何证明马尔可夫链的遍历性。

(2) 有哪些方法可以计算极限分布或平稳分布。

3. 简述构建以目标分布为平稳分布的算法思想与步骤，以及各种算法的应用条件。

4. 如何评价马尔可夫链的收敛性？有哪些方法和指标？哪些软件或程序包可以实现马尔可夫链？MCMC 有何应用？

5. 设马尔可夫链 $\{X_n, n\geqslant 0\}$ 的状态空间为 $S=\{1,2,3\}$，初始分布为 $p_1(0)=1/4$，$p_2(0)=1/4$，$p_3(0)=2/4$，1 步转移概率矩阵为

$$P=\begin{bmatrix}1/4 & 3/4 & 0\\1/3 & 1/3 & 1/3\\0 & 1/4 & 3/4\end{bmatrix}$$

(1) 计算 $P\{X_0=1,X_1=2,X_2=2\}$。

(2) 计算 $P_{12}(2)=P\{X_2=2|X_0=1\}$。

(3) 计算 $P(2)=P\{X_2=2\}$。

6. 在本章 6.1.1 节例 1 中的马尔可夫链。

(1) 设 $p=0.9$,求系统二级传输后的传真率与三级传输后的误码率。

(2) 设初始分布为 $p_1(0)=P(X_0=1)=\alpha$,$p_0(0)=P(X_0=0)=1-\alpha$,又已知系统经过 n 级传输后输出为 1,问原发字符也是 1 的概率是多少?

7. 设马尔可夫链 $\{X_n,n\geqslant 0\}$ 的状态空间为 $S=\{1,2,3\}$,初始分布为 $p_1(0)=1/4$,$p_2(0)=1/4$,$p_3(0)=2/4$,1 步转移概率矩阵为

$$P=\begin{bmatrix}0.5 & 0.2 & 0.3\\0.2 & 0.6 & 0.2\\0.3 & 0.2 & 0.5\end{bmatrix}$$

(1) 计算 $P\{X_0=1,X_1=2,X_2=1\}$。

(2) 计算 $P_{13}(2)=P\{X_2=3|X_0=1\}$。

(3) 证明:此链是遍历的,并求其平稳分布。

8. 设马尔可夫链 $\{X_n,n\geqslant 0\}$ 的状态空间为 $S=\{1,2,3\}$,其 1 步转移概率矩阵为

$$P=\begin{bmatrix}1/2 & 1/2 & 0\\1/2 & 1/2 & 0\\0 & 0 & 1\end{bmatrix}$$

证明:此链不是遍历的。

9. 给定 1851—1962 年煤矿事故数据,假设模型

$$X_j:\pi(\lambda),\quad j=1,2,\cdots,112$$

其中,X_j 表示第 j 年的煤矿事故次数,$\pi(\lambda)$为参数为 λ 的泊松分布。并假设 λ 的先验分布为伽马分布 $\Gamma(3,1)$,即 $\lambda:\Gamma(3,1)$。采用 MH 算法构建马尔可夫链,并估计未知参数 λ。

10. 检索自然语言处理相关文档数据集,如 1991 年首届文本检索会议(Text REtrieval Conference,TREC)的美联社数据集(Associated Press data),采用文档主题模型对完整数据集或子集进行聚类,并列出主题分布和词分布。

第7章

EM 优化算法

7.1 EM 算法

7.1.1 缺失数据与边际化

期望最大化(Expectation-Maximization,EM)算法,是一种迭代优化策略。EM 算法是由 Dempster,Laird 和 Rubin 于 1977 年提出的,主要用于在不完全数据的情况下最大似然估计。EM 算法正式提出后,人们对 EM 算法的性质有许多深入的研究,并且在此基础上,提出很多改进的算法。EM 算法在数理统计、数据挖掘、机器学习以及模式识别等领域有广泛的应用。例如,EM 算法应用在包含隐变量的机器学习模型中,如隐马尔可夫链模型,其内部状态的变化无法从外部观测得到。在数据中包含缺失数据时,或者模型参数的极大似然估计难于求解时,通常需要使用 EM 算法。

EM 算法的普及源自它能非常简单地执行并且能通过稳定、上升的步骤,但是仍不能保证收敛到全局最优值。在频率论框架下,完全数据 $\boldsymbol{Y}=(\boldsymbol{X},\boldsymbol{Z})$,只给定随机变量 $\boldsymbol{X}$ 的观测数据 $\boldsymbol{x}$,而随机变量 $\boldsymbol{Z}$ 的观测数据缺失或未观测数据,希望最大化某似然函数 $L(\boldsymbol{\theta}|\boldsymbol{x})$。通常采用该似然函数会难以处理,而采用条件分布 $\boldsymbol{Y}|\boldsymbol{\theta}$ 和 $\boldsymbol{Z}|\boldsymbol{\theta},\boldsymbol{x}$ 则较容易处理。EM 算法通过这些条件分布得到完整数据联合分布,再对缺失数据取期望,从而间接考虑观测数据上似然函数 $L(\boldsymbol{\theta}|\boldsymbol{x})$。

缺失数据可能不是真的缺失,可能仅是简化问题采取的策略。这种情形下,随机变量 $\boldsymbol{Z}$ 通常称为潜变量或潜数据。EM 算法通常会在贝叶斯框架考虑后验分布 $f(\boldsymbol{\theta}|\boldsymbol{x})$的众数估计,有时还会考虑除 $\boldsymbol{\theta}$ 外的未观测随机变量 $\boldsymbol{Z}$ 而得到简化,这可能违反直觉,但是相关研究结论说明了该方法潜在的价值。在某些情形下,需创造力和智慧虚构有效的潜变量;在其他情形下,有比较自然的选择。例如,设有 n 个样本,它们是由高斯混合分布产生的,高斯混合分布是由 k 个不同的高斯分布混合生成,每个分布都相互独立。可以用 EM 算法估计高斯混合分布参数,确定每个高斯分布的均值和方差,以及各高斯分布的比率,并且可以考虑增加样本个体所属类的随机变量参数。

记观测数据为 $\boldsymbol{X}$,缺失数据或潜变量 $\boldsymbol{Z}$,完全数据 $\boldsymbol{Y}=(\boldsymbol{X},\boldsymbol{Z})$。在贝叶斯框架下,任何参数均看成随机变量,有其分布函数或密度函数,并且分布函数或密度函数通常含有相关的未知参数(而未知参数同样有其分布)。

完全数据 $\boldsymbol{Y}=(\boldsymbol{X},\boldsymbol{Z})$的似然函数可用其联合概率密度函数表示,即

$$L(\boldsymbol{\theta} \mid \boldsymbol{y})=f_{\boldsymbol{Y}}(\boldsymbol{y} \mid \boldsymbol{\theta})=f_{(\boldsymbol{X},\boldsymbol{Z})}(\boldsymbol{x},\boldsymbol{z} \mid \boldsymbol{\theta}) \tag{7.1.1}$$

观测数据的密度函数或似然函数(边际分布)为

$$\boldsymbol{L}(\boldsymbol{\theta} \mid \boldsymbol{x})=f_{\boldsymbol{X}}(\boldsymbol{x} \mid \boldsymbol{\theta})=\int_{z} f_{(\boldsymbol{X},\boldsymbol{Z})}(\boldsymbol{x},\boldsymbol{z} \mid \boldsymbol{\theta})\mathrm{d}z \tag{7.1.2}$$

根据条件密度函数式,由$\boldsymbol{Y}=(\boldsymbol{X},\boldsymbol{Z})$联合概率密度函数和$\boldsymbol{X}$的边际分布,可计算给定观测数据$\boldsymbol{X}$条件下缺失数据$\boldsymbol{Z}$的条件密度函数(条件分布),即

$$f_{\boldsymbol{Z}|\boldsymbol{X}}(\boldsymbol{z} \mid \boldsymbol{x},\boldsymbol{\theta})=\frac{f_{(\boldsymbol{X},\boldsymbol{Z})}(\boldsymbol{x},\boldsymbol{z} \mid \boldsymbol{\theta})}{f_{\boldsymbol{X}}(\boldsymbol{x} \mid \boldsymbol{\theta})} \tag{7.1.3}$$

7.1.2 EM 算法

EM 算法要解决的问题是,如何最大化目标函数或边际化似然函数$\boldsymbol{L}(\boldsymbol{\theta}|\boldsymbol{x})$估计未知参数$\boldsymbol{\theta}$。

$$\hat{\boldsymbol{\theta}}=\underset{\boldsymbol{\theta}\in\boldsymbol{\Theta}}{\operatorname{argmax}}\boldsymbol{L}(\boldsymbol{\theta} \mid \boldsymbol{x}) \tag{7.1.4}$$

EM 算法通常把似然函数$\boldsymbol{L}(\boldsymbol{\theta}|\boldsymbol{x})$看作完全似然函数$\boldsymbol{L}(\boldsymbol{\theta}|\boldsymbol{y})$的边际化,即

$$\boldsymbol{L}(\boldsymbol{\theta} \mid \boldsymbol{x})=\int_{z} f_{(\boldsymbol{X},\boldsymbol{Z})}(\boldsymbol{x},\boldsymbol{z} \mid \boldsymbol{\theta})\mathrm{d}z=\int_{z}\boldsymbol{L}(\boldsymbol{\theta} \mid \boldsymbol{y})\mathrm{d}z \tag{7.1.5}$$

在给定观测数据和当前估计$\boldsymbol{\theta}^{(t)}$下缺失数据的的条件分布$f_{\boldsymbol{Z}|\boldsymbol{X}}(\boldsymbol{z}|\boldsymbol{x},\boldsymbol{\theta}^{(t)})$,对完全数据的对数似然函数$\log\boldsymbol{L}(\boldsymbol{\theta}|\boldsymbol{y})=\log f_{\boldsymbol{Y}}(\boldsymbol{y}|\boldsymbol{\theta})$中缺失数据求期望(边际化),即得到目标函数,即给定观测数据下联合对数似然函数的期望

$$\begin{aligned} Q(\boldsymbol{\theta} \mid \boldsymbol{\theta}^{(t)}) &= E[\log\boldsymbol{L}(\boldsymbol{\theta} \mid \boldsymbol{y}) \mid \boldsymbol{x},\boldsymbol{\theta}^{(t)}] \\ &= E[\log f_{\boldsymbol{Y}}(\boldsymbol{y} \mid \boldsymbol{\theta}) \mid \boldsymbol{x},\boldsymbol{\theta}^{(t)}] \\ &= \int_{z}[\log f_{\boldsymbol{Y}}(\boldsymbol{y} \mid \boldsymbol{\theta})] f_{\boldsymbol{Z}|\boldsymbol{X}}(\boldsymbol{z} \mid \boldsymbol{x},\boldsymbol{\theta}^{(t)})\mathrm{d}z \end{aligned} \tag{7.1.6}$$

EM 算法的基本步骤如下。

(1) 给定未知参数初值$\boldsymbol{\theta}^{(0)}$和$t=0$。

(2) 期望(Expectation,E)步:计算$Q(\boldsymbol{\theta}|\boldsymbol{\theta}^{(t)})$。

(3) 最大化(Maximization,M)步:寻找$\boldsymbol{\theta}$使$Q(\boldsymbol{\theta}|\boldsymbol{\theta}^{(t)})$最大化,并将$Q(\boldsymbol{\theta}|\boldsymbol{\theta}^{(t)})$最大化的$\boldsymbol{\theta}$作为更新的$\boldsymbol{\theta}^{(t+1)}$。

(4) 更新$t=t+1$,重复 E 步和 M 步,直至满足终止规则(如相邻两次目标函数或$\boldsymbol{\theta}^{(t)}$与$\boldsymbol{\theta}^{(t+1)}$的绝对差异量或相对差异量小于指定精度),将收敛向量记为$\hat{\boldsymbol{\theta}}$。

例 1(指数密度函数) 设$Y_1,Y_2\overset{\text{i.i.d.}}{\sim}\operatorname{Exp}(\theta)$,$Y_1$的观察值为$y_1=5$,而$Y_2$的观察值$y_2$缺失,估计$\theta$。

解:完全数据对数似然函数

$$\log\{L(\theta \mid \boldsymbol{y})\}=\log\{f_{\boldsymbol{Y}}(\boldsymbol{y} \mid \theta)\}=2\log\{\theta\}-\theta y_1-\theta y_2$$

给定未知参数初值$\theta^{(0)}>0$,计算期望得

$$Q(\theta \mid \theta^{(t)})=2\log\{\theta\}-5\theta-\theta/\theta^{(t)}$$

求导并解下式

$$2/\theta-5-1/\theta^{(t)}=0$$

解得

$$\theta^{(t+1)}=\frac{2\theta^{(t)}}{5\theta^{(t)}+1}$$

给定初值 $\theta^{(0)}=1$,迭代得到收敛值为 0.2。因为指数分布属于指数分布族中的特定分布,此例中 E 步和 M 步无须反复进行,只需要使用 M 步迭代即可。

例 2(贝叶斯众数) 给定似然函数 $\boldsymbol{L}(\boldsymbol{\theta}|\boldsymbol{x})$,先验分布 $f(\boldsymbol{\theta})$ 和缺失数据或参数 $\boldsymbol{Z}$,寻找 $\boldsymbol{\theta}$ 的最大后验众数估计。

解:E 步需要计算

$$\begin{aligned}Q(\boldsymbol{\theta}\mid\boldsymbol{\theta}^{(t)})&=E[\log[\boldsymbol{L}(\boldsymbol{\theta}\mid\boldsymbol{y})f(\boldsymbol{\theta})k(\boldsymbol{y})]\mid\boldsymbol{x},\boldsymbol{\theta}^{(t)}]\\&=E[\log\boldsymbol{L}(\boldsymbol{\theta}\mid\boldsymbol{y})\mid\boldsymbol{x},\boldsymbol{\theta}^{(t)}]+E[\log f(\boldsymbol{\theta})\mid\boldsymbol{x},\boldsymbol{\theta}^{(t)}]+E[k(\boldsymbol{y})\mid\boldsymbol{x},\boldsymbol{\theta}^{(t)}]\end{aligned}\tag{7.1.7}$$

其中,期望是对 $\boldsymbol{Z}|(\boldsymbol{x},\boldsymbol{\theta}^{(t)})$ 求期望,$k(\boldsymbol{y})$ 是一个可以忽略的正规化常数。

在 M 步中,对 $Q(\boldsymbol{\theta}|\boldsymbol{\theta}^{(t)})$ 关于 $\boldsymbol{\theta}$ 求导时,因为式(7.1.7)中右边最后一项不含 $\boldsymbol{\theta}$,因此求导即为 0,故在贝叶斯众数估计中,目标函数 $Q(\boldsymbol{\theta}|\boldsymbol{\theta}^{(t)})$ 相当于以先验分布的对数加上对数似然函数为目标函数。

7.1.3 EM 算法的收敛性

1. 琴生不等式

定义 1 给定一个函数 $f(x)$,在实数轴上的某个区间 I,如果 $\forall x_1,x_2\in I$,则有

$$f(\lambda x_1+(1-\lambda)x_2)\geqslant\lambda f(x_1)+(1-\lambda)f(x_2),\ \forall\lambda\in[0,1]\tag{7.1.8}$$

则称 $f(x)$ 在区间 I 上是凹函数,若式(7.1.8)的等号只在 $x_1=x_2$ 时才成立,则称 $f(x)$ 在区间 I 上为严格凹函数。如果将式(7.1.8)中的不等号改变方向,就得到凸函数的定义。如果 $f(x)$ 在区间 I 上是凹函数,则 $-f(x)$ 在区间 I 上是凸函数。

例如,$\log x$ 在定义域 R^+ 上是凹函数,且 $-\log x$ 在定义域 R^+ 上是凸函数。采用数学归纳法,由凹函数的定义,可以证明著名的琴生(Jensen)不等式。

定理 1(琴生不等式) 设 $f(x)$ 在区间 I 上是凹函数,$p_i\in[0,1]$,$i=1,2,\cdots,n$,且 $\sum_{i=1}^{n}p_i=1$,则对 $\forall x_i\in I$,有

$$f\left(\sum_{i=1}^{n}p_ix_i\right)\geqslant\sum_{i=1}^{n}p_if(x_i)\tag{7.1.9}$$

若 $f(x)$ 在区间 I 上为严格凹函数,则等号只在下列条件满足时才成立:若 $p_ip_j\neq0$,则必有 $x_i=x_j$。

证明:用归纳法证明。当 $n=1$,即 $\lambda_1=1$,式(7.1.9)显然成立。假设式(7.1.9)在 $n=k$ 时成立,证明它在 $n=k+1$ 时也成立,即

$$\begin{aligned}f\left(\sum_{i=1}^{k+1}p_ix_i\right)&=f\left(\sum_{i=1}^{k}p_ix_i+p_{k+1}x_{k+1}\right)\\&=f\left[(1-p_{k+1})\frac{1}{1-p_{k+1}}\sum_{i=1}^{k}p_ix_i+p_{k+1}x_{k+1}\right]\\&\geqslant(1-p_{k+1})f\left(\frac{1}{1-p_{k+1}}\sum_{i=1}^{k}p_ix_i\right)+p_{k+1}f(x_{k+1})\end{aligned}$$

$$
\begin{aligned}
&=(1-p_{k+1})f\left(\sum_{i=1}^{k}\frac{p_i}{1-p_{k+1}}x_i\right)+p_{k+1}f(x_{k+1})\\
&\geqslant(1-p_{k+1})\sum_{i=1}^{k}\left[\frac{p_i}{1-p_{k+1}}f(x_i)\right]+p_{k+1}f(x_{k+1})\\
&=\sum_{i=1}^{k}p_if(x_i)+p_{k+1}f(x_{k+1})\\
&=\sum_{i=1}^{k+1}p_if(x_i)
\end{aligned}
$$

第 2 个等式中假设 $p_{k+1}\neq 1$(否则,即为 $n=k$ 的情形),第 1 个不等式是根据凹函数的定义而得,第 2 个不等式是根据归纳假设而得。若 $f(x)$在区间 I 上为严格凹函数,作为练习,请读者证明。

设 $f(x)$在区间 I 上是凸函数,$p_i\in[0,1]$,$i=1,2,\cdots,n$,且 $\sum_{i=1}^{n}p_i=1$,则对 $\forall x_i\in I$,有

$$
f\left(\sum_{i=1}^{n}p_ix_i\right)\leqslant\sum_{i=1}^{n}p_if(x_i) \tag{7.1.10}
$$

例如,$-\log x$ 在定义域 R^+ 上是凸函数,由式(7.1.10)即有

$$
\log\left(\sum_{i=1}^{n}p_ix_i\right)\leqslant\sum_{i=1}^{n}p_i\log x_i \tag{7.1.11}
$$

其中,$p_i\in[0,1]$,$i=1,2,\cdots,n$,且 $\sum_{i=1}^{n}p_i=1$。

将求和推广到积分形式,琴生不等式可变成关于凸函数 $\varphi(x)$的积分形式,于是有以下定理。

定理 2 对任意非负函数 $p(x)$,满足 $\int_{-\infty}^{+\infty}p(x)\mathrm{d}x=1$,在概率中,$p(x)$可称为随机变量 X 的概率密度函数。如果随机变量函数 $g(X)$的期望存在,且 $f(x)$是凸函数,那么

$$
f\left(\int_{-\infty}^{+\infty}g(x)p(x)\mathrm{d}x\right)\leqslant\int_{-\infty}^{+\infty}f[g(x)]p(x)\mathrm{d}x \tag{7.1.12}
$$

若 $g(X)=X$,则有

$$
f(E(X))\leqslant E[f(X)] \tag{7.1.13}
$$

若 $\varphi(x)$是凹函数,将式(7.1.12)和式(7.1.13)中不等号反号后即成立。

2. EM 算法的收敛性

下面对 EM 算法的收敛性进行分析。首先需要解决的问题是,EM 算法通过 E 步和 M 步迭代更新,每次迭代是否会增加观测数据的似然函数 $\boldsymbol{L}(\boldsymbol{\theta}|\boldsymbol{x})$。为回答该问题,下面先根据琴生不等式给出定理 3。

定理 3 给定函数

$$
H(\boldsymbol{\theta}\mid\boldsymbol{\theta}^{(t)})=E[\log f_{\boldsymbol{Z}|\boldsymbol{X}}(\boldsymbol{z}\mid\boldsymbol{x},\boldsymbol{\theta})\mid\boldsymbol{x},\boldsymbol{\theta}^{(t)}] \tag{7.1.14}
$$

则对任意 $\boldsymbol{\theta}\in\boldsymbol{\Theta}$ 和 $\boldsymbol{\theta}^{(t)}\in\boldsymbol{\Theta}$,有

$$
H(\boldsymbol{\theta}\mid\boldsymbol{\theta}^{(t)})\leqslant H(\boldsymbol{\theta}^{(t)}\mid\boldsymbol{\theta}^{(t)}) \tag{7.1.15}
$$

当且仅当 $f_{Z|X}(z|\boldsymbol{x},\boldsymbol{\theta})=f_{Z|X}(z|\boldsymbol{x},\boldsymbol{\theta}^{(t)})$时,等号成立。

证明:该定理可由琴生不等式证明

$$\begin{aligned}&H(\boldsymbol{\theta}^{(t)} \mid \boldsymbol{\theta}^{(t)})-H(\boldsymbol{\theta} \mid \boldsymbol{\theta}^{(t)})\\&=E[\log f_{Z|X}(\boldsymbol{Z} \mid \boldsymbol{x},\boldsymbol{\theta}^{(t)}) \mid \boldsymbol{x},\boldsymbol{\theta}^{(t)}]-E[\log f_{Z|X}(\boldsymbol{Z} \mid \boldsymbol{x},\boldsymbol{\theta}) \mid \boldsymbol{x},\boldsymbol{\theta}^{(t)}]\\&=\int_z -\log\left[\frac{f_{Z|X}(z \mid \boldsymbol{x},\boldsymbol{\theta})}{f_{Z|X}(z \mid \boldsymbol{x},\boldsymbol{\theta}^{(t)})}\right]f_{Z|X}(z \mid \boldsymbol{x},\boldsymbol{\theta}^{(t)})\mathrm{d}z\\&\geqslant -\log\int_z f_{Z|X}(z \mid \boldsymbol{x},\boldsymbol{\theta})\mathrm{d}z\\&=0\end{aligned}$$

其中,不等号成立可由琴生不等式的推广式(7.1.12)得到,$f_{Z|X}(z|\boldsymbol{x},\boldsymbol{\theta}^{(t)})$相当于式(7.1.12)中的 $p(x)$,凹函数$-\log$ 相当于 f,$f_{Z|X}(z|\boldsymbol{x},\boldsymbol{\theta})/f_{Z|X}(z|\boldsymbol{x},\boldsymbol{\theta}^{(t)})$相当于式(7.1.12)中的 $g(x)$,且 $f_{Z|X}(z|\boldsymbol{x},\boldsymbol{\theta}^{(t)})f_{Z|X}(z|\boldsymbol{x},\boldsymbol{\theta})/f_{Z|X}(z|\boldsymbol{x},\boldsymbol{\theta}^{(t)})=f_{Z|X}(z|\boldsymbol{x},\boldsymbol{\theta})$。

定理 4 记 EM 算法中 M 步所得的 $\boldsymbol{\theta}^{(t+1)}=\underset{\boldsymbol{\theta}\in\boldsymbol{\Theta}}{\operatorname{argmax}}Q(\boldsymbol{\theta}|\boldsymbol{\theta}^{(t)})$,则有

$$L(\boldsymbol{x} \mid \boldsymbol{\theta}^{(t+1)}) \geqslant L(\boldsymbol{x} \mid \boldsymbol{\theta}^{(t)}) \tag{7.1.16}$$

等式成立当且仅当

$$Q(\boldsymbol{\theta}^{(t+1)} \mid \boldsymbol{\theta}^{(t)})=Q(\boldsymbol{\theta} \mid \boldsymbol{\theta}^{(t)}) \tag{7.1.17}$$

成立。

证明:根据式(7.1.3),可将观测数据的似然函数或联合概率密度写成

$$\log f_X(\boldsymbol{x} \mid \boldsymbol{\theta})=\log f_{(X,Z)}(\boldsymbol{x},\boldsymbol{z} \mid \boldsymbol{\theta})-\log f_{Z|X}(\boldsymbol{z} \mid \boldsymbol{x},\boldsymbol{\theta}) \tag{7.1.18}$$

在给定观测数据 x 与当前迭代参数 $\theta^{(t)}$ 条件下,对式(7.1.18)两边 $\boldsymbol{Z}$ 计算条件期望

$$\begin{aligned}E[\log f_X(\boldsymbol{x} \mid \boldsymbol{\theta}) \mid \boldsymbol{x},\boldsymbol{\theta}^{(t)}]=&E[\log f_{(X,Z)}(\boldsymbol{x},\boldsymbol{z} \mid \boldsymbol{\theta}) \mid \boldsymbol{x},\boldsymbol{\theta}^{(t)}]\\&-E[\log f_{Z|X}(\boldsymbol{z} \mid \boldsymbol{x},\boldsymbol{\theta}) \mid \boldsymbol{x},\boldsymbol{\theta}^{(t)}]\end{aligned} \tag{7.1.19}$$

因为式(7.1.19)左边求期望的函数中不含缺失数据,且由式(7.1.6),有

$$\log f_X(\boldsymbol{x} \mid \boldsymbol{\theta})=\log L(\boldsymbol{\theta} \mid \boldsymbol{x})=Q(\boldsymbol{\theta} \mid \boldsymbol{\theta}^{(t)})-H(\boldsymbol{\theta} \mid \boldsymbol{\theta}^{(t)}) \tag{7.1.20}$$

其中

$$H(\boldsymbol{\theta} \mid \boldsymbol{\theta}^{(t)})=E[\log f_{Z|X}(\boldsymbol{z} \mid \boldsymbol{x},\boldsymbol{\theta}) \mid \boldsymbol{x},\boldsymbol{\theta}^{(t)}] \tag{7.1.21}$$

于是

$$\begin{aligned}\log L(\boldsymbol{\theta}^{(t+1)} \mid \boldsymbol{x})-\log L(\boldsymbol{\theta}^{(t)} \mid \boldsymbol{x})=&[Q(\boldsymbol{\theta}^{(t+1)} \mid \boldsymbol{\theta}^{(t)})-Q(\boldsymbol{\theta}^{(t)} \mid \boldsymbol{\theta}^{(t)})]+\\&[H(\boldsymbol{\theta}^{(t)} \mid \boldsymbol{\theta}^{(t)})-H(\boldsymbol{\theta}^{(t+1)} \mid \boldsymbol{\theta}^{(t)})]\end{aligned} \tag{7.1.22}$$

由定理 4 的条件 $\boldsymbol{\theta}^{(t+1)}=\underset{\boldsymbol{\theta}\in\boldsymbol{\Theta}}{\operatorname{argmax}}Q(\boldsymbol{\theta}|\boldsymbol{\theta}^{(t)})$,可知 $Q(\boldsymbol{\theta}^{(t+1)}|\boldsymbol{\theta}^{(t)})-Q(\boldsymbol{\theta}^{(t)}|\boldsymbol{\theta}^{(t)})\geqslant 0$,再由定理 3 知 $H(\boldsymbol{\theta}^{(t)}|\boldsymbol{\theta}^{(t)})-H(\boldsymbol{\theta}^{(t+1)}|\boldsymbol{\theta}^{(t)})\geqslant 0$,故 $\log L(\boldsymbol{\theta}^{(t+1)}|\boldsymbol{x})\geqslant\log L(\boldsymbol{\theta}^{(t)}|\boldsymbol{x})$,证明完毕。

由定理 4 可知,EM 算法中最大化 $Q(\boldsymbol{\theta}|\boldsymbol{\theta}^{(t)})$,即可使 $\boldsymbol{L}(\boldsymbol{\theta}|\boldsymbol{x})$最大化。将式(7.1.22)中 $\boldsymbol{\theta}^{(t+1)}$ 替换为 $\boldsymbol{\theta}$,同时将对数似然函数记为 $l(\boldsymbol{\theta}|\boldsymbol{x})=\log L(\boldsymbol{\theta}|\boldsymbol{x})$,由定理 3 可得

$$l(\boldsymbol{\theta} \mid \boldsymbol{x}) \geqslant Q(\boldsymbol{\theta} \mid \boldsymbol{\theta}^{(t)})+l(\boldsymbol{\theta}^{(t)} \mid x)-Q(\boldsymbol{\theta}^{(t)} \mid \boldsymbol{\theta}^{(t)}) \tag{7.1.23}$$

式(7.1.23)的右边被称为 $l(\boldsymbol{\theta}|\boldsymbol{x})$的劣化函数(Minorizing/Surrogate Function),记为

$$G(\boldsymbol{\theta} \mid \boldsymbol{\theta}^{(t)})=Q(\boldsymbol{\theta} \mid \boldsymbol{\theta}^{(t)})+l(\boldsymbol{\theta}^{(t)} \mid x)-Q(\boldsymbol{\theta}^{(t)} \mid \boldsymbol{\theta}^{(t)}) \tag{7.1.24}$$

式(7.1.24)的右边后两项为常数,函数 $Q(\boldsymbol{\theta}|\boldsymbol{\theta}^{(t)})$和 $G(\boldsymbol{\theta}|\boldsymbol{\theta}^{(t)})$在相同 $\boldsymbol{\theta}$ 取最大值。EM 算法

将优化问题由 $l(\boldsymbol{\theta}|\boldsymbol{x})$ 转换到替代函数 $G(\boldsymbol{\theta}|\boldsymbol{\theta}^{(t)})$ 或 $Q(\boldsymbol{\theta}|\boldsymbol{\theta}^{(t)})$，更便于最大化。将式(7.1.23)移项可得

$$l(\boldsymbol{\theta} \mid \boldsymbol{x}) - Q(\boldsymbol{\theta} \mid \boldsymbol{\theta}^{(t)}) \geqslant l(\boldsymbol{\theta}^{(t)} \mid x) - Q(\boldsymbol{\theta}^{(t)} \mid \boldsymbol{\theta}^{(t)}) \tag{7.1.25}$$

$\boldsymbol{\theta}^{(t)}$ 相当于最大化 $Q(\boldsymbol{\theta}|\boldsymbol{\theta}^{(t)})-l(\boldsymbol{\theta}|\boldsymbol{x})$ 的结论而得。还可以证明当观测信息 $-l''(\boldsymbol{\theta}|\boldsymbol{x})$ 为正定矩阵时，EM 算法线性收敛。

7.1.4 方差估计

EM 算法只给出未知参数的点估计量，接下来的问题是如何得出未知参数估计的协方差矩阵。下面主要介绍 EM 算法所得的 $\hat{\boldsymbol{\theta}}$ 的协方差矩阵估计的 3 种方法，分别为 Louis 方法、SEM 方法和 Bootstrap 方法，后两种方法值得特别推荐。

1. Louis 方法

式(7.1.20)两边求关于 $\boldsymbol{\theta}$ 的二阶偏导数且两边反号，于是

$$-l''(\boldsymbol{\theta} \mid \boldsymbol{x}) = -Q''(\boldsymbol{\theta} \mid \boldsymbol{\theta}^{(t)}) + H''(\boldsymbol{\theta} \mid \boldsymbol{\theta}^{(t)}) \tag{7.1.26}$$

将等式写成

$$\hat{\boldsymbol{i}}_{\boldsymbol{X}}(\boldsymbol{\theta}) = \hat{\boldsymbol{i}}_{\boldsymbol{Y}}(\boldsymbol{\theta}) - \hat{\boldsymbol{i}}_{\boldsymbol{X|Z}}(\boldsymbol{\theta}) \tag{7.1.27}$$

其中

$$\hat{\boldsymbol{i}}_{\boldsymbol{X}}(\boldsymbol{\theta}) = -l''(\boldsymbol{\theta} \mid x) \tag{7.1.28}$$

$$\hat{\boldsymbol{i}}_{\boldsymbol{Y}}(\boldsymbol{\theta}) = -Q''(\boldsymbol{\theta} \mid \boldsymbol{\theta}^{(t)}) = -E[l''(\boldsymbol{\theta} \mid \boldsymbol{y}) \mid \boldsymbol{x}, \boldsymbol{\theta}^{(t)}] \tag{7.1.29}$$

$$\hat{\boldsymbol{i}}_{\boldsymbol{Z|X}}(\boldsymbol{\theta}) = H''(\boldsymbol{\theta} \mid \boldsymbol{\theta}^{(t)}) \tag{7.1.30}$$

$\hat{\boldsymbol{i}}_{\boldsymbol{X}}(\boldsymbol{\theta})$ 称为观测信息，$\hat{\boldsymbol{i}}_{\boldsymbol{Y}}(\boldsymbol{\theta})$ 称为完全信息，$\hat{\boldsymbol{i}}_{\boldsymbol{Z|X}}(\boldsymbol{\theta})$ 称为缺失信息。式(7.1.27)表明观测信息等于完全信息减去缺失信息，该结果称为缺失信息准则。缺失信息准则可用来得到 $\hat{\boldsymbol{\theta}}$ 的协方差矩阵的一个估计。如果可交换积分与求导，于是

$$\hat{\boldsymbol{i}}_{\boldsymbol{Y}}(\boldsymbol{\theta}) = -Q''(\boldsymbol{\theta} \mid \boldsymbol{\theta}^{(t)}) = -E[l''(\boldsymbol{\theta} \mid \boldsymbol{y}) \mid \boldsymbol{x}, \boldsymbol{\theta}^{(t)}] \tag{7.1.31}$$

还可以证明

$$\hat{\boldsymbol{i}}_{\boldsymbol{Z|X}}(\boldsymbol{\theta}) = \mathrm{var}\{S_{\boldsymbol{X|Z}}(\boldsymbol{\theta})\}$$

$$\hat{\boldsymbol{i}}_{\boldsymbol{Z|X}}(\hat{\boldsymbol{\theta}}) = \int_z S_{\boldsymbol{Z|X}}(\hat{\boldsymbol{\theta}})(S_{\boldsymbol{Z|X}}(\hat{\boldsymbol{\theta}}))^{\mathrm{T}} f_{\boldsymbol{Z|X}}(\boldsymbol{z} \mid \boldsymbol{x}, \hat{\boldsymbol{\theta}})\mathrm{d}z$$

其中，$S_{\boldsymbol{Z|X}}(\hat{\boldsymbol{\theta}}) = \dfrac{\partial \log f_{\boldsymbol{Z|X}}(\boldsymbol{z}|\boldsymbol{x}, \boldsymbol{\theta})}{\partial \boldsymbol{\theta}}$。如果 $\hat{\boldsymbol{i}}_{\boldsymbol{Y}}(\boldsymbol{\theta})$ 和 $\hat{\boldsymbol{i}}_{\boldsymbol{Z|X}}(\boldsymbol{\theta})$ 的积分无法通过原函数得到，可以采用数值积分计算。如果通过条件分布从 $f_{\boldsymbol{Z|X}}(\boldsymbol{z}|\boldsymbol{x}, \hat{\boldsymbol{\theta}})$ 模拟得到了缺失数据，即生成了成对的完全数据集，$\boldsymbol{y}_i = (\boldsymbol{x}_i, \boldsymbol{z}_i)$，$i = 1, 2, \cdots, m$，可由蒙特卡洛模拟方法计算

$$\hat{\boldsymbol{i}}_{\boldsymbol{Y}}(\hat{\theta}) = -\frac{1}{m}\sum_{i=1}^{m} l''(\hat{\boldsymbol{\theta}} \mid \boldsymbol{y}_i) \tag{7.1.32}$$

$$\hat{\boldsymbol{i}}_{\boldsymbol{Z|X}}(\hat{\boldsymbol{\theta}}) = \frac{1}{m}\sum_{i=1}^{m} \frac{\partial \log f_{\boldsymbol{Z|X}}(\boldsymbol{z}_i \mid \boldsymbol{x}_i, \hat{\boldsymbol{\theta}})}{\partial \boldsymbol{\theta}}\left[\frac{\partial \log f_{\boldsymbol{Z|X}}(\boldsymbol{z}_i \mid \boldsymbol{x}_i, \hat{\boldsymbol{\theta}})}{\partial \boldsymbol{\theta}}\right]^{\mathrm{T}} \tag{7.1.33}$$

2. SEM 方法

给定 EM 算法的 M 步的不动点迭代函数 $\boldsymbol{\Psi}$，满足 $\boldsymbol{\theta}^{(t+1)}=\boldsymbol{\Psi}(\boldsymbol{\theta}^{(t)})$ 且 $\hat{\boldsymbol{\theta}}=\boldsymbol{\Psi}(\hat{\boldsymbol{\theta}})$，并记其雅可比矩阵为 $\boldsymbol{\Psi}'(\boldsymbol{\theta})=\left(\dfrac{\partial \boldsymbol{\Psi}_i(\boldsymbol{\theta})}{\partial \boldsymbol{\theta}_j}\right)$。根据 Dempster 等(1977)的结论有

$$\boldsymbol{\Psi}'(\hat{\boldsymbol{\theta}})^{\mathrm{T}}=\hat{\boldsymbol{i}}_{Z|X}(\hat{\boldsymbol{\theta}})\,\hat{\boldsymbol{i}}_{Y}(\hat{\boldsymbol{\theta}})^{-1} \tag{7.1.34}$$

若将缺失信息准则写成等价形式

$$\hat{\boldsymbol{i}}_{X}(\hat{\boldsymbol{\theta}})=[I-\hat{\boldsymbol{i}}_{X|Z}(\hat{\boldsymbol{\theta}})\,\hat{\boldsymbol{i}}_{Y}(\hat{\boldsymbol{\theta}})^{-1}]\,\hat{\boldsymbol{i}}_{Y}(\hat{\boldsymbol{\theta}}) \tag{7.1.35}$$

然后将式(7.1.34)代入式(7.1.35)，并求逆，可给出$\hat{\boldsymbol{\theta}}$的协方差矩阵的一个估计

$$\mathrm{var}(\hat{\boldsymbol{\theta}})=\hat{\boldsymbol{i}}_{Y}(\boldsymbol{\theta})^{-1}[\boldsymbol{I}+\boldsymbol{\Psi}'(\hat{\boldsymbol{\theta}})^{\mathrm{T}}(\boldsymbol{I}-\boldsymbol{\Psi}'(\hat{\boldsymbol{\theta}})^{\mathrm{T}})^{-1}] \tag{7.1.36}$$

可采用数值微分方法计算 $\boldsymbol{\Psi}'(\hat{\boldsymbol{\theta}})$。

3. Bootstrap 方法

用 Bootstrap 方法得到$\hat{\boldsymbol{\theta}}$的协方差矩阵的一个估计的基本步骤如下。

(1) 基于观测数据 $\boldsymbol{x}_i, i=1,2,\cdots,n$，采用 EM 算法得到$\hat{\boldsymbol{\theta}}$，并令 $j=1$ 和$\hat{\boldsymbol{\theta}}_{(j)}=\hat{\boldsymbol{\theta}}$。

(2) 令 $j=j+1$，从观测数据 $\boldsymbol{x}_i, i=1,2,\cdots,n$ 有放回地完全随机抽取伪数据 $\boldsymbol{x}_i^*, i=1,2,\cdots,n$。

(3) 基于伪数据 $\boldsymbol{x}_i^*, i=1,2,\cdots,n$，采用相同的 EM 算法得到$\hat{\boldsymbol{\theta}}_{(j)}$。

(4) 如果 $j<m$(m 为比较大的数，如 2000)，返回第(2)步；否则，进入第(5)步。

(5) 计算协方差矩阵。

$$\begin{aligned}\mathrm{var}(\hat{\boldsymbol{\theta}})&=\frac{1}{m}\sum_{k=1}^{m}(\hat{\boldsymbol{\theta}}_{(k)}^{\mathrm{T}}-\overline{\hat{\boldsymbol{\theta}}})(\hat{\boldsymbol{\theta}}_{(k)}^{\mathrm{T}}-\overline{\hat{\boldsymbol{\theta}}})'\\&=\frac{1}{m}\boldsymbol{A}_C^{\mathrm{T}}\boldsymbol{A}_C\end{aligned} \tag{7.1.37}$$

其中

$$\boldsymbol{A}_C=\boldsymbol{A}-m^{-1}\boldsymbol{1}_m\boldsymbol{1}_m^{\mathrm{T}}\boldsymbol{A},\ \overline{\hat{\boldsymbol{\theta}}}=m^{-1}\boldsymbol{1}_m^{\mathrm{T}}\boldsymbol{A} \tag{7.1.38}$$

$$\boldsymbol{A}=\begin{bmatrix}\hat{\boldsymbol{\theta}}_{(1)}^{\mathrm{T}}\\\hat{\boldsymbol{\theta}}_{(2)}^{\mathrm{T}}\\\vdots\\\hat{\boldsymbol{\theta}}_{(m)}^{\mathrm{T}}\end{bmatrix}=\begin{bmatrix}\hat{\theta}_{11}&\hat{\theta}_{11}&\cdots&\hat{\theta}_{1p}\\\hat{\theta}_{21}&\hat{\theta}_{22}&\cdots&\hat{\theta}_{2p}\\\vdots&\vdots&&\vdots\\\hat{\theta}_{m1}&\hat{\theta}_{m2}&\cdots&\hat{\theta}_{mp}\end{bmatrix} \tag{7.1.39}$$

7.2 EM 算法的变形

7.2.1 MCEM 算法

EM 算法的变形主要是改进 E 步或 M 步的计算。当目标函数 $Q(\boldsymbol{\theta}|\boldsymbol{\theta}^{(t)})$ 中期望难以用

解析式计算时,可用蒙特卡洛模拟的方法近似,MCEM(Monte Carlo EM)算法第 t 次 E 步可以用下面两步替代。

(1) 从条件分布 $f_{Z|X}(z|\boldsymbol{x},\hat{\boldsymbol{\theta}})$ 中抽取独立同分布的缺失数据集 $\boldsymbol{z}_j^{(t)}, j=1,2,\cdots,m^{(t)}$,每个 $\boldsymbol{z}_j^{(t)}$ 用来补齐观测数据 $\boldsymbol{x}$ 中所有缺失值,这样即生成了成对的完全数据集 $\boldsymbol{y}_j^{(t)}=(\boldsymbol{x},\boldsymbol{z}_j)$ 。

(2) 计算。

$$\hat{Q}^{(t+1)}(\boldsymbol{\theta} \mid \boldsymbol{\theta}^{(t)})=\frac{1}{m^{(t)}}\sum_{j=1}^{m^{(t)}} l_Y(\boldsymbol{y}_j^{(t)} \mid \boldsymbol{\theta}) \tag{7.2.1}$$

M 步改用最大化$\hat{Q}^{(t+1)}(\boldsymbol{\theta}|\boldsymbol{\theta}^{(t)})$。MCEM 算法的精度依赖 $m^{(t)}$,推荐在 EM 迭代初期用较小的 $m^{(t)}$,并随着迭代的进行逐渐增大 $m^{(t)}$,以减少在$\hat{Q}$中引入的估计误差。MCEM 算法的估计结果可能与标准的 EM 算法结果不同,但会在真值附近波动。

7.2.2 ECM 算法

因为 $Q(\boldsymbol{\theta}|\boldsymbol{\theta}^{(t)})$与完全数据似然函数有关,EM 算法的吸引力之一在于 $Q(\boldsymbol{\theta}|\boldsymbol{\theta}^{(t)})$求导和最大化通常比不完全数据极大似然函数的计算简单。然而,在某些情况下,即使计算 $Q(\boldsymbol{\theta}|\boldsymbol{\theta}^{(t)})$的 E 步比较简单,但 M 步也不容易实施。为此,人们提出多种策略以改进 M 步的实施。

MECM 采用一系列计算较简单的条件极大化(Conditional Maximization,CM)步骤代替 M 步,即采用 CM 循环(S 为 CM 循环的次数)替换 EM 算法中第 t 次 M 步。对于 $s=1,2,\cdots,S$,EM 算法中第 t 次 M 步中第 s 个 CM 步需要在约束

$$\boldsymbol{g}_s(\boldsymbol{\theta})=\boldsymbol{g}_s(\boldsymbol{\theta}^{(t+(s-1)/S)}) \tag{7.2.2}$$

下最大化 $Q(\boldsymbol{\theta}|\boldsymbol{\theta}^{(t)})$,$\boldsymbol{\theta}^{(t+(s-1)/S)}$是在当前循环的第$(s-1)$个 CM 步中求得的极大值点,$S$ 步 CM 循环结束时,将 $\boldsymbol{\theta}^{(t+1)}=\boldsymbol{\theta}^{(t+S/S)}$代入 E 步。接下来的问题是如何构造约束。

第一种方法是采用 Gauss-Seidel 迭代,将 $\boldsymbol{\theta}$ 划分成 S 个子向量 $\boldsymbol{\theta}=(\boldsymbol{\theta}_1,\boldsymbol{\theta}_2,\cdots,\boldsymbol{\theta}_S)$。EM 算法中第 t 次 M 步中第 s 个 CM 步在约束

$$\boldsymbol{g}_s(\boldsymbol{\theta})=(\boldsymbol{\theta}_1,\cdots,\boldsymbol{\theta}_{s-1},\boldsymbol{\theta}_{s+1},\cdots,\boldsymbol{\theta}_S) \tag{7.2.3}$$

下最大化 $Q(\boldsymbol{\theta}|\boldsymbol{\theta}^{(t)})$,即在第 s 个 CM 步中固定其他参数,寻找子向量 $\boldsymbol{\theta}_s$ 使 $Q(\boldsymbol{\theta}|\boldsymbol{\theta}^{(t)})$最大化。也可以,在 EM 算法中第 t 次 M 步中第 s 个 CM 步在约束

$$\boldsymbol{g}_s(\boldsymbol{\theta})=\boldsymbol{\theta}_s \tag{7.2.4}$$

下最大化 $Q(\boldsymbol{\theta}|\boldsymbol{\theta}^{(t)})$,即在第 s 个 CM 步中固定 $\boldsymbol{\theta}_s$ 参数,寻找子向量$(\boldsymbol{\theta}_1,\cdots,\boldsymbol{\theta}_{s-1},\boldsymbol{\theta}_{s+1},\cdots,\boldsymbol{\theta}_S)$使 $Q(\boldsymbol{\theta}|\boldsymbol{\theta}^{(t)})$最大化。

第二种是 EM 梯度算法(EM Gradient Algorithm),在 M 步中直接采用牛顿迭代,即

$$\begin{aligned}\boldsymbol{\theta}^{(t+1)}&=\boldsymbol{\theta}^{(t)}-Q''(\boldsymbol{\theta} \mid \boldsymbol{\theta}^{(t)})^{-1}\big|_{\boldsymbol{\theta}=\boldsymbol{\theta}^{(t)}} Q'(\boldsymbol{\theta} \mid \boldsymbol{\theta}^{(t)})\big|_{\boldsymbol{\theta}=\boldsymbol{\theta}^{(t)}}\\&=\boldsymbol{\theta}^{(t)}-Q''(\boldsymbol{\theta} \mid \boldsymbol{\theta}^{(t)})^{-1}\big|_{\boldsymbol{\theta}=\boldsymbol{\theta}^{(t)}} l'(\boldsymbol{\theta}^{(t)} \mid x)\end{aligned} \tag{7.2.5}$$

其中,第 2 个等式是因为 $\boldsymbol{\theta}^{(t)}$相当于最大化 $Q(\boldsymbol{\theta}|\boldsymbol{\theta}^{(t)})-l(\boldsymbol{\theta}|\boldsymbol{x})$的结论而得。EM 梯度算法与标准的 EM 算法有相同的收敛速度。EM 梯度算法中的 $Q''(\boldsymbol{\theta}|\boldsymbol{\theta}^{(t)})^{-1}|_{\boldsymbol{\theta}=\boldsymbol{\theta}^{(t)}}$ 可以采用拟牛顿方法,如 DFP 或 BFGS 等方法近似。

另外,还可以采用加速方法

$$\boldsymbol{\theta}^{(t+1)}=\boldsymbol{\theta}^{(t)}-l''(\boldsymbol{\theta}^{(t)} \mid \boldsymbol{\theta}^{(t)})^{-1}\hat{\boldsymbol{i}}_Y(\boldsymbol{\theta}^{(t)})(\boldsymbol{\theta}_{\mathrm{EM}}^{(t+1)}-\boldsymbol{\theta}^{(t)}) \tag{7.2.6}$$

其中,$\boldsymbol{\theta}_{\mathrm{EM}}^{(t+1)}$ 为标准的 EM 算法从 $\boldsymbol{\theta}^{(t)}$ 得到的下一次迭代。

7.3 EM 算法在高斯混合分布参数学习中的应用

7.3.1 高斯混合分布

EM 算法的一个重要应用是高斯混合分布的参数估计,高斯混合分布应用广泛。

定义 2(高斯混合分布) 高斯混合分布模型具有如下形式的概率分布,即

$$P(x \mid \boldsymbol{\theta})=\sum_{k=1}^{K}\alpha_k\varphi(x \mid \boldsymbol{\beta}_k) \tag{7.3.1}$$

其中,α_k 是各高斯分布的比率系数,且 $\alpha_k \geqslant 0, k=1,2,\cdots,K$ 和 $\sum_{k=1}^{K}\alpha_k=1$,$\varphi(x \mid \boldsymbol{\beta}_k)$ 是高斯分布或正态分布密度函数

$$\varphi(x \mid \boldsymbol{\beta}_k)=\frac{1}{\sqrt{2\pi}\sigma}\exp\left(-\frac{(x-\mu_k)^2}{2\sigma_k^2}\right) \tag{7.3.2}$$

其中,$\boldsymbol{\beta}_k=(\mu_k,\sigma_k^2)$ 为第 k 个高斯分布的位置(均值)和尺度参数(方差)。

一般的混合分布可以由任意概率分布密度代替式(7.3.1)中的高斯分布密度,下面仅介绍最常用的高斯混合分布模型的参数估计。

7.3.2 高斯混合分布参数估计算法

假设观测数据 $\boldsymbol{x}=(x_1,x_2,\cdots,x_n)$ 是由高斯混合分布模型式(7.3.1)生成,其中未知参数向量 $\boldsymbol{\theta}=(\alpha_1,\cdots,\alpha_K,\boldsymbol{\beta}_1,\cdots,\boldsymbol{\beta}_K)^{\mathrm{T}}$。在介绍用 EM 算法估计混合高斯模型的未知参数向量 $\boldsymbol{\theta}$ 前,先简要介绍高斯混合分布模型的样本生成方法。

高斯混合分布模型的样本生成方法如下。

(1) 首先依概率 $\alpha_k(k=1,2,\cdots,K)$ 计算缺失数据 Z 的分布函数

$$F_Z(z \leqslant k)=\sum_{k=1}^{k}\alpha_k, \quad k=1,2,\cdots,K \tag{7.3.3}$$

(2) 对于 $i=1,2,\cdots,n$,产生均匀分布随机数 $r_i \sim U(0,1)$。

(3) 生成缺失数据 $z_{ik}(i=1,2,\cdots,n;k=1,2,\cdots,K)$

$$z_{ik}=\begin{cases}1, & F_Z(z \leqslant k-1)<r_i \leqslant F_Z(z \leqslant k)\\ 0, & \text{其他}\end{cases} \tag{7.3.4}$$

其中,$z_{ik}=1$ 用于指示样本 X_i 的观察值 x_i 是来自第 k 个高斯分布。

(4) 根据 $z_{ik}(i=1,2,\cdots,n;k=1,2,\cdots,K)$ 的取值,生成高斯分布随机数 $x_i(i=1,2,\cdots,n)$,即得到样本观测值。

给定观测数据 $x_i(i=1,2,\cdots,n)$ 和未观测的缺失数据 $z_{ik}(i=1,2,\cdots,n;k=1,2,\cdots,K)$,可写出完全数据 $\boldsymbol{y}_i=(x_i,z_{i1},\cdots,z_{iK})(i=1,2,\cdots,n)$ 的似然函数

$$\boldsymbol{L}(\boldsymbol{\theta} \mid \boldsymbol{y})=\prod_{i=1}^{n}\prod_{k=1}^{K}[\alpha_k\varphi(x_i \mid \boldsymbol{\beta}_k)]^{z_{ik}}$$

$$
\begin{aligned}
&= \prod_{k=1}^{K} \alpha_k^{n_k} \prod_{i=1}^{n} [\varphi(x_i \mid \boldsymbol{\beta}_k)]^{z_{ik}} \\
&= \prod_{k=1}^{K} \alpha_k^{n_k} \prod_{i=1}^{n} \left[\frac{1}{\sqrt{2\pi}\sigma} \exp\left(-\frac{(x_i-\mu_k)^2}{2\sigma_k^2}\right)\right]^{z_{ik}}
\end{aligned} \tag{7.3.5}
$$

其中，$n_k = \sum_{i=1}^{n} z_{ik}$，$\sum_{k=1}^{K} n_k = n$。对式(7.3.5)两边取对数，得到完全数据的对数似然函数

$$
l(\boldsymbol{\theta} \mid \boldsymbol{y}) = \sum_{k=1}^{K} n_k \log\alpha_k + \sum_{i=1}^{n} z_{ik}\left[-\log\sqrt{2\pi} - \log\sigma - \frac{(x_i-\mu_k)^2}{2\sigma_k^2}\right] \tag{7.3.6}
$$

EM 算法的 E 步，对完全数据的对数似然函数求期望，即

$$
\begin{aligned}
Q(\boldsymbol{\theta} \mid \boldsymbol{\theta}^{(t)}) &= \sum_{k=1}^{K} E[n_k]\log\alpha_k + \sum_{i=1}^{n} E[z_{ik}]\left[-\log\sqrt{2\pi} - \log\sigma - \frac{(x_i-\mu_k)^2}{2\sigma_k^2}\right] \\
&= \sum_{k=1}^{K} E\left[\sum_{i=1}^{n} z_{ik}\right]\log\alpha_k + \sum_{i=1}^{n} E[z_{ik}]\left[-\log\sqrt{2\pi} - \log\sigma - \frac{(x_i-\mu_k)^2}{2\sigma_k^2}\right] \\
&= \sum_{k=1}^{K} \left\{\sum_{i=1}^{n} E[z_{ik}]\right\}\log\alpha_k + \sum_{i=1}^{n} E[z_{ik}]\left[-\log\sqrt{2\pi} - \log\sigma - \frac{(x_i-\mu_k)^2}{2\sigma_k^2}\right]
\end{aligned} \tag{7.3.7}
$$

式(7.3.7)需要在给定 $\boldsymbol{\theta}^{(t)} = (\alpha_1^{(t)},\cdots,\alpha_K^{(t)},\boldsymbol{\beta}_1^{(t)},\cdots,\boldsymbol{\beta}_K^{(t)})^{\mathrm{T}}$ 和缺失数据的条件分布 $f(\boldsymbol{z} \mid \boldsymbol{x}, \boldsymbol{\theta}^{(t)})$ 下计算

$$
\begin{aligned}
E[z_{ik} \mid x_i, \boldsymbol{\theta}_i^{(t)}] &= p(z_{ik}=1 \mid x_i, \boldsymbol{\theta}_i^{(t)}) \\
&= \frac{p(z_{ik}=1, x_i \mid \boldsymbol{\theta}_i^{(t)})}{\sum_{k=1}^{K} p(z_{ik}=1, x_i \mid \boldsymbol{\theta}_i^{(t)})} \\
&= \frac{p(x_i \mid z_{ik}=1, \boldsymbol{\theta}_i^{(t)}) p(z_{ik}=1 \mid \boldsymbol{\theta}_i^{(t)})}{\sum_{k=1}^{K} p(x_i \mid z_{ik}=1, \boldsymbol{\theta}_i^{(t)}) p(z_{ik}=1 \mid \boldsymbol{\theta}_i^{(t)})} \\
&= \frac{\varphi(x_i \mid \boldsymbol{\beta}_k^{(t)})\alpha_k^{(t)}}{\sum_{k=1}^{K} \varphi(x_i \mid \boldsymbol{\beta}_k^{(t)})\alpha_k^{(t)}}, \quad i=1,2,\cdots,n; k=1,2,\cdots,K
\end{aligned} \tag{7.3.8}
$$

$E[z_{ik} \mid x_i, \boldsymbol{\theta}_i^{(t)}]$表示在当前模型参数下第 i 个观测数据来自第 k 个分模型的概率。记$\hat{z}_{ik} = E[z_{ik} \mid x_i, \boldsymbol{\theta}_i^{(t)}]$，并代入式(7.3.7)，于是

$$
Q(\boldsymbol{\theta} \mid \boldsymbol{\theta}^{(t)}) = \sum_{k=1}^{K} \left\{\sum_{i=1}^{n} \hat{z}_{ik}\right\}\log\alpha_k + \sum_{i=1}^{n} \hat{z}_{ik}\left[-\log\sqrt{2\pi} - \log\sigma - \frac{(x_i-\mu_k)^2}{2\sigma_k^2}\right] \tag{7.3.9}
$$

EM 算法的 M 步，求函数 $Q(\boldsymbol{\theta} \mid \boldsymbol{\theta}^{(t)})$对 $\boldsymbol{\theta}$ 的极大值，即求新一轮迭代的模型参数

$$
\boldsymbol{\theta}^{(t+1)} = \underset{\boldsymbol{\theta} \in \boldsymbol{\Theta}}{\operatorname{argmax}}\, Q(\boldsymbol{\theta} \mid \boldsymbol{\theta}^{(t)}) \tag{7.3.10}
$$

需要求函数 $Q(\boldsymbol{\theta} \mid \boldsymbol{\theta}^{(t)})$对 $\boldsymbol{\theta} = (\alpha_1,\cdots,\alpha_K,\boldsymbol{\beta}_1,\cdots,\boldsymbol{\beta}_K)^{\mathrm{T}}$ 中各参数的偏导，即

$$
\frac{\partial Q(\boldsymbol{\theta} \mid \boldsymbol{\theta}^{(t)})}{\partial \mu_k} = \sum_{i=1}^{n} \hat{z}_{ik} \frac{(x_i-\mu_k)}{\sigma_k^2} = 0, \quad k=1,2,\cdots,K \tag{7.3.11}
$$

$$\frac{\partial Q(\boldsymbol{\theta} \mid \boldsymbol{\theta}^{(t)})}{\partial \sigma_k^2}=\sum_{i=1}^{n} \hat{z}_{ik}\left[-\frac{1}{2} \frac{1}{\sigma_k^2}+\frac{(x_i-\mu_k)^2}{2\sigma_k^4}\right]=0, \quad k=1,2,\cdots,K \tag{7.3.12}$$

由上面方程组,可解得

$$\mu_k=\frac{\sum_{i=1}^{n} x_i \hat{z}_{ik}}{\sum_{i=1}^{n} \hat{z}_{ik}}, \quad k=1,2,\cdots,K \tag{7.3.13}$$

$$\sigma_k^2=\frac{\sum_{i=1}^{n} \hat{z}_{ik}(x_i-\mu_k)^2}{\sum_{i=1}^{n} \hat{z}_{ik}}, \quad k=1,2,\cdots,K \tag{7.3.14}$$

因为 α_k 需要满足条件 $\sum_{k=1}^{K}\alpha_k=1$,可采用拉格朗日乘数法,可令函数

$$Q(\boldsymbol{\theta} \mid \boldsymbol{\theta}^{(t)})+\lambda\left(\sum_{k=1}^{K}\alpha_k-1\right) \tag{7.3.15}$$

式(7.3.15)分别对 α_k 和 λ 求偏导,于是有

$$\frac{\sum_{i=1}^{n} \hat{z}_{ik}}{\alpha_k}-\lambda=0, \quad k=1,2,\cdots,K \tag{7.3.16}$$

$$\sum_{k=1}^{K}\alpha_k-1=0 \tag{7.3.17}$$

将式(7.3.16)变形为

$$\sum_{i=1}^{n} \hat{z}_{ik}=\lambda\alpha_k, \quad k=1,2,\cdots,K \tag{7.3.18}$$

再将式(7.3.18)的 K 个方程两边相加,于是有

$$\sum_{k=1}^{K}\sum_{i=1}^{n} \hat{z}_{ik}=\lambda\sum_{k=1}^{K}\alpha_k \tag{7.3.19}$$

由式(7.3.17)和式(7.3.19)可求得

$$\lambda=\sum_{k=1}^{K}\sum_{i=1}^{n} \hat{z}_{ik}=n \tag{7.3.20}$$

再将式(7.3.20)代入式(7.3.16),可求得

$$\alpha_k=\frac{\sum_{i=1}^{n} \hat{z}_{ik}}{n}, \quad k=1,2,\cdots,K \tag{7.3.21}$$

根据上面的推导可得,高斯混合分布的 EM 算法步骤如下。

输入:观测数据 $x_i(i=1,2,\cdots,n)$。

输出:高斯混合分布的模型参数。

(1) 设置 $t=0$,取参数的初始值 $\boldsymbol{\theta}^{(0)}=(\alpha_1^{(0)},\cdots,\alpha_K^{(0)},\boldsymbol{\beta}_1^{(0)},\cdots,\boldsymbol{\beta}_K^{(0)})^{\mathrm{T}}$。

(2) E 步:依据当前模型参数 $\boldsymbol{\theta}^{(t)}$,计算

$$\hat{z}_{ik}=\frac{\varphi(x_i\mid\boldsymbol{\beta}_k^{(t)})\alpha_k^{(t)}}{\sum_{k=1}^{K}\varphi(x_i\mid\boldsymbol{\beta}_k^{(t)})\alpha_k^{(t)}},\quad i=1,2,\cdots,n;k=1,2,\cdots,K \tag{7.3.22}$$

(3) M 步：计算新一轮迭代的模型参数 $\boldsymbol{\theta}^{(t+1)}$。

$$\mu_k^{(t+1)}=\frac{\sum_{i=1}^{n}x_i\hat{z}_{ik}}{\sum_{i=1}^{n}\hat{z}_{ik}},\quad k=1,2,\cdots,K \tag{7.3.23}$$

$$(\sigma_k^2)^{(t+1)}=\frac{\sum_{i=1}^{n}\hat{z}_{ik}(x_i-\mu_k)^2}{\sum_{i=1}^{n}\hat{z}_{ik}},\quad k=1,2,\cdots,K \tag{7.3.24}$$

$$\alpha_k^{(t+1)}=\frac{\sum_{i=1}^{n}\hat{z}_{ik}}{n},\quad k=1,2,\cdots,K \tag{7.3.25}$$

(4) 重复第(2)步和第(3)步，直到收敛。

例 1 模拟来自下面高斯混合分布模型的简单随机样本 $x_i(i=1,2,\cdots,100)$

$$P(x\mid\boldsymbol{\theta})=0.7\varphi(x\mid 7,0.5)+0.3\varphi(x\mid 10,0.5) \tag{7.3.26}$$

并采用 EM 算法由样本估计未知参数两个混合正态分布的均值和方差，以及两个分布混合的比率。

解：采用题设中高斯混合分布模型模拟的简单随机样本 $x_i(i=1,2,\cdots,100)$ 的直方图如图 7.3.1 所示。EM 算法终止规则采用目标函数的相对误差标准，即 $|(Q(\boldsymbol{\theta}^{(t+1)}|\boldsymbol{\theta}^{(t)})-Q(\boldsymbol{\theta}^{(t)}|\boldsymbol{\theta}^{(t-1)})/Q(\boldsymbol{\theta}^{(t)}|\boldsymbol{\theta}^{(t-1)})|\leqslant 10^{-8}$，迭代结果如表 7.3.1 所示，其中第 2 行中第 2～7 列为未知参数的初值。经过 12 轮迭代，各参数的估计结果基本上收敛到了其真实值。

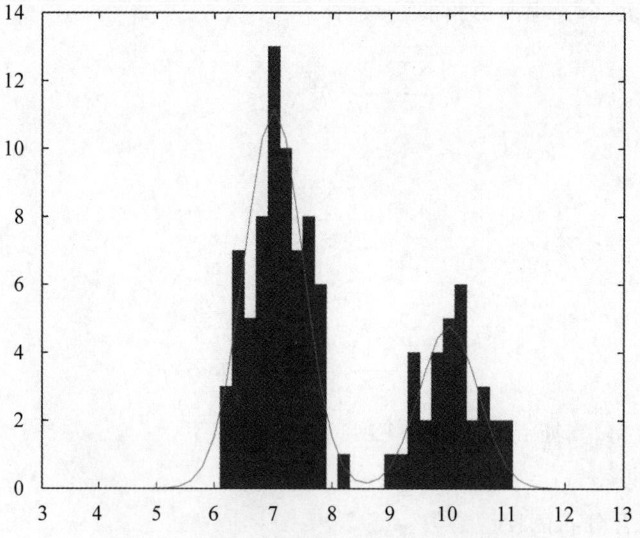

图 7.3.1 高斯混合分布及其样本直方图

表 7.3.1 迭代结果

t	α_1	α_2	μ_1	μ_2	σ_1^2	σ_2^2	$Q(\theta^{(t+1)} \mid \theta^{(t)})$
0	0.5000	0.5000	6.5604	9.4948	2.1527	2.1527	−202.5596
1	0.5442	0.4558	7.1256	9.1048	0.5159	1.9752	−127.7229
2	0.5721	0.4279	7.0466	9.3390	0.2266	1.7212	−85.9409
3	0.6042	0.3958	7.0308	9.5493	0.1984	1.3035	−78.1355
4	0.6323	0.3677	7.0351	9.7340	0.2001	0.9046	−77.2153
5	0.6570	0.3430	7.0503	9.9000	0.2063	0.5457	−77.2649
6	0.6730	0.3270	7.0663	10.0059	0.2153	0.3242	−78.3120
7	0.6790	0.3210	7.0754	10.0418	0.2233	0.2590	−79.7002
8	0.6798	0.3202	7.0768	10.0462	0.2247	0.2516	−79.9528
9	0.6799	0.3201	7.0769	10.0465	0.2248	0.2512	−79.9731
10	0.6799	0.3201	7.0769	10.0465	0.2248	0.2511	−79.9744
11	0.6799	0.3201	7.0769	10.0465	0.2248	0.2511	−79.9745
12	0.6799	0.3201	7.0769	10.0465	0.2248	0.2511	−79.9745

7.4 扩展阅读

EM 算法是含有隐变量的概率模型的极大似然估计或极大后验概率估计的迭代算法，在每次迭代后均提高观测数据的似然函数值。一般条件下，EM 算法是收敛的，但不能保证收敛到全局最优。EM 算法应用极其广泛，主要应用于含有隐变量的概率模型的参数学习。混合高斯模型的参数估计是 EM 算法的一个重要应用。第 6 章介绍的文档主题模型，也可应用 EM 算法进行参数估计。

对于 Dempster 等提出的 EM 算法，本章虽然介绍了 EM 算法的一些变形方法，还有广义期望极大算法(Generalized Expectation Maximization，GEM)没有介绍，EM 算法所得的 $\hat{\boldsymbol{\theta}}$的协方差矩阵估计方法，以及经验信息和数值微分等方法，有兴趣的读者可查阅相关书籍或文献。

7.5 习　　题

1. 简述 EM 算法的基本思想和算法流程，并绘制其算法流程图。
2. 简述 EM 算法迭代可以使观测数据似然变大的基本原理。
3. 证明 $-\log x$ 在定义域 R^+ 上是凸函数。
4. 证明 $x\log x$ 在定义域 R^+ 上是凹函数。
5. 证明 $x\log x+(1-x)\log(1-x)$ 在定义域 $(0,1)$ 上是凹函数。
6. 模拟来自下面高斯混合分布模型的简单随机样本 $x_i(i=1,2,\cdots,100)$

$$P(x \mid \boldsymbol{\theta})=0.45\varphi(x \mid 7,0.45)+0.55\varphi(x \mid 10,0.45)$$

并采用 EM 算法由样本 x_i 估计未知参数两个混合正态分布的均值和方差，以及两个分布混合的比率，并采用 Bootstrap 方法计算各估计值的标准差。

第8章

组合优化与启发式算法

8.1 组合优化

关于 n 个数的组合或排列有许多种，若其中每一种都对应解空间中的一个元素，而最大化则需要在这个很大空间中进行搜索。组合优化问题一般是很难的。组合优化问题包括旅行商问题(Traveling Salesman Problem)、加工调度问题、0-1背包问题、装箱问题、聚类问题和图着色问题等。

8.1.1 P问题

对一个已确定是可计算的问题，人们总试图寻求实现它的最优算法。然而对有些问题，这个工作难度很大，目前还不能做到这点。目前人们已经证明了一些问题，它们的时间复杂性是多项式阶的，这只需设计一个实现它的时间复杂性是多项式阶的算法即可，这一类问题称为P类问题。如果某问题存在一个算法，它的时间复杂度是 $O(n^k)$，其中 n 是输入大小，k 是非负整数，则该问题存在多项式时间算法，这类问题称为易求解问题。

例如，给出一个有 n 个整数的表，它们是否按降序排列，只要检查相邻两个数即可。其时间复杂度为 $O(n)$ 。给出一个有 n 个整数的表，采用选择排序、冒泡排序、快速排序和堆排序算法，它们的时间复杂度分别为 $O(n^2)$、$O(n^2)$、$O(n\log n)$和 $O(n\log n)$。

8.1.2 NP问题与NPC问题

现实世界的许多问题并不属于P问题范畴，到目前为止不存在多项式时间算法，求解这些问题耗费的时间需用指数函数或阶乘函数表示。本章将注意力集中在这样一类难解问题或难题，这些问题至今没有找到有效算法，而且今后也有可能证明它们不存在有效算法。这类问题目前有3000多个，其中还包括数百个著名问题。它们有一个共同特性，如果它们中的一个问题是多项式可解的，那么所有其他问题也是多项式可解的。现存的求解这些问题算法的运行时间，对于中等大小的输入也要用几百年或几千年。

有些问题是无法按部就班直接进行计算的。例如“找大质数”问题，已知目前最大质数，那么下一个大质数应该是多少呢？有没有一个公式可以一步步推算出来？显然这样的公式是没有的。这种问题的答案，是无法直接计算得到的，只能通过“猜算”得到结果，这就是非确定性问题。这些问题通常有个算法，它不能直接告诉你答案是什么，但可以验证或判别某个可能的结果是正确的还是错误的。这个可以告诉你“猜算”的答案正确与否的算法，称为非确定性算法。假如“猜算”或验证可以在多项式时间内得到，那么该问题称作“非确定性多项式问题”(Nondeterministic Polynomial Problem)，简称 NP 问题。因为 P 类问题一定可以用多项式时间的算法判定，因此有 P⊆NP。

例如，求大整数 n 的一个真因数(即 1 和 n 本身以外的一个因数，并且该因数是素数)。这是一个至今未能找到有效算法的难解问题。对于难解问题，人们除使用传统型计算方法外，又想出了另一种类型的计算方法，即“非确定性算法”。传说从前有位年轻的国王，想求出整数 190 334 261 410 902 619 的一个真因数。他用 2、3、5、7、11、13……这些素数逐一去试，费了九牛二虎之力也无法算出，于是他把这个问题交给了宰相。国王用的计算方法称为“穷举法”，是一种传统的计算方法，穷举法属于“确定性算法”。宰相猜想这个数可能是 9 位整数，于是宰相把全国成年百姓编成十个军，每个军有十个师，每个师有十个旅，每个旅有十个团，每个团有十个营，每个营有十个连，每个连有十个排，每个排有十个班，每个班有十个组，每个组有十个人，于是每个成年百姓都具有一个 9 位的番号。然后把题目发下去，让每个成年百姓用自己的番号去除“190334261410902619”这个数，若能除尽，就把番号报上来。很快就有两个人报上了结果，即“436273009”与“436273291”。经国王验证，这两个整数都是素数，并且这两个整数的积就是题目所给的 18 位整数。

这个故事说明，求大整数的真因数不能用多项式时间求解，但是验证某数是否是大整数的真因数可以用多项式时间完成。所以，求大整数的真因数要比验证真因数难得多；国王使用了确定性计算方法(穷举法)，所以计算很快变得无法进行；宰相用的是非确定性计算方法，首先猜想，然后验证。

优化问题对应的决策问题存在多项式时间内运行的非确定性算法能解决，这类优化问题集合称为 NP 问题。如果一个 NP 问题的所有可能答案，都可以在多项式时间内进行正确与否验证的话，那么该问题称为“完全多项式非确定性问题”，简称 NP 完全(NP-Complete，NPC)问题。并且 NPC 问题是 NP 类的一个子类，即 NPC⊆NP。还有些问题比 NPC 问题更难，但是未证明其是 NPC 问题，这类问题称为 NPH(NP-Hard)问题，且 NPC⊆NPH，NPC 类是 NPH 类的一个子类。

NPC 问题可以用穷举法求解，对于可能的解一个一个检查，最终便能得到结果。若两个算法的时间复杂度分别为 $O(p^2)$ 和 $O(p!)$，假设两个算法在问题规模 $p=20$ 时均为 1min，从表 8.1.1 可以看出，随着问题规模的增大，计算时间成指数型增长的算法，很快变得在有限时间内不可计算。

表 8.1.1 计算时间

p	$O(p^2)$	$O(p!)$
20	1min	1min
21	1.1min	21min
25	1.57min	12.1 年
30	2.25min	2.07×10^8 年
50	6.25min	2.4×10^{40} 年

1971 年，S. Cook 发表了 *The Complexity of Theorem Proving Procedures* 这篇著名论文，1972 年，R. Karp 发表了 *Reducibility Among Combinatorial Problems*，从此奠定了

NP 完全理论的基础。NP 完全理论指出在 NP 类中有一些问题具有以下性质：若其中一个问题获得多项式算法，则这类问题就全部获得多项式算法；反之，若能证明其中一个问题是多项式时间内不可解的，则这类问题就全部是多项式时间内不可解的。这类问题称为 NP 完全问题。NP 完全理论并没有找出解决这类问题的算法，仅着眼于证明这类问题的等价性，即证明它们的难度相当。

于是人们就猜想，既然 NPC 问题的所有可能解，都可以在多项式时间内验证，对于此类问题是否存在一个确定性算法，可以在多项式时间内直接给出解呢？这就是著名的 NP=P？的猜想，这是 21 世纪计算机科学家向数学家提出的世界难题。

8.2 启发式算法

例 1（回归模型中的变量选择） 给定 p 个潜在预测变量的多元线性回归问题，考虑变量选择的多元线性回归模型：

$$Y=\beta_0+\sum_{j=1}^{s}\beta_{i_j}x_{i_j}+\varepsilon \tag{8.2.1}$$

其中，$\{i_1,i_2,\cdots,i_s\}$ 是 $\{1,2,\cdots,p\}$ 的子集。最小化目标函数 AIC（Akaike Information Criterion）

$$\mathrm{AIC}=N\log\{\mathrm{RSS}/N\}+2(s+2) \tag{8.2.2}$$

其中，N 是样本量，s 是所选择的预测变量个数，RSS 是回归残差平方和。

该问题共有 2^p 个模型，对于给定一个模型，可采用最小二乘法求解未知参数向量 $\boldsymbol{\beta}$。对于如此具有挑战性的问题，有必要放弃那些能保证找到整体最优，但在实际可操作时间内不可能完成的算法。取而代之的是，转向寻找那些在可容忍时间内能找到一个好的局部最大值的算法，称这类算法为启发式（Heuristics）算法。也就是说，与其耗费令人难以接受的大量时间寻找精确解，倒不如用较少时间寻找近似解。因此，需要搜索算法，这类算法可以在很大的离散空间高效求解，并不要求目标函数光滑、连续或可导。为平衡速度与整体最优，达到找到一个可与整体最优竞争的候选（接近最优）的目的，通常需要采用启发式算法。启发式算法具有以下两个基本特征：逐步改进当前的候选解；限制任一步迭代仅在局部邻域中寻找。下面主要介绍局部搜索（Local Search）、模拟退火（Simulated Annealing）和遗传算法（Genetic Algorithms）。

8.2.1 局部搜索算法

局部搜索通过限定每步搜索邻域 $N(\boldsymbol{\theta}^{(t)})$ 实现有限时间内找到近似最优解。如果某邻域允许对当前候选解有 k 种变化，且称对当前候选解的 k 个特征的改变为一个 k-变化（k-change）。例如，对于多元线性回归问题参数向量 $\boldsymbol{\theta}=(\theta_1,\theta_2,\cdots,\theta_p)$（分别表示含与不含某个预测变量）的 1-邻域，允许模型中增加或减少一个预测变量。

如何在给定邻域下实施一步更新或移动 $\boldsymbol{\theta}^{(t)}\to\boldsymbol{\theta}^{(t+1)}$，即从当前 $\boldsymbol{\theta}^{(t)}$ 的邻域 $N(\boldsymbol{\theta}^{(t)})$ 中选择满足什么条件的值作为更新值 $\boldsymbol{\theta}^{(t+1)}$。根据选择的原则不同，主要分为以下方法。

(1) 上升法（Ascent Algorithm）：从 $N(\boldsymbol{\theta}^{(t)})$ 找一个比 $\boldsymbol{\theta}^{(t)}$ 更好（不一定最好）的 $\boldsymbol{\theta}$ 作为 $\boldsymbol{\theta}^{(t+1)}$。

(2) 最速上升法(Steepest Ascent)或贪心算法(Greedy Algorithm)：从 $N(\boldsymbol{\theta}^{(t)})$ 找一个比 $\boldsymbol{\theta}^{(t)}$ 最好的 $\boldsymbol{\theta}$ 作为 $\boldsymbol{\theta}^{(t+1)}$。

(3) 最速上升法/适度下降法(Steepest Ascent/Mildest Descent)：从 $N(\boldsymbol{\theta}^{(t)})$ 找一个比 $\boldsymbol{\theta}^{(t)}$ 较适合(甚至允许稍差)的 $\boldsymbol{\theta}$ 作为 $\boldsymbol{\theta}^{(t+1)}$。

结合邻域的变化，如果采用最速上升法从 k-邻域找 $\boldsymbol{\theta}^{(t+1)}$，称为 k-最优(k-optimal)。为克服 k-邻域过大造成搜索困难，将 k-邻域分成小部分，在一个或多个子集寻找最优，则称为可变深度的局部搜索算法。考虑初值的影响，可以基于随机初值的上升法，以克服陷入局部最优，称为随机初值的局部搜索(Random Starts Local Search)。随机初值的局部搜索步骤包括：①采用分层抽样或简单随机取初值；②迭代运行上升法或最速上升法；③从最终结果中选择最好的解。

8.2.2　模拟退火算法

模拟退火算法最早的思想由 Metropolis 等(1953) 提出，1983 年 Kirkpatrick 等将其应用于组合优化。算法的目的是解决 NP 复杂性问题，克服优化过程陷入局部极小，且克服初值依赖性。模拟退火算法基于物理退火过程：①退火过程，将固体加热到足够高的温度，使分子呈随机排列状态，然后逐步降温使其冷却，最后分子以低能状态排列，固体达到某种稳定状态；②升温过程，增强分子的热运动，消除系统原先可能存在的非均匀态；③恒温过程，对于与环境隔热而温度不变的封闭系统，系统状态的自发变化总是朝自由能减少的方向进行，当自由能达到最小时，系统达到平衡态；④冷却过程，使粒子热运动减弱并渐趋有序，系统能量逐渐下降，从而得到低能的晶体结构。

模拟退火算法采用的数学模型主要为玻尔兹曼(Boltzmann)概率分布。在温度 T，分子停留在状态 r 满足玻尔兹曼分布，即

$$P\{\bar{E}=E(r)\}=\frac{1}{Z(T)}\exp\left(-\frac{E(r)}{k_B T}\right) \tag{8.2.3}$$

$\bar{E}$ 表示分子能量的一个随机变量，$E(r)$ 表示状态 r 的能量，$k_B>0$ 为玻尔兹曼常数，$Z(T)$ 为概率分布的标准化因子，即

$$Z(T)=\sum_{s\in D}\exp\left(-\frac{E(s)}{k_B T}\right) \tag{8.2.4}$$

在同一个温度 T 下，选定两个能量 $E_1<E_2$，则

$$\begin{aligned}P\{\bar{E}=E_1\}-P\{\bar{E}=E_2\}&=\frac{1}{Z(T)}\exp\left(-\frac{E_1}{k_B T}\right)\left[1-\exp\left(-\frac{E_2-E_1}{k_B T}\right)\right]\\&=\frac{1}{Z(T)}\exp\left(-\frac{E_1}{k_B T}\right)\left[1-\exp\left(-\frac{E_2-E_1}{k_B T}\right)\right]\end{aligned} \tag{8.2.5}$$

即在同一个温度，分子停留在能量小的状态的概率比停留在能量大的状态的概率要大。若状态空间 D 中状态的个数记为 $|D|$，D_0 是具有最低能量的状态集合，可以得出以下结论：当温度很高时，每个状态的概率基本相同，接近平均值 $1/|D|$；状态空间存在超过两个不同能量时，具有最低能量状态的概率超出平均值 $1/|D|$；当温度趋于 0 时，分子停留在最低能量状态的概率趋于 1。

模拟退火算法的基本步骤如下。

(1) 设置初值 $\boldsymbol{\theta}^{(0)}$，$j=0$，$\tau_j$ 和 m_j。

(2) 从当前 $\boldsymbol{\theta}^{(t)}$ 的邻域 $N(\boldsymbol{\theta}^{(t)})$ 中按建议密度 $g(g|\boldsymbol{\theta}^{(t)})$ 选取候选解 $\boldsymbol{\theta}^*$。

(3) 依接受概率随机决定是否采用 $\boldsymbol{\theta}^*$ 作为下一个候选解或仍采用当前解 $\boldsymbol{\theta}^{(t)}$，若服从均匀分布的随机数 $r\sim U(0,1)$ 小于接受概率 $p=\min(1,\exp\{(f(\boldsymbol{\theta}^{(t)})-f(\boldsymbol{\theta}^*))/\tau_j\})$，取 $\boldsymbol{\theta}^{(t+1)}=\boldsymbol{\theta}^*$，否则取 $\boldsymbol{\theta}^{(t+1)}=\boldsymbol{\theta}^{(t)}$，并更新 $t=t+1$。

(4) 重复第(2)、(3)步 m_j 次后，进行第(5)步。

(5) 更新 $j=j+1$，$\tau_j=\alpha(\tau_{j-1})$，$m_j=\beta(m_{j-1})$，并转至第(2)步。

模拟退火算法依据概率选择候选解，若候选解优于当前解，候选解总被接受，有时也以一定概率接受比当前解略差的候选解。这个算法也称为随机下降(Stochastic Descent)算法，可避免陷入局部极小值。考虑算法的性能，模拟退火算法的邻域设置应较小且易于计算，邻域结构设置要求参数空间 Θ 中所有解都能可达，即存在有限邻域序列可遍历参数空间 Θ 中任意两个解。建议密度 $g(g|\boldsymbol{\theta}^{(t)})$ 可设置为离散均匀分布(或正态分布、指数分布等)。还要注意，候选值变化时，可快速更新目标函数。

模拟退火算法对应一个马尔可夫链模拟退火算法：新状态接受概率仅依赖新状态和当前状态，并由温度加以控制。若固定某一温度，算法模拟生成马尔可夫链直至平稳分布 $\pi_\tau(\boldsymbol{\theta})\propto\exp\{-f(\boldsymbol{\theta})/\tau_j\}$ (该算法称为 Metropolis 算法)，则称为时齐算法；若无须各温度下算法均达到平稳分布，而温度需按一定速率持续下降，则称为非时齐算法。

下面简要叙述模拟退火算法的收敛性。假设共有 M 个整体最小值且记此解集为 $\boldsymbol{M}$，最小的目标函数 $f_{\min}$。若固定为某一温度 τ，马尔可夫链的平稳分布为

$$\pi_\tau(\boldsymbol{\theta}_i)=\frac{\exp\{-(f(\boldsymbol{\theta}_i)-f_{\min})\ /\ \tau\}}{M+\sum_{j\in M}\exp\{-(f(\boldsymbol{\theta}_i)-f_{\min})\ /\ \tau\}},\quad \boldsymbol{\theta}_i\in\Theta \tag{8.2.6}$$

当 $\tau\to 0$，如果 $\boldsymbol{\theta}_i$ 不属于 $\boldsymbol{M}$，则 $\exp\{-(f(\boldsymbol{\theta}_i)-f_{\min})\ /\ \tau\}\to 0$，否则为 $\exp\{-(f(\boldsymbol{\theta}_i)-f_{\min})\ /\ \tau\}=1$，即

$$\lim_{\tau\to 0}\pi_\tau(\boldsymbol{\theta}_i)=\begin{cases}1/M & i\in\boldsymbol{M}\\ 0 & i\notin\boldsymbol{M}\end{cases} \tag{8.2.7}$$

模拟退火算法的冷却进度，主要通过温度参数和恒温下迭代次数控制。若每步均适当降温，对任意 j 可设置 $m_j=1$ 和 $\tau_j=\alpha(\tau_{j-1})=\tau_{j-1}/(1+a\tau_{j-1})$，$\alpha$ 是一个较小的量。若在每次降温后都保持温度一段时间，可设置 $m_j=\beta(m_{j-1})=bm_{j-1}(b>1)$ 或 $m_j=\beta(m_{j-1})=b+m_{j-1}(b>0)$，以及 $\tau_j=\alpha(\tau_{j-1})=a\tau_{j-1}$，$0.9\leqslant a<1$。模拟退火算法的初温 τ_0 依赖研究问题，在参数空间中任取两个解 $\boldsymbol{\theta}_i$ 和 $\boldsymbol{\theta}_j$，可选取正数使 $\exp\{-(f(\boldsymbol{\theta}_i)-f(\boldsymbol{\theta}_j))\ /\ \tau_0\}$ 接近 1。一般而言，初温越大，获得高质量解的概率越大，但花费较多的计算时间。

8.2.3 遗传算法

遗传算法(Genetic Algorithms)是模仿达尔文的自然选择过程。遗传算法模拟生物在自然环境下遗传和进化过程而形成的一种自适应全局优化概率搜索算法。它最早由美国密执安大学的 Holland 教授提出，起源于 20 世纪五六十年代对自然和人工自适应系统的研究。20 世纪 70 年代初，Holland 教授提出遗传算法的基本定理——模式定理(Schema Theorem)，从而奠定了遗传算法的理论基础。模式定理揭示群体中的优良个体(较好的模

式)的样本数将以指数级增长,因而从理论上保证了遗传算法是一个可以用来寻求最优可行解的优化过程。

1967年,Holland的学生J.D.Bagley提出"遗传算法"一词,他发展了复制、交叉、变异、显性、倒位等遗传算子,在个体编码上使用了双倍体的编码方法。这些都与目前遗传算法中使用的算子和方法类似。他还敏锐地意识到在遗传算法执行的不同阶段可以使用不同的选择率,这将有利于防止遗传算法的早熟现象,从而创立了自适应遗传算法的概念。

1975年,De Jong在其博士论文中结合模式定理进行了大量的纯数值函数优化计算实验,提出了遗传算法的基本框架,开发了第一个遗传算法软件,得到了一些重要且具有指导意义的结论。例如,对于规模在50~100的群体,经过10~20代的进化,遗传算法都能以很高的概率找到最优或近似最优解。他推荐了在大多数优化问题中都较适用的遗传算法的参数,还建立了函数测试平台,定义了评价遗传算法性能的在线指标和离线指标。1989年,De Jong出版了专著《搜索、优化和机器学习中的遗传算法》。该书系统总结了遗传算法的主要研究成果,全面而完整地论述了遗传算法的基本原理及其应用。可以说这本书奠定了现代遗传算法的科学基础,供众多研究和发展遗传算法的学者学习与参考。

1975年,Holland出版了第一本系统论述遗传算法和人工自适应系统的专著《自然系统和人工系统的自适应性》。20世纪80年代,Goldberg总结了最基本的遗传算法(Simple Genetic Algorithms,SGA),Holland教授实现了第一个基于遗传算法的机器学习分类器系统(Classifier System,CS),开创了基于遗传算法的机器学习的新概念,为分类器系统构造出一个完整的框架。1991年,L. Davis编辑出版了《遗传算法手册》,书中介绍了遗传算法在科学计算、工程技术和社会经济中的大量应用实例。这本书为推广和普及遗传算法的应用起到了重要的作用。

1992年,J. R. Koza将遗传算法应用于计算机程序的优化设计及自动生成,提出了遗传编程(Genetic Programming,GP)的概念。他将一段LISP语言程序作为个体的基因型,把问题的解编码为一棵树,基于遗传和进化的概念,对由树组成的群体进行遗传运算,最终自动生成性能较好的计算机程序。Koza成功地把他提出的遗传编程的方法应用于人工智能、机器学习、符号处理等方面。如今,它对于组合优化中的NP完全问题非常有效,已经成功应用于求解旅行商问题、背包问题、装箱问题、图形划分问题等,在函数优化、生产调度、自动控制、机器人学、图像处理、人工生命、遗传编程和机器学习等方面也有广泛应用。

遗传算法将一个极大化问题的候选解编码为遗传密码表示的生物有机体,可采用衡量候选解质量指标作为生物的适宜度(依赖目标函数)。培育高适宜度生物体可得到更适应环境的后代,而在低适宜度(且少有遗传突变)生物体间培育后代,将可保证种群的多样性。随着时间的推移,种群中的生物体可能随着进化而增加适宜度。因此,可为优化问题提供一组越来越好的候选解。

二进制编码是遗传算法中最常用、最原始的一种编码方法,它将原问题的解空间映射到二进制空间,然后进行遗传、交叉、变异等操作。找到最优个体后,再通过解码过程还原为原始的数据形式进行适宜度评价。二进制编码的长度 l 取决于求解的精度,比如 C 个小数位,编码 $b=b_1b_2\cdots b_l$ 的长度 l 满足

$$(a_2-a_1)10^C \leqslant 2^{l-1} \tag{8.2.8}$$

解码公式为

$$x = a_1 + \frac{(a_2 - a_1)}{2^l - 1}\sum_{i=1}^{l} b_i 2^{i-1} \tag{8.2.9}$$

达尔文的自然选择学说包括遗传(保持优良特性)、变异(产生新特性)和选择(优胜劣汰)。基本遗传算法操作过程简单,容易理解,是其他一些遗传算法的雏形和基础,它不仅给各种遗传算法提供了一个基本框架,同时也具有一定的应用价值。基本遗传算法只使用选择(Selection)算子、交叉(Crossover)算子和变异(Mutation)算子三种基本算子。

选择算子以一定概率从种群中选择若干个体作为父代的操作。一般而言,选择就是基于适宜度的优胜劣汰的过程。下面主要介绍三种选择方法。

(1) 最简单的轮盘赌方法,以一个正比于适宜度的概率从种群中选择若干个体作为父代(比例选择),而另一个父代完全随机选择。第一,计算群体中所有个体的适宜度的总和 $\sum_{i=1}^{P} f(\boldsymbol{\theta}_i^{(t)})$;第二,计算每个个体的相对适宜度 $p_i = f(\boldsymbol{\theta}_i^{(t)}) / \sum_{i=1}^{P} f(\boldsymbol{\theta}_i^{(t)})$;第三,使用模拟轮盘赌操作(即 0～1 的随机数)确定个体被选中的次数,即计算累积分布 $F_j = \sum_{i=1}^{j} p_i, j=1,2,\cdots,P$,并令 $F_0 = 0$,产生 $r \sim U(0,1)$,若 $F_{j-1} < r \leqslant F_j$,则选择个体 j,依次类推,直到选择所要求次数的个体作为父代。

(2) 比赛选择或锦标赛选择法(Tournament Selection):先把第 t 代的个体随机分成 k 个不相交且大小一样的子集(可忽略少数几个剩余个体),选择每一组类最好的个体作为父代。继续进行随机分组,直到生成足够的父代。为培育子代,需要把父代随机配对。这种方法保证最好的个体将培育 P 次,中等质量的个体将平均培育一次,而最差的个体根本不会培育。

(3) 基于秩的选择方法,仍是以正比于适宜度的概率从种群中随机地选择每个父代,即按以下概率选择每个父代,只是它不是直接基于适宜度函数,而是基于适宜度函数值的秩定义选择概率,即

$$p_i = \phi(\boldsymbol{\theta}_i^{(t)}) = \frac{2r_i}{P(P+1)}, \quad r_i = 1, 2, \cdots, P \tag{8.2.10}$$

其中,r_i 为第 t 代中个体 i 的适宜度函数 $f(\boldsymbol{\theta}_i^{(t)})$,$P$ 为第 t 代中个体数量,即种群中含有 P 个个体。根据计算的概率按轮盘赌方式选择父代。

交叉算子是遗传算法中产生新个体的主要操作过程,它以某一概率相互交换某两个个体之间的部分染色体。有性生殖生物在繁殖下一代时,两个同源染色体之间通过交叉而重组,即在两个染色体的相同位置处 DNA 被切断,前后两串分别交叉组合形成新的染色体。根据交叉数量的多少,主要分为:单点交叉的方法,从父代中随机选择两个配对个体,随机产生交叉点位置,再相互交换配对染色体之间的部分基因,生成子代的两个个体;多点交叉互换,其破坏性可以促进解空间的搜索;均匀交叉,两个配对个体的染色体的每个基因位以相同的交叉概率进行交换。在浮点编码下,交叉方法主要分为有序交叉互换、边缘重组的交叉互换、线性交叉、中间交叉。下面给出一个有序交叉互换的例子。

例如,752631948 和 912386754,随机选择位置 4、6、7 为交叉点,求子代的两个个体。

子代第一个个体:选择位置点"$752\underline{6}3\underline{19}48$",对"$\underline{91}238\underline{6}754$"重排这三个基因,得到有序的交叉互换的后代为 $\underline{61}238\underline{9}754$。

子代第二个个体：选择位置点“912386754”，对“752631948”重排这三个基因，得到有序的交叉互换的后代为352671948。

变异算子是对个体的某个或某些基因位上的基因值按某一较小的概率进行改变，它也是产生新个体的一种操作方法。变异运算使用基本位变异算子，随机产生个体中某基因变异位置，依照变异概率将变异点的原有基因值取反。变异概率通常只取较小的数值。若选取高的变异率，一方面可以增加样本的多样性，另一方面可能引起结果不稳定。但是若选取太小的变异概率，则可能难于找到全局的最优解。遗传算法的参数设置可参考表8.2.1。

表8.2.1 遗传算法的参数设置

参数名称	范围
子代或种群大小 P	$C \leqslant P \leqslant 2C$ $2C \leqslant P \leqslant 20C$ $10 \leqslant P \leqslant 200$
终止进化代数	100～500
交叉概率	0.4～0.99
位点突变率	$1/C$ $1/(P\sqrt{C})$ 0.0001～0.1

8.3 启发式算法在回归模型变量(模型)选择中的应用

8.3.1 多元线性回归模型的变量(模型)选择问题

变量选择(Variable Selection)是从回归的所有预测变量集合中选择预测变量子集的过程，其目的是在减少候选预测变量的数量的同时，尽可能减少模型预测力的损失而提高模型解释力。多元线性回归模型在变量个数比较多的情况下，部分变量不仅对于建立回归模型没有贡献，甚至会得到复杂、难以解释的模型，还会影响模型的预测性能。多元线性回归模型的变量选择方法，主要有前向逐步回归法、后向逐步回归法、双向逐步回归法、正则化或收缩法(套索回归或Lasso回归和岭回归或Ridge回归)、全子集回归法等。

前向逐步回归，每次添加一个预测变量到回归中，直到添加变量不会使回归精度有所改进时为止。因此，首先需要构建一个只包含1或2个少数预测变量的初始回归模型(推荐找一个最显著的预测变量作为初始模型)，或者直接使用不含任何预测变量的模型(即只含截距的回归模型)，随后使用前向逐步回归依次往回归中添加其他预测变量，直到模型最优。

后向逐步回归，从完整模型(包括所有预测变量)开始逐一删除预测变量，若某变量删除后回归精度降低最少，则对其执行删除，直到删除某变量时回归精度发生明显降低时为止。因此，首先考虑使用全部的预测变量构建初始回归模型，随后通过后向逐步回归，依次在回归中逐一删除预测变量，直到模型最优。

双向逐步回归,结合了前向选择和后向选择的方法。每次添加一个预测变量到回归中,并同时分析检查是否能将模型中一些没有贡献的预测变量删除,用于改进模型。预测变量可能会被添加、删除好几次,直到获得最优模型为止。因此,首先需要构建一个只包含1或2个少数预测变量的初始回归模型,或者直接使用不含任何预测变量的模型,随后使用双向逐步回归依次往回归中添加其他预测变量,并同时考虑是否可以删除其中某个已存在的预测变量以提升模型拟合度,直到模型最优。

套索回归的基本思想是在回归系数的绝对值之和小于一个常数的约束条件下,使残差平方和最小化,从而能够产生某些严格等于0的回归系数,得到可以解释的模型。岭回归与套索回归最大的区别在于,岭回归引入的是L2范数惩罚项,套索回归引入的是L1范数惩罚项。套索回归能够使损失函数中的许多 θ 均变成0,而岭回归要求所有的回归系数均存在,套索回归计算量将远远小于岭回归。套索回归算法在模型系数绝对值之和小于某常数的条件下,寻求残差平方和最小,在变量选取方面的效果优于逐步回归。

全子集回归法,能够将所有可能的组合模型都考虑在内,综合评估不同子集大小(1个、2个或多个预测变量)的最佳模型。全子集回归要优于逐步回归,因为考虑了更多的预测变量组合情况。但是,当有大量预测变量时,因为子集选择问题是NP难问题,全子集回归会很慢,需要采用启发式算法。

8.3.2 部分子集回归

下面主要采用多元线性回归模型对影响棒球运动员薪水的关键因素进行分析。数据来自职业棒球大联盟球员(不包括投手)的薪水(Salary)及其相关的比赛统计指标数据。根据棒球员的数据,建立薪水变量的对数与27个预测变量建立的多元线性回归模型,其中将薪水变量的对数作为因变量,其他27个变量作为预测变量。第3章介绍了含全部变量的多元线性回归模型的结果,AIC=−396.7,回归系数显著性检验结果显示较多变量不显著。

例1 在1-变化邻域(允许模型中增加或减少一个预测变量)和2-变化邻域(允许模型中增加或减少两个预测变量)下,考虑棒球运动员的薪水预测变量选择问题。列出下面两种方法的变量选择结果和-AIC值。

(1) 基于-AIC最大化的评价标准,采用局部搜索算法之最速上升搜索法进行变量选择。随机生成5个初值,各初值更新14步,每步搜索27个邻域。

(2) 基于AIC最小化的评价标准,采用模拟退火算法进行变量选择。初温 $\tau_0=1$ 或 $\tau_0=6$。冷却进度共15个阶段($j=1,2,\cdots,15$),温度控制函数设为 $\tau_j=\alpha(\tau_{j-1})=0.9\tau_{j-1}$。各恒温阶段的迭代次数分别为 $m_j=60, j=1,2,\cdots,5$;$m_j=120, j=6,7,\cdots,10$;$m_j=220$, $j=11,12,\cdots,15$。

解:通过Python编程实现得到的变量选择结果和-AIC值如表8.3.1和表8.3.2所示,局部搜索算法、模拟退火算法生成的迭代序列如图8.3.1和图8.3.2所示。结果显示,局部搜索算法、模拟退火算法所得最佳AIC值分别为−418.9和−418.5;2-变化邻域的结果优于1-变化邻域;模拟退火算法 $\tau_0=6$ 的结果还未完全收敛。

表 8.3.1 局部搜索算法选择的变量和-AIC 值

x_0	k	1～5					6～10					11～15					16～20					21～27							-AIC
1	1		•	•			•		•		•		•	•	•	•	•									•	•		418.0
	2	•		•					•		•			•	•	•	•								•	•	•		418.5
2	1		•	•			•		•		•		•	•	•	•	•									•	•		418.0
	2		•	•			•		•		•			•	•	•	•								•	•	•		418.9
3	1			•				•	•		•			•	•						•	•	•			•	•		415.8
	2			•			•		•		•			•	•						•	•	•		•	•			416.6
4	1								•	•	•			•	•		•	•	•		•	•	•			•			413.9
	2		•	•			•		•		•			•	•	•	•								•	•	•		418.9
5	1			•			•		•		•		•	•	•	•	•				•		•			•	•		417.3
	2		•	•			•		•		•			•	•	•	•								•	•	•		418.9

表 8.3.2 模拟退火算法选择的变量和-AIC 值

τ_0	k	1～5					6～10					11～15					16～20					21～27							-AIC
1	1			•			•		•		•			•	•						•	•	•		•	•			416.6
	2	•		•					•		•			•	•	•	•								•	•	•		418.5
6	1	•		•					•		•			•	•	•	•						•		•	•	•		416.6
	2	•		•			•		•		•			•	•	•	•				•				•	•	•		417.3

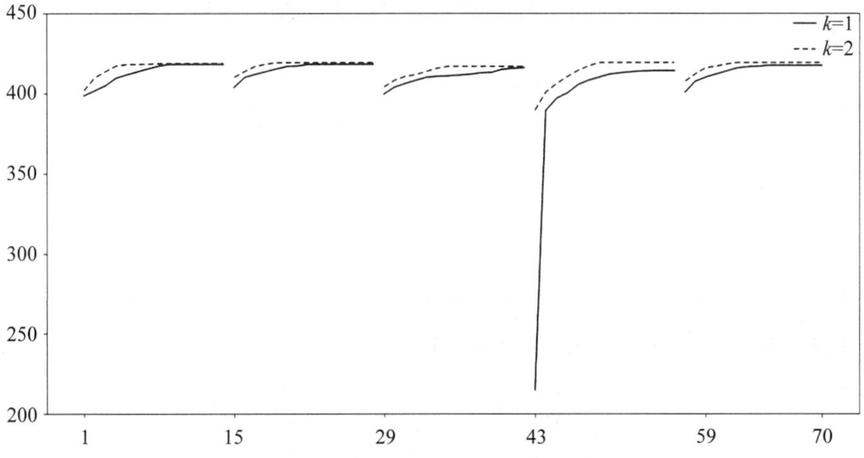

图 8.3.1 局部搜索算法迭代序列

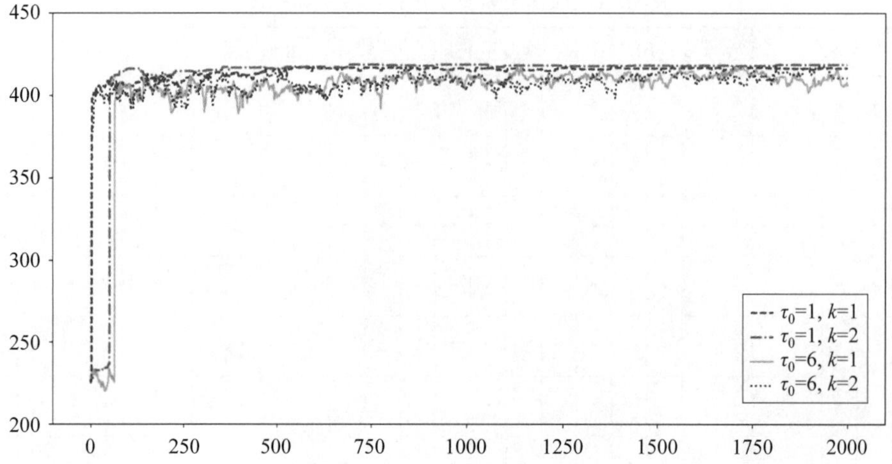

图 8.3.2 模拟退火算法迭代序列

8.4 扩展阅读

本章主要介绍了 3 类启发式算法，包括局部搜索算法、模拟退火算法和遗传算法，未介绍禁忌算法、蚁群算法、人工神经网络、差分进化算法等其他算法。模拟退火算法具有质量高、初值鲁棒性强的特点，并且具有简单、通用和易实现的优势。由于要求较高的初始温度、较慢的降温速率、较低的终止温度，以及各温度下足够多次的抽样，因此优化过程较长。模拟退火算法的改进方案主要可以考虑：选择合适的初始状态，多个随机初值，还可以最优结果为初始解增加补充搜索过程；避免状态的迂回搜索，如增加解空间约束的带惩罚目标函数；设计合适的状态产生函数、邻域大小变化和接受概率分布等；设计高效的退火历程，增加升温或重升温过程，避免陷入局部极小，增加记忆功能；采用并行搜索结构，如对每个当前状态，采用多次搜索策略，以概率接受区域内的最优状态；避免陷入局部极小，改进对温度的控制方式；设计合适的算法终止准则。有兴趣的读者可查阅相关书籍或文献。

8.5 习　　题

1. 简述复杂问题的相关分类。

(1) 什么是 P 问题，并举例说明。

(2) 什么是 NP 问题，并举例说明。

(3) 什么是 NPC(NP 完全)和 NPH(NP 难)问题。

(4) 若 P≠NP，绘制 P、NP、NPC 和 NPH 的韦恩图。

2. 简述启发式算法的两个基本特征。

3. 简述局部搜索法的基本思想。

4. 简述模拟退火算法的基本思想和算法流程，并绘制其算法流程图。

5. 简述遗传算法的基本思想和算法流程，并绘制其算法流程图。

6. 在1-变化邻域和2-变化邻域下，考虑棒球运动员的薪水预测变量选择问题。列出下面两种方法的变量选择结果和-AIC值。

(1) 基于-AIC最大化的评价标准，采用局部搜索算法的最速上升搜索法。

(2) 基于-AIC最大化的评价标准，采用局部搜索算法的上升搜索法。

7. 采用遗传算法，考虑棒球运动员的薪水预测变量选择问题，列出变量选择结果和-AIC值。

8. 模拟退火算法的接受概率定义如下。

$$p = \min(1, \exp\{(f(\theta^{(t)}) - f(\theta^*))/\tau_j\}) = \min\left(1, \frac{\exp\{-f(\theta^*))/\tau_j\}}{\exp\{-f(\theta^{(t)}))/\tau_j\}}\right)$$

证明：在恒温 τ_j 下的平稳分布为 $\pi_{\tau_j}(\theta) \propto \exp\{-f(\theta)/\tau_j\}$。

附录

附录A 部分习题答案

第1章

5. δ。

6. $0.02n$。

7. 5,2,4,5,2。

8. 1.05×10^{-3},0.215,0.9×10^{-5}。

9. 55.98,0.01786。

第3章

1. $L_2(x)=0.5x(x-1)e^{-1}+(1-x^2)e^0+0.5(x^2+x)e^1$。

3. 线性插值,$\sin0.3367\approx0.330365$,截断误差小于 0.92×10^{-5}。

4. (1) $N_2(x)=0+0.4620981(x-1)-0.0518731(x-1)(x-4)$。

$N_2(2)=0.5658444$。

相对误差为 18.4%。

(2) $N_3(x)=0+0.4620981(x-1)-0.0518731(x-1)(x-4)$
$+0.007865529(x-1)(x-4)(x-6)$。

$N_3(2)=0.6287686$。

相对误差为 9.3%。

6. $\varphi_0(x)=1,\varphi_1(x)=x,\varphi_2(x)=x^2-\dfrac{2}{5},\varphi_3(x)=x^3-\dfrac{9}{14}x$。

7. (1) $S_3^*(x)=0.9963+0.9979x+0.5367x^2+0.1761x^3$。

$\|\delta_3(x)\|_2=0.0047$。

$\|\delta_3(x)\|_\infty=0.0113$。

(2) $N_3(x)=0.9946+0.9989x+0.5429x^2+0.1752x^3$。

$\|\delta_3(x)\|_2=0.0054$。

$\|\delta_3(x)\|_\infty=0.0067$。

8. $x=-1,y=2$。

9. 三次多项式的系数分别为 $c_0=0.4086,c_1=0.39167,c_2=0.0857,c_3=0.00833$。误差平方和为 $\text{SSE}=1.4286\times10^{-4}$。

第4章

1. [0,1]。

2. 1.3242,6。

3. $p(x)=\dfrac{1}{f'(x)}$,$q(x)=\dfrac{1}{2[f'(x)]^3}f''(x)$。

4. $\varphi(x)=\sqrt[3]{x+1}$,1.32472。

5. 1.32472。

6. 1.32472。

7. 0.56714,0.56714。

8. 考虑迭代函数 $\Phi(x)=[\sqrt{x_2},\sqrt{1-x_1^2}]^{\mathrm{T}}$,向量函数 $\boldsymbol{f}=[f_1(x_1,x_2),f_1(x_1,x_2)]^{\mathrm{T}}$ 在近似解处的函数值为$[-0.0075,0.0047]^{\mathrm{T}}$。

9. [0.78616069,0.61803513]。

10. $x_1=1.30427158$,$x_2=0.69572842$,$x_3=0.11547829$,$x_4=0.74134755$。

11. $\hat{\boldsymbol{\theta}}=[1.5412,1.9916]$。

第5章

1. 1 次代数精度。

2. (1)梯形求积公式的余项:$R_1[f]=I-T=-\dfrac{(b-a)^3}{12}f''(\eta)$,$\eta\in[a,b]$。

(2) 辛普森求积公式的余项:$R_2[f]=-\dfrac{b-a}{180}\left(\dfrac{b-a}{2}\right)^4 f^{(4)}(\eta)$,$\eta\in[a,b]$。

3. $T=\dfrac{1}{2}[f(1)+f(2)]=0.19309754003$

$$S=\frac{1}{6}[f(1)+4f(1.5)+f(2)]=0.1346319964$$

$$\int_1^2 \mathrm{e}^{-x^2}\mathrm{d}x \approx 0.135257257949994$$

$$\int_1^2 \mathrm{e}^{-x^2}\mathrm{d}x \approx \sqrt{\pi}(\Phi(2\sqrt{2}))-\Phi(\sqrt{2})=0.1352$$

4. 0. 78539816

1.00227988

1.00100492

0.99999157

5. (1) 0.750000000000000

(2) 0.708333333333333

(3) 0.697023809523810

(4) −0.056852819440055,−0.015186152773388,−0.003876628963864

6.

k	m				
	0	1	2	3	4
0	0.78539816				
1	0.94805945	1.00227988			
2	0.98711580	1.00013458	0.99999157		
3	0.99678517	1.00000830	0.99999988	1.00000001	
4	0.99919668	1.00000052	1.00000000	1.00000000	1.00000000

7.

k	m					
	0	1	2	3	4	5
0	0.19309754					
1	0.14924838	0.13463200				
2	0.13871969	0.13521013	0.13524867			
3	0.13612063	0.13525428	0.13525722	0.13525735		
4	0.13547296	0.13525707	0.13525726	0.13525726	0.13525726	
5	0.13531117	0.13525725	0.13525726	0.13525726	0.13525726	0.135257258

8.

$$\int_0^1 \frac{1}{\sqrt{x}} f(x)\mathrm{d}x \approx \left(1+\frac{1}{3}\sqrt{\frac{5}{6}}\right) f\left(\frac{3}{7}-\frac{2}{7}\sqrt{\frac{6}{5}}\right)+\left(1-\frac{1}{3}\sqrt{\frac{5}{6}}\right) f\left(\frac{3}{7}+\frac{2}{7}\sqrt{\frac{6}{5}}\right)$$

$$=1.30429 f(0.1155871)+0.6957097 f(0.7415557)$$

9\. 0.467402

10\. 3.977463

11\. 0.498903

12\. 0.886227 或 $\sqrt{\pi}/2$

13\. $G_2(0.025)=0.454897994$

14\. (1) $E[\lambda]=1.7168142, E[\lambda^2]=2.9626439, D[\lambda]=0.0151932$

(2) $D[\lambda \mid \boldsymbol{y}]=(\alpha+n\bar{y})/(\beta+n)^2=0.0151931$

第6章

5.(1) 1/16,(2) 7/16,(3) 0.3993。

6.(1) 二级传输后的传真率：0.820，三级传输后的误码率：0.244。

(2) 原发字符也是1的概率：$\dfrac{\alpha+\alpha(p-q)^n}{1+(2\alpha-1)(p-q)^n}$。

7.(1) 0.2

(2) 0.34

(3) $\pi_0=1/3, \pi_1=1/3, \pi_2=1/3$

9. $\hat{\lambda}=1.7193$

附录 B　Python 程序示例

第 1 章

```
import numpy as np#版本 1.26.2
from numpy.polynomial import Polynomial as P
#1.1节　例 8
a = np.array([-4, 3, -3, 0, 2])
p = P(a)
x=2
print(p(x))
print(p.deriv(1)(x))
ot8=np.zeros((3,5))
ot8[0,]=p.coef[::-1]#a
for i in range(len(a)):
    if i==0:
        ot8[1, 0] = ot8[0, 0]#b0=a0
        ot8[2, 0] = ot8[1, 0]#c0=b0
    else:
        ot8[1, i] = ot8[1, i-1] * x+ot8[0, i]#bi=(bi-1) * a+ai
        ot8[2, i] = ot8[2, i-1] * x + ot8[1, i]#ci=(ci-1) * a+bi
ot8[2, len(a)-1]=np.nan#填充缺失值
print(ot8)

#1.1节　例 10
n=15
ot10=np.zeros((n+1,3))
ot10[:,0]=range(n+1)
ot10[0,1]=round(1-1/np.exp(1),8)
ot10[n,2]=round(0.5*(1/((n+1)*np.exp(1))+1/(n+1)),9)
for i in range(n):
    ot10[i + 1, 1] =1-(i + 1)*ot10[i, 1]
    ot10[n-(i+1), 2] = 1/(n-i)*(1-ot10[n-i, 2])
for i in range(n+1):
    print("{:.0f}".format(i)+",{:.8f}".format(ot10[i, 1])
          +",{:.8f}".format(ot10[i, 2]))
```

第 2 章

```
import numpy as np#版本 1.26.2
from numpy import linalg as LA, ndarray
import pandas as pd#版本 1.2.4
```

```
from scipy.linalg import lu#版本 1.9.2
from scipy.linalg import lu_factor, lu_solve
#2.1节  例2
a = np.array([1, -2, -3, 4])
A = a.reshape((2, 2))
print(A)
print(LA.norm(A, ord=1))#L1范数
print(LA.norm(A, ord=2))#L2范数
print(LA.norm(A, ord='fro'))#F范数
print(LA.norm(A, ord=np.inf))#无穷范数
print(LA.norm(a, 3))#Lp范数(p=3)
print(LA.cond(A, 1))#L1范数下条件数
norma2=LA.norm(A, ord=2)
normainv2=LA.norm(LA.inv(A), ord=2)
eigw,eigv=LA.eig(A.T@A)
print(LA.cond(A, 2))#L2范数下条件数
print(norma2*normainv2)#L2范数下条件数
print(np.sqrt(max(eigw)/min(eigw)))#L2范数下条件数
print(LA.cond(A, 'fro'))#F范数下条件数
print(LA.cond(A, np.inf))#无穷范数下条件数
normainf=LA.norm(A, ord=np.inf)
normainvinf=LA.norm(LA.inv(A), ord=np.inf)
print(LA.cond(A, np.inf))#无穷范数下条件数
print(normainf*normainvinf)#无穷范数下条件数

#2.2节  例2
A=np.matrix([[1, 1, 1],
             [2, -2, 1],
             [0, 4, -1]])
p1,l1, u1 = lu(A)
p2=LA.inv(p1)
print(p2)
print(l1)
print(u1)

#2.4节  例2
A1=np.matrix([[1, 2, 0],
              [2, 1, 0],
              [0, 1, 5]])
eigw,eigv=LA.eig(A1)
print(eigw)
m=A1.shape[1]
u0=np.ones(m)
K=20
v=np.zeros([m,K])
u=np.zeros([m,K])
mu=np.zeros([1,K])
r=np.zeros([1,K])
vmumukrk=np.zeros([m+m+3,K])
for k in range(K):
```

```
    if k==0:
        v[:,k]=A1@u0.T
    else:
        v[:,k]=A1@u[:,k-1]
    mu[0,k]=max(v[:,k])
    u[:,k]=v[:,k]/max(v[:,k])
    r[0,k]=(u[:,k].T@A1@u[:,k]/(u[:,k].T@u[:,k]))[0,0]
    vmumukrk[:,k]=np.hstack((k+1,v[:,k],u[:,k],mu[0,k],r[0,k]))
pd.options.display.float_format = '{:.8f}'.format
df=pd.DataFrame(vmumukrk.T)
df.to_csv('ch2eig.csv')

#2.5节  示例
A1=np.matrix([[0, 1, 1],
              [0, 0, 1],
              [1, 0, 0]])
n=A1.shape[0]
P=np.diag(np.ravel(1/A1.sum(1)))@A1
PT=P.T
d=0.85
E=np.ones([n,1])
B=(1-d)/n*(E@E.T)+d*PT
K=20
X=np.zeros([n,K])
X[:,0]=(np.ones(n)/n).T
eps=0.001
maxk=0
for k in range(K):
    X[:, k+1] =B@X[:, k]
    if LA.norm(X[:, k+1]-X[:, k],ord=2)<=eps:
        maxk=k
        break;
print(X[:,0:maxk].T)
```

第3章

```
from sympy import symbols,integrate,sqrt#版本 1.10.1
from scipy.special import legendre,chebyt,laguerre,hermite
import numpy as np
from scipy.interpolate import interp1d,lagrange #拉格朗日
from scipy.interpolate import CubicHermiteSpline  #埃尔米特
from scipy.interpolate import CubicSpline  #三次样条
from scipy.interpolate import LinearNDInterpolator
from scipy.interpolate import KroghInterpolator
import sklearn.linear_model as lm#版本 1.2.2
import statsmodels.api as sm#版本 0.13.2
import pandas as pd
import matplotlib.font_manager as fm#版本 3.5.1
import cv2#版本 4.5.4.64
```

```
import matplotlib.pyplot as plt
from PIL import Image#版本 9.0.1

#3.1节  例1(拉格朗日)
x0= np.array([0, 1, 2])
y0 = np.array([1, 2, 3])
poly0 = lagrange(x0, y0)
print(poly0)
xp0 = 0.5
l20= poly0(xp0)

#习题 3
x1 = np.array([0.32, 0.34, 0.36])
y1 = np.array([0.314567, 0.333487, 0.352274])
xp1 = 0.3367
poly1=interp1d(x1,y1,kind='linear')
print(poly1(xp1))
poly2=interp1d(x1,y1,kind='quadratic')
print(poly2(xp1))
poly21 = lagrange(x1, y1)
print(poly21(xp1))
l21t= np.sin(xp1)

#3.1节  例4
def f(x):
    return (3 * x ** 3 - 5 * x ** 2+1)
ot4=np.zeros([4,5])
ot4[:,0]=range(4)
ot4[:,1]=[f(i) for i in ot4[:,0]]
m=3 #阶数
for j in range(m):
    for i in range(m-j):
        ot4[i+j+1, j+2] =(ot4[i+j+1, j+1]-ot4[i+j+1-1, j+1])/(ot4[i+j+1, 0]-
ot4[i+j+1-(j+1), 0])

#3.1节  补充例子
ot5=np.zeros([6,7])
ot5[:,0]=np.array([0.40, 0.55, 0.65, 0.80, 0.90,1.05])
ot5[:,1]=np.array([0.41075, 0.57815, 0.69675, 0.88811, 1.02652,1.25382])
m=5 #阶数
for j in range(m):
    for i in range(m-j):
        ot5[i+j+1, j+2] =(ot5[i+j+1, j+1]-ot5[i+j+1-1, j+1])/(ot5[i+j+1, 0]-
ot5[i+j+1-(j+1), 0])

#3.1节  补充例子(拉格朗日,牛顿)
x = np.array([0, 1, 2])
y = x**2
poly = lagrange(x, y)
xp = 1.5
```

```
l2 = poly(xp)
a = np.array([0, 0, 0])
a[0] = y[0]
a[1] = (y[1]-y[0])/(x[1]-x[0])
a[2] = ((y[2]-y[1])/(x[2]-x[1])-a[1])/(x[2]-x[0])
p = a[2]
n = 2
for k in range(1, n+1):
    p = a[n-k] + (xp - x[n-k]) * p
yp = xp**2
p1 = a[0]+a[1]*(xp-x[0])+a[2]*(xp-x[0])*(xp-x[1])
ye = np.array([l2, yp, p1])
print(ye)

#3.1节  例 5(埃尔米特)
x = np.array([0,1])
y = np.array([0,1])
dydx = np.array([1,0])#1,2
cs = CubicHermiteSpline(x, y, dydx)
print(np.polynomial.Polynomial((cs.c[::-1]).T[0,:]))
xs = np.linspace(min(x), max(x), num=100)
fig, ax = plt.subplots(2,2)
ax[0,0].plot(x, y, label='data', marker='o')
ax[0,0].plot(xs, cs(xs), label='spline')
h3 = [(1+2*(xs[i]-x[0])/(x[1]-x[0]))*((xs[i]-x[1])/(x[0]-x[1]))
      **2*y[0]+(1+2*(xs[i]-x[1])/(x[0]-x[1]))
       *((xs[i]-x[0])/(x[1]-x[0]))**2*y[1]+
       (xs[i]-x[0])*((xs[i]-x[1])/(x[0]-x[1]))
      **2*dydx[0]+(xs[i]-x[1])*((xs[i]-x[0])/(x[1]-x[0]))
      **2*dydx[1] for i in range(100)]
ax[0,0].plot(xs, h3, label='hermite')
ax[0,0].legend()
print(cs.c)

#3.1节  补充例子(埃尔米特)
x = np.array([0,1,2,3])
y = np.array([0,1,2,4])
dydx = np.array([1,2,0,1])
cs = CubicHermiteSpline(x, y, dydx)
xs = np.linspace(min(x), max(x), num=100)
ax[0,1].plot(x, y, label='data', marker='o')
ax[0,1].plot(xs, cs(xs), label='spline')
ax[0,1].legend()

x = [1,2,3,4,5,6,7,8,9,10]
y = [8,2,1,7,5,5,8,1,9,5]
ax[1,0].plot(x,y)
cs = CubicHermiteSpline(x, y, np.zeros(len(x))) #导数设置为0
xs = np.linspace(min(x), max(x), num=100)
ax[1,0].plot(x, y, label='data', marker='o')
```

```
ax[1,0].plot(xs, cs(xs), label='spline')
ax[1,0].legend()

cs = CubicSpline(x, y)
xs = np.linspace(min(x), max(x), num=100)
ax[1,1].plot(x, y, label='data', marker='o')
ax[1,1].plot(xs, cs(xs), label='spline')
ax[1,1].legend()
plt.show()

#3.2节 示例
def read_image(path):
    img = cv2.imread(path)
    size = img.shape
    dimension = (size[0], size[1])
    return img, size, dimension

def image_change_scale(img, dimension, scale=100, interpolation=cv2.INTER_
LINEAR):
    scale /= 100
    new_dimension = (int(dimension[1]*scale), int(dimension[0]*scale))
    resized_img = cv2.resize(img, new_dimension, interpolation=interpolation)
    return resized_img

def image_change_zoomin(img, dimension, scale=100):
    resized_img=img.copy()
    step= int(100/scale)
    for k in range(3):
        for i in range(dimension[0]):
            for j in range(dimension[1]):
                resized_img[i, j, k]=255
                if i%step==0 and j%step==0:
                    resized_img[int(i/step),int(j/step),k]=img[i,j,k]
    return resized_img

def image_change_fill(img, dimension, scale=100):
    resized_img=img.copy()
    step= int(100/scale)
    for k in range(3):
        for i in range(dimension[0]):
            for j in range(dimension[1]):
                if i%step>0 or j%step>0:
                    resized_img[i,j,k]=255
    return resized_img

def bilinear_interpolation(image, dimension):
    height = image.shape[0]
    width = image.shape[1]
    scale_x = (width)/(dimension[1])
    scale_y = (height)/(dimension[0])
```

```
    new_image = np.zeros((dimension[0], dimension[1], image.shape[2]))
    for k in range(3):
        for i in range(dimension[0]):
            for j in range(dimension[1]):
                x = (j+0.5) * (scale_x) - 0.5
                y = (i+0.5) * (scale_y) - 0.5
                x_int = int(x)
                y_int = int(y)
                x_int = min(x_int, width-2)
                y_int = min(y_int, height-2)
                x_diff = x - x_int
                y_diff = y - y_int
                a = image[y_int, x_int, k]
                b = image[y_int, x_int+1, k]
                c = image[y_int+1, x_int, k]
                d = image[y_int+1, x_int+1, k]
                pixel = a*(1-x_diff)*(1-y_diff) + b*(x_diff) * \
                    (1-y_diff) + c*(1-x_diff) * (y_diff) + d*x_diff*y_diff
                new_image[i, j, k] = pixel.astype(np.uint8)
    return new_image

img, size, dimension = read_image("./cat.jpeg")
print(f"Image size is: {size}")
scale_percent = 50
resized_img = image_change_zoomin(img, dimension, scale_percent)
fig, axs = plt.subplots(2, 2)
font_S=fm.FontProperties(family='FangSong')
fig.suptitle('对比图像', fontsize=16,fontproperties=font_S)
resized_img2 = image_change_fill(img, dimension, scale_percent)
resized_img3=resized_img[1:(int(dimension[0]*scale_percent/100)),1:(int
(dimension[1]*scale_percent/100)),]
bil_img_algo = bilinear_interpolation(resized_img3.copy(), dimension)
bil_img_algo = Image.fromarray(bil_img_algo.astype('uint8')).convert('RGB')
axs[0, 0].set_title("原始图像",fontproperties=font_S)
axs[0, 0].imshow(cv2.cvtColor(img, cv2.COLOR_BGR2RGB))
axs[0, 1].set_title("缩小图像",fontproperties=font_S)
axs[0, 1].imshow(cv2.cvtColor(resized_img, cv2.COLOR_BGR2RGB))
axs[1, 0].set_title("填充图像",fontproperties=font_S)
axs[1, 0].imshow(cv2.cvtColor(resized_img2, cv2.COLOR_BGR2RGB))
axs[1, 1].set_title("插值图像",fontproperties=font_S)
axs[1, 1].imshow(cv2.cvtColor(np.array(bil_img_algo), cv2.COLOR_BGR2RGB))
plt.show()
cv2.waitKey(0)
cv2.destroyAllWindows()

#3.2节  补充例子
methods = ['none', 'bilinear']
strnames =["原始图像","插值图像"]
np.random.seed(20231231)
font_S=fm.FontProperties(family='FangSong')
```

```
grid = np.random.rand(4, 4)
plasma = plt.get_cmap('viridis')
G=[plasma(grid[i,j]) for i in range(4) for j in range(4)]
fig, axs = plt.subplots(nrows=1, ncols=2, figsize=(9, 6),
                        subplot_kw={'xticks': [], 'yticks': []})
for ax, interp_method, strn in zip(axs.flat, methods, strnames):
    ax.imshow(grid, interpolation=interp_method, cmap='viridis')
    print(strn)
    ax.set_title(strn,fontproperties=font_S)
plt.tight_layout()
plt.show()

np.random.seed(0)
x = np.random.random(10) - 0.5
y = np.random.random(10) - 0.5
z = np.hypot(x, y)
X = np.linspace(min(x), max(x))
Y = np.linspace(min(y), max(y))
X, Y = np.meshgrid(X, Y) #二维插值
interp = LinearNDInterpolator(list(zip(x, y)), z)
Z = interp(X, Y)
plt.pcolormesh(X, Y, Z, shading='auto')
plt.plot(x, y, "ok", label="input point")
plt.legend()
plt.colorbar()
plt.axis("equal")
plt.show()

KroghInterpolator([0,0,1],[0,2,0])
#-2*X**2+2*X.ki(2)=-4,ki(3)=-12
#0+2(x-0)-2(x-0)*(x-1)=4x-2x^2
kiex=KroghInterpolator([1/4,1,1,9/4],[1/8,1,3/2,27/8])
print(kiex.c.__array__())
kiex16=KroghInterpolator([0,0,1,1,2],[0,0,1,1,1])
print(kiex16.c.__array__())
from numpy.polynomial import Polynomial as P
p = P([1,2,3])
p.coef
p(2)

#3.3节  例1 勒让德正交多项式
x=symbols('x')
rho=1
L0=1
L1=x
A1=integrate(L0*L1*rho,(x,-1,1))
print(A1)
A2=integrate(L1*L1*rho,(x,-1,1))
print(A2)
```

```
L1c=x-integrate(x*L0*rho,(x,-1,1))/integrate(L0*L0*rho,(x,-1,1))*L0
print(L1c)
L2c=x*x-integrate(x*x*L0*rho,(x,-1,1))/integrate(L0*L0*rho,(x,-1,1))*
L0\
    -integrate(x*x*L1c*rho,(x,-1,1))/integrate(L1c*L1c*rho,(x,-1,1))
*L1c
print(L2c)
L3c=x*x*x-integrate(x*x*x*L0*rho,(x,-1,1))/integrate(L0*L0*rho,(x,-1,
1))*L0\
    -integrate(x*x*x*L1c*rho,(x,-1,1))/integrate(L1c*L1c*rho,(x,-1,1))
*L1c\
    -integrate(x*x*x*L2c*rho,(x,-1,1))/integrate(L2c*L2c*rho,(x,-1,1))
*L2c
print(L3c)

L=[1]
for i in [1,2,3,4,5]:
    LT=x**i
    BF=x**i
    for j in range(i-1):
        LT = LT-integrate(BF*L[j]*rho,(x,-1,1))/integrate(L[j]*L[j]*rho,(x,
-1,1))*L[j]
    L.append(LT)
    print(str(L[i]))
    print(legendre(i,monic=True).c)
    #参数 monic 为真时(monic 默认为假),表示首项系数为 1 的勒让德正交多项式
    print(P(legendre(i,monic=True).c[::-1]))

#3.3节  例 2 切比雪夫正交多项式
x=symbols('x')
rho=1/sqrt(1-x*x)
C0=1
C1=x
A1=integrate(C0*C1*rho,(x,-1,1))
print(A1)
A2=integrate(C1*C1*rho,(x,-1,1))
print(A2)
C1c=x-integrate(x*C0*rho,(x,-1,1))/integrate(C0*C0*rho,(x,-1,1))*C0
print(C1c)
C2c=x*x-integrate(x*x*C0*rho,(x,-1,1))/integrate(C0*C0*rho,(x,-1,1))*
C0\
    -integrate(x*x*C1c*rho,(x,-1,1))/integrate(C1c*C1c*rho,(x,-1,1))
*C1c
print(C2c)
C=[1]
for i in [1,2,3,4,5]:
    CT=x**i
    BF=x**i
    for j in range(i-1):
```

```
        CT = CT-integrate(BF * C[j] * rho,(x,-1,1))/integrate(C[j] * C[j] * rho,(x,
-1,1)) * C[j]
    C.append(CT)
    print(C[i])
    print(chebyt(i,monic=True).c)
    print(P(chebyt(i,monic=True).c[::-1]))
    print(chebyt(i,monic=True).c)

#3.3节  示例 勒让德正交多项式
min = -1.0
max = 1.0
step = 0.05
Pn = [legendre(n) for n in range(6)]
for n in range(6):
    Pn = legendre(n)
    x = np.arange(min,max+step,step)
    y = Pn(x)
    print(Pn.coef)
    print(Pn.roots)
    plt.plot(x, y)
plt.show()

#3.3节  示例 切比雪夫正交多项式
import matplotlib.pyplot as plt
import numpy as np
from scipy.special import chebyt
min = -1.0
max = 1.0
step = 0.05
Tn = [chebyt(n) for n in range(6)]
for n in range(6):
    Tn = chebyt(n)
    x = np.arange(min,max+step,step)
    y = Tn(x)
    plt.plot(x, y)
plt.show()
chebyt(3).roots

#3.3节  示例 拉盖尔正交多项式
min = -1
max = 5
step = 0.1
la= [laguerre(n) for n in range(6)]
for n in range(6):
    la = laguerre(n)
    x = np.arange(min,max+step,step)
    y = la(x)
    plt.plot(x, y)
plt.show()
```

```
#3.3节  示例 埃尔米特正交多项式
min = -2
max = 2
step = 0.05
he= [hermite(n) for n in range(6)]
for n in range(6):
    he = hermite(n)
    x = np.arange(min,max+step,step)
    y = he(x)
    plt.plot(x, y)
plt.show()

#3.4节  例1最小二乘法
X=np.array([[1,1,1],[1,1,0],[1,1,0],[1,0,1]])
Y=np.array([2,3,1,3])
W = np.array([1,1,1,1])
reg = lm.LinearRegression()
reg = reg.fit(X,Y,W)
print('intercept_='+str(reg.intercept_)+',coef='+str(reg.coef_)+',R2='+str
(reg.score(X, Y,W)))
print(reg.predict(np.array([[1,1,1]])))
rss=np.sum(W*(Y-reg.predict(X))*(Y-reg.predict(X)))
tss=np.sum(W*(Y-np.mean(Y))*(Y-np.mean(Y)))
r2=1-rss/tss

X=np.mat([[1,1,1],[1,1,0],[1,1,0],[1,0,1]])
Y=np.mat([2,3,1,3])
W = np.diag([1,1,1,1])
sregcoef2=np.linalg.inv(X.T@W@X)@(X.T@W@Y.T)
Ye=(X@sregcoef2).T
rss2=(Y-Ye)@W@(Y-Ye).T
tss2=(Y-np.mean(Y))@W@(Y-np.mean(Y)).T
r22=1-rss2/tss2
print(r22)

W = [1,1,1,1]
mod = sm.WLS(Y.T,X,weights=W)#或换成 sm.OLS(Y.T,X)
res = mod.fit()
print(res.summary())

#3.4节  例2最小二乘法
data_path = r'baseball.dat'
data = pd.read_csv(data_path, sep='\s+', header=0)
y = data['salary'].values
y = np.array(y)
x = data.drop(['salary'], axis=1).values
xd = np.array(x)
xd1 = sm.add_constant(xd, prepend=False)
m0 = sm.OLS(np.log(y), xd1)
r0 = m0.fit()
```

```
AIC = r0.nobs * np.log(r0.ssr / r0.nobs) + 2 * 28 #ols
r2 = r0.ess / r0.centered_tss
print(r0.summary())
print(AIC)
print(r2)
```

第 4 章

```
import sympy as sy
import numpy as np
from sympy import lambdify
import scipy.optimize as opt
import math
import pandas as pd
```

```
#4.1节  例2二分法
def fx(x):
    return (63 * pow(x, 5) - 70 * pow(x, 3) + 15 * x) / 8
def dfx(x):
    return (63 * 5 * pow(x, 4) - 70 * 3 * pow(x, 2) + 15) / 8
def bisection(a, b, e):
    mid = (a+b)/2
    print('bisection', mid, fx(mid))
    if fx(mid) == 0 or math.fabs(b-a) < e:
        return mid
    elif fx(mid) * fx(a) < 0 :
        return bisection(a, mid, e)
    else:
        return bisection(mid, b, e)
root1=opt.bisect(fx,-1, -0.8,xtol=0.5e-8,disp=True)
root2=opt.bisect(fx,-0.8, -0.5,xtol=0.5e-8,disp=True)
root3=opt.bisect(fx,-0.5, -0,xtol=0.5e-8,disp=True)
root4=opt.bisect(fx,0.5, 0.8,xtol=0.5e-8,disp=True)
root5=opt.bisect(fx,0.8, 1,xtol=0.5e-8,disp=True)
root_bisect=bisection(-1,-0.8,1e-8)
root00=opt.root_scalar(fx,method='bisect',bracket=[-1, -0.8],xtol=0.5e-8)
root01=opt.root_scalar(fx,method='bisect',bracket=[-0.8, -0.5],xtol=0.5e-8)

#所有解
def div(a, b, dlist, i):
    mid = (a+b) / 2
    dlist[i][1] = mid
    dlist.append([mid, b])
e = 1e-8
dlist = [[-1.0, 1.0]]
rs = []
while (dlist[0][1] - dlist[0][0]) > e and len(rs) < 5:
    for i in range(len(dlist)):
        if(fx(dlist[i][0]) * fx(dlist[i][1]) > 0):
```

```
            div(dlist[i][0], dlist[i][1], dlist, i)
        else:
            x = bisection(dlist[i][0], dlist[i][1], e)
            dlist.append([x+e, dlist[i][1]])
            dlist[i][1] = x-e
            rs.append(x)
    print(rs)

root01=opt.root_scalar(fx,method='newton',fprime=dfx,x0=-1)
root02=opt.root_scalar(fx,method='brentq',bracket=[-1, -0.8])

#4.1节  例4不动点迭代法
xp=np.zeros((100,5))
xp[0,]=[-1, -0.6, 0,0.6,1]
alpha=[-2/15,2/15,-2/15,2/15,-2/15]
eps_f=1e-8
for i in range(5):
    for it in range(99):
        if np.abs(fx(xp[it,i]))<=eps_f:
            break;
        xp[it+1,i] = xp[it,i]+alpha[i]* fx(xp[it,i])
print(xp)

#4.1节  例7自适应运动估计算法(Adam)
def admself(x,m,v,g,beta1,beta2,t,alpha=0.02,eps=1e-8):
    m = beta1 * m + (1.0 - beta1) * g
    v = beta2 * v + (1.0 - beta2) * g ** 2
    mhat = m / (1.0 - beta1 ** (t + 1))
    vhat = v / (1.0 - beta2 ** (t + 1))
    x = x - alpha * mhat / (np.sqrt(vhat) + eps)
    return x,m,v
df = pd.DataFrame(xp, columns = ['-1','-0.6','0','0.6','1'])
df.to_excel('ch7gd.xlsx','Sheet1')
xp=np.zeros((100,5))
xp[0,]=[-1, -0.6, 0,0.6,1]
alpha=[-0.01,0.01,0.01,-0.01,0.01]
eps_f=1e-2
for i in range(5):
    m, v, beta1, beta2 = 0, 0, 0.8, 0.999
    for it in range(99):
        if np.abs(fx(xp[it,i]))<eps_f:
            break;
        g=dfx(xp[it,i])
        xp[it+1,i],m,v = admself(xp[it,i], m, v, g, beta1, beta2, it,alpha[i])
print(xp)
df = pd.DataFrame(xp, columns = ['-1','-0.6','0','0.6','1'])
df.to_excel('ch7adm.xlsx','Sheet1')

#4.1节  例9牛顿迭代法
xp=np.zeros((100,5))
```

```
xp[0,]=[-1, -0.6, 0,0.6,1]
eps_f=1e-8
for i in range(5):
    for it in range(99):
        f=fx(xp[it,i])
        if np.abs(f)<=eps_f:
            break;
        g=dfx(xp[it,i])
        xp[it+1,i] = xp[it,i]-f/g
print(xp)

#4.2节 例3多元牛顿迭代法
def fv(x):
    return np.mat([[x[0,0]+2*x[1,0]-3],
            [2*x[0,0]**2+x[1,0]*x[1,0]-5]])
def G(x):
    G=np.mat([[1,2],
             [4*x[0,0],2*x[1,0]]])
    return G
x0=np.mat([[1.0],[1.0]])
xp=np.zeros((5,2))
xp[0,:]=x0.T
Flag=True
it=1
mit=100
eps=1e-8
while Flag or it<mit:
    x1=x0-np.linalg.inv(G(x0))@fv(x0)
    xp[it,:]=x1.T
    loss=fv(x1).T@fv(x1)
    if loss<=eps:
        x0=x1
        Flag=False
        break
    else:
        print('iteration:',it,loss)
        x0 = x1
        it=it+1
print(xp)

#4.2节  例3 Broyden族方法
def fun(x):
    return [x[0] + 2*x[1] - 3,
            2*x[0]**2 + x[1]*x[1]-5]
solb1 = opt.root(fun, [1,1], method='broyden1',tol=1e-8)
solb1.x
solb2 = opt.root(fun, [1,1], method='broyden2',tol=1e-8)
solb2.x

#4.2节  例4多元牛顿迭代法
```

```
a,b,c,d,x,y,z,w=sy.symbols('a b c d x y z w')
a=x+y-1
b=x * z+y * w-1/2
c=x * z**2+y * w**2-1/3
d=x * z**3+y * w**3-1/4
funcs=sy.Matrix([a,b,c,d])
args=sy.Matrix([x,y,z,w])
jacob=funcs.jacobian(args)
xvv=np.zeros((200,4))
xvv[0,]=[0.5,1.5,-0.5,0.5]
k=1
ar=(x, y, z, w)
jf=lambdify(ar,jacob,modules='numpy')
f=lambdify(ar,funcs,modules='numpy')
F=f(xvv[k-1,0],xvv[k-1,1],xvv[k-1,2],xvv[k-1,3])
old=F.T@F
while old[0,0]>1e-8:
    M = jf(xvv[k - 1, 0], xvv[k - 1, 1], xvv[k - 1, 2], xvv[k - 1, 3])
    Minv = np.linalg.inv(M)
    xvv[k,]=xvv[k-1,]-(Minv@F).T
    F = f(xvv[k, 0], xvv[k, 1], xvv[k, 2], xvv[k, 3])
    old = F.T @ F
    k=k+1
print(xvv[0:(k-1),])

#4.2节  例 4 DFP更新方法
k=1
M = jf(xvv[k - 1, 0], xvv[k - 1, 1], xvv[k - 1, 2], xvv[k - 1, 3])
Minv = np.linalg.inv(M)
F = f(xvv[k, 0], xvv[k, 1], xvv[k, 2], xvv[k, 3])
old = F.T @ F
while old[0,0]>1e-8:
    xvv[k,]=xvv[k-1,]-(Minv@F).T
    yt=f(xvv[k,0],xvv[k,1],xvv[k,2],xvv[k,3])-f(xvv[k-1,0],xvv[k-1,1],xvv[k-
1,2],xvv[k-1,3])
    zt=(xvv[k,]-xvv[k-1,]).reshape(-1,1)
    vt=yt-M@zt
    ct = 1 / (vt.T@zt)
    M=M+ct * vt @ vt.T
    Minv=Minv-(ct * Minv @  vt @ vt.T@Minv)/(1+ct * vt.T@ Minv @ vt)
    F = f(xvv[k,0],xvv[k,1],xvv[k,2],xvv[k,3])
    old = F.T @ F
    k=k+1
print(xvv[0:(k-1),])
```

第 5 章

```
import numpy as np
from scipy.integrate import newton_cotes
```

```
from scipy.integrate import romb,fixed_quad
from scipy.special import legendre
from scipy.special import laguerre
from sympy.abc import x
from sympy import symbols,Eq,solve

#第 5 章  习题 4
def f(x):
    return np.sin(x)
a = 0
b = np.pi/2
exact = 1
for N in [1, 2, 3, 4]:
    x = np.linspace(a, b, N + 1)
    an, B = newton_cotes(N, 1)
    dx = (b - a) / N
    quad = dx * np.sum(an * f(x))
    error = abs(quad - exact)
    print('{:2d} {:10.8f} {:.5e}'.format(N, quad, error))
#第 5 章  习题 6
a = 0
b = np.pi/2
x = np.linspace(a, b, 2**4+1)
y = np.sin(x)
romb(y, show=True,dx=(b-a)/2**4)
for N in [1, 2, 3, 4, 5]:
    x = np.linspace(a, b, N + 1)
    quadct=np.trapz(f(x),x)
    error = abs(quadct - exact)
    print('{:2d} {:10.9f} {:.5e}'.format(N, quadct, error))

#5.4 节  例 1 方法一
x = np.linspace(0, 1, 2**7+1)
y = np.power(x,1.5)
romb(y, show=True,dx=(1-0)/2**7)

#5.5 节  示例 1
a, b, c, d = symbols('a b c d')
system1=[Eq(a + b,1),Eq(a * c+b * d,0.5),Eq(a * (c**2)+b * (d**2),1/3),Eq(a * (c**
3)+b * (d**3),1/4)]
xv=solve(system1, [a, b, c, d])
print(xv)

#第 5 章  习题 9
#方法 1
f = lambda x: x**2 * np.cos(x)
ig11=fixed_quad(f, 0.0, np.pi/2, n=4)
print(ig11)
#方法 2
f1 = lambda x: np.power(np.pi/4,3) * (1+x)**2 * np.cos(np.pi * (1+x)/4)
```

```
xkv,wkv = np.polynomial.legendre.leggauss(4)
ig12=wkv@f1(xkv)
print(ig12)
#方法 3
f1 = lambda x: np.power(np.pi/4,3) * (1+x)**2 * np.cos(np.pi * (1+x)/4)
Pn = legendre(4)
xk = np.sort(Pn.roots)
Pp = Pn.deriv()
wk = [2/((1-xj**2) * Pp(xj)**2) for xj in xk ]
Pn1 = legendre(5)
wk1 = [2 * (1-xj**2)/((4+1)**2 * (xj * Pn(xj) - Pn1(xj))**2) for xj in xk]
ig13=wk@f1(xk)#也可写成 ig13=np.dot(wk,f1(xk))
print(ig13)

#第 5 章  习题 10
f11 = lambda x: np.exp(x)
xk11,wk11 = np.polynomial.chebyshev.chebgauss(5)
igf11=wk11@f11(xk11)
print(igf11)

#第 5 章  习题 11
#方法 1
f12 = lambda x: np.exp(-x) * np.sin(x)
f121 = lambda x: np.sin(x)#特别注意要去掉权函数
xk12,wk12 = np.polynomial.laguerre.laggauss(2)
igf12=wk12@f121(xk12)
print(igf12)
xk16,wk16 = np.polynomial.laguerre.laggauss(6)
igf16=wk16@f121(xk16)
print(igf16)
#方法 2
#此为首项系数为 1 的拉盖尔,n 次拉盖尔需要乘以 n 的阶乘,才能转换为教材上的拉盖尔
f121 = lambda x: np.sin(x)#特别注意要去掉权函数
xk12_2 = laguerre(2).roots
Ld = laguerre(2).deriv()
wk12_2 = [1/(xj * Ld(xj)**2) for xj in xk12_2]
#首项系数为 1 的 laguerre,因此除以 2^2
wk12_2_2 = [xj/(2 * laguerre(2)(xj) - 4/2 * laguerre(1)(xj))**2 for xj in xk12_2]
igf12_2=wk12_2@f121(xk12_2)
print(igf12_2)
n=6
xk16_2 = laguerre(n).roots
Ld = laguerre(n).deriv()
wk16_2 = [1/(xj * Ld(xj)**2) for xj in xk16_2]
wk16_2_2 = [xj/(n * laguerre(n)(xj) - n * laguerre(n-1)(xj))**2 for xj in xk16_2]
igf16_2=wk16_2@f121(xk16_2)
print(igf16_2)

#第 5 章  习题 12
f13 = lambda x: x * x
```

```
xk13,wk13 = np.polynomial.hermite.hermgauss(2)
igf13=wk13@f13(xk13)
print(igf13)
```

第6章

```
import numpy as np
from scipy.stats import beta
from scipy.stats import norm
from scipy.stats import uniform
import matplotlib.pyplot as plt
#6.2节  例2
y=np.zeros((100,1))
yfl=np.zeros((100,1))
for i in range(100):
    rand=uniform.rvs()
    if rand<0.7:
        y[i,0]=norm.rvs(7,0.5)
        yfl[i,0]=1
    else:
        y[i,0]=norm.rvs(10,0.5)
        yfl[i,0]=2
f = lambda x: np.sum(np.log(x * norm.pdf(y,7,0.5) + (1-x) * norm.pdf(y,10,0.5)))
g = lambda x,a,b: beta.pdf(x,a,b)
R = lambda xt,x,a,b: np.exp(f(x)+np.log(g(xt,a,b))-f(xt)-np.log(g(x,a,b)))
n=10000
xv=np.zeros((n+1,2))
xv[0] =0.2
for i in range(n):
    x1 = beta.rvs(1,1)#beta.rvs(2,10)
    x2 = beta.rvs(2,10)
    p1 = min(R(xv[i,0],x1,1,1),1)
    p2 = min(R(xv[i,1], x2, 2, 10), 1)
    rd1 = uniform.rvs()
    rd2 = uniform.rvs()
    d1 =  rd1<p1
    d2 = rd2 < p2
    xv[i+1,0] = x1 * d1 + xv[i,0] * (1-d1)
    xv[i + 1, 1] = x2 * d2 + xv[i,1] * (1 - d2)
print(xv)
plt.figure('iteration')
x = [i for i in range(n)]
p0, = plt.plot(x, xv[0:n,0], linestyle='dashed', c='blue')  # 蓝色
p1, = plt.plot(x, xv[0:n,1], linestyle='dashdot', c='red')  # 红色
plt.legend([p0, p1], [r"B(1,1)", r"B(2,10)"])
plt.ylim((0, 1))
plt.show()
print(np.mean(xv))
```

第 7 章

```
import numpy as np
import pandas as pd
from numpy.matlib import repmat

#7.3节  例1
data_path = r'bimodalself.dat'  #该数据为第 6 章程序中两个列向量 y 和 yfl 保存的文本
                                #文件
data = pd.read_csv(data_path,names=['y','yfl'], sep=',')
n=data.shape[0]
y=np.zeros((n,1))
y[:,0]=data.values[:,0]
it=0
maxit=100
theta=np.zeros([maxit,8])
theta[it,]=[0,0.5,0.5,y.mean()-y.std(),y.mean()+y.std(),y.var(),y.var(),0]
phi=lambda x,
theta:[theta[1]/np.sqrt(2*np.pi*theta[5])*np.exp(-(x-theta[3])**2/(2*theta
[5])),theta[2]/np.sqrt(2*np.pi*theta[6])*np.exp(-(x-theta[4])**2/(2*theta
[6]))]
while it<=maxit:
    z0=phi(y,theta[it,:])
    z1=np.hstack([z0[0], z0[1]])
    z=np.diag(1/z1.sum(axis=1))@z1
    if it==0:
        uik=repmat(-np.log(np.sqrt(2*np.pi))-0.5*np.log(theta[it,5:6]),n,2)-
np.hstack([(y-theta[it,3])/(2*theta[it,5]),(y-theta[it,4])/(2*theta[it,6])])
        theta[it,7]=sum(z)@np.log(theta[it,1:3]).T+sum(sum(z*uik))
    it=it+1;
    theta[it,0] = it
    theta[it,1:3]=sum(z)/n
    theta[it,3:5]=y.T@(z/sum(z))

    theta[it,5:7]=np.hstack([(y-theta[it,3]).T**2@z[:,0]/sum(z[:,0]),(y-theta
[it,4]).T**2@z[:,1]/sum(z[:,1])])
    uik = repmat(-np.log(np.sqrt(2 * np.pi)) - 0.5 * np.log(theta[it, 5:6]), n,
2) - np.hstack(
        [(y - theta[it, 3]) / (2 * theta[it, 5]), (y - theta[it, 4]) / (2 * theta
[it, 6])])
    theta[it, 7] = sum(z) @ np.log(theta[it, 1:3]).T + sum(sum(z * uik))
    if abs((theta[it,7]-theta[it-1,7])/theta[it-1,7])<=1e-8:
        break
print(theta[0:it,])
pd.options.display.float_format = '{:.8f}'.format
df=pd.DataFrame(theta[0:it,])
df.to_csv('ch7mix.csv')
```

第8章

```
from numpy.random import randn
import pandas as pd
import numpy as np
from itertools import *
import matplotlib.pyplot as plt
import statsmodels.api as sm

#8.3节  例1局部搜索算法,模拟退火算法
class Model_LinearRegression(object):
    def __init__(self, x, y):
        if not isinstance(x, np.ndarray) and not isinstance(y, np.ndarray):
            raise ValueError("input x,y must be numpy ndarray,but get x:{},y: {} ".
                                    format(type(x), type(y)))
        self.x_data = x
        self.y_data = y
        self.x=[]
        self.y=[]
        self.Xb = []
        self.y_log = []
        self.theta = []
        self.y_pre = []
        self.RSS = 0
        self.TSS = 0
        self.R2 = 0
        self.AIC = 0

    def get_theta(self):
        self.Xb = np.hstack((np.ones((self.x.shape[0], 1), dtype=np.int32),
self.x))
        self.y_log = np.log(self.y)
        self.theta = np.linalg.inv(self.Xb.T.dot(self.Xb)).dot(self.Xb.T).dot
(self.y_log)
        return self.theta

    def get_pre_y(self):
        if 'Xb' not in self.__dict__ and 'y_log' not in self.__dict__:
            raise Exception("must get Xb from get_thata function, before get_pre_y")
        self.y_pre = self.Xb.dot(self.theta)
        return self.y_pre

    def get_RSS(self):
        self.RSS = np.sum(np.square(self.y_pre - self.y_log))
        return self.RSS

    def get_R2(self):
        self.TSS = np.sum(np.square(self.y_log - self.y_log.mean()))
        self.R2 = (self.TSS - self.RSS) / self.TSS
```

```
        return self.R2

    def get_AIC(self):
        x_dim0_len, x_dim1_len = self.x.shape
        self.AIC = x_dim0_len * np.log(self.RSS / x_dim0_len) + 2 * (x_dim1_len + 1)
        return self.AIC

    def r_x(self, x, index):
        rx = x.copy()
        rx[index]=np.abs(1 - x[index])
        return rx

    def r_x2(self, x, index1, index2):
        rx = x.copy()
        rx[index1] = np.abs(1 - x[index1])
        rx[index2] = np.abs(1 - x[index2])
        return rx

    def get_slove_zone(self, x, k_change ):
        if k_change==1:
            return np.array([
                self.r_x(x, i) for i in range(x.shape[0])
            ])
        if k_change == 2 :
            return np.array([
                self.r_x2(x,el[0],el[1]) for el in combinations(range(x.shape
                [0]),2)
            ])
        return None

    def __str__(self):
        print("######### Model_LinearRegresing ######")

    def forward(self, x_one):
        self.x = self.x_data[:, x_one == 1]
        self.y = self.y_data
        self.get_theta()
        self.get_pre_y()
        self.get_RSS()
        self.get_R2()
        self.get_AIC()
        return -self.AIC, self.RSS, self.R2

class Local_Search(object):
    def __init__(self,linear_model = None,seed = 10):
        self.seed = seed
        if not isinstance(linear_model, Model_LinearRegression ) :
            raise ValueError("input must be a {}".format('Model_LinearRegression'))
        self.model = linear_model
        self.random_init()
```

```
    def random_init(self):
        np.random.seed(self.seed)
        self.xi=np.array([[1,1,0,1,0,1,1,0,1,1,0,1,1,0,0,1,0,0,0,0,0,1,0,0,1,1,0]
                        ,[0,1,0,0,1,0,0,0,1,1,0,1,1,1,1,1,0,1,0,0,0,0,1,0,1,1,1]
                        ,[0,1,0,1,1,0,1,0,0,1,0,0,0,1,1,0,0,0,1,0,1,1,0,1,1,0,1]
                        ,[0,0,0,0,0,1,0,1,0,0,0,0,0,0,0,1,1,0,1,1,0,0,1,0,0,1,0]
                        ,[0,0,0,0,0,1,1,1,0,0,0,1,1,1,1,0,1,0,1,1,1,0,0,1,1,1,0]])

    def forward(self, num, k_change):
        self.__str__()
        result = []
        all_loss = []
        for xj in range(self.xi.__len__()):
            x = self.xi[xj,:]
            x_AIC, x_RSS, x_R2= self.model.forward(x)
            loss = []
            for it in range(num):
                x_slove_zone = self.model.get_slove_zone(x, k_change=k_change)
                for x_slove in x_slove_zone:
                    x_slove_AIC,x_slove_RSS,x_slove_R2 = self.model.forward(x_
                    slove)
                    if np.all(x_slove_AIC > x_AIC):
                        x = x_slove
                        x_AIC = x_slove_AIC
                        x_RSS = x_slove_RSS
                        x_R2 = x_slove_R2
                loss.append(x_AIC)
            result.append((x,x_AIC, x_RSS, x_R2))
            all_loss.append(loss)
        return result, all_loss

    def __str__(self):
        print("######### Model_Local_Searcher  ######")

class anneal(object):
    def __init__(self,linear_model = None,seed = 10):
        self.seed = seed
        if not isinstance(linear_model, Model_LinearRegression) :
            raise ValueError("input must be a {}".format('Model_LinearRegression'))
        self.model = linear_model
        self.random_init()

    def random_init(self):
        np.random.seed(self.seed)
        self.xi = np.array([np.random.randint(0,2) for x in range(27)])
        #xi为27维的行向量

    def forward(self, k_change, t):
        self.__str__()
        t = t
```

```
        AICs = []
        xs=[]
        x = self.xi
        x_AIC, x_RSS, x_R2 = self.model.forward(x)
        for step in range(15):
            if step <= 4:
                mj = 60
            if 4 < step <= 9:
                mj = 120
            if 9 < step <= 14:
                mj = 220
            for m in range(mj):
                #print("STEP{}, M{}".format(step, m))
                zones = self.model.get_slove_zone(x, k_change=k_change)
                x_zone = zones[np.random.randint(0, zones.shape[0])]
                x_zone_AIC, x_zone_RSS, x_zone_R2 = self.model.forward(x_zone)
                r = np.random.rand()
                p = min(1, np.exp(((-x_AIC) -(- x_zone_AIC)) / t))
                if r < p:
                    x = x_zone
                    x_AIC = x_zone_AIC
                    x_R2 = x_zone_R2
                    x_RSS = x_zone_RSS
                AICs.append(x_AIC)
                xs.append(x)
            t = 0.9 * t
        return x, x_AIC, x_R2, x_RSS, AICs,xs

    def __str__(self):
        print("######### Model annealing   ######")

def matplotlib_figure(loss, it = 5):
    fig = plt.figure(' loss ')
    ax = fig.gca()
    plt.ylim(200, 450)
    for i in range(it):
        y_loss1 = np.array(loss[i])
        y_loss2 = np.array(loss[i+5])
        x = np.arange(i * y_loss1.shape[0]+1, (i+1) * y_loss1.shape[0]+1)
        p0,=plt.plot(x, y_loss1, linestyle='-', c='blue')
        plt.legend("k=1")
        p1,=plt.plot(x, y_loss2, linestyle='--', c='red')
        plt.legend([p0, p1], ["k=1","k=2"])
        plt.xticks([1,15,29,43,59,70])
    plt.show()

def matplotlib_figure_A( AICs,t,k):
    plt.figure('iteration')
    x = [i for i in range(1, 2001)]
    p0, = plt.plot(x, AICs[0],linestyle='dashed', c='blue')#蓝色
```

```
    p1, = plt.plot(x, AICs[1],linestyle='dashdot', c='red')#红色
    p2, = plt.plot(x, AICs[2],linestyle='solid', c='orange')#橙色
    p3, = plt.plot(x, AICs[3],linestyle='dotted', c='black')
    plt.legend([p0, p1, p2, p3], [r"$\tau_{0}$=%d"%t[0]+",k=%d"%k[0],
r"$\tau_{0}$=%d"%t[0]+",k=%d"%k[1],r"$\tau_{0}$=%d"%t[1]+",k=%d"%k[0], r"$\tau_
{0}$=%d"%t[1]+",k=%d"%k[1]], loc = 'best')
    plt.ylim((200, 450))
    plt.show()

#数据文件目录
data_path = r'baseball.dat'
if __name__ == '__main__':
    #取出 x 和 y
    data = pd.read_csv(data_path, sep='\s+', header=0)
    y = data['salary'].values
    y = np.array(y)
    x = data.drop(['salary'], axis=1).values
    xd = np.array(x)

    xd1 = sm.add_constant(xd, prepend=False)
    m0 = sm.OLS(np.log(y), xd1)
    r0 = m0.fit()
    AIC=r0.nobs*np.log(r0.ssr/r0.nobs)+2*28
    N=r0.nobs
    w=np.ones((1, 337))
    lc= .5 * (np.sum(np.log(w)) - N * (np.log(2 * np.pi) + 1 - np.log(N) + np.
log((w*r0.resid)@(w*r0.resid).T)[0]))
    aics = -2 * lc + 2 * 28
    r2=r0.ess/r0.centered_tss
    print(r0.summary())
    print(AIC)
    print(r2)
    print(-2*r0.llf+2*28)

    linear_model = Model_LinearRegression(xd, y )
    local_searcher = Local_Search(linear_model)
    result, all_loss = local_searcher.forward(num= 14, k_change= 1)
    for i in range(len(result)):
        x,x_AIC, x_RSS, x_R2  = result[i]
        loss = all_loss[i]
        print("x{}: ".format(i), x, "x_AIC :",  x_AIC, "x_RSS :",  x_RSS, "x_R2
:",  x_R2)
        print( "loss : ",  loss  , '\n')
        print("x : ", np.array(np.where(x==1))+1,"AIC: ", x_AIC, '\n')

    linear_model1 = Model_LinearRegression(xd, y)
    local_searcher1 = Local_Search(linear_model1)
    result2, all_loss2 = local_searcher1.forward(num= 14, k_change= 2)
    for i in range(len(result)):
        x,x_AIC, x_RSS, x_R2  = result2[i]
```

```
    loss2 = all_loss2[i]
    print("x{}: ".format(i), x, "x_AIC :",  x_AIC, "x_RSS :",  x_RSS, "x_R2
    :",  x_R2)
    print( "loss : ",  loss, '\n')
    print("x : ", np.array(np.where(x==1))+1,"AIC: ", x_AIC, '\n')
#
matplotlib_figure(all_loss+all_loss2)

y1 = data['salary'].values
y1 = np.array(y1)
x1 = data.drop(['salary'], axis=1).values
x1 = np.array(x1)
linear_model = Model_LinearRegression(x1, y1)
annealer = anneal(linear_model)
t_l = [1,6]
k_l = [1,2]
AICs_l = []
for t in t_l:
    for k in k_l:
        x, x_AIC, x_R2, x_RSS, AICs,xs  = annealer.forward(k_change=k, t=t)
        AICs_l.append(AICs)
        print("x = {}: ".format(x), "x_AIC :",  x_AIC, "x_RSS :",  x_RSS, "x_
        R2 :",  x_R2)
        print("AICs : ", AICs, '\n')
        a_aics=np.array(AICs)
        m_index=np.array(np.where(a_aics==a_aics.max())).max()
        print("m_index: ", m_index,"x : ",np.where(np.array(xs[m_index])+1==2),
        "AIC: ", a_aics[m_index], '\n')
matplotlib_figure_A(AICs_l,t_l,k_l)
```

参考文献

[1] 方开泰,全辉,陈庆云.实用回归分析[M].北京:科学出版社,1988.

[2] 方开泰,许建伦.统计分布[M].北京:高等教育出版社,2016.

[3] 方开泰,许建伦.统计分析[M].北京:科学出版社,1987.

[4] 高惠璇.统计计算[M].北京:北京大学出版社,1995.

[5] 龚光鲁,钱敏平.应用随机过程教程及在算法和智能计算中的随机模型[M].北京:清华大学出版社,2004.

[6] 何晓群,刘文卿.应用回归分析[M].3版.北京:中国人民大学出版社,2019.

[7] 李东风.统计计算[M].北京:高等教育出版社,2017.

[8] 李航.统计学习方法[M].2版.北京:清华大学出版社,2019.

[9] 李庆扬,王能超,易大义.数值分析[M].3版.武汉:华中科技大学出版社,1986.

[10] 李庆扬,王能超,易大义.数值分析[M].5版.北京:清华大学出版社,2008.

[11] 邱锡鹏.神经网络与深度学习[M].北京:机械工业出版社,2020.

[12] 盛骤,谢式千,潘承毅.概率论与数理统计[M].5版.北京:高等教育出版社,2019.

[13] 吴军.数学之美[M].3版.北京:人民邮电出版社,2020.

[14] 张连文,郭海鹏.贝叶斯网引论[M].北京:科学出版社,2006.

[15] 张贤达.矩阵分析与应用[M].2版.北京:清华大学出版社,2022.

[16] 张尧庭,方开泰.多元统计分析引论[M].武汉:武汉大学出版社,2013.

[17] 周丙常,孙浩 译.计算统计[M].2版.西安:西安交通大学出版社,2017.

[18] 周纪芗.回归分析[M].上海:华东师范大学出版社,1993.

[19] Kingma D P,Ba J L. Adam: A method for stochastic optimization[C]. International Conference on Learning Representations (ICLR). San Diego,CA,2015.

[20] Åke Björck. Numerical methods in matrix computations[M]. Berlin: Springer,2015.

[21] Blei D,Ng A,Jordan M. Latent dirichlet allocation[J]. Journal of Machine Learning Research,2003,3: 993-1022.

[22] Brin S, Page L. The anatomy of a large-scale hypertextual web search engine[M]. Computer Networks and ISDN Systems,1998,30: 107-117.

[23] Brooks S P,Gelman A. General methods for monitoring convergence of iterative simulations[J]. Journal of Computational and Graphical Statistics,1998,47(4): 434-455.

[24] Brooks S,Gelman A,Jones G L,et al. Handbook of Markov Chain Monte Carlo[M]. New York,NY: Chapman and Hall/CRC Press,2011.

[25] Burden R L,Faires J D,Burden A M. Numerical analysis[M]. Boston,MA: Cengage Learning,2015.

[26] Carlin B P,Gelfand A E,Adrian,et al. Hierarchical Bayesian analysis of changepoint problems[J]. Journal of the Royal Statistical Society. Series C (Applied Statistics),1992,41(2): 389-405.

[27] Chapra S C. Applied numerical methods with MATLAB for engineers and scientists[M]. 4th ed. New York: McGraw-Hill Education,2018.

[28] Cowles M K,Carlin B P. Markov Chain Monte Carlo convergence diagnostics: A comparative review [J]. Journal of the American Statistical Association,1996,91(434): 883-904.

[29] Dempster A P,Laird N M,Rubin D B. Maximum likelihood from incomplete data via the EM algorithm[J]. Journal of the Royal Statistical Society Series B (Methodological),1977,39(1): 1-38.

[30] Dhrymes P J. Mathematics for econometrics[M]. New York: Springer. 2013.

[31] Epperson J F. An introduction to numerical methods and analysis[M]. 2nd ed. Hoboken, NJ: John Wiley & Sons, Inc., 2013.

[32] Gautschi W. Numerical Analysis[M]. 2nd ed. New York: Springer, 2011.

[33] Gelman A, Vehtari A. What are the most important statistical ideas of the past 50 years[J]. Journal of the American Statistical Association, 2021, 116(536): 2087-2097.

[34] Geman S, Geman D. Stochastic relaxation, Gibbs distributions, and the bayesian restoration of images [J]. IEEE Transactions on Pattern Analysis and Machine Intelligence, 1984, 6: 721-741.

[35] Gelman A, Rubin D B. Inference from iterative simulation using multiple sequences[J]. Statistical Science, 1992, 7(4): 457-472.

[36] Gentle J E. Elements of computational statistics[M]. New York: Springer, 2002.

[37] Gentle J E, Härdle W K, Mori Y. Handbook of computational statistics: Concepts and methods[M]. Berlin; London: Springer, 2004.

[38] Gerald C F, Wheatley P O. Applied numerical analysis[M]. 7th ed. Boston, MA: Pearson, 2004.

[39] Gilks W R, Richardson S, Spiegelhalter D J. Markov Chain Monte Carlo in practice[M]. London: Chapman & Hall/CRC, 1998.

[40] Given G H, Hoeting J A. Computational statistics[M]. New Jersey: John Wiley & Sons, 2013.

[41] Graybill F A, Iyer H K. Regression analysis: Concepts and applications[M]. Belmont, CA: Duxbury Press, 1994.

[42] Griffiths T, Steyvers M. Finding scientific topics[J]. The National Academy of Sciences, 2004, 101: 5228-5235.

[43] Hastings W K. Monte Carlo sampling methods using markov chains and their applications[J]. Biometrika, 1970, 57(1): 97-109.

[44] Härdle W K, Okhrin O, Okhrin Y. Basic elements of computational statistics [M]. Berlin: Springer, 2017.

[45] Holland J H. Adaptation in natural and artificial systems[M]. Ann Arbor: University of Michigan Press, 1975.

[46] Isaacson E, Keller H B. Analysis of Numerical Methods[M]. New York: Dover Publications, 1966.

[47] Kendall E. Atkinson. An Introduction to Numerical Analysis (2nd ed.) [M]. New York: John Wiley & Sons, 1989.

[48] Krommer A R, Ueberhuber G W. Numerical integration on advanced computer systems[M]. Berlin: Springer, 1991.

[49] Kuhn T S, Hacking I. The structure of scientific revolutions[M]. 4th ed. Chicago: University of Chicago Press, 2012.

[50] Lay D C, Lay S R, McDonald J J. Linear Algebra and Its Applications[M]. 6th ed. Boston, MA: Pearson, 2021.

[51] Metropolis A W, Rosenbluth M N, Rosenbluth A H, et al. Equation of state calculation by fast computing machines [J]. Journal of Chemical Physics, 1953, 21: 1087-1091.

[52] Ntzoufras I. Bayesian modeling using WinBUGS[M]. New Jersey: John Wiley & Sons, 2009.

[53] Ripley B D. Stochastic simulation[M]. New York: Wiley, 2010.

[54] Süli E, Mayers D F. An introduction to numerical analysis[M]. Cambridge: Cambridge University Press, 2003.

[55] Szegö G. Orthogonal polynomials[M]. Rhode Island: American Mathematical Society Providence, 1975.

[56] Tierney L. Markov chains for exploring posterior distributions[J]. The Annals of Statistics,1994,22(4): 1701-1728.

[57] Watnik M R. Pay for play: Are baseball salaries based on performance[J]. Journal of Statistics Education,1998,6(2).

[58] Yan X,Su X G. Linear regression analysis: Theory and computing[M]. Hackensack,NJ: World Scientific Publishing,2009.

[59] Yu P S,Kumar V,Quinlan J R,et. al. Top 10 algorithms in data mining[J]. Knowledge and Information Systems,2008,14(1): 1-37.